VD – 193
IVC –

Springer
*Berlin
Heidelberg
New York
Barcelona
Budapest
Hongkong
London
Mailand
Paris
Santa Clara
Singapur
Tokio*

Mitglieder des Wissenschaftlichen Beirats der Bundesregierung Globale Umweltveränderungen

(Stand: 1. Juni 1996)

Prof. Dr. Friedrich O. Beese
Agronom: Direktor des Instituts für Bodenkunde und Waldernährung an der Universität Göttingen

Prof. Dr. Gotthilf Hempel
Fischereibiologe: Direktor des Zentrums für Marine Tropenökologie an der Universität Bremen

Prof. Dr. Paul Klemmer
Ökonom: Präsident des Rheinisch-Westfälischen Instituts für Wirtschaftsforschung in Essen

Prof. Dr. Lenelis Kruse-Graumann
Psychologin: Schwerpunkt „Ökologische Psychologie" an der Fernuniversität Hagen

Prof. Dr. Karin Labitzke
Meteorologin: Institut für Meteorologie der Freien Universität Berlin

Prof. Dr. Heidrun Mühle
Agronomin: Projektbereich Agrarlandschaften am Umweltforschungszentrum Leipzig-Halle

Prof. Dr. Hans-Joachim Schellnhuber (Stellvertretender Vorsitzender)
Physiker: Direktor des Potsdam-Institut für Klimafolgenforschung

Prof. Dr. Udo Ernst Simonis
Ökonom: Forschungsschwerpunkt Technik – Arbeit – Umwelt am Wissenschaftszentrum Berlin

Prof. Dr. Hans-Willi Thoenes
Technologe: Rheinisch-Westfälischer TÜV in Essen

Prof. Dr. Paul Velsinger
Ökonom: Leiter des Fachgebiets Raumwirtschaftspolitik an der Universität Dortmund

Prof. Dr. Horst Zimmermann (Vorsitzender)
Ökonom: Abteilung für Finanzwissenschaft an der Universität Marburg

Wissenschaftlicher Beirat der Bundesregierung
Globale Umweltveränderungen

Welt im Wandel:

Herausforderung für die deutsche Wissenschaft

Jahresgutachten 1996

mit 12 Farbabbildungen

Springer

WISSENSCHAFTLICHER BEIRAT DER BUNDESREGIERUNG
GLOBALE UMWELTVERÄNDERUNGEN (WBGU)
Geschäftsstelle am Alfred-Wegener-Institut
für Polar- und Meeresforschung
Columbusstraße
D-27568 Bremerhaven
Deutschland

Danksagung

Der Beirat dankt den externen Gutachtern für die Zuarbeit und wertvolle Hilfe. Folgende Experten waren an dem vorliegenden Gutachten beteiligt:

Dr. A. Becker, Potsdam-Institut für Klimafolgenforschung
Dipl.-Pol. F. Biermann, LL.M., Wissenschaftszentrum Berlin
Dr. A. Bronstert, Potsdam-Institut für Klimafolgenforschung
Prof. Dr. D. Cansier, Wirtschaftswissenschaftliche Fakultät der Universität Tübingen
Prof. Dr. A. Endres, Fernuniversität Hagen, Fachbereich Wirtschaftswissenschaften
Dipl.-Soz. A. Engels, Universität Bielefeld, Institut für Wissenschafts- und Technikforschung
Prof. Dr. H.-D. Evers, Universität Bielefeld, Institut für Soziologie
Prof. Dr. C. F. Gethmann, Universität GH Essen, Fachbereich Philosophie
Prof. Dr. H. Graßl, WCRP Sekretariat, Genf
Prof. Dr. J. H. Hohnholz, Institut für wissenschaftliche Zusammenarbeit mit Entwicklungsländern, Tübingen
Prof. Dr. V. Kreibich, Universität Dortmund, Fachgebiet Geographische Grundlagen
Dr. H.-J. Luhmann, Wuppertal-Institut, Abteilung Klimapolitik
Prof. Dr. J. Luther, Fraunhofer-Institut für Solare Energiesysteme, Freiburg
Prof. Dr. R. Müller, Max-Planck-Gesellschaft, Arbeitsgruppe Internationales Umweltrecht, Halle
Dr. S. Oberthür, Gesellschaft für Politikanalyse, Berlin
Dr. T. Plän, Institut für Naturschutzforschung, Regensburg
Prof. Dr. M. Pye, Universität Marburg, Fachgebiet Allgemeine und Vergleichende Religionswissenschaften
Prof. Dr. O. Rentz, Institut für Industriebetriebslehre und Industrielle Produktion, Karlsruhe
PD Dr. H. Schrader, Universität Bielefeld, Institut für Soziologie
Prof. Dr. W. Ströbele, Universität Münster
Dr. K. Urban, Potsdam-Institut für Klimafolgenforschung
Prof. Dr. V. von Prittwitz, Gesellschaft für Politikanalyse, Berlin
Prof. Dr. J. Weimann, Universität Magdeburg, Fakultät für Wirtschaftswissenschaften
Prof. Dr. P. Weingart, Universität Bielefeld, Institut für Wissenschafts- und Technikforschung
Dr. P. Wiedemann et al., Forschungszentrum Jülich, Programmgruppe MUT
Dr. M. Winterhagen, Universität Bielefeld, Institut für Wissenschafts- und Technikforschung

ISBN 3-540-61661-6 Springer-Verlag Berlin Heidelberg New York

Deutschland / Wissenschaftlicher Beirat Globale Umweltveränderungen:
Jahresgutachten.../Wissenschaftlicher Beirat der Bundesregierung Globale Umweltveränderungen/Wissenschaftlicher Beirat der Bundesregierung Globale Umweltveränderungen (WBGU), Geschäftsstelle am Alfred-Wegener-Institut für Polar- und Meeresforschung. - Berlin ; Heidelberg ; New York ; Barcelona ; Budapest ; Hongkong ; London ; Mailand ; Paris ; Santa Clara ; Singapur; Tokio : Springer.
Früher im Economica-Verl., Bonn. - Engl. Ausg. u.d.T.: Deutschland / Wissenschaftlicher Beirat Globale Umweltveränderungen: Annual report
Welt im Wandel: Herausforderung für die deutsche Wissenschaft / Wissenschaftlicher Beirat der Bundesregierung Globale Umweltveränderungen.- Berlin ; Heidelberg : New York ; Barcelona ; Budapest ; Hongkong ; London ; Mailand ; Paris ;Santa Clara ; Singapur ; Tokio : Springer, 1996
(Jahresgutachten.../Wissenschaftlicher Beirat der Bundesregierung Globale Umweltveränderungen ; 1996)
ISBN 3-540-61661-6
NE: Jahresgutachten 1996. Welt im Wandel: Herausforderung für die deutsche Wissenschaft. - 1996

Dieses Werk ist urheberrechtlich geschützt. Die dadurch begründeten Rechte, insbesondere die der Übersetzung, des Nachdrucks, des Vortrags, der Entnahme von Abbildungen und Tabellen, der Funksendungen, der Mikroverfilmung oder der Vervielfältigung auf anderen Wegen und der Speicherung in Datenverarbeitungsanlagen, bleiben auch bei nur auszugsweiser Verwertung, vorbehalten. Eine Vervielfältigung dieses Werkes oder von Teilen dieses Werkes ist auch im Einzelfall nur in den Grenzen der gesetzlichen Bestimmungen des Urheberrechtes der Bundesrepublik Deutschland vom 9. September 1965 in der jeweils geltenden Fassung zulässig. Sie ist grundsätzlich vergütungspflichtig. Zuwiderhandlungen unterliegen den Strafbestimmungen des Urheberrechtsgesetztes.
© Springer-Verlag Berlin Heidelberg 1996
Printed in Germany

Die Wiedergabe von Gebrauchsnamen, Handelsnamen, Warenbezeichnungen usw. in diesem Werk berectigt auch ohne besondere Kennzeichnung nicht zu der Annahme, daß solche Namen im Sinne der Warenzeichen- und Markenschutz-Gesetzgebung als frei zu betrachten wären und daher von jedermann benutzt werden dürften.
Satz: Datenkonvertierung durch Springer-Verlag
Umschlaggestaltung: E. Kirchner, Heidelberg unter Verwendung folgender Abbildungen:
Kind mit Feuerholz: B. Pilardeaux, WBGU
Medizinisches Forschungsprojekt Thailand: S. Esche, Gesellschaft für Technische Zusammenarbeit (GTZ) GmbH
Ozon-Sonde: J. Notholt, AWI
Polarstern: AWI
Erdball: IFA Bilderteam
SPIN 10549161   32/3137 5 4 3 2 1 0 – gedruckt auf Workprint 100% Recyclingpapier

Inhaltsübersicht

        Zusammenfassung   1

A   **Einführung**   15

B   **Stand der Forschung zum Globalen Wandel und offene Fragen**   19
    1   Internationale Programme zum Globalen Wandel   21
    2   Forschungsprogramme zum Globalen Wandel im internationalen Vergleich   35
    3   Deutsche Forschung zum Globalen Wandel (Stand, Bewertung, offene Fragen)   42

C   **Neue Leitlinien zur Gestaltung von Umweltforschung**   107
    1   Die neuen Leitlinien im Überblick   109
    2   Horizontale Integration: Das Syndromkonzept   111
    3   Relevanzkriterien   133
    4   Integrationsprinzipien   134
    5   Syndrom-Ranking   136
    6   Entwicklung einer Forschungsstruktur im Rahmen des Syndromkonzepts: Fallbeispiel *Sahel-Syndrom*   138
    7   Vertikale Integration: Forschung zum Problemlösungsprozeß des Globalen Wandels   152
    8   Forschungsorganisation   157

D   **Zusammenfassung der Empfehlungen**   163
    1   Ausgangslage   165
    2   Vorrangige Aufgaben in den verschiedenen Sektoren der GW-Forschung   166
    3   Gestaltung der GW-Forschung nach der Syndromlogik   171
    4   Organisatorische Empfehlungen   173
    5   Ausblick   176

E   **Literatur**   177

F   **Glossar**   183

G   **Der Wissenschaftliche Beirat der Bundesregierung Globale Umweltveränderungen**   187

H   **Index**   191

Inhaltsverzeichnis

	Zusammenfassung 1
A	**Einführung** 15
B	**Stand der Forschung zum Globalen Wandel und offene Fragen** 19
1	**Internationale Programme zum Globalen Wandel** 21
1.1	*World Climate Research Programme* (WCRP) 21
1.1.1	Organisation des WCRP 21
1.2	*International Geosphere Biosphere Programme* (IGBP) 24
1.2.1	Organisation des IGBP 25
1.2.2	Bewertung des IGBP aus internationaler Sicht 29
1.3	*International Human Dimensions of Global Enviromental Change Programme* (IHDP) 29
1.4	UNESCO-Programm *Man and the Biosphere* 30
1.4.1	Schwerpunkte und Ziele 30
1.4.2	Organisation und internationale Zusammenarbeit 31
2	**Forschungsprogramme zum Globalen Wandel im internationalen Vergleich** 35
3	**Deutsche Forschung zum Globalen Wandel (Stand, Bewertung, offene Fragen)** 42
3.1	Klima- und Atmosphärenforschung 42
3.1.1	Relevanz von Klima und Atmosphäre für den Globalen Wandel 42
3.1.2	Klimaforschung 43
3.1.2.1	Wichtige Beiträge der deutschen Klimaforschung 43
3.1.2.2	Einbindung der deutschen Klimaforschung in internationale Programme 45
3.1.2.3	GW-relevanter Forschungsbedarf in der deutschen Klimaforschung 45
3.1.3	Stratosphärenforschung 47
3.1.3.1	Wichtige Beiträge der deutschen Stratosphärenforschung 47
3.1.3.2	Einbindung der deutschen Stratosphärenforschung in internationale Programme 47
3.1.3.3	GW-relevanter Forschungsbedarf in der deutschen Stratosphärenforschung 47
3.1.4	Troposphärenforschung 48
3.1.4.1	Wichtige Beiträge der deutschen Troposphärenforschung 48
3.1.4.2	Einbindung der deutschen Troposphärenforschung in internationale Programme 48
3.1.4.3	GW-relevanter Forschungsbedarf in der deutschen Troposphärenforschung 48

3.2	Hydrosphärenforschung	49
3.2.1	Relevanz der Hydrosphäre für den Globalen Wandel	49
3.2.2	Meeres- und Polarforschung	49
3.2.2.1	Wichtige Beiträge der deutschen Meeres- und Polarforschung	49
3.2.2.2	Einbindung der deutschen Meeres- und Polarforschung in internationale Programme	51
3.2.2.3	GW-relevanter Forschungsbedarf in der deutschen Meeres- und Polarforschung	52
3.2.3	Süßwasserforschung	53
3.2.3.1	Wichtige Beiträge der deutschen Süßwasserforschung	53
3.2.3.2	Einbindung der deutschen Süßwasserforschung in internationale Programme	53
3.2.3.3	GW-relevanter Forschungsbedarf in der deutschen Süßwasserforschung	53
3.3	Bodenforschung	55
3.3.1	Relevanz der Böden für den Globalen Wandel	55
3.3.2	Wichtige Beiträge der deutschen Bodenforschung	55
3.3.3	Einbindung der deutschen Bodenforschung in internationale Programme	57
3.3.4	GW-relevanter Forschungsbedarf in der deutschen Bodenforschung	57
3.3.4.1	Inhaltliche Anforderungen	57
3.3.4.2	Strukturelle Anforderungen	58
3.4	Biodiversitätsforschung	61
3.4.1	Relevanz der Biodiversität für den Globalen Wandel	61
3.4.2	Wichtige Beiträge der deutschen Biodiversitätsforschung	61
3.4.3	Einbindung der deutschen Biodiversitätsforschung in internationale Programme	63
3.4.4	GW-relevanter Forschungsbedarf in der deutschen Biosphärenforschung	63
3.4.4.1	Inhaltliche Anforderungen	63
3.4.4.2	Strategie künftiger Biodiversitätsforschung	65
3.4.4.3	Organisation und Struktur der Biodiversitätsforschung	66
3.5	Bevölkerungs-, Migrations- und Urbanisierungsforschung	67
3.5.1	Relevanz von Bevölkerungszahl, Migration und Urbanisierung für den Globalen Wandel	67
3.5.2	Wichtige Beiträge der deutschen Bevölkerungs-, Migrations- und Urbanisierungsforschung	68
3.5.3	Einbindung der deutschen Bevölkerungs-, Migrations- und Urbanisierungsforschung in internationale Programme	68
3.5.4	GW-relevanter Forschungsbedarf in der deutschen Bevölkerungs-, Migrations- und Urbanisierungsforschung	69
3.5.4.1	Stadt-Land-Beziehungen	69
3.5.4.2	Individuelle Wanderungsentscheidung	70
3.5.4.3	Ernährungssicherung	70
3.5.4.4	Informeller Sektor: Arbeitsmarkt und Existenzsicherung	71
3.5.4.5	Informeller Sektor: Siedlungsentwicklung	71
3.5.4.6	Internationale Wanderungen	72
3.5.4.7	Megastädte im System globaler Vernetzung	72
3.5.4.8	Bildung	72
3.5.4.9	Gesellschaftliche Stellung der Frau	73
3.5.4.10	Gesundheit	73
3.5.4.11	Konferenzbegleitende Forschung	73
3.6	Ökonomische Forschung	74
3.6.1	Relevanz der Ökonomie für den Globalen Wandel	74
3.6.2	Wichtige Beiträge der deutschen ökonomischen Forschung	75

3.6.3	Einbindung der deutschen ökonomischen Forschung in internationale Programme	76
3.6.4	GW-relevanter Forschungsbedarf in der ökonomischen Forschung	76
3.6.4.1	Inhaltliche Anforderungen	76
3.6.4.2	Ökonomische Forschung in einzelnen Politikfeldern	82
3.7	Forschung zur gesellschaftlichen Organisation	84
3.7.1	Relevanz der Politik- und Rechtswissenschaften für den Globalen Wandel	84
3.7.2	Wichtige Beiträge der deutschen politik- und rechtswissenschaftlichen Forschung	85
3.7.2.1	Internationale Regime als Forschungsfeld	85
3.7.2.2	Regionale Schwerpunkte bisheriger Forschung	85
3.7.2.3	Ansätze der Umweltpolitikanalyse	85
3.7.2.4	Nachhaltige Entwicklung und gemeinsames Menschheitserbe	86
3.7.3	Einbindung der deutschen politik- und rechtswissenschaftlichen Forschung in internationale Programme	86
3.7.4	GW-relevanter Forschungsbedarf in der deutschen politikwissenschaftlichen Forschung	87
3.7.4.1	Forschung zu konkreten Umweltproblemen	87
3.7.4.2	Politische Prozeßanalyse	87
3.7.4.3	Institutionenforschung	87
3.7.4.4	Kommunikationsforschung	87
3.7.4.5	Friedens- und Konfliktforschung	88
3.7.5	GW-relevanter Forschungsbedarf in der deutschen rechtswissenschaftlichen Forschung	88
3.7.5.1	Außervertragliches Umweltvölkerrecht	88
3.7.5.2	Rechtliche Würdigung der „ökologischen Solidarität"	89
3.7.5.3	Die Rolle der „Zivilgesellschaft" im zwischenstaatlichen Recht	89
3.7.5.4	Rechtsfragen der Folgen des Klimawandels	90
3.7.5.5	Rechtsgrundlagen umweltpolitisch motivierter Handelsmaßnahmen	90
3.7.5.6	Institutionelle Grundlagen innovativer Ansätze der globalen Umweltpolitik	90
3.7.5.7	Fortentwicklung der Durchsetzungsmechanismen, Entscheidungsverfahren und Streitschlichtungsmechanismen	90
3.8	Forschung zur psychosozialen Sphäre	91
3.8.1	Relevanz der Geistes-, Sozial- und Verhaltenswissenschaften für den Globalen Wandel	91
3.8.2	Wichtige Beiträge der deutschen geistes-, sozial- und verhaltenswissenschaftlichen Forschung	92
3.8.2.1	Grundlagen	93
3.8.2.2	Gesellschaftliche Leitbilder einer nachhaltigen Entwicklung	93
3.8.2.3	Bedingungen menschlichen Verhaltens	93
3.8.3	Einbindung der deutschen geistes-, sozial- und verhaltenswissenschaftlichen Forschung in internationale Programme	95
3.8.4	GW-relevanter Forschungsbedarf in der deutschen geistes-, sozial- und verhaltenswissenschaftlichen Forschung	96
3.8.4.1	Inhaltliche Anforderungen	97
3.8.4.2	Strukturelle Anforderungen	99
3.9	Technologieforschung	99
3.9.1	Relevanz der Technologie für den Globalen Wandel	99
3.9.2	Wichtige Beiträge der deutschen Technologieforschung	100
3.9.3	Einbindung der deutschen Technologieforschung in internationale Programme	100

3.9.4	GW-relevanter Forschungsbedarf in der deutschen Technologieforschung 100
3.9.4.1	Technologien zum Klimaschutz 101
3.9.4.2	Technologien zum Schutz der Ozonschicht 103
3.9.4.3	Technologien zu Stoffflüssen 103
3.9.4.4	Schnittstellen Technik/Ökonomie 104
3.9.4.5	Strukturelle Anforderungen 105
3.10	Fazit: Stand der deutschen Forschung zum Globalen Wandel 105

C Neue Leitlinien zur Gestaltung von Umweltforschung 107

1 Die neuen Leitlinien im Überblick 109

2 Horizontale Integration: Das Syndromkonzept 111
- 2.1 Der systemare Ansatz 111
- 2.1.1 Das globale Beziehungsgeflecht 111
- 2.1.2 Syndrome als funktionale Muster des Globalen Wandels 116
- 2.2 Liste der Syndrome des Globalen Wandels 119
- 2.2.1 Syndromgruppe „Nutzung" 120
- 2.2.2 Syndromgruppe „Entwicklung" 125
- 2.2.3 Syndromgruppe „Senken" 129
- 2.3 Zuordnung von Kernproblemen des Globalen Wandels zu Syndromen 130

3 Relevanzkriterien 133

4 Integrationsprinzipien 134
- 4.1 Analytische Integrationsprinzipien 134
- 4.2 Aspekte der Methodik 1343
- 4.3 Aspekte der Organisation 134
- 4.4 Aspekte der Umsetzung 135

5 Syndrom-Ranking 136

6 Entwicklung einer Forschungsstruktur im Rahmen des Syndromkonzepts: Fallbeispiel *Sahel-Syndrom* 138
- 6.1 Das Beziehungsgeflecht des *Sahel-Syndroms* 139
- 6.2 Die Disposition für das *Sahel-Syndrom* 142
- 6.3 Die Ableitung von Fragestellungen für die Forschung 142
- 6.3.1 Fragenkomplex 1: Handlungsoptionen der betroffenen Bevölkerung 147
- 6.3.2 Fragenkomplex 2: Der regionale Klimawandel 148
- 6.3.3 Fragenkomplex 3: Internationale wirtschaftliche Rahmenbedingungen 149
- 6.4 Organisatorische Schlußfolgerungen 151

7 Vertikale Integration: Forschung zum Problemlösungsprozeß des Globalen Wandels 152
- 7.1 Besonderheiten des Problemlösungsprozesses 152
- 7.2 Entscheidungsorientierte Aufbereitung der Probleme 153
- 7.3 Leitbildentwicklung und Zielforschung 153
- 7.4 Forschung zu Trägern globaler Umweltpolitik 154
- 7.5 Forschung zu Instrumenten globaler Umweltpolitik 155
- 7.6 Forschung zur Implementierung internationaler Vereinbarungen 155
- 7.7 Entscheidungs- und Risikoforschung 155

8	**Forschungsorganisation** 157	
8.1	Erfordernisse 157	
8.2	Von der multidisziplinären zur transdisziplinären Forschung 158	
8.3	Organisatorische Schlußfolgerungen 159	
8.3.1	Vorhandene Instrumente besser nutzen 159	
8.3.2	Neue Instrumente etablieren 160	
8.4	Verzahnung von Forschung und Anwendung 161	
D	**Zusammenfassung der Empfehlungen** 163	
1	**Ausgangslage** 165	
2	**Vorrangige Aufgaben in den verschiedenen Sektoren der Forschung zum Globalen Wandel** 166	
2.1	Klima- und Atmosphärenforschung 166	
2.2	Hydrosphärenforschung 166	
2.3	Bodenforschung 167	
2.4	Biodiversitätsforschung 167	
2.5	Bevölkerungs-, Migrations- und Urbanisierungsforschung 168	
2.6	Ökonomische Forschung 168	
2.7	Forschung zur gesellschaftlichen Organisation 169	
2.8	Forschung zur psychosozialen Sphäre 169	
2.9	Technologische Forschung 170	
3	**Gestaltung der GW-Forschung nach der Syndromlogik** 171	
4	**Organisatorische Empfehlungen** 173	
4.1	Stärkung vorhandener Einrichtungen und Nutzung bewährter Instrumente 173	
4.2	Schaffung neuer Einrichtungen 174	
4.3	Koordination der Forschungsförderung 174	
5	**Ausblick** 176	
E	**Literatur** 177	
F	**Glossar** 183	
G	**Der Wissenschaftliche Beirat der Bundesregierung Globale Umweltveränderungen** 187	
H	**Index** 191	

Kästen

Kasten 1 Akronyme zu Abb. 1   23
Kasten 2 Hauptprojekte des WCRP   24
Kasten 3 Kernprojekte des IGBP   26
Kasten 4 Internationale Monitoring-Programme zum Globalen Wandel   28
Kasten 5 Programme der UN, der EU und sonstige   32
Kasten 6 Querschnittsthema Klimawirkungsforschung   43
Kasten 7 Das gekoppelte System Atmosphäre-Hydrosphäre-Kryosphäre-
Kasten 8 Biosphäre   46
Kasten 9 Querschnittsforschung „Klimaänderung und Küste"   51
Kasten 10 Agrarökosystemforschung zur Ernährungssicherung   56
Kasten 11 Desertifikationsforschung   59
          Themen des EU-Forschungs- und Entwicklungsprogramms Umwelt und Klima
Kasten 12 1995-1998 (Auszug)   101
Kasten 13 Forschungsthemen aus dem Bereich der solaren Energiesysteme   103
Kasten 14 Forschung zu Abfallproblemen aus globaler Sicht   104
Kasten 15 Umweltindikatoren - Definitionen und Anwendungen   113
Kasten 16 Kernprobleme des Globalen Wandels   115
Kasten 17 Typen der Syndromkopplung   117
Kasten 18 Syndrom-Profile als Indikatoren für nachhaltige Entwicklungen   120
          Übersicht über die Syndrome des Globalen Wandels   121

Tabellen und Abbildungen

Tabelle 1   Nationale Forschungsprogramme zum Globalen Wandel   36
Tabelle 2   Leitthemen des Globalen Aktionsplans der HABITAT-II-Konferenz 1996   74
Tabelle 3   Zuordnung von Kernproblemen des Globalen Wandels zu Syndromen   131
Tabelle 4   Rangfolge der Syndrome gemäß der Relevanzkriterien   136
Tabelle 5   Einordnung der Syndrome in Prioritätsklassen   137
Tabelle 6   Ausgewählte Fragenkomplexe zum *Sahel-Syndrom*   147

Abb. 1   Internationale Programme zum Globalen Wandel   22
Abb. 2   Organisationsstruktur des WCRP   25
Abb. 3   Organisationsstruktur des IGBP   27
Abb. 4   Organisationsstruktur des MAB   31
Abb. 5   Das Globale Beziehungsgeflecht   112
Abb. 6   Die „Leitplanke" im Syndromkonzept   119
Abb. 7   Zentrale Mechanismen des *Sahel-Syndroms* (Teufelskreis)   140
Abb. 8   Syndromspezifisches Beziehungsgeflecht des *Sahel-Syndroms*   141
Abb. 9   Naturräumliche Komponente des *Sahel-Syndrom*-Dispositionsraums   144
Abb. 10   Sozioökonomische Komponente des *Sahel-Syndrom*-Dispositionsraums   145
Abb. 11   Dispositionsraum des *Sahel-Syndroms*   148
Abb. 12   Grundstruktur des Forschungsnetzwerkes zur Bearbeitung zentraler Fragestellungen für das *Sahel-Syndrom*   150

Akronyme

ACSYS	Arctic Climate System Study (WCRP)
AIDA	Arbeitsgemeinschaft der international ausgerichteten deutschen Agrarforschung
ALG	Alaska Latitudinal Gradient (IGBP)
APE	Airborne Polar Experiment (ESF)
APN	Asia-Pacific Network for Global Change
ATSAF	Arbeitsgemeinschaft Tropische und Subtropische Agrarforschung, Bonn
AWI	Alfred-Wegener-Institut für Polar und Meeresforschung, Bremerhaven
BAHC	Biospheric Aspects of the Hydrological Cycle (IGBP)
BALTEX	Baltic Sea Experiment (GEWEX)
BAPMoN	Background Air Pollution Monitoring Network (WMO)
BfN	Bundesamt für Naturschutz, Bonn
BFTCS	Boreal Forest Transect Case Study (IGBP)
BMBF	Bundesministerium für Bildung, Wissenschaft, Forschung und Technologie
BMI	Bundesministerium des Innern
BML	Bundesministerium für Ernährung, Landwirtschaft und Forsten
BMV	Bundesministerium für Verkehr
BMWi	Bundesministerium für Wirtschaft
BMZ	Bundesministerium für wirtschaftliche Zusammenarbeit und Entwicklung
BRIM	Biosphere Reserve Integrated Monitoring (MAB)
CDP	City Data Programme (UNCHS)
CENR	Commission on Environment and Natural Resources (USGCRP)
CGCP	Canadian Global Change Programme
CGER	Center for Global Environmental Research (Japan)
CGIAR	Consultative Group on International Agricultural Research (USA)
CIESIN	Consortium for International Earth Science Information Network (NASA)
CLIVAR	Climate Variability and Predictability Programme (WCRP)
CPO	Core Project Office
CRISTA	Cryogenic Infrared Spectrometer and Telescope for the Atmosphere (NASA)
CSD	Commission on Sustainable Development (UN)
CSEC	Centre for Study of Global Environmental Change (UK)
CSERGE	Centre for Social and Economic Research on the Global Environment (UK)
DecCen	Study of Decadal-to-Centennial Climate Variability and Predictability (CLIVAR)
DIVERSITAS	Ecosystem Function of Biodiversity Programme (SCOPE, UNESCO, IUBS)
DFG	Deutsche Forschungsgemeinschaft
DIE	Deutsches Institut für Entwicklungspolitik GmbH, Berlin
DKRZ	Deutsches Klimarechenzentrum, Hamburg
DSE	Deutsche Stiftung für Internationale Entwicklung, Berlin
DVW	Development Watch (UNDP)
DWD	Deutscher Wetterdienst, Offenbach
EA	Environment Agency of Japan
ECOPS	Committee on Ocean and Polar Sciences (EU, ESF)

EERO	European Environmental Research Organisation
EFEDA	Echival Field Experiment in a Desertification Threatened Area (EU)
EISMINT	European Ice-sheet Modelling Initiative (ESF)
ENRICH	European Network for Research in Global Change (EU)
ENSO	El Niño-Southern Oscillation
ENVISAT	Environmental Satellite (ESA)
EOS	Earth Observing System (NASA)
EPA	Environmental Protection Agency (USA)
EPD	Environment and Population Education & Information for Development (UNESCO)
EPICA	European Polar Ice Coring in Antarctica (ESF)
ERS-2	European Research Satellite 2
ESA	European Space Agency
ESF	European Science Foundation
ESRC	Economic and Social Research Council (UK)
EU	European Union
EUREKA	European Research and Co-ordination Agency
EUROENVIRON	Environmental Protection Project (EUREKA)
EUROTRAC	European Experiment on Transport and Transformation of Environmentally Relevant Trace Constituents in the Troposphere over Europe (EUREKA)
FAIR	Agriculture and Fisheries Programme (EU)
FAL	Bundesforschungsanstalt für Landwirtschaft, Braunschweig
FAM	Forschungsverband Agrarökosysteme München
FAO	Food and Agriculture Organisation of the United Nations
FhG	Fraunhofer-Gesellschaft zur Förderung der angewandten Forschung, München
FZK	Forschungszentrum Karlsruhe
GAIM	Global Analysis, Interpretation and Modelling (IGBP)
GATT	General Agreement on Tariffs and Trade
GAW	Global Atmosphere Watch (GCOS)
GBA	Global Biodiversity Assessment (UNEP)
GBF	Gesellschaft für Biologische Forschung, Braunschweig
GCDIS	Global Change Data and Information System
GCM	General Circulation Models
GCOS	Global Climate Observing System (WMO, IOC, UNESCO, UNEP, ICSU)
GCRIO	Global Change Research and Information Office (USA)
GCTE	Global Change and Terrestrial Ecosystems (IGBP)
GECP	Global Environmental Change Programme of ESCR
GEENET	Global Environmental Epidemiology Network (WHO, UNEP)
GEF	Global Environment Facility (UN)
GELNET	Global Environmental Library Network (WHO, UNEP)
GEMS	Global Environmental Monitoring System (UNEP)
GEMS-HEALS	Human Exposure Assessment Location Project (UNEP)
GENIE	Global Environment Network for Information Exchange in the UK
GERP	Global Environment Research Program of Japan
GETNET	Global Environmental Technology Network (WHO, UNEP)
GEWEX	Global Energy and Water Cycle Experiment (WCRP)
GFE	Großforschungseinrichtung (Helmholtz-Zentrum)
GIEWS	Global Information and Early Warning System (FAO)
GIS	Geographical Information System
GISDATA	Geographical Information Systems: Data Integration and Data Base Design (ESF)
GKSS	Forschungszentrum Geesthacht
GLOBEC	Global Ocean Ecosystem Dynamics (USGCRP)

GLOSS	Global Sea Level Observing System (IOC)
GO$_3$OS	Global Ozone Observing System (WMO)
GOALS	Global Ocean-Atmosphere-Land System (CLIVAR)
GOAP	Greifswalder Bodden und Oderästuar-Austauschprozesse (LOICZ)
GOES	Global Omnibus Environmental Survey (IHDP)
GOME	Global Ozone Monitoring Experiment (EU)
GOOS	Global Ocean Observing System (WMO)
GRID	Global Resources Information Database (UNEP)
GRIP	Greenland Ice-core Project (ESF)
GSF	Forschungszentrum für Umwelt und Gesundheit, Neuherberg bei München
GTOS	Global Terrestrial Observing System (WMO)
GTZ	Deutsche Gesellschaft für Technische Zusammenarbeit, Eschborn
GuD	Gas- und Dampfturbinenprozeß
HCP	Healthy City Project (WHO)
HD	Hokkaido Development Agency (Japan)
HEALTH	Maastricht Health Research Institute for Prevention and Care
HGF	Hermann-von-Helmholtz-Gemeinschaft Deutscher Forschungszentren, Bonn
HSD	Human Settlements Database (UNCHS)
HWRP	Hydrology and Water Resources Programme (WMO)
IACGEC	Inter-Agency Committee on Global Environmental Change (UK)
IAI	Inter-American Institute for Global Change Research (NSF)
ICLIPS	Integrated Assessment of Climate Protection Strategies (PIK)
ICSU	International Council of Scientific Unions
IDNDR	International Decade for Natural Disaster Reduction (UN)
IEA	International Energy Agency
IGAC	International Global Atmospheric Chemistry Project (IGBP)
IGBP	International Geosphere Biosphere Programme (ICSU)
IGBP-DIS	IGBP Data and Information System
IGBP-SAC	IGBP Scientific Advisory Council
IGFA	International Group of Funding Agencies
IGOSS	Integrated Global Ocean Service System (IOC, WMO)
IHDP	International Human Dimension of Global Environmental Change Programme (ICSU)
IHDP-DIS	IHDP Data and Information System
IHP	International Hydrological Programme (UNESCO)
IIASA	International Institute for Applied Systems Analysis (Österreich)
ILO	International Labour Organisation
IMA	Interministerielle Arbeitsgruppe der Bundesregierung
Infoterra	International Environmental Information System (UNEP)
IOC	Intergovernmental Oceanic Commission (UNESCO)
IPCC	Intergovernmental Panel on Climate Change (WMO, UNEP)
IPK	Institut für Pflanzengenetik und Kulturpflanzenforschung, Gatersleben
IRPTC	International Register of Potentially Toxic Chemicals (UNEP)
ISI	Fraunhofer-Institut für Systemtechnik und Innovationsforschung, Karlsruhe
ISRIC	International Soil Reference and Information Centre (Niederlande)
ISSC	International Social Science Council
IUBS	International Union of Biological Sciences (UNESCO, SCOPE)
JGOFS	Joint Global Ocean Flux Study (IGBP)
JPS	Joint Planning Staff of WCRP
JSC	Joint Scientific Committee of WCRP
KFA	Forschungszentrum Jülich
KNMJ	Royal Netherlands Meteorological Institute
KUSTOS	Küstennahe Stoff- und Energieflüsse (LOICZ)
LBA	Large-scale Biosphere-Atmosphere Experiment in Amazonia
LME	Large Marine Ecosystems
LOICZ	Land-Ocean Interactions in the Coastal Zone (IGBP)

LTERM	Long-Term Environmental Research and Monitoring
LUCC	Land-Use/Land-Cover Change (IGBP, IHDP)
MAB	Man and the Biosphere Programme (UNESCO)
MADAM	Dynamik und Management von Mangroven (LOICZ)
MAFF	Ministry of Agriculture, Fisheries and Food (UK)
MAST	Marine Science and Technology Programme (EU)
MIPAS	Michelson Interferometric Passive Atmospheric Sounder (ESA)
MOST	Management of Social Transformation (UNESCO)
MPG	Max-Planck-Gesellschaft zur Förderung der Wissenschaften, München
MPI	Max-Planck-Institut
MUT	Programmgruppe Mensch, Umwelt, Technik der KFK
NAFTA	North American Free Trade Agreement
NASA	National Aeronautics and Space Administration (USA)
NATO	North Atlantic Treaty Organisation
NATT	Northern Australian Tropical Transect (IGBP)
NDSC	Network for the Detection of Stratospheric Change Programme (EU)
NECT	North East Chinese Transect (IGBP)
NERC	National Environment Research Council (UK)
NOAA	National Oceanic and Atmospheric Administration (USA)
NRO	Nichtregierungsorganisationen
NRP	Dutch National Research Programme on Global Air Pollution and Climate Change
NSF	National Science Foundation (USA)
NSTC	National Science and Technology Council (USA)
ODA	Overseas Development Administration (UK)
OECD	Organisation for Economic Co-operation and Development
OFP 2	Zweites Ozonforschungsprogramm der Bundesregierung (Start 1996)
OHP	Operational Hydrology Programme (WMO)
ÖKOBOD	Ökosystem Boddengewässer - Organismen und Stoffhaushalt (LOICZ)
PAGEC	Perceptions and Assessment of Global Environmental Conditions and Change (IHDP)
PAGES	Past Global Changes (IGBP)
PEET	Partnerships for Enhancing Expertise in Taxonomy (USA)
PHARE	Pologne-Hongrie Assistance Pour la Restructuration (Polen-Ungarn Unterstützung beim Wiederaufbau)
PIK	Potsdam-Institut für Klimafolgenforschung
RIM	Regionale Integrierte Modelle
RIVM	Netherlands National Institute for Public Health and Environment
SALT	Savannas in the Long Term (IGBP)
SAP	Strukturanpassungsprogramm
SAUF	Senatsausschuß für Umweltforschung
SC-IGBP	Scientific Committee of the IGBP
SCIAMA-CHY	Scanning Imaging Absorption Spectrometer for Atmospheric Cartography (ESA)
SCOPE	Scientific Committee on Problems of the Environment (ICSU)
SDNP	Sustainable Development Networking Programme (UNEP)
SFB	Sonderforschungsbereich (DFG)
SFS	Sciences for Food Security (ICSU)
SGCR	Subcommittee on Global Change Research (USA)
SHIFT	Studies on Human Impact on Forests and Foodplains in the Tropics (BMFT)
SI	Smithsonian Institution (USA)
SoE	State of the Environment (UNEP)
SPARC	Stratospheric Processes and their Role in Climate (WCRP)
SPPU	Schweizer Schwerpunktprogramm Umwelttechnologie und Umweltforschung
SRU	Rat von Sachverständigen für Umweltfragen

SSG	Scientific Steering Group
STA	Science and Technology Agency (Japan)
START	Global Change System for Analysis, Research, and Training (IGBP)
SVAT	Soil-Vegetation-Atmosphere-Transfer Model
TEMPUS	Trans-European Mobility Programme for University Studies (EU)
TERM	Tackling Environmental Resource Management (ESF)
TERN	Terrestrial Ecosystem Research Network (Deutschland)
TFS	Troposphärenforschungsprogramm der Bundesregierung
TOGA	Tropical Ocean - Global Atmosphere (WCRP)
TRAINS	Trade Analysis and Information System (UNCTAD)
TRUMP	Transport- und Umsatzprozesse in der Pommerschen Bucht (LOICZ)
TSER	Targeted Socio-Economic Research (EU)
TVA	Tennessee Valley Authority (USA)
U&E	Umwelt und Entwicklung
UBA	Umweltbundesamt, Berlin
UFOKAT	Umweltforschungskatalog (UBA)
UFZ	Umweltforschungszentrum Leipzig-Halle
UMP	Urban Management Programme (World Bank, UNDP, UNCHS)
UN	United Nations
UNCED	United Nations Conference on Environment and Development
UNCHS	United Nations Centre for Human Settlements (HABITAT)
UNCTAD	United Nations Conference on Trade and Development
UNDP	United Nations Development Programme
UNEP	United Nations Environment Programme
UNEP-EAP	UNEP Environment Assessment Programme
UNESCO	United Nations Educational, Scientific and Cultural Organization
UNICEF	United Nations Children Fund
USAID	U.S. Agency for International Development
USGCRP	U.S. Global Change Research Program
WAVES	Water Availability, Vulnerability of Ecosystems and Society (SFB Deutschland-Brasilien)
WBGU	Wissenschaftlicher Beirat der Bundesregierung Globale Umweltveränderungen
WBL	Wissenschaftsgemeinschaft Blaue Liste, Dortmund
WCAP	World Climate Assessment Programme (WMO)
WCDP	World Climate Data Programme (WMO)
WCIRP	World Climate Impacts and Response Strategies Programme (WCP)
WCP	World Climate Programme (ICSU)
WCRP	World Climate Research Programme (WMO, ICSU)
WDC	World Data Centres (ICSU)
WFP	World Food Programme (FAO)
WGMS	World Glacier Monitoring Service (UNEP)
WHO	World Health Organization (UN)
WMO	World Meteorological Organisation (UN)
WOCE	World Ocean Circulation Experiment (WCRP)
WRI	World Resources Institute
WTO	World Trade Organisation
WWW	World Weather Watch (WMO)
ZALF	Zentrum für Agrarlandschafts- und Landnutzungsforschung, Müncheberg

Zusammenfassung

Einleitung

Erstmals in der Geschichte wirkt sich menschliches Handeln auf die Erde als Ganzes aus. Die daraus resultierenden globalen Umweltveränderungen bestimmen das Verhältnis der Menschheit zu ihren natürlichen Lebensgrundlagen völlig neu. Dieser in seiner Geschwindigkeit einzigartige, vielfach bedrohliche Transformationsprozeß wird als *Globaler Wandel* bezeichnet. Er kann nur verstanden werden, wenn die Erde als *ein* System begriffen wird. Auch für die Wissenschaft ist dies eine große Herausforderung: Sie muß erklären, wie sich das System Erde durch anthropogene Eingriffe verändert, wie umgekehrt diese Prozesse durch die natürliche Veränderung des Erdsystems beeinflußt werden und schließlich, ob und und in welchem Maße Steuerungsmöglichkeiten des Globalen Wandels bestehen.

Die Reichweite menschlichen Handelns läßt sich am Beispiel des anthropogenen Klimawandels illustrieren. So tragen die Kohlendioxidemissionen des deutschen Straßenverkehrs dazu bei, daß die Bewohner von 20.000 km entfernten Koralleninseln durch den Anstieg des Meeresspiegels ihrer Heimat beraubt werden. Damit steht die Menschheit nicht nur vor einem ethischen Dilemma, sondern auch vor einem schwierigen, möglichst schnell und kompetent zu beantwortenden wissenschaftlichen Fragenkomplex. Diese Probleme können letztlich nur von *interdisziplinären* und *internationalen* Forschungsverbünden gelöst werden, in denen beispielsweise neben Klimamodellierung und Hydrographie auch geisteswissenschaftliche Disziplinen wie Rechtsphilosophie und Kulturanthropologie Gewicht besitzen müssen.

Forschung zum Globalen Wandel, im vorliegenden Gutachten als *GW-Forschung* bezeichnet, stellt somit hohe Ansprüche an Integrationsfähigkeit, Flexibilität und Vorstellungskraft von Wissenschaftlern, Förderinstitutionen und Nutzern. Innovative Leitlinien und Strukturen sind erforderlich, um den jeweiligen Problemkomplex forschungsgerecht zu gliedern und Lösungskompetenz zu erarbeiten. Die „klassische" Umweltforschung wird diesen Ansprüchen bisher nicht gerecht.

Der Beirat hat in seinen Jahresgutachten 1993, 1994 und 1995 die Kernprobleme des Globalen Wandels identifiziert und beschrieben: einerseits die Veränderungen in der belebten und unbelebten Umwelt des Menschen und andererseits die gesellschaftlichen Veränderungen selbst. Das vorliegende Jahresgutachten 1996 konzentriert sich auf die Frage nach einer entsprechenden Gestaltung der GW-Forschung und untersucht die Erfolgsbedingungen für eine Stärkung der deutschen Beiträge.

Vielfach ist der Verdacht geäußert worden, der Ruf nach immer neuer Forschung diene dazu, von der Notwendigkeit umweltpolitischen Handelns abzulenken. *Problemlösungsorientierte* Forschung kann jedoch dazu beitragen, die Entscheidungskompetenz im Vorfeld politischen Handelns zu verbessern und ist somit handlungsrelevant.

Der Fokus des vorliegenden Jahresgutachtens geht über die „klassische" naturwissenschaftliche Umweltforschung hinaus und bezieht so die ökologischen, ökonomischen und soziokulturellen Aspekte des Globalen Wandels mit ein. Die methodische Grundlage hat der Beirat in seinen letzten Jahresgutachten durch die Entwicklung eines integrativen Forschungsansatzes, des *Syndromansatzes*, geschaffen (WBGU, 1993 und 1994). Dieser ermöglicht eine Operationalisierung des für den Globalen Wandel erforderlichen vernetzten Denkens. Darüber hinaus können so neue Wege zur Gestaltung der GW-Forschung aufgezeigt werden.

In Zeiten knapper öffentlicher Mittel bedarf es klarer Prioritäten und größtmöglicher Effizienz bei der Auswahl und Durchführung von Forschungsvorhaben. Hierfür hat der Beirat *Relevanzkriterien* und *Integrationsprinzipien* für die GW-Forschung erarbeitet, die z.B. auch bei der Gestaltung der Neuauflage des deutschen Umweltforschungsprogramms Anwendung finden können. Der Beirat begrüßt die ressortübergreifende Initiative von BMBF und BMU zum neuen Umweltforschungsprogramm, nachdem bereits mehrere spezielle Programme und Förderschwerpunkte der Bundesregierung zur Klima-, Meeres-, Polar- und Ozonforschung im Bereich der GW-Forschung vorliegen.

In seinem Gutachten entwickelt der Beirat Leitlinien für eine notwendige Umstrukturierung und Neuausrichtung der deutschen Forschung zum Globalen Wandel in ausgewählten Bereichen, trägt aber auch ihren gewachsenen Strukturen Rechnung. Folglich werden zum einen die Ansätze für eine integrierte Forschung beschrieben und an einem Fallbeispiel erläutert, zum anderen aber die klassischen Sektoren der GW-Forschung dargestellt, die deutsche Einbindung in internationale Forschungsprogramme bewertet und sektorale Forschungslücken benannt.

Integrierte Forschung zum Globalen Wandel

Systemarer Ansatz

Der Globale Wandel ist dadurch geprägt, daß die Menschheit heute ein aktiver Systemfaktor von planetarischer Bedeutung ist: Zivilisatorische Eingriffe wie der Abbau von Rohstoffen, die Umlenkung von

Stoff- und Energieflüssen, die Veränderung großräumiger natürlicher Strukturen und die kritische Belastung von Schutzgütern verändern das System Erde zunehmend in seinem Charakter. Die Komplexität dieser Prozesse stellt eine große Herausforderung für die Wissenschaft dar. Damit verbunden sind neue Forschungsfragen, deren Beantwortung in den kommenden Jahren an Bedeutung zunehmen wird:

- Wie kommt es zu den Naturveränderungen und wie sind sie mit der globalen Entwicklungsproblematik verknüpft?
- Wie kann man sie frühzeitig erkennen oder vorhersagen?
- Welche Risiken sind mit ihnen verbunden?
- Wie muß der Mensch handeln, um negative Entwicklungen auf globaler Ebene zu verhindern, um drohenden Gefahren zu begegnen bzw. um die Folgen globaler Veränderungen zu minimieren?

Diese Forschungsaktivitäten sollten sich am Leitbild der *nachhaltigen Entwicklung* orientieren. Das entscheidende und inzwischen allgemein anerkannte Element dieses Konzepts ist der untrennbare Zusammenhang zwischen Umwelt und Entwicklung (AGENDA 21). Darin spiegelt sich die Einsicht wider, daß der Mensch und seine Umwelt ein eng miteinander verflochtenes System bilden. Forschung zum Globalen Wandel ist daher mit zwei prinzipiellen Problemen konfrontiert: Zum einen erzwingt die Untersuchung des Systems Erde einen integrativen Ansatz, denn die Interaktionen reichen über die Grenzen von Disziplinen, Sektoren und Umweltmedien hinweg. Das zweite grundlegende Problem ist die hohe Komplexität der dynamischen Zusammenhänge, die eine übersichtliche Darstellung, Analyse und Modellierung sehr erschwert. Nur eine entsprechend vernetzte und interdisziplinäre Betrachtungsweise kann diesen beiden Problemen gerecht werden. Daher ist die bislang vorwiegend sektoral geprägte Forschung durch einen *systemaren Ansatz* zu ergänzen, der verschiedene disziplinäre Forschungsstränge miteinander verknüpft.

Der Beirat hat eine neue *Methode* für eine Ganzheitsbetrachtung der gegenwärtigen Krise im System Erde vorgeschlagen (WBGU, 1993 und 1994). Als Elemente dieser Beschreibung werden nicht, wie sonst üblich, einfach zu indizierende Basisvariablen, wie z.B. CO_2-Konzentration in der Atmosphäre, Bevölkerungszahl oder Bruttosozialprodukt gewählt. Stattdessen werden die wichtigsten Entwicklungen des Globalen Wandels als qualitative Elemente verwendet. Diese werden als *Trends des Globalen Wandels* bezeichnet und geben Auskunft über die dominierenden Merkmale der globalen Entwicklung. Die Trends bilden die Grundlage für die Beschreibung der Entwicklung des Systems Erde. Sie bezeichnen hochkomplexe natürliche oder anthropogene Prozesse, ohne jedoch die internen Vorgänge im Detail aufzulösen.

Auf Basis von Expertenwissen werden jene Trends ausgewählt, die für den Globalen Wandel besonders relevant sind. Die Trends werden zunächst nicht bewertet, d.h. problematische Vorgänge wie Klimawandel, Verlust von Artenvielfalt oder Bodenerosion stehen neben Trends wie Globalisierung der Märkte oder Fortschritt in der Bio- und Gentechnologie, die je nach Blickwinkel und konkreter Ausprägung negative oder positive Wirkungen haben können. Hinzu kommen Entwicklungen, von denen man sich eine Linderung der globalen Probleme erhofft, wie z.B. Verstärkung des nationalen Umweltschutzes, wachsendes Umweltbewußtsein oder Zunahme internationaler Abkommen.

Die Trends und ihre Interaktionen lassen sich zu einem qualitativen Netzwerk verweben, dem *Globalen Beziehungsgeflecht*, das den Globalen Wandel als System hinreichend beschreibt und einen Ausgangspunkt für weitergehende Analysen der Erdsystemdynamik darstellt. Auf der Grundlage dieser empirisch-phänomenologischen Beschreibung des Globalen Wandels läßt sich auch eine qualitative Modellierung aufbauen, die bereits Gegenstand eines Forschungsprojekts des Bundesministeriums für Bildung, Wissenschaft, Forschung und Technologie (BMBF) ist.

Syndromkonzept

Beziehungsgeflechte lassen sich nicht nur für die globale Ebene entwickeln. Eine regionalisierte Betrachtung des Erdsystems mit diesem Instrument macht deutlich, daß die Interaktionen zwischen Zivilisation und Umwelt in bestimmten Regionen häufig nach typischen Mustern ablaufen. Diese *funktionalen Muster* (*Syndrome*) sind unerwünschte charakteristische Konstellationen von natürlichen und zivilisatorischen Trends und ihrer Wechselwirkungen, die sich geographisch explizit in vielen Regionen dieser Welt identifizieren lassen. Die Grundthese des Beirats ist, daß sich die komplexe globale Umwelt- und Entwicklungsproblematik auf eine überschaubare Anzahl von Umweltdegradationsmustern zurückführen läßt.

Syndrome zeichnen sich durch einen transsektoralen Charakter aus, d.h. die Problemlagen greifen über einzelne Sektoren (etwa Wirtschaft, Biosphäre, Bevölkerung) hinaus, haben aber immer einen direkten oder indirekten Bezug zu Naturressourcen. Global relevant sind Syndrome dann, wenn sie den Charakter des Systems Erde modifizieren und damit direkt oder indirekt die Lebensgrundlagen für einen Großteil der Menschheit spürbar beeinflussen, oder wenn für die Bewältigung der Probleme ein globaler

Lösungsansatz erforderlich ist. Im vorliegenden Gutachten wird der Versuch unternommen, die globalen Krankheitsbilder der Erde zu identifizieren (*Kasten „Syndrome"*).

Für die Forschung zum Globalen Wandel kann das Syndromkonzept eine neue Grundlage bieten. Gegenwärtig ist diese Forschung noch stark durch die Aufteilung ihrer Erkenntnisobjekte nach Umweltmedien oder nach Kernproblemen geprägt. Mit Blick auf die Desiderate für die GW-Forschung – *Interdisziplinarität, Internationalität* und *Problemlösungskompetenz* – liegt es nahe, künftige Umweltforschung transdisziplinär zu strukturieren. Das Syndromkonzept des Beirats zeigt hier eine neue, konkrete Gestaltungsmöglichkeit auf. Deshalb wird vorgeschlagen, künftig die Syndrome als zentrale Untersuchungsgegenstände der Forschung heranzuziehen

Relevanzkriterien und Integrationsprinzipien

Die existentielle Bedeutung des Globalen Wandels für die künftige Entwicklung der Menschheit, sowie die Einmaligkeit, Komplexität, Vielfalt und Dynamik der damit verbundenen Phänomene, machen zusätzliche forschungspolitische Relevanzkriterien erforderlich. Mit Hilfe solcher Maßstäbe kann sowohl die Forschungstätigkeit am Querschnittscharakter der Umweltthematik orientiert als auch eine rationalere Prioritätensetzung in Zeiten knapper Mittel erzielt werden. Der Beirat schlägt vor, in Deutschland bei der Auswahl von Forschungsthemen zum Globalen Wandel künftig insbesondere die folgenden Kriterien heranzuziehen:

- *Globale Relevanz:* Werden Leitparameter, Grundmuster oder Kernprobleme im System Erde untersucht? Ist eine große Zahl von Menschen von dem Problem betroffen? Läßt die Forschung neue Optionen zur Steuerung des Umwelt- und Entwicklungsprozesses erwarten?
- *Dringlichkeit:* Ist eine rasche Beantwortung der Fragestellung erforderlich, um irreversible ökologische oder sozioökonomische Fehlentwicklungen zu vermeiden?
- *Wissensdefizit:* Können gravierende Lücken in der angestrebten Ganzheitsbetrachtung der globalen

---

KASTEN

Übersicht über die Syndrome des Globalen Wandels

SYNDROMGRUPPE „NUTZUNG"
1. Landwirtschaftliche Übernutzung marginaler Standorte: *Sahel-Syndrom*
2. Raubbau an natürlichen Ökosystemen: *Raubbau-Syndrom*
3. Umweltdegradation durch Preisgabe traditioneller Landnutzungsformen: *Landflucht-Syndrom*
4. Nicht-nachhaltige industrielle Bewirtschaftung von Böden und Gewässern: *Dust-Bowl-Syndrom*
5. Umweltdegradation durch Abbau nicht-erneuerbarer Ressourcen: *Katanga-Syndrom*
6. Erschließung und Schädigung von Naturräumen für Erholungszwecke: *Massentourismus-Syndrom*
7. Umweltzerstörung durch militärische Nutzung: *Verbrannte-Erde-Syndrom*

SYNDROMGRUPPE „ENTWICKLUNG"
8. Umweltschädigung durch zielgerichtete Naturraumgestaltung im Rahmen von Großprojekten: *Aralsee-Syndrom*
9. Umweltdegradation durch Verbreitung standortfremder landwirtschaftlicher Produktionsverfahren: *Grüne-Revolution-Syndrom*
10. Vernachlässigung ökologischer Standards im Zuge hochdynamischen Wirtschaftswachstums: *Kleine-Tiger-Syndrom*
11. Umweltdegradation durch ungeregelte Urbanisierung: *Favela-Syndrom*
12. Landschaftsschädigung durch geplante Expansion von Stadt- und Infrastrukturen: *Suburbia-Syndrom*
13. Singuläre anthropogene Umweltkatastrophen mit längerfristigen Auswirkungen: *Havarie-Syndrom*

SYNDROMGRUPPE „SENKEN"
14. Umweltdegradation durch weiträumige diffuse Verteilung von meist langlebigen Wirkstoffen: *Hoher-Schornstein-Syndrom*
15. Umweltverbrauch durch geregelte und ungeregelte Deponierung zivilisatorischer Abfälle: *Müllkippen-Syndrom*
16. Lokale Kontamination von Umweltschutzgütern an vorwiegend industriellen Produktionsstandorten: *Altlasten-Syndrom*

Umwelt und ihrer Dynamik geschlossen werden?
- *Verantwortung:* Werden Probleme erforscht, an deren Entstehen Deutschland unmittelbar (z.B. durch Treibhausgasemissionen) oder mittelbar (z.B. als Teilnehmer am Weltmarkt) beteiligt ist? Berührt die Thematik allgemeine ethische Grundsätze (z.B. Bewahrung der Schöpfung)?
- *Betroffenheit:* Werden Probleme erforscht, die eine unmittelbare (z.B. Klimafolgen) oder mittelbare Wirkung (z.B. Umweltflüchtlinge) auf Deutschland haben könnten?
- *Forschungs- und Lösungskompetenz:* Handelt es sich um Themen, bei denen Deutschland aufgrund seiner wissenschaftlichen, technologischen oder infrastrukturellen Potentiale wichtige Beiträge leisten kann? Kann die Bearbeitung der Fragestellung zur weiteren Verbesserung dieses Potentiales und damit zur Stärkung des „Standorts Deutschland" führen?

Da es weder möglich noch sinnvoll ist, daß sich die deutsche Forschung zum Globalen Wandel gleichzeitig mit allen Syndromen befaßt, sollten mit Hilfe dieser Kriterien Prioritäten gesetzt werden. Zudem wäre bei der Bearbeitung der Syndrome eine internationale Arbeitsteilung anzustreben. Eine anhand der Relevanzkriterien durchgeführte beiratsinterne Umfrage hat eine erste Reihung der Syndrome erbracht. Hierbei fallen sieben Problemkomplexe in die oberste Prioritätsklasse (alphabetische Reihung):
- *Altlasten-Syndrom*
- *Dust-Bowl-Syndrom*
- *Hoher-Schornstein-Syndrom*
- *Massentourismus-Syndrom*
- *Müllkippen-Syndrom*
- *Sahel-Syndrom*
- *Suburbia-Syndrom.*

Konkret wird empfohlen,
– das Syndromkonzept im Rahmen einer Veranstaltungsreihe mit Wissenschaftlern und Entscheidungsträgern aus verschiedenen gesellschaftlichen Sektoren zu diskutieren und zu verbessern. Dabei kann insbesondere die jetzige Syndromliste noch modifiziert werden;
– eine verbesserte Rangordnung der Syndrome auf der Grundlage einer *Delphi-Studie* zu erarbeiten;
– bereits jetzt Forschungsnetzwerke aus schon bestehenden Einrichtungen für die exemplarische Untersuchung der Syndrome *Hoher-Schornstein*, *Sahel* und *Suburbia* einzurichten. Diese integrierten Studien könnten die Funktion von Leitprojekten im Sinne des derzeit entstehenden neuen Umweltforschungsprogramms der Bundesregierung erfüllen.

Die globale Perspektive erzwingt hierbei eine gemeinsame Arbeit verschiedener Disziplinen, Interessengruppen und Akteure, d.h. die Bewältigung einer *Integrationsaufgabe*. Angesichts der Vielfalt der Konzepte zur Vermittlung von Umweltwissen ist diese Integrationsaufgabe mit Schwierigkeiten verbunden. Für die Forschung stellt sich insbesondere die Frage, nach welchen Prinzipien die notwendige Synthese verwirklicht werden soll. Der bloße Ruf nach „Vernetzung", „Interdisziplinarität" oder „Interaktion" reicht hier nicht aus – gesucht sind Grundsätze und Instrumente, welche z.B. die Ganzheitsbetrachtung der Syndrome des Globalen Wandels konkret ermöglichen.

Der Beirat stellt im Gutachten eine Reihe von Prinzipien zusammen, die bei der Umsetzung des integrativen Anspruchs der Umweltforschung hilfreich sein können (*Integrationsprinzipien*). Diese Prinzipien orientieren sich an analytischen, methodischen und organisatorischen Aspekten sowie an Umsetzungsüberlegungen.

Problemlösungsprozeß

Forschung zu umweltpolitischen Entscheidungsprozessen bezog sich bisher hauptsächlich auf Probleme der nationalen Umweltpolitik. Zwar sind Erkenntnisse hieraus auch für den umweltpolitischen Entscheidungsprozeß im internationalen und globalen Rahmen von Bedeutung, jedoch ist die Sachlage dort deutlich komplexer. Globale Probleme sind oft langfristiger Art, was größere Schwierigkeiten für Diagnose und Prognose mit sich bringt. Dadurch ergeben sich besondere Anforderungen an Frühwarnsysteme und Planungsinstrumente, aber auch an Forschungsmethoden und -instrumente. Globale Probleme sind zudem deutlich komplexer als nationale Umweltprobleme, was sich auch auf den Prozeß der politischen Konsensfindung und auf die Wahl der Instrumente auswirkt. Nicht zuletzt sind auch die Zielkonflikte international in aller Regel schwerer zu lösen als national, bedingt durch Unterschiede in Kultur, Religion, vor allem aber des Entwicklungsstandes.

Forschungsmethoden und -ansätze zur nationalen Umweltpolitik sind daher so anzupassen, daß sie auch auf die Elemente des Entscheidungsprozesses zu globalen Umweltveränderungen angewandt werden können. Dazu wird hier nicht auf einzelne Disziplinen abgestellt. Es geht vielmehr darum, die Elemente des Problemlösungsprozesses zu strukturieren und dann zu fragen, welche Disziplinen hierzu schon beigetragen haben bzw. im Rahmen einer interdisziplinären Forschung verstärkt beitragen sollten.

Folglich ist zunächst zu prüfen, welche Ergebnisse bereits vorliegen und welche Ergänzungen erforder-

lich sind. Folgende Elemente eines Problemlösungsprozesses lassen sich unterscheiden:
- *Problemaufbereitung.* Der Problemlösungsprozeß zum Globalen Wandel beginnt mit der Problemanalyse, d.h. der Identifizierung von Ursachen und Wirkungen sowie der Abschätzung zukünftiger Entwicklungen (*Prognose*). Angesichts der Komplexität der hier zu erforschenden Sachverhalte und der dafür notwendigen integrierten Forschungsansätze bedarf es daher für die Problembeschreibung und -erklärung sowie für die Prognose einer entsprechenden Methodik, wie z.B. der *Systemforschung*.
- *Leitbilder und Ziele.* Im Anschluß an die Problemanalyse sind Leitbilder und Ziele zu definieren. Ein besonderes Defizit sieht der Beirat in der *Leitbildforschung*, die auf das Konzept der nachhaltigen Entwicklung auszurichten und mittels entsprechender Handlungsmaximen und Indikatoren zu konkretisieren ist.
- *Träger.* Eine Politik zur Beeinflussung globaler Umweltveränderungen bedarf entsprechender Träger auf verschiedenen Ebenen (global, regional, national, lokal). Da auf der zwischenstaatlichen Ebene souveräne Staaten agieren, bedürfen vor allem die dort ablaufenden Entscheidungs- und Handlungsmechanismen besonderer Aufmerksamkeit. Die Problematik der *Trägerkonstellation* und eines *effektiven Zusammenwirkens* der Träger ist daher genauer zu untersuchen. Hierfür sind geeignete Methoden auszuwählen bzw. weiterzuentwickeln, so z.B. die *Spieltheorie*.
- *Instrumente.* Die Durchsetzung der Ziele erfolgt mittels der im Rahmen globaler Umweltpolitik zur Verfügung stehenden bzw. zu entwickelnden Instrumente. Diese sind hinsichtlich ihrer Durchsetzbarkeit und Wirksamkeit zu untersuchen und fortzuentwickeln. Insbesondere ist dabei Forschung zu übergreifenden Instrumenten, etwa den *Konventionen* erforderlich, aber auch zu den in ihrem Rahmen wirksamen Teilinstrumenten.
- *Implementierung.* Im Anschluß an die Vereinbarung internationaler Abkommen stellt sich die Frage nach deren Umsetzung und Durchführung (Implementierung) sowie nach Möglichkeiten der *Sanktionierung*. Die dabei auftretenden Hindernisse sind angesichts der Tatsache, daß Problemlösungsprozesse gerade in diesem Stadium oft stagnieren, genauer zu analysieren.
- *Entscheidungs- und Risikoforschung.* Übergreifend zur Begleitforschung hinsichtlich der genannten Elemente des Entscheidungsprozesses, vor allem aber zur Trägerproblematik und zur Wirksamkeit der Instrumente, sind *Entscheidungs- und Risikoforschung* voranzutreiben, da sie zwei spezifische Merkmale des Problemlösungsprozesses zum Globalen Wandel untersuchen: das Problem der Konsensfindung bei teilweise fundamentalen Interessengegensätzen sowie den Umgang mit unsicherem Wissen.

Sektorale Forschung zum Globalen Wandel

In diesem Kapitel beschreibt das Gutachten den gegenwärtigen Stand der deutschen sektoralen Forschung zum Globalen Wandel, einschließlich der internationalen Einbindung, und benennt Forschungslücken.

KLIMA- UND ATMOSPHÄRENFORSCHUNG

Der hohe Stand der deutschen Forschung auf diesem Gebiet muß durch kontinuierliche Weiterentwicklung der vorhandenen Infrastruktur erhalten werden. So ist z.B. die deutsche Klimaforschung in den auf die Erstellung von gekoppelten Ozean-Eis-Atmosphäre-Modellen ausgerichteten Sektoren dank der kontinuierlichen Förderung durch den BMBF, die Max-Planck-Gesellschaft sowie durch die DFG international führend. Diese Stellung kann nur durch eine gute Personalpolitik, die fortlaufende Modernisierung der Rechnerkapazitäten und ständige Modellpflege erhalten werden. Aufgabenfelder mit hoher GW-Relevanz sind:
- Weiterentwicklung von gekoppelten *Ozean-Eis-Atmosphäre-Modellen* zur Klimavorhersage in verschiedenen Raum-Zeit-Skalen sowie von integrierten Modellen der Klimawirkungsforschung.
- Erforschung des *Paläoklimas* mit Hilfe von Eisbohrkernen sowie von marinen und limnischen Sedimenten. Hier fehlen insbesondere Daten aus den Tropen und von der Südhemisphäre.
- Weiterführung bzw. Aufbau von Messungen der *Zusammensetzung der Atmosphäre* (verschiedene Leitsubstanzen) an ausgewählten Stationen in Deutschland und Nordeuropa (Stratosphärenbeobachtung) sowie auf See und in den Tropen (Troposphäre) im Rahmen internationaler Monitoringprogramme. Hierbei sollte der Deutsche Wetterdienst mit außeruniversitären Forschungseinrichtungen und Hochschulen enger zusammenarbeiten.
- Systematische Analyse bereits vorhandener Daten aus verschiedenen atmosphärischen Bereichen zum besseren Verständnis der *Variabilität des Klimas*.
- Entwicklung und Auswertung von *Satellitenexperimenten* zur Messung von klimarelevanten Parametern und Spurengasen.
- Untersuchung des Einflusses von *Aerosolen und Wolken* auf das Klima.
- Experimentelle Untersuchungen der *Troposphä-*

renchemie (Flugzeugeinsatz) in niederen Breiten.

Klima- und Atmosphärenforschung im engeren Sinne wird primär von den Naturwissenschaften getragen. Die Forschung zu den Wirkungen des Globalen Wandels (insbesondere *Klimawirkungsforschung*) muß dagegen weit über die Naturwissenschaften hinausgehen. Erforderlich ist
- die verstärkte Entwicklung von *Integrierten Regionalmodellen* und
- die Organisation von fach- und institutionenübergreifenden *Forschungsnetzwerken* zur Untersuchung sektoraler und politikrelevanter Fragestellungen.

HYDROSPHÄRENFORSCHUNG

Ähnlich wie in der Klimaforschung muß der hohe Stand der deutschen Forschung auf diesem Gebiet durch kontinuierliche Weiterentwicklung der vorhandenen Infrastruktur erhalten werden. Wichtig ist die feste Einbindung in die IGBP-Kernprojekte JGOFS, GLOBEC und LOICZ. Aufgabenfelder mit hoher GW-Relevanz sind:
- Entwicklung der wissenschaftlichen Grundlagen eines operationellen *Ozeanbeobachtungsnetzes* (GOOS).
- Erforschung der menschlichen Einflüsse auf Randmeere und Küstengebiete sowie die Entwicklung der wissenschaftlichen Grundlagen für ein *integriertes Management von Küstenregionen*.
- Erforschung der *Polarmeere* unter klimatologischen Gesichtspunkten.

Zu den globalen Aspekten des Wasserhaushalts besteht hoher Forschungsbedarf hinsichtlich der ökologischen Wirkungsgeflechte von Klima, Vegetation und Anthroposphäre und – darauf aufbauend – der Entwicklung einer dauerhaft umweltgerechten, die Wasserressourcen langfristig sichernden Landnutzung im Sinne der IGBP-Kernprojekte LUCC und BAHC. Süßwasser ist essentiell für alle Bereiche des Lebens und der Gesellschaft. Es ist Nahrungsmittel, Kulturgut und Produktionsfaktor zugleich. Der Beirat mißt dem Ausbau der Forschung über Süßwasser große Bedeutung zu. Aufgabenfelder mit hoher GW-Relevanz sind:
- Erforschung der Bedingungen der *Ausweitung des Wasserdargebots* für eine wachsende Weltbevölkerung.
- Erforschung der Bedingungen der *sparsamen und nachhaltigen Wassernutzung*, im Sinne des sorgfältigen Umgangs mit Wasser in den verschiedenen Verwendungsbereichen (Landwirtschaft, Industrie, Haushalte) und der gerechten Zuteilung des verfügbaren Wassers (intra- und intergenerationelle Gerechtigkeit).
- Erforschung der Bedingungen einer *Prävention von Verschmutzung* bei Oberflächengewässern und den Grundwasservorräten.

Dabei geht es vor allem um die Entwicklung von Modellen über die Dynamik des regionalen und globalen Wasserhaushalts mit seinen Rückkopplungen zum Klimasystem, zur Biosphäre und zur Anthroposphäre.

BODENFORSCHUNG

Die Bodenforschung ist zwar primär lokal und regional orientiert, sie muß aber die globalen Veränderungen im Klima, Wasserhaushalt und in der Beanspruchung der Böden durch den Menschen einbeziehen. Besonders wichtig in diesem Zusammenhang sind die folgenden Arbeitsgebiete:
- Quantifizierung der *Bodenfunktionen* als Speichergröße in den biogeochemischen Kreisläufen des Kohlenstoffs, Stickstoffs und des Schwefels sowie der mit diesen Elementen verbundenen, klimarelevanten Spurengase. Abschätzung der möglichen Beeinflussung der Umsetzungsprozesse durch den Klima- und Nutzungswandel.
- Degradation von Böden infolge nutzungsbedingter *Entkoppelungen von Stoffkreisläufen*. Bedeutung für die Produktivität und nachhaltige Nutzbarkeit von Böden sowie die Stabilität der Empfängersysteme. Untersuchungen auf lokaler, regionaler und globaler Ebene.
- Wirkungen partikulärer und gelöster bodenbündiger Stoffe (Erosion) auf die biotischen Komponenten limnischer und mariner Nachbarökosysteme (Schwerpunkt Flüsse, Riffe und Mangroven).
- Intensivierung des Einsatzes der *Fernerkundung* für die Erdbeobachtung und der Computersimulation zur Beschreibung der Veränderungsdynamik terrestrischer Ökosysteme auf regionaler und globaler Ebene.

BIODIVERSITÄTSFORSCHUNG

Unter dem Gesichtspunkt des Globalen Wandels steht die Bedeutung der Biodiversität für die Funktionen, die Stabilität und Entwicklung von Ökosystemen im Zentrum der Empfehlungen. Bislang ist die deutsche Biodiversitätsforschung noch zu wenig interdisziplinär und international orientiert. Auch die weite Begriffsfassung und die damit verbundene übergreifende Zusammenarbeit der Biowissenschaften mit den Wirtschafts- und Sozialwissenschaften hat sich noch nicht genügend durchgesetzt. Im einzelnen empfiehlt der Beirat eine Schwerpunktsetzung auf folgenden Gebieten:
- Grundlage für die Abschätzung, Erhaltung oder Wiederherstellung der Biodiversität ist eine *moderne Taxonomie*, die auch die molekularbiologischen Methoden unter Verwendung fortgeschrittener Datenverarbeitungsmethoden intensiver nutzt. Dieser Bereich bedarf eines dringenden

Ausbaus in Forschung und Lehre, da nur so eine Einbindung deutscher Forscher in internationale Projekte zur Inventarisierung von Arten und zur biogeographischen Erhebung von Biodiversität möglich wird.
- Ein weiterer Schwerpunkt sollte auf den Fragen nach der *Vereinbarkeit von Erhaltung und Nutzung terrestrischer und aquatischer Ökosysteme* liegen. Insbesondere die Zusammenhänge zwischen Diversität, Stabilität und Leistung von Ökosystemen müssen verstärkt angegangen werden. Eine wichtige Rolle spielt hierbei der Aufbau einer naturschutzorientierten, populationsbiologischen Forschung. Dabei muß weit über die bisher verfolgten Ansätze des Biotop- und Artenschutzes hinausgegangen werden.
- Auf Erkenntnissen aufbauend, die aus den vorgenannten Themenbereichen gewonnen werden, muß die Forschung zu den *Auswirkungen von Umweltveränderungen* unterschiedlicher Qualität, Intensität und Dynamik auf Populationen, Ökosysteme und ökosystemare Leistungen (wie z.B. biogeochemische Stoffkreisläufe) hohe Priorität haben.
- Ein weiteres wichtiges Forschungsgebiet sind die Fragen, die im Zusammenhang mit den *internationalen politischen Bemühungen* um den Schutz und die nachhaltige Nutzung von Biodiversität gestellt werden. Biodiversitätsökonomie und politikwissenschaftliche Forschung zur Ausgestaltung von Konventionen sind besonders dringlich.

BEVÖLKERUNGS-, MIGRATIONS- UND URBANISIERUNGSFORSCHUNG

Fragen der Bevölkerungsentwicklung, Migration und Urbanisierung sind für die Analyse und Bewältigung globaler Umweltprobleme von zentraler Bedeutung. Bevölkerungswachstum und Armut zählen zu den wichtigsten Triebkräften dieser Entwicklung, die für die Industrieländer in erster Linie durch einen stark zunehmenden *Wanderungsdruck* spürbar wird. Forschung zur Analyse, Prognose und Bewältigung dieses Problemkomplexes ist in Deutschland nur unzureichend entwickelt, sowohl in den theoretischen Grundlagen als auch in empirischen Fallstudien und Modellsimulationen:
- Die *Stadt-Umland-Beziehungen* müssen unter Beachtung der Transferleistungen zwischen städtischer Außenorientierung und ländlicher Subsistenzwirtschaft neu untersucht und bewertet werden.
- Bei der Forschung zur *internationalen Migration* wird die Identifikation potentieller Quellgebiete und Strombeziehungen immer wichtiger. Insbesondere müssen die wanderungsrelevanten Motivstrukturen systematisch erfaßt werden.
- Die *Determinanten individueller Wanderungsentscheidungen* müssen im Rahmen ihrer soziokulturellen Einbettung und im Haushaltskontext ermittelt werden. Die herkömmliche Flowanalyse ist durch eine Migrationssystemforschung zu ergänzen.
- *Fehl- und Unterernährung sowie Hunger* zählen zu den wesentlichen Ursachen von Migration. Forschungen zu Ernährungssicherung und Wasserverfügbarkeit müssen daher weiter ausgebaut werden.
- Der *informelle Sektor* spielt zur Aufrechterhaltung eines Minimums an sozialer Sicherheit eine zentrale Rolle für die städtischen Armen. Seine Entwicklungspotentiale müssen daher intensiv erforscht werden.
- Unsere Kenntnis über neu entstehende *Großagglomerationen und Megastädte* und ihre Einbindung in das globale System ist noch unvollständig. Auch die informell gebaute Stadt ist noch wenig erforscht. Um das Funktionieren der „ungeplanten" Megastädte zu verstehen, muß der Systemzusammenhang dieser urbanen Strukturen untersucht werden. Die zweite *Weltsiedlungskonferenz* (HABITAT II) machte deutlich, daß die Schaffung angemessenen Wohnraumes ein akutes Problem für das Wohlergehen von mehr als einer Milliarde Menschen darstellt.
- Problemlösungsorientierte Forschung sollte zusätzlich auch im Kontext *internationaler Konferenzen* entsprechend durchgeführt werden (Vor- und Nachbereitung).

ÖKONOMISCHE FORSCHUNG

Der Beirat sieht für den Bereich der global relevanten ökonomischen Forschung Bedarf vor allem zu den folgenden drei Themenkomplexen:
- *Forschung zu Zielen und Wirkungen globaler Umweltpolitik*. Hier sollte ein Schwerpunkt auf den Fragen der Operationalisierung des Leitbilds der Nachhaltigkeit von ökonomischer Entwicklung liegen. Dies verlangt vor allem die Bestimmung der essentiellen, d.h. nicht substituierbaren Elemente des Naturkapitals, die Schätzung der Kosten unterlassenen Umweltschutzes, die Bewertung der intra- und intergenerationellen Verteilungsfragen, hier vor allem die wissenschaftliche Diskussion um eine „richtige" Diskontierung, sowie die Konkretisierung von Kriterien der Ökonomie- bzw. Sozialverträglichkeit nachhaltiger Entwicklung.
- *Forschung zu den Trägern globaler Umweltpolitik*. Ein Forschungsschwerpunkt sollte sich hierbei auf die *ökonomische Analyse* des Verhaltens der global relevanten Akteure – politische wie private (etwa multinationale Konzerne) – konzentrieren.

Unter anderem geht es darum, strategische Verhaltensoptionen zu entwickeln, die für eine überwiegende Mehrheit der Beteiligten vorteilhaft sind.
- *Forschung zu den Instrumenten globaler Umweltpolitik.* Angesichts der Tatsache, daß auf der globalen Ebene planungs-, ordnungs- und steuerrechtliche Lösungen nur begrenzt zur Verfügung stehen, erfolgt die Umsetzung von Umweltbelangen in der Regel über *Verträge* bzw. *Konventionen* und *ökonomische Anreize.* Insofern sollte sich die instrumentelle Forschung auf die Weiterentwicklung der Zertifikatslösung (einschließlich *joint implementation*), des Haftungsrechts und auf Fondslösungen konzentrieren. Parallel dazu interessiert die Frage möglicher Sanktionsmechanismen im Falle mangelnder Vertragstreue.

Forschung zur gesellschaftlichen Organisation

Die umweltbezogene politikwissenschaftliche Forschung war bislang hauptsächlich national orientiert, ihre globale Perspektive muß deutlich verstärkt werden. Dabei sind die Probleme der Schwellenländer mit ihrer wachsenden Bedeutung für den Globalen Wandel von besonderem Interesse. Für global orientierte umweltpolitische Konzepte müssen dabei die soziokulturellen, ökonomischen und völkerrechtlichen Rahmenbedingungen beachtet werden.

Der Fokus auf klimarelevante Forschung in der internationalen umweltpolitischen Forschung muß durch Betrachtung anderer Problemfelder wie z.B. Bodendegradation, Verlust biologischer Vielfalt, Wasserverknappung und -verschmutzung ergänzt werden. Angesichts der Diskrepanz zwischen Umweltbewußtsein und tatsächlich umgesetzter Sachpolitik sollten Fragen der politischen Willensbildung sowie der Implementierung völkerrechtlicher Übereinkommen vordringlich untersucht werden. Darüber hinaus muß sich die politikwissenschaftliche Forschung intensiv mit Fragen der Prävention ökologischer Konflikte befassen. Besonders folgende Aufgaben sind zu lösen:
- Untersuchung der sozioökonomischen und politischen sowie kulturell bedingten *Handlungsrestriktionen* und damit verbundener Implementierungsprobleme bei umweltvölkerrechtlichen Übereinkommen.
- Entwicklung von Konzepten, auf deren Basis *Lösungsstrategien* für den Umgang mit charakteristischen Erschwernissen globaler Problemlösungsprozesse (*global commons*, Frage der *compliance* etc.) ansetzen können.
- Analyse der *Funktionsweise internationaler Verhandlungssysteme,* vor allem unter dem Aspekt der Unsicherheit des Wissens über globale Umweltveränderungen und, darauf aufbauend, Entwicklung von Konzepten zum Umgang mit Entscheidungen unter Unsicherheit.

In bezug auf den Globalen Wandel untersuchen die *Rechtswissenschaften* die rechtlichen Möglichkeiten der Verabschiedung und Durchsetzung wirksamer Maßnahmen. Es geht dabei z.B. um Probleme der rechtlichen Würdigung der Einschränkung nationaler Souveränität, des Völkergewohnheitsrechts und der ökologischen Solidarität. Vor diesem Hintergrund empfiehlt der Beirat, vor allem folgende Rechtsfragen aufzugreifen:
- Klärung des Bestands an *außervertraglichen Normen* und des *Völkergewohnheitsrechts* im Hinblick auf globale Umweltprobleme mit dem Ziel, auf globale Umweltprobleme flexibler reagieren zu können.
- Begründung einer *allgemeinen ökologischen Solidaritätspflicht* für Industriestaaten gegenüber Entwicklungsländern.
- Klärung des *Status von Nichtregierungsorganisationen* im zwischenstaatlichen Recht.
- Klärung der Rechtsfragen bei *Schäden* aufgrund globaler Umweltveränderungen (Haftung).
- Fortentwicklung von *Durchsetzungsmechanismen, Entscheidungsverfahren* und *Streitschlichtungsmechanismen* bei zwischenstaatlichen Verträgen.

Forschung zur psychosozialen Sphäre

Von den für die pychosoziale Sphäre relevanten Wissenschaftsdisziplinen werden zunehmend Fragestellungen aufgegriffen, die für die Analyse der Ursachen und Wirkungen des Globalen Wandels sowie für problemorientierte Interventionsmaßnahmen bedeutsam sind. In Deutschland ist diese Forschung insgesamt noch wenig entwickelt, und die meisten Projekte werden einzeldisziplinär und dezentral durchgeführt. Vorzugsweise im Rahmen von Gemeinschaftsprojekten sollten folgende Themen aufgegriffen werden:
- Entwicklung von *Konzepten* des Globalen Wandels aus sozialwissenschaftlicher Perspektive.
- *Leitbildforschung* zu Komponenten und Prozessen nachhaltiger Entwicklung, von den ethischen Grundsätzen bis hin zu Operationalisierungen und empirischen Analysen.
- Untersuchungen zu den *Bedingungen GW-relevanter Verhaltensweisen* (Wahrnehmung und Bewertung von GW-Phänomenen, Motivation des Handelns etc.) und zu Strategien von Verhaltensänderungen.
- Untersuchung und Evaluation von *Interventionsmaßnahmen* (in konkreten Kontexten mit spezifischen Akteursgruppen) im Hinblick auf die Wechselwirkungen von technischen, ökonomischen,

rechtlichen und psychosozialen Maßnahmen.
- Entwicklung, systematischer Einsatz und Evaluation *GW-relevanter Bildungsmaßnahmen* für alle Bildungsebenen.
- Entwicklung und Etablierung eines weltweiten, umfassenden Systems für *social monitoring* (analog zum *environmental monitoring*).

Im Rahmen dieser Aufgaben bedarf es verstärkt kulturspezifischer und kulturvergleichender Erforschung der gesellschaftlichen Akteure durch umfassende, disziplinübergreifende Fallstudien sowie der Ausdehnung räumlicher Kontexte und Zeitskalen der Untersuchungen.

TECHNOLOGISCHE FORSCHUNG

Technologische Forschung bietet einen Schlüssel zur Bewältigung des Globalen Wandels. Dies gilt besonders für Arbeiten zur *Weiterentwicklung von Energietechnologien* mit dem Ziel eines umwelt-, wirtschaftlich und sozial verträglichen Energieträgermix. Der Schwerpunkt sollte auf Forschung und Entwicklung verschiedener Energieoptionen liegen, dazu gehören u.a.:
- Forschung zur *Photovoltaik*.
- Forschung zur Nutzung von *Windkraft*, vor allem in Entwicklungsländern.

Der Beirat empfiehlt ferner die Förderung von Forschungsprogrammen zur Klimarelevanz des Flugverkehrs und zu seiner umweltverträglicheren Weiterentwicklung. Im Schnittstellenbereich von Technik und Ökonomie schlägt der Beirat u.a. folgende Forschungsthemen vor:
- Überprüfung der Eignung und Wirkung von *joint implementation* (Kompensationsprinzip) zur Treibhausgasreduktion.
- Entwicklung von kosteneffizienten *Minderungsstrategien für Treibhausgasemissionen* bei simultaner Berücksichtigung aller klimawirksamen Spurengase.
- Erforschung von CO_2-*Rückhalte- und Speichertechniken* unter ökologischen und ökonomischen Gesichtspunkten.
- Analyse und Quantifizierung der Auswirkungen von *Treibhausgasminderungsstrategien* auf die Emissionen anderer atmosphärischer Massenschadstoffe und anderer Umweltproblematiken.
- Entwicklung von kosteneffizienten *Minderungsstrategien für Ozon* in der Troposphäre.
- Entwicklung *logistikorientierter Produktionsprozesse* (z.B. Reduzierung der Transportwege im Produktionsprozeß).
- Identifikation *umweltverträglicher Industrialisierungspfade* in Entwicklungs- und Schwellenländern, unter Beachtung der vor Ort vorhandenen technischen und personellen Potentiale.

Um komplexe technische Umweltprobleme praxisrelevant lösen zu können, müssen in Abhängigkeit vom jeweiligen Projekt und seiner Problemstellung verschiedene Fachrichtungen zusammenarbeiten, im Regelfall aus den Bereichen
- Techniken: Ingenieurwissenschaften,
- Stofflichkeit: Chemie, Biologie, Geologie,
- Planung und Gestaltung: Ökonomie,
- Anwendung und Auswirkung: Sozial- und Verhaltenswissenschaften, Umweltmedizin.

Forschungsorganisation

Erhebliche Verbesserungen in der Struktur der deutschen Forschung sind erforderlich, um sie den Bedürfnissen einer modernen GW-Forschung anzupassen. Dazu gehören einerseits Verbesserungen an den vorhandenen Instituten, Anreize für neuartige Forschungsvorhaben vor allem an den Hochschulen und eine Stärkung der Koordination der Forschung und der Forschungsförderung. Der Forderung nach Stärkung der Forschung steht die Verknappung der öffentlichen Haushaltsmittel gegenüber. Sie verhindert weitgehend Zuwächse in den Stellenplänen und Sachhaushalten und nimmt durch unselektive Stellenkürzungen den Instituten die Möglichkeit, neue Forschungswege zu beschreiten. Die knappen öffentlichen Mittel werden zu einer restriktiven Rahmenbedingung, die bei den organisatorischen Empfehlungen berücksichtigt werden muß. Sie zwingt, über effizienzsteigernde Strukturveränderungen nachzudenken. Trotz der bestehenden Probleme bietet die gewachsene deutsche Forschungslandschaft nämlich viele Vorteile.

Die Vorteile der föderalen und pluralistischen Struktur mit ihrer Vielzahl und Vielfalt unterschiedlich großer Forschungseinheiten liegen in der Möglichkeit, daß einzelne Gruppen flexibel neue Fragen aufgreifen und sich Partner wählen können, besonders, wenn dazu wissenschaftliche Anstöße oder finanzielle Anreize gegeben werden. Andererseits behindert diese feingliedrige Struktur den Einsatz starker Kräfte unter einem Leitthema und die Durchführung langfristiger Projekte internationaler Programme.

Für die nationale Umweltforschung hat der Wissenschaftsrat (1994) auf diese Schwierigkeiten hingewiesen und besondere Empfehlungen hinsichtlich der fächerübergreifenden Behandlung von Umweltthemen an den deutschen Hochschulen und außeruniversitären Forschungseinrichtungen erarbeitet. Für die Forschung zum Globalen Wandel mit ihren internationalen Bezügen und der Notwendigkeit, Untersuchungen auch außerhalb Deutschlands und gemeinsam mit ausländischen Partnern durchzuführen, sind die Hindernisse vergleichsweise noch größer. Daraus erklärt sich auch, daß in verschiedenen Zweigen GW-relevanter Forschung die deutsche Beteiligung an internationalen Programmen und an der Zusammenarbeit mit Entwicklungsländern relativ beschränkt ist.

Vor diesem Hintergrund gibt der Beirat eine Reihe übergreifender organisatorischer Empfehlungen, die zu drei Themen zusammengefaßt sind:
- Stärkung vorhandener Einrichtungen und Nutzung bewährter Instrumente.
- Schaffung neuer Einrichtungen.
- Koordination der Forschungsförderung.

Vorhandene Einrichtungen stärken und bewährte Instrumente nutzen

In erster Linie sind vorhandene Forschungseinrichtungen in die Lage zu versetzen, laufende Projekte der GW-Forschung fortzusetzen bzw. auf globale Probleme auszurichten und neue Projekte in nationaler und internationaler Zusammenarbeit aufzugreifen. Diese Empfehlung richtet sich an die Hochschulen und an die außeruniversitären Forschungseinrichtungen der Max-Planck-Gesellschaft (MPG), Helmholtz-Gemeinschaft (HGF), Wissenschaftsgemeinschaft Blaue Liste (WBL) und Fraunhofer-Gesellschaft (FhG) sowie den nachgeordneten Forschungsanstalten verschiedener Bundesressorts. Zu einem wesentlichen Teil müssen die Anstöße dazu aus den Einrichtungen selbst bzw. aus deren Trägergesellschaften kommen, d.h. durch Neudefinition der Prioritäten und Inhalte der Forschung sowie durch organisatorische Eingriffe und Neugruppierungen.

Unerläßlich ist aber auch der *Einsatz bewährter Förderinstrumente* seitens des BMBF (Verbundprojekte, Forschungsverbünde) und der DFG (Schwerpunktprogramme, Sonderforschungsbereiche). Auch Forschergruppen und Graduiertenkollegs sind geeignete Instrumente, wobei das derzeit geltende, restriktive Ortsprinzip angesichts der technischen Möglichkeiten moderner Kommunikation gelockert werden sollte.

Alle diese integrierenden Maßnahmen sollten auch für die *Ausbildung* in- und ausländischer Studierender und Nachwuchswissenschaftler genutzt werden. Dabei sollen die Aspekte des Globalen Wandels bereits im Grundstudium angesprochen und im Rahmen von Aufbau- und Ergänzungsstudiengängen vertieft werden.

Für viele Bereiche der GW-Forschung sind *große Forschungsgeräte* unabdingbar. Hierzu gehören Einrichtungen der Fernerkundung und der Klimaforschung mit Großrechnern, Forschungsschiffen, Satelliten und Beobachtungsstationen. GW-Forschung braucht darüber hinaus aber auch umfangreiche flächendeckende und langfristige ökologische, ökonomische und soziokulturelle Beobachtungsreihen. Sie ist auf Kultur- und Ökosystemvergleiche angewiesen und muß auf detaillierte und breit angelegte Fallstudien und komplexe Modelle aufbauen.

Der Beirat mißt der Sicherstellung einer kontinuierlichen Förderung dieser Grundvoraussetzungen große Bedeutung bei. Die deutsche Beteiligung an internationalen Programmen ist unterschiedlich gut entwickelt und in wichtigen Bereichen ausbaubedürftig. Darüber hinaus wird die Fortsetzung der inhaltlichen, personellen und finanziellen Beteiligung an internationalen Instituten und Sekretariaten empfohlen, wobei eine stärkere Einbeziehung deutscher Forscher durch solche Institutionen wünschenswert wäre.

Neue Einrichtungen schaffen

Zur Stärkung der Problemlösungskompetenz im Hinblick auf die Probleme des Globalen Wandels und zur Stärkung der interdisziplinären Zusammenarbeit empfiehlt der Beirat die Einrichtung eines *Strategie-Zentrums zum Globalen Wandel*, das unter Hinzuziehung auswärtiger Expertise komplexe Problemanalysen betreibt und politische Entscheidungsprozesse wissenschaftlich vorbereitet und begleitet. Das Zentrum sollte einerseits Anregungen von Wissensnachfragern aus Politik und Öffentlichkeit aufnehmen und in Forschungsfragen übersetzen und andererseits vorhandenes Wissen für Entscheidungsprozesse in Politik, Wirtschaft und Gesellschaft aufbereiten und vermitteln.

Weiterhin sollten nach Auffassung des Beirats einzelne kleine *Forschungszentren auf Zeit* im Umfeld der Universitäten eingerichtet werden, die im Verlauf von etwa 10 Jahren akute Probleme der GW-Forschung bearbeiten und die deutsche Beteiligung an internationalen Programmen sicherstellen sollen.

Ferner empfiehlt der Beirat die Schaffung von *Forschungsnetzwerken* als längerfristige „Zweckbündnisse" zwischen unabhängigen wissenschaftlichen Einrichtungen zur gemeinsamen Bearbeitung komplexer Fragestellungen, etwa eines Syndroms, und zur Weiterentwicklung methodischer Grundlagen. Hierzu gehört die Nutzung moderner Technologien für Datengewinnung, -speicherung und -übertragung im nationalen und internationalen Rahmen. Die Trägergesellschaften (MPG, HGF, WBL, FhG) sowie DFG und BMBF unter Beteiligung von Ressortforschungseinrichtungen und Hochschulen sollten gemeinsam solche problembezogene flexible Einrichtungen schaffen (inter-institutionelle Forschung).

Die Wirtschaft, insbesondere die multinationalen Konzerne sollten nach Auffassung des Beirats im Rahmen einer umweltpolitischen Selbstverpflichtung angeregt werden, eine Stiftung „Globaler Wandel" ins Leben zu rufen. Dies böte die Möglichkeit, die oben angesprochenen finanziellen Restriktionen zu mildern. Diese Stiftung sollte sich u.a. um den Dialog zwischen Wissenschaft, Wirtschaftspolitik und Medien zu Fragen des Globalen Wandels bemühen. Sie könnte auch eine entsprechende Präsentation auf der Weltausstellung EXPO 2000 vorbereiten.

Forschungsförderung koordinieren

Die beiden wichtigsten Förderinstitutionen der GW-Forschung in Deutschland sind BMBF und DFG. Im BMBF sind mehrere Referate und verschiedene Projektträger für einzelne Bereiche GW-relevanter Forschung zuständig. Ähnliches gilt für die disziplinär gegliederte DFG. In beiden Institutionen müssen die Bemühungen um *fächerübergreifende Planung und Begutachtung* gestärkt werden. Auch bedarf es einer engeren Abstimmung zwischen DFG und BMBF beim Einsatz ihrer Förderinstrumente der GW-Forschung.

Innerhalb der Bundesregierung ist die Fachaufsicht über die *GW-relevante Ressortforschung* nicht auf den BMBF beschränkt. Der BMU betreibt zwar keine eigenen Forschungseinrichtungen, fördert aber über das Umweltbundesamt eine Reihe von relevanten Projekten der GW-Forschung. Entsprechende Forschungseinrichtungen und -projekte werden darüber hinaus vom BMV, BMWi, BML, BMZ und BMI unterhalten. Der Beirat sieht hier *Koordinationsbedarf*, der über die Arbeit der Interministeriellen Arbeitsgruppe (IMA) „Globale Umweltveränderungen" hinausgeht.

Der Beirat verfolgt mit Interesse die Bemühungen der DFG um die Einrichtung eines *deutschen Nationalkomitees zum Globalen Wandel*, das unter Einbeziehung von Funktionen des Senatsausschusses für Umweltforschung (SAUF) und des deutschen IGBP-Komitees die wissenschaftliche Vertretung in den internationalen Programmen zum Globalen Wandel planen und begleiten soll. Dieses Nationalkomitee könnte auch zur Koordination der unterschiedlichen deutschen GW-Forschungsaktivitäten beitragen.

Der Beirat schlägt ferner vor, daß das Bundeskanzleramt federführend jeweils in der Mitte jeder Legislaturperiode einen integrierten „*Global-Bericht*" erstellt. Dieser Bericht sollte – vor dem Hintergrund der durch die UNCED-Konferenz in Rio de Janeiro angestoßenen Entwicklungen – über die Aktivitäten der Bundesregierung zu Fragen des Globalen Wandels und der nachhaltigen Entwicklung informieren. Die deutsche Politik und Forschung sollten dabei unter Einbeziehung ökologischer, ökonomischer und soziokultureller Aspekte im Sinne des Globalen Beziehungsgeflechtes beleuchtet werden. Der Beirat verspricht sich von diesem Bericht wichtige Informationen für die deutsche Öffentlichkeit und für ausländische Institutionen und darüber hinaus auch einen konsolidierenden und integrierenden Einfluß auf die GW-Aktivitäten in den verschiedenen Bundesministerien.

Die Arbeit von *Enquete-Kommissionen des Deutschen Bundestags* hat bisher integrierend auf die deutsche Forschung und ihre staatliche Förderung durch verschiedene Bundesressorts gewirkt. Zu gegebener Zeit könnte eine Enquete-Kommission „Globaler Wandel" die Arbeiten der Enquete-Kommission „Schutz des Menschen und der Umwelt" fortsetzen, wobei Schwerpunkte auf der Umsetzung wissenschaftlicher Empfehlungen u.a. auch des Beirats liegen könnte.

Seit geraumer Zeit wird die Gründung einer *Deutschen Akademie der Wissenschaften* diskutiert, die analog zu Einrichtungen in anderen Ländern mit einem hohen Maß an Unabhängigkeit und Autorität zu Fragen von nationaler Bedeutung Stellung nehmen könnte. Falls eine solche Akademie geschaffen wird, wäre der Problemkreis des Globalen Wandels zweifellos ein wichtiges Thema für sie.

Ausblick

Deutschland trägt, bezogen auf seine Einwohnerzahl, überproportional zur Verursachung des Globalen Wandels bei. Sein Beitrag zu dessen Erforschung ist ebenfalls beträchtlich, er muß aber noch erheblich gesteigert werden. Dabei bedarf es nicht primär einer starken Erhöhung des Forschungsetats oder der Gründung großer neuer Forschungseinrichtungen, sondern vor allem einer effektiven Nutzung vorhandener Daten und Kenntnisse sowie deren zielgerichteter Synthese für die Lösung komplexer Probleme (z.B. Syndromforschung). Ferner geht es um organisatorische Maßnahmen, durch die das vorhandene wissenschaftliche Potential wirkungsvoller für die GW-Forschung eingesetzt und mit (bescheidenen) zusätzlichen Mitteln Lücken in den Forschungsbereichen geschlossen werden können.

Für die deutsche GW-Forschung kommt der Einbindung in internationale Programme eine besondere Bedeutung zu. Der Rolle Deutschlands innerhalb der Weltwirtschaft entsprechend sollte zudem die deutsche Forschung einen hohen Rang beim notwendigen Auf- und Ausbau der Forschungskapazitäten in den Entwicklungsländern einnehmen.

Einführung A

Erstmals in der Geschichte wirkt sich menschliches Handeln auf die Erde als Ganzes aus. Die daraus resultierenden globalen Umweltveränderungen bestimmen das Verhältnis der Menschheit zu ihren natürlichen Lebensgrundlagen völlig neu. Dieser in seiner Geschwindigkeit einzigartige, vielfach bedrohliche Transformationsprozeß, der als *Globaler Wandel* bezeichnet wird, kann nur verstanden werden, wenn die Erde als *ein* System begriffen wird. Auch für die Wissenschaft ist dies eine große Herausforderung: Sie muß erklären, wie sich das System Erde durch anthropogene Eingriffe verändert, wie umgekehrt diese Prozesse durch die natürliche Veränderung des Erdsystems beeinflußt werden und schließlich, ob und und in welchem Maße Steuerungsmöglichkeiten des Globalen Wandels bestehen.

Die Reichweite menschlichen Handelns läßt sich am Beispiel des anthropogenen Klimawandels illustrieren. So tragen die Kohlendioxidemissionen des deutschen Straßenverkehrs dazu bei, daß die Bewohner von 20.000 km entfernten Koralleninseln durch den Anstieg des Meeresspiegels ihrer Heimat beraubt werden. Damit steht die Menschheit nicht nur vor einem ethischen Dilemma, sondern auch vor einem schwierigen, möglichst schnell und kompetent zu beantwortenden wissenschaftlichen Fragenkomplex. Die hier nur beispielhaft angesprochenen Probleme können letztlich nur von *interdisziplinären* und *internationalen* Forschungsverbünden gelöst werden, in denen beispielsweise neben Klimamodellierung und Hydrographie Disziplinen wie Rechtsphilosophie und Kulturanthropologie Gewicht besitzen müssen.

Forschung zum Globalen Wandel, im vorliegenden Gutachten als *GW-Forschung* bezeichnet, stellt somit hohe Ansprüche an Integrationsfähigkeit, Flexibilität und Vorstellungskraft von Wissenschaftlern, Förderinstitutionen und Nutzern. Innovative Leitlinien und Strukturen sind erforderlich, um den jeweiligen Problemkomplex forschungsgerecht zu gliedern und Lösungskompetenz zu erarbeiten. Die „klassische" Umweltforschung wird diesen Ansprüchen bisher nicht gerecht.

Der Beirat hat in seinen Jahresgutachten 1993, 1994 und 1995 die Kernprobleme des Globalen Wandels identifiziert und beschrieben: einerseits die Veränderungen in der belebten und unbelebten Umwelt des Menschen und andererseits die gesellschaftlichen Veränderungen selbst. Das Jahresgutachten 1996 konzentriert sich auf die Frage nach einer entsprechenden Gestaltung der GW-Forschung und untersucht die Erfolgsbedingungen für eine Stärkung der deutschen Beiträge.

Vielfach ist der Verdacht geäußert worden, der Ruf nach immer neuer Forschung diene dazu, von der Notwendigkeit umweltpolitischen Handelns abzulenken. *Problemlösungsorientierte* Forschung, wie im folgenden vorgeschlagen, kann jedoch dazu beitragen, die Entscheidungskompetenz im Vorfeld politischen Handelns zu verbessern und ist somit handlungsrelevant.

Der Fokus des vorliegenden Jahresgutachtens geht über die „klassische" naturwissenschaftliche Umweltforschung hinaus und bezieht so die ökologischen, ökonomischen und soziokulturellen Aspekte des Globalen Wandels mit ein. Die methodische Grundlage hat der Beirat in seinen letzten Jahresgutachten durch die Entwicklung eines integrativen Forschungsansatzes, des *Syndromansatzes*, geschaffen (WBGU, 1993 und 1994). Dieser ermöglicht eine Operationalisierung des für den Globalen Wandel erforderlichen vernetzten Denkens. Darüber hinaus können so neue Wege zur Gestaltung der GW-Forschung aufgezeigt werden.

In Zeiten knapper öffentlicher Mittel bedarf es klarer Prioritäten und größtmöglicher Effizienz bei der Auswahl und Durchführung von Forschungsvorhaben. Hierfür hat der Beirat *Relevanzkriterien* und *Integrationsprinzipien* für die GW-Forschung erarbeitet, die z.B. auch bei der Gestaltung der Neuauflage des deutschen Umweltforschungsprogramms Anwendung finden können. Der Beirat begrüßt die ressortübergreifende Initiative von BMBF und BMU zum neuen Umweltforschungsprogramm, nachdem bereits mehrere spezielle Programme und Förderschwerpunkte der Bundesregierung zur Klima-, Meeres-, Polar- und Ozonforschung im Bereich der GW-Forschung vorliegen.

Bei der in *Kap. B* des Gutachtens durchgeführten Analyse der gegenwärtigen GW-Forschung sind Defizite zu erkennen: Es fehlt der deutschen Forschung in vielen Bereichen an einer ausreichenden internationalen Einbindung; die problemorientierte Zusammenarbeit zwischen den verschiedenen Disziplinen und die Entwicklung interdisziplinärer Konzepte sind unterentwickelt; die organisatorische Verflechtung und Koordination ist sowohl im wissenschaftlichen als auch im administrativen Bereich der GW-Forschung ausbaubedürftig, und schließlich fehlt es an einer ausreichenden Kommunikation zwischen Forschung, Politik und Gesellschaft.

Zur Behebung dieser Defizite zeigt das Gutachten Wege auf: Aufbauend auf seinem systemaren Ansatz stellt der Beirat in *Kap. C* ein neues Leitbild für die Gestaltung der Umweltforschung im allgemeinen und der GW-Forschung im besonderen vor. Die Überlegungen münden in *Kap. D* in forschungspolitische Empfehlungen, die auch generelle Implikationen für die Organisation der deutschen Wissenschaft haben.

Stand der Forschung zum Globalen Wandel und offene Fragen   B

Internationale Programme zum Globalen Wandel 1

Die Untersuchung des Globalen Wandels verlangt *per se* eine Herangehensweise über nationalstaatliche Grenzen hinweg. Aufgrund der zunehmenden Aktualität dieses Themas wurden in den vergangenen zwei Dekaden verschiedene internationale Programme eingerichtet. Eine Übersicht zu diesen Programmen steht daher am Anfang dieses Jahresgutachtens. Ausgewählt wurden neben reinen GW-*Forschungs*programmen auch integrative Aktivitäten (z.B. Datenmanagement, *capacity building*) und *Monitoring*-Programme.

Für die Wahrnehmung, Analyse und Interpretation von weltweiten Klimaänderungen wurden die ersten überwiegend naturwissenschaftlich ausgerichteten Programme zur Erforschung des Globalen Wandels eingerichtet. Hierzu zählt in erster Linie das *World Climate Research Programme* (WCRP), in dessen Rahmen seit 1979 das globale Klimasystem erforscht und die Prognose globaler und regionaler Klimaänderungen ermöglicht werden sollten. Um die politische Umsetzung der wissenschaftlichen Ergebnisse zu verbessern, wurde 1988 durch die *World Meteorological Organisation* (WMO) und das *United Nations Environmental Programme* (UNEP) gemeinsam das *Intergovernmental Panel on Climate Change* (IPCC) gegründet. Das IPCC als internationales Gremium erarbeitet unter Beteiligung von Wissenschaftlern und Regierungsvertretern Berichte über globale Klimaveränderungen. Die Arbeit des IPCC dient zudem als Informationsgrundlage für die Organe der Klimarahmenkonvention.

Mit dem *International Geosphere Biosphere Programme* (IGBP), das für die Arbeit des IPCC inzwischen ebenfalls zu einer wichtigen Grundlage geworden ist, wurde 1986 ein weiteres internationales Programm zur Erforschung des Globalen Wandels gegründet. IGBP befaßt sich mit den Wechselwirkungen von Lebensgemeinschaften mit den von ihnen bewohnten und beeinflußten Atmo-, Hydro- und Lithosphären.

Die Rolle des Menschen als Verursacher und Betroffener des Globalen Wandels steht im Mittelpunkt des *International Human Dimensions of Global Environmental Change Programme* (IHDP). Das ebenfalls 1986 initiierte IHDP befindet sich nach einer Neustrukturierung noch in der Aufbauphase.

Die zunehmende Berücksichtigung der Rolle des Menschen im Globalen Wandel spiegelt sich darüber hinaus in einer Reihe weiterer Forschungsprogramme wider. Herausragend ist dabei das UNESCO-Programm „Der Mensch und die Biosphäre" (*Man and the Biosphere,* MAB). Auch im europäischen Rahmen wurden verschiedene Initiativen zur GW-Forschung gestartet. Schließlich müssen auch wichtige Monitoring-Programme Erwähnung finden, da sie eine unentbehrliche Grundlage zur Erforschung des Globalen Wandels darstellen. Hier werden insbesondere jene Monitoring-Programme angesprochen, die Teil der *Earthwatch*-Aktivitäten des UNEP sind (*Abbildung 1, Kasten 1*).

1.1
World Climate Research Programme (WCRP)

Das *World Climate Research Programme* (WCRP), ein Teilprojekt des *World Climate Programme* (WCP), wurde 1979 gemeinsam von ICSU (*International Council of Scientific Unions*) und WMO gegründet. Ziel ist es festzustellen, in welchem Umfang das Klima wie auch der anthropogene Einfluß auf das Klima vorhergesagt werden können. Dazu ist ein quantitatives Verständnis der vier Hauptkomponenten des physikalischen Klimasystems notwendig: Atmosphäre, Ozean, polare Kryosphäre und Landoberflächen der Kontinente.

1.1.1
Organisation des WCRP

Die Themenschwerpunkte des WCRP werden vom *Joint Scientific Committee* (JSC) festgelegt, einer gemeinsamen Kommission von WMO, ICSU und seit 1993 auch der (IOC) der UNESCO. Die vom JSC angeregten Hauptprojekte erhalten ein eigenes Sekretariat (*Abbildung 2*). In Deutschland befindet sich das Sekretariat des *Climate Variability and Pre-*

22   B 1 **Internationale Programme zum Globalen Wandel**

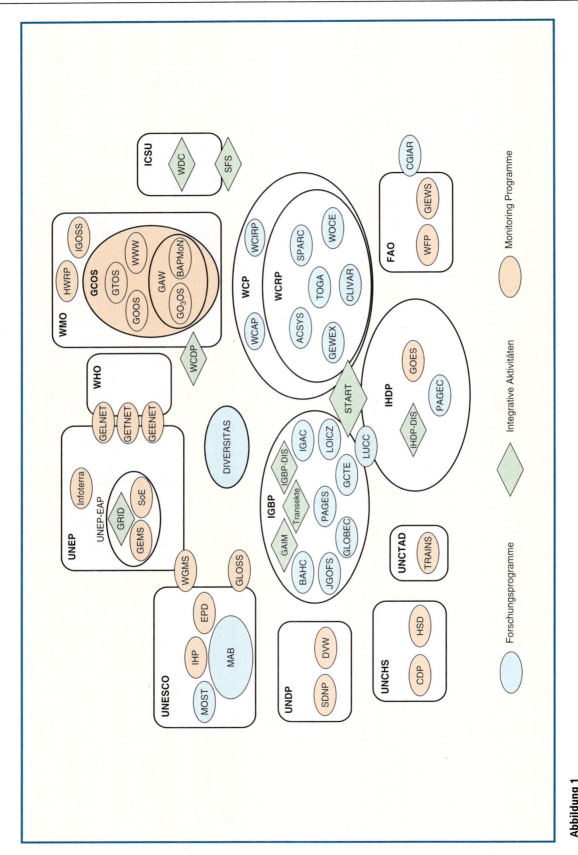

Abbildung 1
Internationale Programme zum Globalen Wandel.
Quelle: WBGU

KASTEN 1
Akronyme zu Abbildung 1

ACSYS: *Arctic Climate System Study*
BAHC: *Biospheric Aspects of the Hydrological Cycle*
BAPMoN: *Background Air Pollution Monitoring Network*
CDP: *City Data Programme* (in Vorbereitung)
CGIAR: *Consultative Group on International Agricultural Research*
CLIVAR: *Climate Variability and Predictability Programme*
DIVERSITAS: Programm zur Biodiversitätsforschung
DVW: *Development Watch*
EPD: *Environment and Population Education & Information for Development*
FAO: *Food and Agriculture Organisation*
GAIM: *Global Analysis, Interpretation and Modelling*
GAW: *Global Atmosphere Watch*
GCTE: *Global Change and Terrestrial Ecosystems*
GCOS: *Global Climate Observing System*
GEENET: *Global Environmental Epidemiology Network*
GELNET: *Global Environmental Library Network*
GEMS: *Global environmental monitoring System*
GETNET: *Global Environmental Technology Network*
GEWEX: *Global Energy and Water Cycle Experiment*
GIEWS: *Global Information Early Warning System*
GLOBEC: *Global Ocean Ecosystem Dynamics*
GLOSS: *Global Sea Level Observing System*
GOES: *Global Omnibus Environmental Survey*
GOOS: *Global Ocean Observing System* (in Vorbereitung)
GO_3OS: *Global Ozone Oberserving System*
GRID: *Global Resources Information Database*
GTOS: *Global Terrestrial Observing System*
HSD: *Human Settlements Database* (in Vorbereitung)
HWRP: *Hydrology and Water Resources Programme*
ICSU: *International Council of Scientific Unions*
IGAC: *International Global Atmospheric Chemistry Project*
IGOSS: *Integrated Global Ocean Service System*
IGBP: *International Geosphere Biosphere Programme*
IGBP-DIS: *IGBP-Data and Information System*
IHDP: *International Human Dimension of Global Environmental Change Programme*
IHDP-DIS: *IHDP-Data and Information System*
IHP: *International Hydrological Programme*
Infoterra: *International Environmental Information System*
IOC: *Intergovernmental Oceanic Commission*
JGOFS: *Joint Global Ocean Flux Study*
LOICZ: *Land-Ocean Interactions in the Coastal Zone*
LUCC: *Land-Use and Land-Cover Change*
MAB: *Man and the Biosphere Programme*
MOST: *Management of Social Transformations*
PAGEC: *Perceptions and Assessment of Global Environmental Conditions and Change*
PAGES: *Past Global Changes*
SDNP: *Sustainable Development Networking Programme*
SFS: *Sciences for Food Security* (in Vorbereitung)
SoE: *State of the Environment*
SPARC: *Stratospheric Processes and their Role in Climate*
START: *System for Analysis, Research, and Training*
TOGA: *Tropical Ocean - Global Atmosphere* (bis 1994)
TRAINS: *Trade Analysis and Information System*
UNCHS: *United Nations Centre for Human Settlements (HABITAT)*
UNCTAD: *United Nations Conference on Trade and Development*
UNDP: *United Nations Development Programme*
UNEP: *United Nations Environment Programme*
UNEP-EAP: *UNEP Environment Assessment Programme*
UNESCO: *United Nations Educational, Scientific and Cultural Organization*
WCAP: *World Climate Assessment Programme*
WCDP: *World Climate Data Programme*
WCIRP: *World Climate Impacts and Response Strategies Programme*
WCP: *World Climate Programme*
WCRP: *World Climate Research Programme*
WDC: *World Data Centres*
WFP: *World Food Programme*
WGMS: *World Glacier Monitoring Service*
WHO: *World Health Organization*
WMO: *World Meteorological Organization*
WOCE: *World Ocean Circulation Experiment*
WWW: *World Weather Watch*

dictability Programme (CLIVAR), das von Australien, Deutschland, Japan und den USA gemeinsam finanziert wird. Auf internationaler Ebene laufen die Fäden beim *Joint Planning Staff* (JPS) in Genf zusammen. Die wissenschaftliche Planung erfolgt in den *Scientific Steering Groups* (SSG), während die Durchführung der Projekte vom Einsatz und den Mitteln der einzelnen Länder abhängt. Das WCRP selbst verfügt nur über sehr beschränkte Mittel, die für die Organisation der Infrastruktur eingesetzt werden. In *Kasten 2* sind die Hauptprojekte des WCRP dargestellt.

1.2 International Geosphere Biosphere Programme (IGBP)

Das *International Geosphere Biosphere Programme* (IGBP) wurde 1986 von ICSU gegründet und ist den Interaktionen und Kreisläufen der Geo- und Biosphäre mit Rückwirkungen auf den Globalen Wandel gewidmet. Die Geosphäre als Gesamtheit der physikalischen und chemischen Umwelt und die Biosphäre als der von den Lebewesen einschließlich

---

KASTEN 2

Hauptprojekte des WCRP

- ACSYS (seit 1994): Die *Arctic Climate System Study* konzentriert sich auf die Beobachtung und Modellierung des arktischen Ozeans, also auch auf Entstehung, Transport und Schmelzen von Meereis. Damit soll die Frage nach dem Frischwasserexport aus der Arktis in den Nordatlantik beantwortet werden, die auch Aufschluß über die Schwankungen der Tiefenwasserbildung und somit der globalen thermohalinen Zirkulation gibt. Sekretariat: Oslo, Norwegen.
- CLIVAR (seit 1995): Das *Climate Variability and Predictability Programme* soll zum weiteren Verständnis der natürlichen Variabilität des Klimas beitragen, mögliche anthropogene Veränderungen aufzeigen und das Klima in Zeitskalen von Jahreszeiten bis zu einem Jahrhundert vorhersagen. CLIVAR will auf den Erfolgen der Projekte TOGA und WOCE aufbauen und besteht zunächst aus drei Komponenten: 1.) der Untersuchung der Variabilität und Vorhersagbarkeit des globalen Ozean-Atmosphäre-Land-Systems in Zeitskalen von Jahreszeiten bis zu mehreren Jahren (GOALS) sowie 2.) Dekaden bis Jahrhunderten, unter besonderer Berücksichtigung der Rolle des Ozeans im globalen gekoppelten Klimasystem (DecCen) und 3.) der Modellierung und Zuordnung einer anthropogenen Klimaänderung. Sekretariat: Hamburg.
- GEWEX (seit 1988): Das *Global Energy and Water Cycle Experiment* soll den Transport und Austausch von Strahlung, Wärme und Wasser in der Atmosphäre und an der Erdoberfläche untersuchen, modellieren und vorhersagen sowie die Auswirkungen einer Klimaänderung auf globale und regionale Niederschlagsregime behandeln. Das Teilprojekt BALTEX, das den Wasserhaushalt des Einzugsgebietes der Ostsee erfaßt, wird von Deutschland in besonderem Maße gefördert. Sekretariat: Silver Spring, USA.
- SPARC (seit 1993): Die Untersuchung von *Stratospheric Processes and their Role in Climate* soll klären, welche Prozesse in der Stratosphäre auf das Klima rückwirken. Mit diesem Projekt werden die Untersuchungen im Rahmen des WCRP bis in die Stratosphäre ausgedehnt. Deutschland beteiligt sich an SPARC vor allem durch das Ozonforschungsprogramm (OFP). Es betreibt auch mehrere Stationen zur Messung des Ozons und der UV-Strahlung. Sekretariat: Verrières-le-Buisson, Frankreich.
- TOGA (1985-1994): Durch die Untersuchung der Wechselwirkungen zwischen dem tropischen Ozean und der Atmosphäre (*Tropical Ocean - Global Atmosphere*) sind neue Erkenntnisse über die Ursachen für die *Southern Oscillation* und das dazugehörige *El Niño*-Phänomen gewonnen worden. Deutschland war an TOGA hauptsächlich durch Modellentwicklung beteiligt.
- WOCE (1990-2002): Das *World Ocean Circulation Experiment* soll als Basis für die Entwicklung von realistischen mathematischen Modellen der globalen Zirkulation und des Wärmetransports in den Ozeanen erstmalig quasi-simultane Beobachtungen von allen Ozeanen liefern. Die physikalische Ozeanographie in Deutschland hatte zeitweilig einen erheblichen Teil ihres Potentials in WOCE gebunden. Sekretariat: Southampton, Großbritannien.

Abbildung 2
Organisationsstruktur des WCRP.
Quelle: WBGU

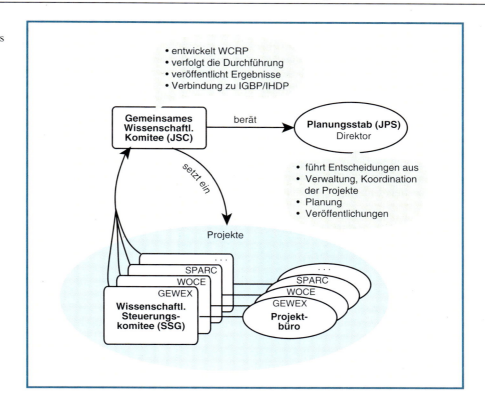

der Menschen bestimmte Komplex vielfältiger Wechselbeziehungen und Abhängigkeiten sollten als aneinander gekoppelt verstanden werden. Multidisziplinäre, international koordinierte Projekte sollen sich mit den natürlichen, aber in zunehmendem Maße vom Menschen beeinflußten Wechselwirkungen zwischen Boden, Wasser und Luft und ihren Rückkopplungen mit dem Klima im regionalen und globalen Rahmen befassen. Das Hauptziel des IGBP ist, die physikalischen, chemischen und biologischen Prozesse, die das Gesamtsystem Erde regulieren, zu beschreiben und zu verstehen. Dieses Ziel umfaßt ein weites Spektrum von Forschungsaktivitäten. Um Prioritäten zu setzen, wurde der Schwerpunkt auf solche Prozesse gelegt, die eine Zeitachse von Jahrzehnten bis Jahrhunderten haben, die empfindlich für menschliche Störungen sind und die mit hoher Wahrscheinlichkeit zu praktisch anwendbaren Vorhersagen führen.

Erste Aufgabe des IGBP war, die kritischen Lücken in unserem Verständnis von globalen biogeochemischen Stoffkreisläufen und ökologischen Prozessen zu definieren. Anschließend wurden einige zentrale, auf diese Lücken ausgerichtete Themen als „Kernprojekte" *(core projects)* ausgewählt. 1990 begann die offizielle Arbeit des IGBP mit der formalen Organisationsstruktur, einschließlich des *Scientific Committee* des IGBP (SC-IGBP). Die vorläufige Planung reicht über das Jahr 2000 hinaus (IGBP, 1994).

Zur Koordination wurde für jedes Kernprojekt ein Kernprojektbüro (*Core Project Office*, CPO) eingerichtet (*Kasten 3*).

Zu den IGBP-Kernprojekten kommen drei übergreifende, integrative Aktivitäten (*Framework Activities*) hinzu, die durch Modellentwicklung (GAIM), Einrichtung und Pflege von Datenbanken (IGBP-DIS) sowie Förderung des IGBP in Entwicklungsländern (START) allen Kernprojekten gemeinsam dienen sollen. Zugleich soll IGBP damit enger mit anderen nationalen und internationalen Aktivitäten der Forschung zum Globalen Wandel verbunden werden.

1.2.1
Organisation des IGBP

Für IGBP – wie für WCRP – ist die für große internationale Programme typische komplexe Organisationsstruktur entstanden, die sich auf nationaler Ebene widerspiegelt (*Abbildung 3*). Das *Scientific Committee* (SC-IGBP), welches sich je zur Hälfte aus unabhängigen Wissenschaftlern und den Vorsitzenden der Kernprojekte zusammensetzt, entwickelt das Programm, bestimmt die Prioritäten und lenkt die Programmdurchführung einschließlich der Publikation der Ergebnisse. Es entscheidet über die Aufnahme neuer Kernprojekte. Der *IGBP Scientific Adviso-*

ry Council (SAC) besteht aus Repräsentanten der nationalen IGBP-Komitees sowie Kontaktpersonen zu anderen ICSU-Organisationen. Er diskutiert den wissenschaftlichen Inhalt des Programms, beurteilt die Ergebnisse und gibt Empfehlungen für die generelle Politik des IGBP. Das IGBP-Sekretariat in Stockholm ist für die Umsetzung der Entscheidungen des SC-IGBP verantwortlich. Mehr als 60 Nationalkomitees stellen eine Schnittstelle zwischen den Forschern der beteiligten Länder und den internationalen Strukturen dar. Die Rolle der Nationalkomitees ist in den Entwicklungs- und Schwellenländern größer als in den Staaten mit einer schon gefestigten nationalen Wissenschaftsstruktur. Jedes Kernprojekt und jede Rahmenaktivität hat ein eigenes, weitgehend selbständiges System von Leitungsgremien und Sekretariaten, die vielfach weitgehend losgelöst von IGBP als ihrem Dachverband agieren. In Deutschland bemüht sich das nationale IGBP-Komitee mit seinem Sekretariat am Potsdam-Institut für Klimafolgenforschung (PIK) um Kontakte zwischen den deutschen Arbeitsgruppen für die einzelnen Kernprojekte.

KASTEN 3

Kernprojekte des IGBP

- BAHC: Im Projekt *Biospheric Aspects of the Hydrological Cycle* geht es um die Frage, wie die Vegetation mit den physikalischen Prozessen des hydrologischen Kreislaufs interagiert. Sekretariat: Potsdam, Deutschland.
- GCTE: Das *Global Change and Terrestrial Ecosystems* Projekt beschäftigt sich mit den Auswirkungen des Globalen Wandels auf terrestrische Ökosysteme. Sekretariat: Lynham, Australien.
- GLOBEC: Ziel des *Global Ocean Ecosystem Dynamics* Projekts ist die Vorhersagbarkeit möglicher Reaktionen des ozeanischen Systems auf Phänomene des Globalen Wandels. Sekretariat: Standort steht noch nicht fest.
- IGAC: Die Regelungsprozesse der Atmosphärenchemie und die Rolle der Biosphäre in den globalen Spurengaszyklen sowie die Aerosole stehen im Mittelpunkt des *International Global Atmospheric Chemistry* Projektes. Sekretariat: Cambridge, USA.
- JGOFS: Die biogeochemischen Kreisläufe im Ozean und die Wechselwirkungen dieser Kreisläufe mit dem Klimageschehen werden in der *Joint Global Ocean Flux Study* behandelt. Sekretariat: Bergen, Norwegen.
- LOICZ: Die Auswirkungen von Landnutzungsänderungen, Meeresspiegelanstieg und Klimawandel auf die Küstenökosysteme sind der Untersuchungsgegenstand im *Land-Ocean Interactions in the Coastal Zone* Projekt. Sekretariat: Texel, Niederlande.
- LUCC: Die Veränderung von Landnutzung und Landbedeckung, ihre zukünftige Entwicklung sowie die Wechselwirkungen zwischen Landnutzung, Landbedeckung und Klimawandel werden im Projekt *Land-Use and Land-Cover Change* untersucht. LUCC ist das einzige Projekt, das gemeinsam von IGBP und IHDP eingerichtet wurde. Sekretariat: Standort steht noch nicht fest.
- PAGES: Im Projekt *Past Global Changes* geht es um die Frage, welche bedeutsamen Veränderungen des Klimas und der Umwelt in der Vergangenheit stattgefunden haben, und wodurch diese verursacht wurden. Sekretariat: Bern, Schweiz.

RAHMENAKTIVITÄTEN DES IGBP

- GAIM: Das *Global Analysis, Interpretation and Modelling* Projekt soll die Entwicklung, Evaluation und Anwendung von umfassenden prognostischen Modellen des globalen biogeochemischen Systems vorantreiben und diese an die Modelle des physikalischen Klimasystems koppeln. Sekretariat: Durham, USA.
- IGBP-DIS: Das *IGBP Data and Information System* steht den Kernprojekten bei Datenerfassung und -management zur Seite und sichert die Zusammenarbeit mit den Weltraumagenturen und internationalen Datenzentren. Sekretariat: Toulouse, Frankreich.
- START: Das *Global Change System for Analysis, Research and Training* ist auf den Aufbau der wissenschaftlichen Infrastruktur für die Forschung zum Globalen Wandel in den verschiedenen Regionen der Erde, besonders in Entwicklungsländern, ausgerichtet. Das Ziel dieser gemeinsamen Rahmenaktivität von IGBP, WCRP und IHDP sind leistungsfähige Netzwerke regionaler Forschungs- und Analyseprojekte. Sekretariat: Washington D.C., USA.

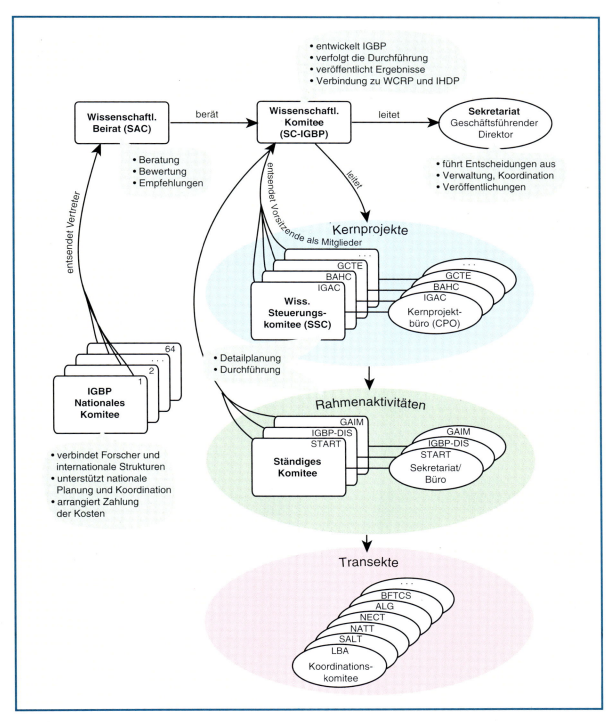

Abbildung 3
Organisationsstruktur des IGBP.
Akronyme: BFTCS *Boreal Forest Transect Case Study*, ALG *Alaskan Latitudinal Gradient*, NECT *North East Chinese Transect*, NATT *North Australian Tropical Transect*, SALT *Savanna on the Long-Term*, LBA *Large Scale Biosphere-Atmosphere Experiment in Amazonia*. Weitere Akronyme siehe *Kasten 1*.
Quelle: WBGU

KASTEN 4

Internationale Monitoring-Programme zum Globalen Wandel

- GCOS: Das *Global Climate Observing System*, das von WMO, IOC, UNEP und ICSU gemeinsam initiiert wurde, befaßt sich mit der Sicherstellung und Kontinuität der systematischen, möglichst vollständigen globalen Beobachtung des Klimasystems, dem Erkennen von Klimaänderungen und der Überwachung der Folgen solcher Änderungen auf terrestrische Ökosysteme. GCOS soll soweit wie möglich bereits bestehende Beobachtungssysteme integrieren, teilweise verstärken, und wo notwendig, neue, zusätzliche Beobachtungssysteme aufbauen. GCOS soll dabei die Kontinuität der Messungen sicherstellen, wozu die regelmäßige Unterstützung durch die Partnerländer notwendig ist. Zu GCOS zählt auch das Beobachtungssystem *Global Atmosphere Watch* (GAW). GAW umfaßt u.a. das *Global Ozone Observing System*, das *Background Air Pollution Monitoring Network*, das *Integrated Global Ocean Services System* und das *Global Sea Level Observing System*. Auch Daten aus dem *World Weather Watch Programme* (WWW) fließen hier ein.
- GOOS: Während die Kontinente mit einem Netz bemannter und automatischer Wetterstationen überzogen sind, fehlt ein entsprechendes Beobachtungsnetz für das Weltmeer. Die IOC hat seit 1993 in Zusammenarbeit mit WMO und ICSU die Planung eines *Global Ocean Observing System* betrieben. Dabei geht es um technische Entwicklungen und Installationen in Milliardenhöhe. Es ist weiterhin vorgesehen, daß zu GOOS auch weltweite Kommunikationsnetze und Datenzentren gehören werden, die zur Erfüllung der Ziele des GCOS benötigt werden. Die „Gesundheit" des Ozeans abzuschätzen, ist ein weiteres Ziel von GOOS. In Europa hat sich mit EUROGOOS ein regionaler Arm von GOOS entwickelt, der eine starke Beteiligung der europäischen (und damit deutscher Industrie und Wissenschaft) an einer an europäischen Interessen orientierten Entwicklung mariner Beobachtungssysteme anstrebt.
- GTOS: Das *Global Terrestrial Observing System* befindet sich noch in der Planung, soll aber eng mit GCOS und GOOS verknüpft werden.
- UNEP-Programme: Unter dem Namen *Earthwatch* werden seit 1972 alle UN-Umwelt-Monitoring-Aktivitäten zusammengefaßt. Aufgabe von *Earthwatch* ist die Berichterstattung, Koordinierung, Harmonisierung und Integration von Beobachtungsdaten mit dem Zweck, Umweltveränderungen zu antizipieren und Entscheidungsgrundlagen für umweltpolitische Maßnahmen zu liefern. UNEP ist an *Earthwatch* mit seinen Monitoring-Programmen GEMS (*Global environmental monitoring System*), dessen Unterprogrammen GEMS/*Air*, GEMS/*Water*, GEMS/*Food* und GEMS/HEALS (*Human Exposure Assessment Location Project*).

  Das Management der durch die GEMS-Programme gewonnenen Beobachtungsdaten und deren Verteilung wird durch GRID (*Global Resource Information Database*), IRPTC (*International Register of Potentially Toxic Chemicals*) und INFOTERRA sichergestellt. Aufgabe von GRID ist es, geographisch explizite Daten aus den GEMS-Programmen von internationalen Institutionen und Organisationen zu sammeln und aufzubereiten. Eine Verwendung von Geographischen Informationssystemen (GIS) ermöglicht zudem die Darstellung von Zusammenhängen der regionalen Daten. IRPTC ist ein globales Netzwerk, das Informationen zu chemischen Gefahrstoffen sammelt und bereitstellt. INFOTERRA ist ein Mechanismus, der den Austausch von Daten und Informationen innerhalb und zwischen Staaten sicherstellen soll. Ein wesentlicher Schwerpunkt der Aktivitäten liegt hierbei auf der Bereitstellung von Informationen für Entwicklungsländer.
- GIEWS: Das *Global Information and Early Warning System* der FAO befaßt sich mit der ständigen Überwachung und Vorhersage der Welternährungssituation. Ziel ist das frühzeitige Erkennen von Nahrungskrisen, um Interventionen rechtzeitig und gezielt durchführen zu können.

Die Forschungsaktivitäten im Rahmen von IGBP werden fast ausschließlich aus nationalen Haushalten finanziert. Das jährliche Gesamtvolumen wird auf ca. 800 Mio. US $ geschätzt. Für Projekte in Entwicklungsländern stehen begrenzte Fördermittel in Höhe von etwa 3 Mio. US $ durch internationale Organisationen zur Verfügung.

Die deutsche Wissenschaft ist in allen IGBP-Planungs- und Koordinationsgremien angemessen vertreten und betreibt das Sekretariat des Kernprojekts *Biospheric Aspects of the Hydrological Cycle* (BAHC). Für alle Kernprojekte und Rahmenprogramme bestehen deutsche Arbeitsgruppen. Fast alle in der Umweltforschung tätigen deutschen Institute sind in der einen oder anderen Weise an IGBP-Projekten beteiligt. Das Bestreben des BMBF, im nationalen Rahmen vorzugsweise Verbundvorhaben zu fördern, kommt dem Bemühen von IGBP um Forschungsintegration entgegen. Auch mehrere Sonderforschungsbereiche und Schwerpunktprogramme der DFG sind unmittelbar mit IGBP-Kernprojekten verbunden.

Eine wichtige Grundlage für die bisher dargestellten Programme zum Globalen Wandel sind forschungsbegleitende Monitoringaktivitäten. Einen Überblick hierzu gibt *Kasten 4*.

1.2.2
Bewertung des IGBP aus internationaler Sicht

Auf Veranlassung der Mutterorganisation ICSU und der Gemeinschaft der nationalen Förderorganisationen (IGFA) fand 1994/95 eine international besetzte Bewertung der bisherigen Entwicklung von IGBP statt. Das Ergebnis war insgesamt positiv: Die Einzelkomponenten (Kernprojekte und Rahmenaktivitäten) sind nützlich für Wissenschaft und Gesellschaft, und IGBP als Dachorganisation verleiht den nationalen und internationalen Vorhaben Kohärenz nach innen und zusätzliche Sichtbarkeit nach außen. Die weitgehend unbürokratische Organisation von IGBP und seinen Kernprojekten erscheint angemessen für ein Programm, das aus der Initiative von Einzelwissenschaftlern und nationalen Planungsgruppen lebt. Vor einer stärkeren Formalisierung von IGBP und einer zeitlich unbegrenzten Fortschreibung seiner verschiedenen Aktivitäten wird ebenso nachdrücklich gewarnt, wie vor einer Ausweitung des gegenwärtigen, sehr effizienten Sekretariats, das aber enger mit den Sekretariaten der Kernprojekte kommunizieren sollte.

Im April 1996 fand in Bad Münstereifel der erste internationale IGBP-Kongreß statt. Der Zeitpunkt für diese Konferenz wurde dadurch bestimmt, daß die Implementierungsphase der meisten Kernprojekte sowie die erste Evaluierung des IGBP gerade abgeschlossen waren. Als herausragendes Beispiel für neue integrative und interdisziplinäre Aktivitäten von IGBP wurden die *Transektaktivitäten* diskutiert. IGBP führt im Rahmen dieser Aktivitäten regionale Studien über 10-15 Jahre in allen wichtigen Klima- und Vegetationszonen durch. Sie sollen sich zu einem neuen integrativen Rahmen, quer zu den einzelnen Kernprojekten entwickeln. Von solchen „Inter-Projekten" wird erwartet, daß sie stärker die Bedürfnisse von Grundlagenforschung und Politikrelevanz verbinden, die Verknüpfung lokaler Prozesse mit globalen Mechanismen aufzeigen und besser in die Förderstruktur der Geberinstitutionen passen. Für die Transektaktivitäten besteht zukünftig ein hoher Bedarf an sozialwissenschaftlichen Beiträgen.

Effizienzsteigerungen sind für IGBP zu erwarten, wenn die Kontakte zwischen den großen internationalen Programmen verstärkt werden: zu WCRP sind sie bereits recht befriedigend, zu DIVERSITAS *(siehe Kasten 5)* und IHDP *(siehe Kap. B 1.3)* noch sehr schwach. In die gleiche Richtung gehen Empfehlungen, sich stärker als bisher in die Entwicklung und Ausfüllung der internationalen Konventionen zu Klima, Biodiversität, Wüstenbildung etc. einzuschalten. In jüngster Zeit begibt sich IGBP aus dem Bereich der bisher ausschließlich naturwissenschaftlichen Ausrichtung auch in das Gebiet der sozioökonomischen Aspekte von Umweltveränderungen. Ein Beispiel hierfür ist das gemeinsam mit IHDP betriebene Kernproject *Land-Use and Land-Cover Change* (LUCC) *(siehe Kap. C 1.3)*

1.3
International Human Dimensions of Global Environmental Change Programme (IHDP)

Ziel des *International Human Dimensions of Global Environmental Change Programme* IHDP (früher: HDP, HDGC, HDGEC) ist es, sozialwissenschaftliche Forschungsinitiativen zu entwickeln und zu fördern, die für das Verständnis der Rolle des Menschen bei der Verursachung globaler Umweltveränderungen sowie der Auswirkungen dieser Veränderungen auf Mensch und Gesellschaft von besonderer Bedeutung sind.

Das IHDP wurde 1990 nach vierjähriger Planung unter der Trägerschaft des *International Social Science Council* (ISSC) ins Leben gerufen und hat sich seither im Vergleich etwa zum IGBP nur wenig entwickelt. Seit Anfang 1996 fungiert ICSU als zweite Trägerinstitution. IHDP versteht sich selbst als sozialwissenschaftliche Parallele bzw. Ergänzung zu den naturwissenschaftlichen Programmen IGBP und WCRP. Seinem Charakter als Rahmenprogramm entsprechend will das IHDP vor allem Austausch und Vernetzung der sozialwissenschaftlichen Forschung zum Globalen Wandel fördern.

Innerhalb eines breit angelegten programmatischen Rahmens wurden bisher lediglich für das Kernprojekt *Perception and Assessment of Global Environmental Change* (PAGEC) und das Monitoring-Programm *Global Omnibus Environmental Survey* (GOES) konkrete Arbeitspläne erarbeitet. Letzteres hat die Entwicklung eines methodischen Instruments zum weltweiten Monitoring von umweltrelevantem Wissen, Einstellungen und Verhaltensweisen zum Ziel. Um der großen Bedeutung von Veränderungen in Landnutzung und -bedeckung für den Globalen Wandel gerecht zu werden, haben IGBP und IHDP ein gemeinsames Kernprojekt *Land-Use and Land-Cover Change* (LUCC) eingerichtet. Weitere von IHDP bislang diskutierte Themenbereiche sind: Industrielle Transformation, Energieproduktion und -verbrauch, Demographische und soziale Dimensionen der Ressourcennutzung, *Environmental Security*, Handel und Umwelt, Institutionen sowie Gesundheit.

Im Bereich der elektronischen Archivierung und weltweiten Bereitstellung sozialwissenschaftlicher Daten kooperiert das IHDP eng mit dem *Consortium for International Earth Science Information Network* (CIESIN). Ziel ist dabei u.a. die Etablierung des *IHDP Data and Information System* (IHDP-DIS) als Rahmenaktivität des Programms.

Neben Workshops der einzelnen Arbeitsgruppen und den Treffen der IHDP-Gremien finden etwa alle zwei Jahre wissenschaftliche Symposien statt, bei denen eine Standort- und Kursbestimmung des Programms vorgenommen wird. Das IHDP unterhält ein Sekretariat in Genf und finanziert sich zur Zeit noch rein projektbezogen bzw. auf der Basis von Zuwendungen. Für die Zukunft wird eine Grundfinanzierung, etwa durch die nationalen Institutionen der Forschungsförderung angestrebt.

Nach dem dritten wissenschaftlichen Symposium des IHDP in Genf 1995 und dem Beitritt von ICSU als Co-Sponsor befindet sich das Programm derzeit in einer Phase der Neustrukturierung. So wurde bei der ersten Sitzung des neuen wissenschaftlichen Steuergremiums im Mai 1996 für die Zukunft eine Konzentration der IHDP-Aktivitäten auf einige wenige, dafür aber intensiver zu bearbeitende Kernprojekte vereinbart. Aktuell wird die Einrichtung von nationalen HDP-Komitees angestrebt. Außerdem sollen bereits bestehende nationale Forschungsaktivitäten mit den Aktivitäten des IHDP vernetzt werden.

1.4
UNESCO-Programm Man and the Biosphere

Neben WCRP, IGBP und IHDP gibt es noch eine große Zahl weiterer internationaler Programme, die Bezug zur Problematik des Globalen Wandels haben und an denen Deutschland teilweise intensiv beteiligt ist. Bedeutend ist hier vor allem das UNESCO-Programm *Man and the Biosphere* (MAB).

1.4.1
Schwerpunkte und Ziele

Das MAB-Programm wurde 1971 von der UNESCO-Generalkonferenz beschlossen. Aufgabe des MAB-Programms ist, auf internationaler Ebene wissenschaftliche Grundlagen für eine ökologisch nachhaltige Nutzung der Biosphäre zu erarbeiten bzw. zu verbessern und auf diese Weise zur Lösung globaler Umwelt- und Entwicklungsprobleme beizutragen. Ein solches Ziel setzt voraus, daß die menschlichen Aktivitäten in die Betrachtung mit einbezogen werden. Dieser erweiterte ökosystemare Ansatz berücksichtigt deshalb neben ökologischen auch gesellschaftliche (kulturelle, soziale, ökonomische etc.) Aspekte. Ein besonderes Anliegen von MAB ist die Erarbeitung konzeptioneller Grundlagen und Modelle für die nachhaltige Nutzung der Biosphäre. Diese Modelle sollen in ausgewählten Kulturlandschaften entwickelt, erprobt und umgesetzt werden. Die thematischen Schwerpunkte wurden 1993 im Anschluß an die Rio-Konferenz neu definiert (Erdmann und Nauber, 1995):

- Schutz der Biodiversität und ökologischer Prozesse.
- Erarbeitung von Strategien einer nachhaltigen Nutzung.
- Förderung von Informationsvermittlung und Umweltbildung.
- Etablierung einer Ausbildungsstruktur.
- Errichtung und Betrieb eines globalen Umweltbeobachtungssystems.

Darüber hinaus ist es Aufgabe des MAB-Programms, weltweit die Einrichtung von Biosphärenreservaten zu unterstützen. So existierten 1995 bereits 328 Biosphärenreservate in 82 Ländern. Das deutsche MAB-Nationalkomitee engagiert sich besonders für den Aufbau eines Monitoring-Programmes in Modellregionen (*Biosphere Reserve Integrated Monitoring*, BRIM). In Biosphärenreservaten werden teilweise schon seit vielen Jahren Daten zu Umweltbeobachtung aus Forschungsprojekten erhoben. Durch Zusammenführung und Auswertung der be-

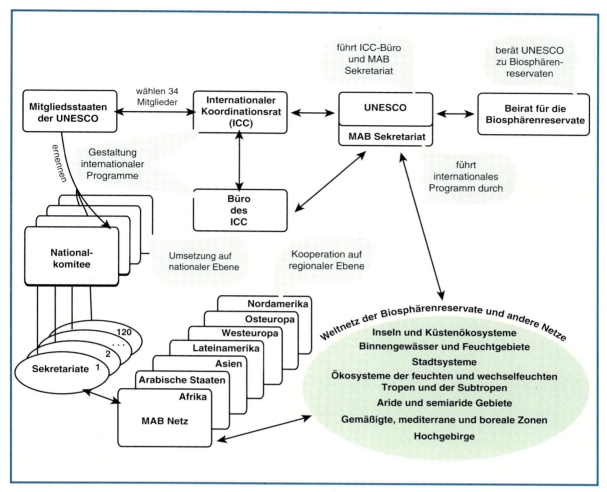

Abbildung 4
Organisationsstruktur des MAB.
Quelle: WBGU

stehenden Datensätze sowie der systematischen Beobachtung neuer Parameter wird MAB versuchen, den gegenwärtigen Zustand der Umwelt in Europa zu beschreiben und Vorhersagen für ihre zukünftige Entwicklung zu treffen. Entsprechend der MAB-Philosophie werden dabei auch gesellschaftliche Aspekte berücksichtigt. Die Umweltbeobachtung durch MAB sollte mit den jeweiligen nationalen Aktivitäten zur Umweltbeobachtung abgestimmt werden.

1.4.2
Organisation und internationale Zusammenarbeit

Das MAB-Sekretariat befindet sich am UNESCO-Hauptsitz in Paris. Für die internationale Organisation, Planung und Koordination des MAB-Programms ist ein „Internationaler Koordinationsrat" (ICC) verantwortlich (*Abbildung 4*). Der ICC wird auf der UNESCO-Generalkonferenz für vier Jahre gewählt. Neben Workshops der einzelnen Arbeitsgruppen finden bislang etwa alle zwei Jahre ICC-Tagungen statt.

Aufgrund der globalen Dimension von Umweltveränderungen wurde das MAB-Programm von Anfang an international ausgerichtet. Dabei sollten vor allem die Entwicklungsländer in das Programm eingebunden werden. Die Durchführung und Organisation des MAB-Programmes ist Aufgabe des MAB-Sekretariats, das sich aus je einem Vertreter der UN-Regionen Afrika, Arabien, Asien/Australien, Südamerika, Westeuropa und Osteuropa zusammensetzt. In den einzelnen UNESCO-Mitgliedsstaaten werden durch die Regierungen MAB-Nationalkomitees berufen. Diese Nationalkomitees haben vor allem die Aufgabe, aus dem internationalen Programm nationale Schwerpunkte zu konkretisieren.

Die Geschäftsstelle des deutschen MAB-Nationalkomitees ist im Bundesamt für Naturschutz (BfN) in Bonn angesiedelt. Schwerpunkte des deutschen Beitrags sind die Ausweisung von Biosphärenreservaten und die Einrichtung von Ökosystemforschungszentren und entsprechenden Forschungsprogrammen, die vom BMBF, BMI, BMU, der DFG und den beteiligten Bundesländern finanziert werden. Auch zukünftig wird das Konzept des Biosphärenreservats einen Schwerpunkt des deutschen MAB-Programmbeitrags bilden. Das nächste mittelfristige Nationalprogramm (Fortschreibung von 1996-2001) wird sich auf die Forschungsthemen „Nachhaltige Entwicklung", „Umweltverantwortliches Handeln", „Biodiversität" und „Landnutzungsänderungen" konzentrieren.

Die Biosphärenreservate spielen eine wichtige Rolle in der internationalen Zusammenarbeit. Über die MAB-Nationalkomitees der einzelnen Entwicklungsländer können Projekte, die sich auf die Biosphärenreservate beziehen, in die Entwicklungszusammenarbeit eingebracht werden. Darüber hinaus besteht der deutsche Beitrag zur internationalen Zusammenarbeit auch aus der Vergabe von Treuhandmitteln an die UNESCO. Die globale Zusammenarbeit wird schließlich auch zwischen den einzelnen MAB-Nationalkomitees, dem MAB-Sekretariat in Paris und durch regionale Netzwerke (auf kontinentaler bzw. subkontinentaler Ebene) organisiert. Gegenwärtig bestehen regionale MAB-Netze in Europa und Nordamerika (EUROMAB), in Mittel- und Südamerika sind sie im Aufbau und in Westafrika in Vorbereitung. Auch unter den einzelnen MAB-Nationalkomitees oder auch bilateral kann es zur Zusammenarbeit kommen.

Weitere wichtige internationale Forschungsprogramme, die sich mit Fragen des Globalen Wandels beschäftigen, sind in *Kasten 5* aufgeführt.

KASTEN 5

Programme der UN, der EU und sonstige

UN-PROGRAMME
- EPD: Das UNESCO-Programm *Environment and Population Education & Information for Development* will durch eine intensive Vernetzung mit anderen UN-Organisationen zur Lösung globaler Entwicklungsprobleme beitragen und dabei die entsprechenden Gipfeltreffen (z.B. Umweltgipfel, Weltbevölkerungsgipfel) besonders berücksichtigen. Zu den Schwerpunktthemen zählen u.a. nachhaltige Entwicklung, globale und lokale Perspektiven, Menschenwürde, die Verschiedenheit von Lebensstilen und globale Partnerschaft. EDP will in erster Linie integrieren und Akteure auf internationaler Ebene zusammenführen.
- GEF: Die *Global Environmental Facility* ist ein globaler Umweltfonds der UN, das im wesentlichen von UNDP und UNEP verwaltet und von der Weltbank finanziert wird. Gegenwärtig laufen Einzelprojekte mit einem Gesamtzuschuß der Weltbank von 200 Mio. US $. In vier Bereichen (internationale Gewässer, Klima, Biodiversität, Ozonabbau) werden regionale Vorhaben gefördert, die globale Auswirkungen haben. Forschung ist bei der Förderung nicht primäres Ziel, sondern ein wichtiges Mittel zum Zweck der GEF.
- IHP und OHP: Das *International Hydrological Programme* der UNESCO und das *Operative Hydrological Programme* der WMO arbeiten aufeinander abgestimmt über die globale Erfassung der Süßwasserreserven, die Erforschung des Wasserkreislaufs und hydrologische Extremereignisse. Bei IHP stehen wissenschaftliche Fragen, bei OHP operative Aspekte von der Meßnetzentwicklung bis hin zur Vorhersage im Mittelpunkt.
- MOST: Das UNESCO-Programm *Management of Social Transformations* wurde 1993 eingerichtet, um die rapiden globalen Wandlungsprozesse auch durch sozialwissenschaftliche Forschung zu untersuchen. Ausgangsüberlegung war, daß nachhaltige Entwicklung direkt von der Bewältigung sozialer und wirtschaftlicher Probleme abhängt. Zu den drei thematischen Schwerpunkten von MOST zählen: Städte als Arenen beschleunigter sozialer Transformation, multikulturelle und multiethnische Gesellschaften sowie wirtschaftliche und technologische Transformationsprozesse.

EUROPÄISCHE PROGRAMME
- EU-Programme zur Umweltforschung: Im *Vierten Rahmenprogramm für Forschung und Technologische Entwicklung* (1994 bis 1998, mit einem Budget von etwa 26 Mrd. DM) wird die Forschung zum Globalen Wandel insbesondere im Aktionsbereich „FTE- (Forschung und Technologische Entwicklung) und Demonstrationsprogramme" gefördert. An der Durchführung des Rahmenprogramms sind Unternehmen, Universitäten, Hochschulen und Forschungsorganisationen innerhalb der EU beteiligt. Deutschland sollte bei der Fortschreibung der EU-Programme auf eine ausgewogene Verteilung der Fördermittel auf naturwissenschaftlich-technische und sozioökonomische Aspekte hinwirken. Hierzu ist es notwendig, für dieses Ziel EU-Partner im Vorfeld zu gewinnen, z.B. durch die Einberufung interessierter EU-Länder zu einem Workshop.

  Die in das Rahmenprogramm eingebetteten FTE-Programme verfolgen einen multidisziplinären Ansatz und sind länderübergreifend angelegt. Drei FTE-Programme können ganz oder teilweise der Forschung zum Globalen Wandel zugeordnet werden:
  - *Umwelt und Klima*: Dieses Programm wird im Zeitraum 1994-98 mit 990 Mio. DM gefördert. Es beinhaltet die Forschungsgebiete: 1. Fragen der natürlichen Umwelt, Umweltqualität und globalen Veränderungen (Schwerpunkt Klimaforschung), 2. Umwelttechnologien, 3. Weltraumtechnologien im Dienste der Umweltforschung sowie 4. die gesellschaftliche Dimension der Umweltveränderungen. Auf diesen sozioökonomischen Bereich entfallen 6,7% der Fördersumme des Programms.
  - *Meereswissenschaften und Technologien (MAST III):* Dieses Programm ist mit 424 Mio. DM budgetiert und umfaßt vier Bereiche: 1. Meereswissenschaften, 2. Strategische Meeresforschung, 3. Meerestechnologien und 4. unterstützende Maßnahmen. Die strategische Meeresforschung soll sich laut Programmziel mit den Veränderungen der Küstengebiete sowie den daraus resultierenden sozialen und wirtschaftlichen Auswirkungen auseinandersetzen, eine Berücksichtigung sozioökonomischer Aspekte ist jedoch in den wissenschaftlichen Inhalten der Forschungsbereiche nicht vorhanden.
  - *Landwirtschaft und Fischerei (FAIR):* Die Forschungarbeiten werden in diesem mit ca. 1,13 Mrd. DM budgetierten Programm in folgenden Bereichen durchgeführt: 1. Landwirtschaft, 2. Fischerei und Aquakultur (hierin marine Ökosysteme und sozioökonomische Aspekte), 3. Lebensmitteltechnologien, 4. Produktion und Verarbeitung von Biomasse, 5. Forstwirtschaft (nachhaltige Entwicklung) und 6. ländliche Entwicklung (hierin vor allem sozioökonomische Aspekte der Entwicklung des ländlichen Raumes).

  Auch in den Programmen zu Informations- und Kommunikationstechnologie, Biowissenschaften und -technologie, Energie und Verkehr sowie im Programm „Sozioökonomische Schwerpunktforschung" (TSER) finden sich Ansatzpunkte für Forschungsprojekte des Globalen Wandels. Obwohl die sozioökonomischen Aspekte der Forschung in der allgemeinen Zielsetzung für die FTE-Programme betont werden, weist die Verteilung der EU-Fördermittel auf eine stark technologieorientierte und naturwissenschaftliche Ausrichtung der Umweltforschung hin.

  Über das *European Network for Research in Global Change* (ENRICH), das sich als Clearingstelle für Information und Kooperation in der europäischen Forschung zum Globalen Wandel versteht, soll eine Verbesserung der Wissensbasis für politische Optionen in Europa erreicht werden. Grundlage dafür ist die angestrebte Vernetzung von EU-Programmen mit nationalen und internationalen Forschungsprogrammen wie IGBP, WCRP und IHDP.
- ESF: Die *European Science Foundation* ist ein 1974 gegründeter Verbund von 59 wissenschaftlichen Mitgliedsorganisationen aus 21 Ländern. Die ESF versteht sich als Forum für die europäische Forschung und will einen Beitrag zu ihrer langfristigen Entwicklung leisten. Mit Fragen des Globalen Wandels beschäftigen sich u.a.:
  - APE (1995-1999): Das *Airborne Polar Experiment* beschäftigt sich mit der Stratosphäre und klimawirksamen Spurenstoffen.
  - EISMINT (seit 1993): Um die Rolle der Eisschilde im globalen Klimasystem besser zu verstehen sind mathematische Modellrechnungen unerlässlich. Das *European Ice Sheet Modelling Initiative* Programm wurde

vom gemeinsamen EU/ESF *Committee on Ocean and Polar Sciences* (ECOPS) initiiert.
- EPICA (1996-2000): Die Antarktis zählt zu den Weltregionen, in denen die reichhaltigsten Daten über die Entwicklungsgeschichte der Erde „gespeichert" sind. Das *European Project for Ice Coring in Antartica* wird mit umfangreicher Logistik glaziologische Studien durchführen.
- GISDATA (1993-1996): Die *Geographical Information Systems: Data Integration and Data Base Design* dienen in erster Linie der Koordination und Vernetzung bei Datenerhebung, -management und -austausch auf europäischer Ebene. Dabei handelt es sich gleichermaßen um sozioökonomische wie umweltbezogene Daten.
- GRIP (1989-1995): Das *Greenland Ice Core Project* sammelt Langzeitdaten über die Erdgeschichte aus den grönländischen Eiskernen. Dabei soll ein Zeitrahmen von rund 500.000 Jahren abgedeckt werden.
- TERM (seit 1995): Zur interdisziplinären Zusammenführung nationaler Programme und Projekte aus den Sozial- und Verhaltenswissenschaften auf europäischer Ebene wurde das *Tackling Environmental Resource Management* Programm eingerichtet. Themenschwerpunkte sind: Konsum- und Produktionsmuster, Umweltmanagement unter Unsicherheit, internationale Kooperation bei der Bewältigung von Umwelt- und Entwicklungsproblemen sowie Umweltwahrnehmung und Kommunikation.
- EERO: Die *European Environmental Research Organisation* ist eine Gemeinschaft von gewählten führenden europäischen Umweltforschern. Sie ist sowohl ein Fokus für innovative und interdisziplinäre Umweltforschung in Europa als auch ein Netzwerk für die interdisziplinäre Ausbildung junger Wissenschaftler. Sie unterstützt gezielt neue und zukunftsträchtige interdisziplinäre Forschungsansätze. Die strategischen Ziele der EERO werden durch das internationale Postdoc-Stipendienprogramm zur Förderung herausragender Nachwuchswissenschaftler, durch Kurzzeit-Auslandsstipendien, die Initiierung von europäischen Umweltforschungsnetzwerken, die Veranstaltung von Workshops und Praktika zu aktuellen Umweltthemen und die Erstellung von Assessments und Gutachten erreicht. Obwohl Deutschland eine wesentliche Rolle bei der Entstehung der EERO (Startfinanzierung durch die VW-Stiftung) spielte, hat es sich leider noch nicht zu einem regelmäßigen finanziellen Beitrag verpflichtet.
- EUREKA-Initiative: EUREKA ist ein zwischenstaatlicher Rahmen für die grenzüberschreitende Zusammenarbeit europäischer Unternehmen und Forschungseinrichtungen auf dem Gebiet von Forschung und Technologie für zivile Zwecke.

Der Bereich Umweltforschung und -technologie stellt einen Schwerpunkt unter den EUREKA-Projekten dar, z.B. mit EU 7 EUROTRAC (Untersuchung der Transport- und Reaktionsmechanismen umweltrelevanter Spurenstoffe in der Troposphäre über Europa) und dem Folgeprogramm EUROTRAC II, EU 37 EUROMAR (Schirmprojekt zur Anwendung moderner mariner Überwachungstechnologien) und EU 330 EUROENVIRON (Schirmprojekt mit Projekten zu Ökologie von Binnengewässern, Sanierung von Böden, Abfallbeseitigung und Altlasten).

SONSTIGE PROGRAMME
- DIVERSITAS: Dieses gemeinsam von der *International Union of Biological Sciences* (IUBS), dem *Scientific Committee on Problems of the Environment* (SCOPE) und der UNESCO initiierte Programm dient der Förderung und Koordination von Biodiversitätsforschung mit dem Ziel der Informationsvermittlung, der Entwicklung prognostischer Modelle über den Status und die nachhaltige Nutzung von Biodiversität (*siehe Kap. B 3.4*).
- IDNDR: Die *International Decade for Natural Disaster Reduction* (1990-2000) ist im eigentlichen Sinne kein Forschungsprogramm, sondern soll wissenschaftliche Einrichtungen sowie entwicklungspolitische und humanitäre Organisationen stärker in die Katastophenvorbeugung integrieren helfen. IDNDR wurde von der Generalversammlung der Vereinten Nationen verkündet. Das deutsche IDNDR-Komitee wurde Ende 1989 gegründet und hat sich zum Ziel gesetzt, die Katastophenvorsorge zu verbessern, zur Aufklärung der Öffentlichkeit beizutragen, wissenschaftliche Programme zu initiieren sowie operative Programme in Entwicklungsländern einzurichten.

Forschungsprogramme zum Globalen Wandel im internationalen Vergleich

Mitte bis Ende der 80er Jahre wurden von den führenden Industrienationen Programme zur Erforschung des Globalen Wandels aufgelegt. Ein direkter Vergleich solcher Programme ist schwierig: zu unterschiedlich ist die Forschungsförderung in den einzelnen Ländern strukturiert, zu unterschiedlich sind ihre Schwerpunkte und ihre Methodik. Vor allem der Vergleich der Fördersummen ist kaum statthaft, verbergen sich doch im *Global Change Research* Programm der USA z.B. sehr hohe Summen für Satellitenprogramme der NASA mit nur begrenzten Global Change-Aufgaben. *Tabelle 1* enthält eine Auswahl von Programmen zum Globalen Wandel aus sechs OECD-Ländern. Neben grundlegenden Basisdaten wie Gründung, Organisationsstruktur, Budget etc. enthält die Tabelle eine Charakterisierung der inhaltlichen Ausrichtung sowie einen Vergleich und eine Bewertung der gesetzten Schwerpunkte in den Natur- und Sozialwissenschaften.

Deutschland ist in dieser Tabelle nicht aufgeführt, weil zum einen kein speziell ausgewiesenes GW-Programm existiert und daher Kenndaten und Bewertungen sehr heterogen ausfallen würden, zum anderen aber im folgenden Kapitel eine ausführliche Darstellung der deutschen Forschung zum Globalen Wandel versucht wird.

B 2 Forschungsprogramme im internationalen Vergleich

Tabelle 1
Nationale Forschungsprogramme zum Globalen Wandel.
Quellen: CGCP, 1993; EA, 1994; Gray, 1995; Henderson, persönliche Mitteilung, 1996; IACGEC, 1993 und 1996; Joußen, 1995; Karger, 1992; McLeod, 1995; NRP Programme Office, 1994; RIVM, 1993; RMNO, 1996; SGCR und NSTC, 1996;

	Großbritannien	Japan	Kanada
Name des Programms	UK Global Environmental Change Research Framework	Global Environment Research Program (GERP)	Canadian Global Change Programme (CGCP)
Gründung	1990 durch den National Environment Research Council (NERC), ein Beratergremium des Premierministers	1990 durch den Council of Ministers for Global Environmental Conservation	1985 durch die Royal Society of Canada (regierungsunabhängige Institution)
Programm Management	• Inter-Agency Committee on Global Environmental Change (IACGEC): Expert Panel • UK GER Office, das zusätzlich das Sekretariat für das IACGEC bereitstellt	• Environment Agency of Japan (EA) • Center for Global Environmental Research (CGER)	• CGCP Board of Directors • CGCP Research/Policy Committee • CGCP Communications Committee • Sekretariat
Beteiligte Institutionen	Meteorological Office; Overseas Development Administration (ODA); 4 Government Departments; 5 Research Councils (darunter Natural Environment Research Council, NERC und Economic and Social Research Council, ESRC); Ministry of Agriculture, Fisheries and Food (MAFF); Forestry Commission; Environment Agency (EA) u.a.	12 Ministerien; 39 nationale Institute; Japan Environment Agency (JEA); Science and Technology Agency (STA); Hokkaido Development Agency (HDA); Economic Planning Agency (EPA)	Department „Environment Canada"; Provinzregierungen; 4 Research Councils (u.a. National Sciences and Engineering Research Council); Privater Sektor (Industrie); Universitäten; Nichtregierungsorganisationen; Stiftungen
Budget	Die gesamten Forschungsausgaben im GW-Bereich betragen etwa 404 Mio. DM p.a.	In 1994 38,6 DM Mio.	In 1995 rund 1,1 Mio. DM Die Gesamtsumme, die Kanada jährlich für Forschung zum Globalen Wandel aufwendet, beträgt etwa 54 Mio DM.
Veröffentlichungen	Newsletter „The Globe" Zwei programmbegleitende Directories Summary of UK GER: Database		Diverse Report-Serien Newsletter „Delta" Bulletin „Changes" Zweijahresbericht zur kanadischen GW-Forschung

Tabelle 1 (Fortsetzung)

Quellen Fortsetzung: SPP, 1994 und 1995; UK GER Office 1996

	Niederlande	Schweiz	USA
Name des Programms	*Dutch National Research Programme on Global Air Pollution and Climate Change* (NRP)	Schwerpunktprogramm Umwelttechnologie und Umweltforschung (SPPU)	*U.S. Global Change Research Program* (USGCRP)
Gründung	1990 durch die niederländische Regierung	1991 durch das eidgenössische Parlament. Träger ist der Schweizer Nationalfonds	1989/90 durch das U.S. Government (*Global Change Research Act*)
Programm Management	• *National Institute for Public Health and Environment* (RIVM) zusammen mit *Royal Netherlands Meteorological Institute* (KNMJ) • Steuerungsgruppe • NRP Programm-Büro • Programmkomitee • Programmgruppen der einzelnen Forschungsfelder • Nach der 1. Phase (1990-94) Evaluation durch Consulting Firmen	• Expertengruppe (u.a. zur periodischen Evaluation des Programms) • Programmleitung und Sekretariat	• *National Science and Technology Council* (NSTC) • *Commission on Environment and Natural Resources* (CENR) • *Subcommittee on GC Research* (SGCR) • *Executive Committee of US-GCRP* • *Coordination Office of the U.S. Global Change Research Program*
Beteiligte Institutionen	12 Forschungsinstitute; 6 nichtstaatliche Forschungseinrichtungen (z.B. *International Soil Reference and Information Centre*, ISRIC); Universitäten	5 Universitäten; 2 Technische Hochschulen; Eidgenössische Materialprüfungs- und Forschungsanstalt; Paul-Scherrer-Institut beherbergt für einzelne Module Forschungszentren	8 Ministerien; *Environmental Protection Agency* (EPA); *National Aeronautics and Space Administration* (NASA); *National Science Foundation* (NSF); *Smithsonian Institution* (SI); *Tennessee Valley Authority* (TVA) u.a. Zu den Forschungsschwerpunkten werden verschiedene Programme an den genannten Institutionen durchgeführt.
Budget	Für 2. Phase rund 66,5 Mio DM.	43,8 Mio. DM der 1. Periode werden in der 2. Periode auf real 60% p.a. gekürzt	In 1996 etwa 2,7 Mrd DM.
Veröffentlichungen	Newsletter „Change" Interner Newsletter RIVM Reports	Newsletter „Panorama"	Jährlicher Report „Our Changing Planet"

Tabelle 1 (Fortsetzung)

	Großbritannien	Japan	Kanada
Begleitende sonstige Programme und Aktivitäten	Das *Global Environment Network for Information Exchange in the UK* (GENIE Project) wurde als Netzwerk zur Sammlung und Verbreitung natur- und sozialwissenschaftlicher GW-Daten eingerichtet	– 1995 wurde das *Eco-Frontier Fellowship Program* gegründet, das den Austausch zwischen Wissenschaftlern auf internationaler Ebene fördern soll – Japan beherbergt das Interim Sekretariat des *Asia-Pacific Network for Global Change* (APN), das zum Ziel hat, GW-Forschung in dieser Region voranzubringen	– *Research Panels* zu speziellen Themen (z.B. *Fisheries Panel*) – *Environmental Education* Projekt, das der Vermittlung des Globalen Wandels an Bildungseinrichtungen dient – Das CGCP ist nationaler Vermittler für das *Inter-American Institute for Global Change Research* (IAI)
Inhaltliche Schwerpunkte	Basierend auf der GER-*Triade human, physico-chemical* und *biological systems* wurden drei unterschiedliche Forschungsbereiche definiert: 1. *Underpinning research* (vor allem einzeldisziplinäre Grundlagenforschung zu jeweils einem der 3 in der GER-Triade definierten Systeme) 2. *Interactive research* (multidisziplinäre Forschung, an der jeweils 2 Systeme beteiligt sind, z.B. *impacts on health, agriculture, forestry; past global changes*) 3. *Systemic research* (multidisziplinäre Forschung, an der die komplette GER-Triade beteiligt ist, z.B. *climate studies; land use and water resources; biogeochemical cycles*)	Es gibt drei Forschungstypen, die in neun Forschungsgebieten (areas) mit insgesamt 39 Kernprojekten durchgeführt werden: 1. *Impacts of human activities, and research on the impacts of global environmental change on human health and ecosystems* 2. *Research on policy planning* 3. *Other research* Die Forschung wird nach bestimmten Kategorien gegliedert (*core research, integrated research* etc.)	In den nächsten fünf Jahren wird das CGCP folgende Themen behandeln: 1. *Global Atmospheric Changes* 2. *Biodiversity Issues* 3. *Health and Global Change* 4. *Other Global Change Initiatives* (*Global Environmental Change and Human Security; Environmental Assessment and Global Change; Canadian Fisheries and Global Change*)

Tabelle 1 (Fortsetzung)

	Niederlande	Schweiz	USA
Begleitende sonstige Programme und Aktivitäten	Entwicklung eines Programmprojekts *Development of Policy Options*, um Defizite im Bereich des Wissenstransfers aufzufangen.	Diskussionsforen, die neben den Projekten eine wissenschaftliche Auseinandersetzung und die Erörterung von Fachfragen (insbesondere Grundlagen- und Methodenfragen) ermöglichen sollen.	– *Global Change Data and Information System* (GCDIS), zur Vernetzung der Informationssysteme der am Programm beteiligten Agencies – *U.S. Global Change Research and Information Office* (GCRIO) dient zur Informationsvermittlung für die interessierte Öffentlichkeit
Inhaltliche Schwerpunkte	In der 2. Phase (1995-2000) sollen folgende Forschungsfelder in mehr als 140 Projekten abgedeckt werden: 1. *Behaviour of the climate system as a whole* 2. *Vulnerablility of natural and societal systems* 3. *Societal causes and solutions* 4. *Assessment (synthesis and evaluation of knowledge; dialogue researchers - government - society)*	Für die 2. Periode 1996-1999 wurden fünf „integrierte Projekte" zu prioritären Bereichen definiert, die aus einer bestimmten Anzahl von eng verzahnten Teilprojekten bestehen: 1. Klima im Alpenraum 2. Biodiversität 3. nachhaltige Entwicklung in Wirtschaft und Gesellschaft 4. Nachhaltige Bodennutzung 5. Abfallbehandlung Zusätzlich sollen zum Themenbereich „Umweltprobleme in Entwicklungsländern" Projektgruppen entstehen.	Vier *major scientific challenges* des Programms sind definiert: 1. *Seasonal to interannual climate fluctuations* 2. *Climate change over the next few decades* 3. *Stratospheric ozone depletion and increased UV radiation* 4. *Changes in land cover and in terrestrial and marine ecosystems* Zusätzlich werden sogenannte „crosscutting aspects" berücksichtigt: - Globale Beobachtungssysteme (z.B. *Earth Observing System*, EOS) - Forschung zu menschlichen Dimensionen des Globalen Wandels und Entwicklung von Instrumenten zur Durchführung integrierter Umweltbewertungen - Erziehung und Kommunikation im Bereich des Globalen Wandels

Tabelle 1

	Großbritannien	Japan	Kanada
Inhaltliche Bewertung/ Ausrichtung	Die Forschung ist vor allem naturwissenschaftlich orientiert (ozeanische Zirkulation; biogeochemische Kreisläufe; Ökosysteme). Die Beteiligung an Programmen wie GEWEX (*Global Energy and Water Cycle Experiment*) oder GCOS (*Global Climate Observing System*) ist maßgebend. Sozioökonomische Forschung wird hauptsächlich durch das ESRC (*Economic and Social Research Council*) getragen. Es unterhält ein eigenes *Global Environmental Change Programme* (GECP) mit 79 Projekten, 21 Fellowships sowie 14 einjährigen *Starter-Grants* (Anschubfinanzierungen) bei einem Zehnjahresbudget von ca. 53 Mio. DM. Daneben betreibt es das *Centre for Social and Economic Research on the Global Environment* (CSERGE) und das *Centre for Study of Global Environmental Change* (CSEC).	Überwiegend naturwissenschaftlich, stark technologisch ausgerichtetes Programm. Mit 3 von 39 Kernprojekten macht die sozialwissenschaftliche Forschung etwa 8% aus und beschränkt sich auf die Themen: Bevölkerungswachstum und Entwicklungsländer; Stadtentwicklung in einer nachhaltigen Gesellschaft; Landnutzung zum globalen Erhalt der Umwelt. Im naturwissenschaftlichen Bereich überwiegt mit 13 Projekten die Atmosphärenforschung (Globale Erwärmung; Zerstörung der Ozonschicht).	*Umbrella programme*, das netzwerkartig sowohl sozial- als auch naturwissenschaftliche Forschung einbezieht. Ziel des CGCP ist, für die Sozial- und Humanwissenschaften die gleichen Organisations- und Förderungsgrundlagen zu etablieren wie sie im naturwissenschaftlichen Bereich Anwendung finden. Zu diesem Zweck wurde u.a. ein *Canadian National Committee* (CNC) für das *International Human Dimensions Programme* (IHDP) eingerichtet. Das CGCP muß als Beratergremium (*advisory capacity*) verstanden werden, das in erster Linie die Infrastruktur der GW-Forschung verbessern soll. Es ist kein Forschungsprogramm im eigentlichen Sinne und koordiniert und finanziert nicht die gesamte GW-Forschung Kanadas. Dies erfolgt u.a. durch das *Department Environment Canada*.
Kontakt/ Ansprechpartner	UK Global Environmental Research (GER) Office David Philipps Building, Polaris House, North Star Avenue, Swindon SN2 1EU UK Tel.: 0044-1793-411-779 Fax.: 0044-1793-444-513 Email: ukgeroff@wpo.nerc.ac.uk WWW-Homepage: http://www.niss.ac.uk/education/rc/ukgeroff.html	Research and Information Office Global Environment Department Environment Agency 1-2-2, Kasumigaseki, Chiyoda-ku, Tokyo 100 Japan Tel.: 0081-3-3581-3422 Fax.: 0081-3-3504-1634	Canadian Global Change Program (CGCP) Royal Society of Canada 225 Metcalfe, Suite 308 Ottawa, Ontario K2P 1P9 Canada Tel: 001-613-991-5640 Fax: 001-613-991-6996 Email: dhenders@rsc.ca WWW-Homepage: http://datalib.library.ualberta.a/cgcp/

Tabelle 1 (Fortsetzung)

	Niederlande	Schweiz	USA
Inhaltliche Bewertung/ Ausrichtung	Das Programm stellt die Forschung zur Klimaproblematik in den Vordergrund. Die Themen sind problem- und politikorientiert. Trotz der im Programm angestrebten Erforschung der sozialen Ursachen und Effekte von Klimaveränderungen sind die Sozialwissenschaften kaum einbezogen. Vom Gesamtbudget für die 2. Phase stehen den Forschungsfeldern 3 und 4 max. 14,7 Mio. DM zur Verfügung. In Phase 1 wurden sozialwissenschaftliche Fragestellungen in 25 der mehr als 140 Projekte bearbeitet.	Das SPPU ist konsequent interdisziplinär angelegt. Es werden keine Einzelprojekte gefördert, Forschungsvorhaben sind zu „integrierten Projekten" bzw. „Projektgruppen" zusammengeschlossen. Naturwissenschaftliche und sozialwissenschaftliche Forschung haben gleiche Priorität. Alle Forschungsarbeiten sollen Beiträge zur Einführung und Unterstützung einer nachhaltigen Entwicklung in Wirtschaft und Gesellschaft leisten. Das SPPU versteht sich als Plattform für die angestrebte internationale Einbindung der Projekte, vor allem in bezug auf die EU.	Die Budgetierung naturwissenschaftlicher Forschungsprojekte, vor allem der NASA (z.B. EOS (Earth Observing System) Flight Development mit 620 Mio. DM oder EOS-DIS (Data and Information System) mit 342 Mio. DM), liegt weit über den für Human Dimensions-Forschung veranschlagten Summen. Naturwissenschaftliche Forschung umfaßt überwiegend Klima- und UV-Forschung; Ökosystemforschung; Untersuchung biogeochemischer Prozesse sowie Modellierung und Monitoring. Sozialwissenschaftliche Forschung wird überwiegend durch die NSF (National Science Foundation) mit einem Programm zu „Human Dimensions of Global Change" (28,5 Mio. DM) sowie „Institutes/ Education" (4,6 Mio. DM) getragen.
Kontakt/ Ansprechpartner	NRP Programm Bureau RIVM P.O. Box 1 NL-3720 BA Bilthoven Niederlande Tel.: 0031-30-743211 Fax.: 0031-30-251932 Email: nopsecr@rivm.nl WWW-Homepage: http://deimos.rivm.nl/	Schwerpunktprogramm Umwelttechnologie und Umweltforschung (SPPU) Länggaßstraße 23 CH-3012 Bern Schweiz Tel.: 0041-31-302-5577 Fax.: 0041-31-302-5520 Email:ppepl1@cumuli.vmsmail ethz.ch WWW-Homepage: http://snf.unibe.ch/SPP_U/ SPPU_d/Einleitung_d.html	Coordination Office of the U.S. Global Change Research Program Suite 840 300 D Street, S.W. Washington, DC 20024 USA Tel.: 001-202-651-8250 Fax.: 001-202-554-6715 Email: office@usgcrp.gov WWW-Homepage: http://www.usgcrp.gov

3 Deutsche Forschung zum Globalen Wandel (Stand, Bewertung, offene Fragen)

3.1
Klima- und Atmosphärenforschung

Atmosphäre, Hydrosphäre, Lithosphäre, Pedosphäre und Biosphäre stellen ein gekoppeltes System dar, wie in allen Berichten des Beirats immer wieder betont (siehe im Überblick WBGU, 1993) wird. Im folgenden wird die Forschung zum Globalen Wandel für diese Kompartimente allein aus Gründen der Übersichtlichkeit in Einzelkapiteln dargestellt. Auf die notwendige Querschnittsbetrachtung der Teilsysteme weisen die *Kästen 6* und *7* hin.

3.1.1
Relevanz von Klima und Atmosphäre für den Globalen Wandel

Die Bedeutung des Klimas für den Menschen und die Natursphäre ist offensichtlich. So werden Ausbildung von Böden und Vegetationszonen sowie menschliche Siedlungsbereiche weitgehend vom Klima bestimmt. Der Mensch hat in den vergangenen Jahrzehnten erkennbar zur globalen Erwärmung beigetragen (IPCC, 1996) und damit eine gefährliche Entwicklung eingeleitet. Die erwartete weltweite Erwärmung um rund 2 °C in den kommenden 100 Jahren (mittleres Szenario des IPCC, 1996) würde eine Verschiebung in der Zonierung der Lebensräume und damit auch in der landwirtschaftlichen Nutzung bewirken. Die damit verbundenen Auswirkungen auf die Ernährungssicherung der Menschheit sind noch ungewiß. Durch den erwarteten Meeresspiegelanstieg von durchschnittlich 50 cm, der durch die thermische Ausdehnung des Meerwassers bei steigenden Temperaturen und durch das Abschmelzen von Eis verursacht wird, sind zudem die Bewohner von Inselstaaten und Küstenregionen gefährdet; gerade diese Räume sind aber besonders dicht besiedelt. Des weiteren dürften nach Einschätzung des neuesten IPCC-Berichts auch Wetterextreme wie schwere Stürme, Überflutungen und Dürren global zunehmen. Nicht zuletzt deshalb sind die 90er Jahre zur *International Decade for Natural Desaster Reduction* (IDNDR) erklärt worden.

Die Zusammensetzung der Atmosphäre bestimmt wesentlich die Lebensbedingungen auf der Erde. Beispiele hierfür sind die stratosphärische Ozonschicht und die Oxidationskapazität der Atmosphäre, welche eng an das troposphärische Ozon gekoppelt ist. Die stratosphärische Ozonschicht schützt das Leben auf der Erde vor schädlicher UV-Strahlung. Als Folge der (saisonal schwankenden) Ausdünnung dieser Schicht werden in der Antarktis und den angrenzenden Zonen der Südhemisphäre während des dortigen Frühlings und Frühsommers von Oktober bis Dezember stark erhöhte UV-B-Intensitäten gemessen. Deren Auswirkungen auf die Biosphäre sind noch weitgehend unbekannt. Auch in der Nordhemisphäre können sich zusätzlich zum generellen Abwärtstrend unter besonderen meteorologischen Bedingungen regional und zeitlich begrenzte starke Ausdünnungen der Ozonschicht ausbilden, sogenannte *miniholes*.

Die Oxidationskapazität der Atmosphäre ermöglicht die Selbstreinigung von biogenen und anthropogenen Spurenstoffen, deren Akkumulation für Menschen und Ökosysteme schädlich wäre. Vor allem durch die Nutzung fossiler Brennstoffe und die Verbrennung von Biomasse werden Spurengase emittiert, die nach chemischen Reaktionen die Konzentration des Ozons in der Troposphäre erhöhen. Viele Kulturpflanzen und Baumarten weisen aber nur eine geringe Toleranz gegenüber erhöhten Ozonkonzentrationen auf, so daß mit einer Verminderung der Ernteerträge zu rechnen ist. Zudem bedroht der Anstieg der troposphärischen Ozonkonzentration die Gesundheit der Menschen. Auch der Ferntransport von anderen Substanzen mit versauernder und eutrophierender Wirkung gefährdet empfindliche Ökosysteme, vor allem in der Nordhemisphäre.

3.1.2
Klimaforschung

3.1.2.1
Wichtige Beiträge der deutschen Klimaforschung

PALÄOKLIMA

Die *Paläoklimaforschung* liefert wichtige Beiträge für die Klimaforschung, insbesondere zum Nachweis der anthropogenen Störung. Sehr rasche Klimafluktuationen sind zu allen Zeiten vor der jetzigen Zwischeneiszeit (Holozän) anhand von Eisbohrkernen aus dem Inneren Grönlands festgestellt worden. Die starken Schwankungen in der Zwischeneiszeit vor ca. 125.000 Jahren sind jedoch wegen fehlender Übereinstimmung benachbarter Bohrkerne nicht eindeutig interpretierbar. Deutsche Wissenschaftler haben in diesem Bereich wesentliche Beiträge geleistet.

TREIBHAUSGASE

Die Veränderungen der Treibhausgaskonzentrationen werden von einem globalen Meßnetz (*Global Atmosphere Watch*, betrieben von der WMO) unter

---

KASTEN 6

Querschnittsthema Klimawirkungsforschung

BEDEUTUNG, CHARAKTER UND INTERNATIONALER STAND

„Zu den Kernaufgaben der *Klimafolgenforschung* zählen die Bestimmung und Bewertung sowohl der möglichen Auswirkungen von globalen Klimaveränderungen auf natürliche und zivilisatorische Systeme, als auch der potentiellen Schutz- und Linderungsmaßnahmen hinsichtlich dieser Auswirkungen. .... Der strategischen Option 'Vermeidung der Ursachen' wird also bewußt die Gegenposition 'Erdulden der bzw. Anpassung an die Folgen' gegenübergestellt." (WBGU, 1995).

Mit dieser Kurzbeschreibung der wesentlichen Inhalte der Klimafolgenforschung (oder besser: *Klimawirkungsforschung*) durch den Beirat ist zugleich die besondere Interpretationsleistung definiert, die von diesem noch jungen Wissenschaftszweig erwartet wird: Erkenntnisse aus den verschiedensten Sektoren sollen miteinander verbunden werden, um alle Phasen des Problemlösungsprozesses – von der Relevanzbewertung bis hin zum Maßnahmenkatalog – unterstützen zu können. Damit ist die Klimawirkungsforschung *per constructionem* auf die *horizontale und vertikale Integration* ausgerichtet, wie sie in *Kap. C* näher dargestellt wird. Insofern steht diese Forschung der Klimawissenschaft nur inhaltlich nahe und wird deshalb in diesem Abschnitt mitbehandelt; methodisch zählt sie hingegen bereits zu den interdisziplinären Projekten einer „neuen" Umweltforschung.

Die hohen Erwartungen, welche im Rahmen der UNCED an die Klimawirkungsforschung gestellt werden, illustriert Artikel 2 der Klimarahmenkonvention: „Die Stabilisierung der Treibhausgaskonzentrationen in der Atmosphäre soll auf einem Niveau erfolgen, auf dem eine gefährliche anthropogene Störung des Klimasystems verhindert wird. *Ein solches Niveau sollte innerhalb eines Zeitraumes erreicht werden, der ausreicht, damit sich die Ökosysteme auf natürliche Weise den Klimaänderungen anpassen können, die Nahrungsmittelerzeugung nicht bedroht wird und die wirtschaftliche Entwicklung auf nachhaltige Weise fortgeführt werden kann.*" (BMU, 1992)

Dringlichkeit, Umfang und Zuschnitt aller internationalen Klimaschutzstrategien hängen somit davon ab, welche Antworten die Wissenschaft auf die Frage nach den tolerierbaren ökologischen, ökonomischen und sozialen Begleiterscheinungen gibt. Der Bedarf an repräsentativen Aussagen über die Folgen durchgreifender Klimaänderungen für die verschiedenen Sektoren und Segmente der globalen Gesellschaft *in regionaler Auflösung* wird durch den heute herrschenden, möglicherweise auch politisch beeinflußten Dissens in der Wirkungsabschätzung unterstrichen.

Im einzelnen sind größere Wissensdefizite vor allem hinsichtlich der folgenden Problemkreise zu nennen:
- Regionale Ausprägungen des globalen Klimawandels und Konsequenzen für Wasserverfügbarkeit, Wasserbedarf und Wassermanagement sowie wasserabhängige Wirtschaftssektoren (Landwirtschaft, Tourismus etc.).
- Auswirkungen des globalen Klimawandels auf die Stabilität dominierender Muster der atmo-

sphärisch-ozeanischen Zirkulation (*conveyor belt*, ENSO, asiatischer Monsun etc.) und mögliche Folgen für natürliche und zivilisatorische Systeme.
- Beeinflußbarkeit der ökologischen Leistung biogeochemischer Kreisläufe und der Struktur von Ökosystemen durch klimabedingte Störungen.
- Auswirkungen globaler Klimaveränderungen für die Weltgesundheit, insbesondere durch Verschiebung der Vorkommenszonen für Krankheitserreger.
- Wechselwirkung zwischen anthropogener Klimaveränderung und Bodendegradation durch Landnutzung.
- Klimabedingte Veränderungen von Häufigkeit und Charakter von Extremereignissen (Stürme, Überflutungen, Dürren etc.) und Konsequenzen für die Katastrophenvorbeugung.
- Politische und soziokulturelle Folgen des Klimawandels in hoher regionaler Auflösung, unter besonderer Berücksichtigung neuer oder verstärkter Konfliktpotentiale.

Diese Fragestellungen sind stark vernetzt und kaum isoliert zu beantworten. Deshalb setzt sich unter den Fachleuten immer stärker die Meinung durch, daß die Entwicklung von *Regional Integrierten Modellen* (RIM) einen besonders vielversprechenden Ansatz für die Klimawirkungsforschung darstellt (IPCC, 1996; WBGU, 1995).

Deutsche Aktivitäten und Beiträge zu internationalen Programmen

Mit der Einrichtung des Potsdam-Institut für Klimafolgenforschung (PIK) hat Deutschland der Bedeutung dieser Problematik Rechnung getragen. Am PIK werden sektorale Wirkungsanalysen, integrierte Regionalstudien, Erdsystemforschung und methodologische Studien durchgeführt.

Unter den derzeitigen Aktivitäten der deutschen Klimawirkungsforschung sind zwei größere Verbundprojekte hervorzuheben. Dabei handelt es sich zum einen um das Bund-Länder-Programm „Klimaänderung und Küste" (Ebenhöh et al., 1995), zum anderen um das neu gestartete Projekt ICLIPS zur integrierten Analyse von globalen und nationalen Klimaschutzstrategien. Das letztere Vorhaben stützt sich auf ein internationales Forschungsnetzwerk und den *Leitplanken*-Forschungsansatz des WBGU (1995 und 1996). Die Resultate dieser beiden Verbundprojekte gehen über das IPCC direkt in die internationale Diskussion ein.

Weitere Einrichtungen, die Klimawirkungsforschung betreiben, sind das Wuppertal-Institut für Klima, Umwelt und Energie, die Programmgruppe Mensch, Umwelt, Technik (MUT) am Forschungszentrum Jülich, das Institut für Gewässerphysik am Forschungszentrum Geesthacht (GKSS), das Fraunhofer-Institut für Systemtechnik und Innovationsforschung (ISI), das Zentrum für Agrarlandschafts- und Landnutzungsforschung (ZALF), die Bundesforschungsanstalt für Landwirtschaft (FAL), das Institut für Physikalische und Theoretische Chemie an der Universität Frankfurt/Main u.a.

Inhaltlicher und struktureller Bedarf

Unter Berücksichtigung der oben dargestellten generellen Wissensdefizite sowie der nationalen Interessen und Verantwortungen sollte die deutsche Klimawirkungsforschung schwerpunktmäßig die folgenden Themen weiter verfolgen bzw. in Angriff nehmen:
- Klimasensibilität des mitteleuropäischen Agrar- und Forstsektors unter besonderer Berücksichtigung der globalen ökonomischen und demographischen Entwicklung.
- „Verwundbarkeit" deutscher Landschaften und Wirtschaftszweige gegenüber klimabedingten Extremereignissen (wie z.B. Hochwasser).
- Perspektivische Gefährdung unseres Gemeinwesens durch Import klimaverursachter Konflikt- und Schadenspotentiale (über Migration, Märkte, natürliche Anpassungsbewegungen etc.).
- Grenzen der Tolerierbarkeit von Klimaänderungen und ihrer Auswirkungen aufgrund fundamentaler ethischer und ästhetischer Prinzipien.

Methodisch und strukturell sind die Fragenkomplexe am besten über integrierte Regionalmodelle (insbesondere für Küsten- oder Gebirgslandschaften sowie semi-aride Gebiete) zu erschließen oder über spezifische Verbundprojekte bzw. Schwerpunktprogramme von BMBF, DFG und anderen Fördereinrichtungen. Dem Charakter nach kann Klimawirkungsforschung nicht als Nebeneinander von autonomen Einzelstudien betrieben werden.

Beteiligung deutscher Forschergruppen besonders bei der Qualitätssicherung beobachtet.

GLOBALE MODELLE, KLIMAVARIABILITÄT UND PROGNOSTIK

Bei der Untersuchung der Klimavariabilität wurden in den letzten Jahren wesentliche Fortschritte erzielt. Einerseits erfolgte eine verbesserte Diagnose vorhandener Daten, andererseits wurden Forschungsprogramme mit hochauflösenden Beobachtungen auch im Ozean begonnen. Der Nachweis des anthropogenen „Klimasignals" gelang nur, weil mit diesen Beobachtungen getestete Modelle die natürliche Variabilität annähernd wiedergeben. (IPCC, 1996). Weltweit gibt es allerdings nur sehr wenige Forschergruppen, die solche gekoppelten Ozean–Atmosphäre–Modelle betreiben, die auch für Projektionen des zukünftigen Klimas bei angenommenen Störungen genutzt werden können. Zwei dieser Modelle, darunter eines am Max-Planck-Institut für Meteorologie in Hamburg, haben zum ersten Mal die Temperaturentwicklung seit Beginn der Industrialisierung bis heute im Rahmen der natürlichen Variabilität realitätsnah nachvollziehen können.

Die möglichen Vorteile einer erfolgreichen Prognose von Klimaschwankungen werden am Beispiel des ENSO-Phänomens deutlich (*El Niño-Southern Oscillation*, unregelmäßig auftretende Ozeanerwärmung im östlichen Pazifik): Die Vorhersage dieses Phänomens gelang im Rahmen des WCRP-Programms TOGA und hat in Südamerika, im östlichen Australien und in den pazifischen Inselstaaten insbesondere in der Landwirtschaft eine Abfederung der sozioökonomischen Folgen durch Präventivmaßnahmen ermöglicht.

Diese Forschungen wurden bislang umfangreich im Rahmen des Klimaforschungsprogramms des BMBF gefördert. Deutschland hat dadurch und durch Förderung der EU eine Spitzenstellung in der Klimamodellierung erreicht. Auch wenn die Diskussion über die Fortsetzung des BMBF-Programms noch nicht abgeschlossen ist, sollte aufbauend auf den Erfolgen die Modellierung der globalen biogeochemischen Kreisläufe eine zentrale Rolle im Nachfolgeprogramm spielen.

REGIONALE KLIMAMODELLE

Das lokale und regionale Klima wird im Zusammenwirken von großräumiger Zirkulation, geographisch-topographisch induzierten Zirkulationssystemen sowie von kleinräumigen, vom Menschen beeinflußbaren Prozessen an der Erdoberfläche bestimmt. Klimamodelle müssen diesen in unterschiedlichen Skalen wirkenden Prozessen verstärkt Rechnung tragen. In Deutschland wurden hierzu an mehreren Instituten beachtenswerte Beiträge geleistet.

3.1.2.2
Einbindung der deutschen Klimaforschung in internationale Programme

Ein Großteil der vorgenannten Problemfelder ist Gegenstand von WCRP und IGBP (*siehe Kap. B 1*). In den WCRP-Projekten GEWEX, WOCE, ACSYS, SPARC und CLIVAR sowie den IGBP-Kernprojekten PAGES, BAHC und JGOFS und der integrierten Modellrechnung in GAIM ist die deutsche Klimaforschung gut eingebunden. Deutsche Wissenschaftler sind in steigendem Maße an der Konzeption und Implementierung der Programme beteiligt. Dies gilt auch für die Erstellung der IPCC-Berichte (IPCC, 1990, 1992, 1996). Deutsche Forscher nahmen an den europäischen Eisbohrprogrammen in Grönland teil, zukünftig auch in der Antarktis, und sie waren an der Herausgabe eines paläoklimatischen und -ökologischen Atlasses der Kontinente beteiligt. Das Deutsche Klimarechenzentrum (DKRZ) in Hamburg ist intensiv in internationale Vergleichsstudien der Klimamodelle eingebunden und mit der Koordination der führenden europäischen Klimarechenzentren beauftragt.

Beim Deutschen Wetterdienst (DWD) werden die Daten der nationalen Wetterstationen (Klimadatenbank) archiviert sowie die globalen Niederschlagsdatensätze („Weltzentrum Niederschlagsklimatologie" im Auftrag der WMO) erstellt und verbreitet. Fernerkundungsdaten, hauptsächlich aus dem europäischen Raum, werden vom Deutschen Fernerkundungsdatenzentrum bei der DLR, Oberpfaffenhofen, aufbereitet und weitergegeben. Eine Klimadatenbank wird am DKRZ aufgebaut (gemeinsam für Modellergebnisse und Meßdaten, z.B. der Paläoklimadatenbank der Universität Hohenheim). Bei der Bundesanstalt für Gewässerkunde in Koblenz wurde im Auftrag der WMO ein Globales Abflußdatenzentrum eingerichtet.

3.1.2.3
GW-relevanter Forschungsbedarf in der deutschen Klimaforschung

INHALTLICHE ANFORDERUNGEN

In der *Paläoklimaforschung* existiert nunmehr für die letzten 5 Mio. Jahre eine astronomisch geeichte Klima-Zeitskala. Das insgesamt reiche Beobachtungsmaterial ist aber geographisch noch lückenhaft. Es fehlen insbesondere Daten aus den Tropen, der Südhemisphäre und einigen Ozeanbereichen. Auch die Aufarbeitung regionaler Zeitreihenanalysen befindet sich noch in den Anfängen.

Für die *Klimaforschung* liegen neben einer Fülle von langen Zeitreihen meteorologischer Meßdaten inzwischen auch relativ lange Reihen aus der Fernerkundung mit Satelliten vor (seit 1972). Die systematische Nutzung dieser bereits erhobenen Beobachtungen sollte nun vordringlich sein.

Die Erforschung der klimawirksamen Spurengase, ihrer Quellen, Absorption von Strahlung, chemischen Reaktionen und Umwandlungen sowie ihrer Senken ist von großer Bedeutung. Trotz erheblicher Forschungsanstrengungen sind die Quellmuster der anthropogenen Treibhausgase erst unzureichend bekannt (insbesondere Distickstoffoxid; IPCC, 1992 und 1996). Auch die direkten und indirekten Rückwirkungen von Klimaänderungen auf die Treibhausgasemissionen vor allem von Methan und Distickstoffoxid (z.B. durch veränderten Wasserhaushalt von Ökosystemen und Landnutzungsänderungen) sind möglicherweise von großer Bedeutung, heute aber noch nicht abschätzbar. Hierbei spielen Wechselwirkungen zwischen Atmosphäre und Biosphäre eine besondere Rolle. Es besteht daher dringender Forschungsbedarf mit dem Ziel der besseren Übertragbarkeit von Einzeluntersuchungen (*siehe auch Kasten 7*).

Noch wenig untersucht sind die direkten und indirekten Klimawirkungen von Aerosolen und Wolken. Hierzu sind systematische Feld- und Laboruntersuchungen sowie Modellentwicklungen notwendig. In den Klimamodellen sind Aerosole bislang nur grob berücksichtigt. Die besondere Expertise der deutschen Atmosphärenforschung auf dem Gebiet der Aerosole, Hydrometeore und der Spurengaskreisläufe sollte daher genutzt werden, eine international führende Stellung zu bewahren. Das zum Klimaeinfluß von Aerosolen geplante Schwerpunktprogramm des BMBF sollte daher rasch beginnen.

Weitere Prozesse, die in den Klimamodellen besser beschrieben werden müssen, hängen mit dem Wasserkreislauf zusammen, so z.B. die Entstehung

---

KASTEN 7

Das gekoppelte System Atmosphäre-Hydrosphäre-Kryosphäre-Biosphäre

Durch biogeochemische Stoffflüsse sind Atmosphäre, Hydrosphäre, Kryosphäre und Biosphäre eng miteinander verknüpft. Das Verständnis der Wechselwirkungen zwischen diesen Subsystemen ist aber noch unvollständig. Der sphärenübergreifende Charakter der ablaufenden Prozesse wurde mit der Schaffung der interdisziplinären Programme WCRP (Schwerpunkt: physikalische Prozesse) und IGBP (Schwerpunkt: biologische und chemische Prozesse) berücksichtigt.

Klimamodelle sollen die wesentlichen energetischen und stofflichen Wechselwirkungen zwischen den oben genannten Sphären sowie die internen Dynamiken dieser Systeme beschreiben. Bei den höchstentwickelten Klimamodellen (*General Circulation Models,* GCM) ist die Kopplung zwischen Atmo- und Hydrosphäre erfolgt, während die Kryo- und Biosphäre noch unzureichend repräsentiert sind. Insbesondere die stofflichen Wechselbeziehungen zwischen den terrestrischen und marinen Lebensgemeinschaften und ihrer abiotischen Umwelt müssen weiter untersucht werden.

INHALTLICHE ANFORDERUNGEN

An der Schnittstelle Atmosphäre-Biosphäre besteht weiterhin großer Forschungsbedarf. Beispielhaft seien die Ergebnisse und Anforderungen eines in Deutschland intensiv bearbeiteten Teilbereichs, der *Waldschadensforschung* genannt. Hier wurde die Schädigung der mitteleuropäischen Wälder durch anthropogene Luftschadstoffe untersucht. Die Waldschadensforschung hat in einem interdisziplinären Forschungsansatz wichtige, wenn auch nicht abschließende Ergebnisse erbracht. Das hierbei erworbene Wissen und die methodischen Kenntnisse aus Feld- und Laboruntersuchungen könnten genutzt werden, um wesentliche Beiträge zur Erforschung von Schädigungen naturnaher Ökosysteme durch Luftschadstoffe auch außerhalb der gemäßigten Breiten zu liefern. In den Tropen und Subtropen sollten Langzeitstudien durchgeführt werden, um die natürliche Variabilität von Ökosystemen zu erkennen und die Kenntnisse über die Wechselwirkungen zwischen Atmosphäre und Biosphäre besser abzusichern. Angesichts der besonderen Bedeutung der Tropen und Subtropen für globale Klimaprozesse sowie der dort stattfindenden tiefgreifenden sozioökonomischen Transformationsprozesse (vor allem durch Landnutzungsänderung und Wirtschaftswachstum) sind in diesen Regionen vermehrt Forschungsanstrengungen erforderlich. Auf dem Gebiet der Modellierung müssen hierzu prozeßorientierte Simulationsmodelle (*Soil-Vegetation-Atmosphere-Tansfer Models,* SVAT) weiterentwickelt werden.

und die optischen Eigenschaften von Wolken, die Bildung von Meereis und ozeanischem Tiefenwasser. Aber auch die Schwankungen der Sonneneinstrahlung besonders im ultravioletten Strahlungsbereich müssen in den Klimamodellen detaillierter behandelt werden. Zur Entdeckung und Prognose von Wetterextremen und regionalen Klimaänderungen besteht ebenfalls großer Forschungsbedarf.

STRUKTURELLE ANFORDERUNGEN
Die Fernerkundung mit Satelliten ist wegen der globalen Überdeckung von besonderer Bedeutung. Es liegen bereits einige lange Zeitreihen vor, wie z.B. Daten der NOAA-Wettersatelliten seit 1978 und der Landsat-Serie seit 1972. Die systematische Nutzung dieser Daten sollte unter Einbindung in die entsprechenden internationalen Projekte wie GEWEX fortgeführt werden. Auf dem Gebiet der Fernerkundung ist der Zusammenhang von Geräteentwicklung auf der einen und Datenverarbeitung und schnellerer Interpretation auf der anderen Seite verbesserungsbedürftig, weil die Datenauswertung in Europa nur geringfügig von den Raumfahrtagenturen gefördert wird.

3.1.3
Stratosphärenforschung

3.1.3.1
Wichtige Beiträge der deutschen Stratosphärenforschung

Seit Ende der 70er Jahre tritt über der Antarktis jährlich in den Monaten September und Oktober eine starke Ausdünnung der Ozonschicht auf. Dieses sogenannte *Ozonloch* hat sich im Laufe der Zeit erheblich ausgeweitet. Während der letzten Jahre betrugen die Ozonverluste mehr als 50% in der Gesamtsäule und bis über 90% im Höhenbereich um 18 km. Als Folge werden in der Antarktis während des Frühlings stark erhöhte UV-B-Intensitäten gemessen. Aufgrund des Ausströmens ozonarmer Luftmassen aus dem antarktischen Ozonloch in die Stratosphäre mittlerer Breiten der Südhemisphäre werden aber auch dort am Boden erhöhte UV-B-Werte beobachtet.

Der Gesamtozongehalt weist global (mit Ausnahme der Tropen) Abnahmen um mehrere Prozent pro Dekade auf. In mittleren und hohen Breiten der Nordhemisphäre beträgt die Abnahme während der Wintermonate sogar bis zu 8% pro Dekade. Europa ist aus meteorologischen Gründen besonders stark betroffen, weil der ozonarme arktische Polarwirbel im Winter und Frühjahr typischerweise nach Nordeuropa hin verschoben ist. In den letzten Jahren wurden besonders niedrige Gesamtozonwerte gemessen, was nach neuesten Erkenntnissen mit der Zunahme des stratosphärischen Aerosols nach der Eruption des Vulkans Pinatubo zusammenhängt. Der Abbau der stratosphärischen Ozonschicht gehört zu den gravierendsten Veränderungen der Atmosphäre.

Die deutsche Forschung hat zum Verständnis dieser Vorgänge wichtige Beiträge geleistet. Deutsche Forschergruppen führen Untersuchungen zur Dynamik der Stratosphäre und zum Einfluß des Flugverkehrs auf die Ozonschicht durch, mit Einsatz von Flugzeugen, Meßballonen und bodengestützten Experimenten. Für die Modellierung der chemischen Vorgänge in der Stratosphäre wurde Paul Crutzen der Nobelpreis für Chemie verliehen.

3.1.3.2
Einbindung der deutschen Stratosphärenforschung in internationale Programme

Deutsche Ozonforscher beteiligen sich an fast allen wichtigen internationalen Forschungsprogrammen, wie z.B. an SPARC, und sind an der Planung und Durchführung der Programme oft an prominenter Stelle beteiligt. Ferner nehmen deutsche Wissenschaftler intensiv an den europäischen Forschungsprogrammen (z.B. 4. EU-Rahmenprogramm) und am *Network for the Detection of Stratospheric Change Programme* (NDSC) teil. Die Beteiligung an den europäischen Programmen kann aber nur erfolgreich sein, wenn in Deutschland auf einer soliden Grundausstattung aufgebaut werden kann.

Meßstationen im Inland sind Teil globaler Beobachtungsnetze der WMO zur Zusammensetzung der Atmosphäre, die im Rahmen des *Global Atmosphere Watch* (GAW) und des *Global Ozone Observing System* (GO_3OS) eingerichtet wurden.

3.1.3.3
GW-relevanter Forschungsbedarf in der deutschen Stratosphärenforschung

INHALTLICHE ANFORDERUNGEN
Aufbauend auf den Arbeiten der Vorjahre beginnt 1996 das zweite nationale *Ozonforschungsprogramm* (OFP 2). Die deutsche Ozonforschung ist insbesondere durch die Förderung des BMBF personell und apparativ gut ausgestattet. Das OFP 2 umfaßt folgende Leitthemen:
- Prozeßstudien zur stratosphärischen Chemie und Dynamik.
- Identifikation, Überwachung und Analyse von

Prozessen, die zur Variabilität des stratosphärischen Ozons führen.
- Prognosefähigkeit (zur Entwicklung der Ozonschicht / Modellentwicklung).
- Solare UV-B-Strahlung.

STRUKTURELLE ANFORDERUNGEN

Die deutsche Ozonforschung ist dank ihrer Verteilung auf viele Forschungsinstitute breit angelegt, so daß zur Zeit die meisten der auf das stratosphärische Ozon bezogenen Aspekte des Globalen Wandels behandelt werden können. In den nächsten 10-15 Jahren sollten aber, auch im europäischen Verbund, folgende Forschungseinrichtungen erhalten bzw. aufgebaut werden:
- Experimentieranlagen zur Absicherung von Erklärungsmodellen des stratosphärischen Ozonabbaus (Aerosolforschung).
- Forschungs- und Überwachungskapazitäten in Deutschland und ausgewählten Stationen in Nordeuropa zur Messung des Ozon-Gesamtgehalts und seiner vertikalen Verteilung in der Strato- und Troposphäre und anderer relevanter Zustandsgrößen, z.B. der Temperaturverteilung und der solaren UV-B-Strahlung.
- Aufbau vergleichbarer Forschungskapazitäten an ausgewählten Standorten in Afrika, Asien und Lateinamerika.

Die Ansprüche der Ozonforschung hinsichtlich der Rechnerkapazität sind ähnlich denen der Klimaforschung, wobei jedoch zu beachten ist, daß ein dreidimensionales, globales Zirkulationsmodell mit Berücksichtigung der dynamischen und chemischen Prozesse in der Stratosphäre eine höhere Rechenkapazität benötigen wird als ein typisches Zirkulationsmodell der Atmosphäre.

In den kommenden Jahren dürften wichtige Beiträge zur Ozonforschung durch *Satellitenexperimente* erbracht werden, die entweder im nationalen Rahmen entwickelt, oder, wenn von der ESA gebaut, durch Hauptexperimentatoren aus Deutschland begleitet werden. Dazu zählen das europäische GOME-Experiment zur globalen Ozonverteilung und Messung aktiver Halogenverbindungen auf ERS-2, die Experimente SCIAMACHY und MIPAS zur Messung einer Reihe von Spurengasen auf der polaren Plattform ENVISAT und das CRISTA-Experiment zur Erfassung mesoskaliger dynamischer Vorgänge in der Stratosphäre auf einem Shuttleflug.

Für die Ozonforschung stehen verschiedene Flugzeuge zur Verfügung. Mit der Bereitstellung des Höhenforschungsflugzeugs STRATO–2C würde der deutschen Forschung eine in wichtigen Eigenschaften weltweit einzigartige Meßplattform zur Verfügung stehen, die die globalen Forschungsanstrengungen zum stratosphärischen Ozon einen bedeutenden Schritt voranbringen könnte.

3.1.4
Troposphärenforschung

3.1.4.1
Wichtige Beiträge der deutschen Troposphärenforschung

Die deutsche *Troposphärenforschung* befindet sich auf den Gebieten „physikalische und chemische Prozeßstudien" sowie der „gekoppelten Modellierung von Transport und Chemie auf unterschiedlichen Skalen" auf hohem Niveau. Deutsche Wissenschaftler haben herausragende Beiträge zur Diagnostik möglicher anthropogener Störungen der Oxidationskapazität der Atmosphäre geleistet.

3.1.4.2
Einbindung der deutschen Troposphärenforschung in internationale Programme

Forschung zur Chemie der Troposphäre sowie atmosphärische Teile der Biogeochemie sind in den IGBP-Kernprojekten IGAC und GCTE eingebettet, die in den letzten Jahren ihre Arbeit aufgenommen haben. Diese und andere Themen wurden auch in europäischen Programmen aufgegriffen (z.B. seit 1988 EUROTRAC und das Nachfolgeprojekt EUROTRAC-II im Rahmen von EUREKA). Die deutsche Troposphärenforschung ist hier sehr gut eingebunden, deutsche Wissenschaftler sind bei Konzeption und Umsetzung der Programme maßgeblich, teilweise führend beteiligt.

Meßstationen im Inland sind Teil globaler Beobachtungsnetze der WMO zur Zusammensetzung der Atmosphäre (*Global Atmosphere Watch*, GAW). Ferner wird mit Meßstationen im Ausland zusammengearbeitet (z.B. Cape Point/Südafrika, Izaña/Teneriffa).

3.1.4.3
GW-relevanter Forschungsbedarf in der deutschen Troposphärenforschung

Um eine anthropogene Störung der Oxidationskapazität der Atmosphäre nachweisen zu können, sind Beobachtungen von Leitsubstanzen (Ozon, Radikalverbindungen u.a.) inner- und außerhalb der planetarischen Grenzschicht für die unterschiedlichen geographischen Breiten notwendig. Durch die luftchemische Bildung klimawirksamer Spurenstoffe (z.B. troposphärisches Ozon, Aerosole) ist diese Fragestellung eng mit dem anthropogenen Klimaantrieb verknüpft. Zur Bewertung der anthropogenen Klimaeinflüsse sind weitere vertiefende Modelluntersuchungen erforderlich. Bei reaktiven Treibhausgasen (z.B. Methan, troposphärisches Ozon) und Vorläufersubstanzen des Treibhausgases Ozon (Stickoxide, Kohlenwasserstoffe) sind die globalen Verteilungen nicht hinreichend bekannt und die Bilanzierungen noch unzureichend. Besonders für Vorgänge an der Schnittstelle Atmosphäre-Biosphäre besteht Forschungsbedarf. Das 1996 beginnende Troposphärenforschungsprogramm (TFS) greift diese Thematik zwar auf, beschränkt den Blickwinkel aber auf Europa. Zukünftig sollten auch andere Regionen einbezogen werden.

Die atmosphärisch-chemische Modellierung sollte mit dem Ziel fortgeführt werden, ein zur Abschätzung der Klimawirksamkeit von direkt und indirekt klimawirksamen Spurengas- und Aerosolemissionen nutzbares Instrumentarium für politische Entscheidungsträger zu entwickeln.

Zur Bestimmung der Oxidationskapazität der Atmosphäre sind zusätzliche Messungen insbesondere auf der Südhalbkugel und von Flugzeugen aus notwendig. Die Verbesserung der Meßbasis kann durch die Aufnahme kurzlebiger Spurenstoffe in das Meßprogramm des GAW und die methodische Weiterentwicklung der satellitengestützten Sondierungen der Zusammensetzung der Atmosphäre auch in die Troposphäre hinein erfolgen.

3.2
Hydrosphärenforschung

3.2.1
Relevanz der Hydrosphäre für den Globalen Wandel

Wasser stellt eine Ressource von lebenswichtiger Bedeutung dar. Leben konnte sich auf der Erde nur entwickeln, weil die vorherrschenden Temperaturbedingungen das Vorhandensein großer Mengen flüssigen Wassers zulassen. Das Klima der Erde wird im gekoppelten System Atmosphäre-Kryosphäre-Ozean wesentlich durch das Weltmeer bestimmt. Bei den kurzfristigen Prozessen überwiegt der Einfluß der Atmosphäre auf das Meer, bei den langfristigen hat das Meer die entscheidende Steuerungsfunktion. Relevant ist nicht nur die „ozeanische Wärmepumpe", die Wärme aus niederen in hohe Breiten und polares Wasser von der Oberfläche in die Tiefsee transportiert, sondern auch die Bedeutung des Meeres als Senke und Quelle von klimarelevanten Gasen und für die terrestrischen Lebensgemeinschaften wichtigen Stoffen. Das Meer ist aber nicht nur eines der großen Kompartimente des planetarischen Klimasystems, sondern seine Ökosysteme sind auch – vor allem in küstennahen Bereichen – vom Globalen Wandel betroffen.

Süßwasser hat für alle Bereiche des Lebens und der Gesellschaft zentrale Bedeutung. Es ist Kulturgut, elementares Nahrungsmittel für alle Organismen, aber auch Voraussetzung für die landwirtschaftliche Produktion, für viele industrielle Fertigungsverfahren und für die Energiegewinnung. Gefahren für die Ressource und das Kulturgut Wasser entstehen durch eine Vielzahl natürlicher und anthropogener Faktoren. Sowohl Wasservergeudung als auch Wasserverschmutzung führen zu einer Verringerung des vom Menschen nutzbaren Wasserdargebots und zur Schädigung oder Zerstörung von Ökosystemen (WBGU, 1993). Die Zunahme der lokal und regional auftretenden Wasserknappheit hat die Wasserfrage international zu einem Problem erster Ordnung werden lassen. Nach Schätzung der Vereinten Nationen herrscht inzwischen in etwa 50 Ländern der Welt große Wasserknappheit.

Weltweit unterscheiden sich Wassernachfrage und -dargebot deutlich, d.h. Regionen mit Wasserüberschuß (z.B. dünnbesiedelte humide Gebiete) stehen Regionen mit Wassermangel gegenüber (z.B. Groß-Städte in ariden Zonen). Eine Umverteilung von Wasser über weite Entfernungen stößt auf technische Probleme. Bei der Lösung der Wasserprobleme sind daher nicht nur die hydrologisch-naturwissenschaftlichen Fragestellungen im lokalen, regionalen und globalen Maßstab zu klären, sondern auch die dabei entstehenden ökonomischen, sozialen und politischen Probleme. Integrierende Betrachtungsweisen und Lösungsmethoden sind erforderlich und müssen von der Wissenschaft entwickelt werden.

3.2.2
Meeres- und Polarforschung

3.2.2.1
Wichtige Beiträge der deutschen Meeres- und Polarforschung

In der physikalischen Ozeanographie und maritimen Meteorologie gibt es in Deutschland zwei übergeordnete Themenbereiche: Die Erforschung der *Klimafunktionen des Ozeans* und die Untersuchung der *Dynamik der europäischen Randmeere*. Die betreffenden Arbeiten zielen auf die Möglichkeit zur Vorhersage kurzfristiger Klimaschwankungen bzw.

auf die Abschätzung der Grenzen der Belastbarkeit von küstennahen marinen Ökosystemen. Messungen im Meer, Fernerkundung und Modellierung sind die drei wesentlichen, einander ergänzenden Untersuchungsmethoden.

Wichtig für die GW-Forschung sind die großräumigen multidisziplinären Arbeiten zur Bedeutung des Meeres und seiner Lebensgemeinschaften als Quellen und Senken klimarelevanter Gase (CO_2, Methan). Die biologische Meeresforschung untersucht einerseits die Stoffflüsse und andererseits die Veränderungen mariner Lebensgemeinschaften und der Biodiversität infolge von Klimawandel und menschlichen Eingriffen. Aus dem Arbeitsprogramm der marinen Geowissenschaften sind neben den geochemischen Aspekten des Stoffhaushalts Fragen des Paläoklimas und der Paläoozeanographie von besonderer Bedeutung für das Verständnis langfristiger Veränderungen in der marinen Zirkulation. Bohrkerne aus Meeressedimenten und Korallenstöcken bilden quasi-natürliche Archive, aus denen Erkenntnisse über die klimatischen Entwicklungen der Vergangenheit gewonnen werden können.

Von der deutschen Meeresforschung bearbeitete Fragestellungen mit Relevanz für globale Umweltveränderungen konzentrierten sich die zunächst auf die Nord- und Ostsee sowie auf den Nordost-Atlantik. Seit 20 Jahren werden außerdem regelmäßig Expeditionen in das Südpolarmeer unternommen. In jüngster Zeit ist die Untersuchung klimarelevanter und ökologischer Fragen im Arktischen Ozean und im Südatlantik hinzugekommen. Daneben erfolgen im Abstand einiger Jahre größere Expeditionen in den Indischen Ozean und die küstennahen Gewässer Südamerikas. Zudem spielt die Untersuchung tropischer Küstenregionen eine wachsende Rolle.

Im Zusammenhang mit Fragen des globalen Klimas liegen die Schwerpunkte der deutschen Polarforschung bisher auf drei Themenkomplexen. Zum ersten ist dies die Frage nach dem *Energieaustausch im gekoppelten System Ozean-Meereis-Atmosphäre*. Meereis verhindert durch seine hohe Albedo den Wärmeeintrag von Sonnenenergie in den Ozean und unterbindet die Abgabe von Wärme in die Atmosphäre. Durch neue Methoden der Eisfernerkundung und die Erstellung von Modellen können die Austauschprozesse unter veränderten Randbedingungen bestimmt werden.

Der zweite Schwerpunkt liegt auf der Erforschung der *Massenhaushalte der polaren Eisschilde und ihrer Veränderungen durch Klimaschwankungen*. Die Massenhaushalte der großen Eisschilde werden sowohl von der Temperatur als auch von der Niederschlagsmenge beeinflußt. Klimamodelle zeigen, daß eine Temperaturerhöhung in der Atmosphäre zu erhöhten Niederschlägen in den Polargebieten führt. Die Modellierung der Massenänderungen der großen Eisschilde läßt Aussagen über Änderungen des Meeresspiegels zu.

Ein dritter Focus liegt auf der *Klimarekonstruktion aus polaren Archiven*. Mit Hilfe von Eisbohrkernen, wie z.B. aus dem europäischen GRIP-Programm in Grönland, können die historischen Temperaturen und die chemische Zusammensetzung der Atmosphäre sowie die Ablagerung von atmosphärischem, partikulärem Material analysiert werden. Mit Hilfe des grönländischen Kerns ist es möglich, die Klimageschichte der letzten 200.000 Jahre in dieser Region mit hoher zeitlicher Auflösung zu rekonstruieren. Neben den Eisbohrkernen liefern auch Bohrkerne aus polaren Meeres- und Binnenseesedimenten sowie aus Permafrostböden global relevante Informationen.

3.2.2.2
Einbindung der deutschen Meeres- und Polarforschung in internationale Programme

Meeres- und Polarforschung sind in den internationalen Kernprogrammen wie auch in zahlreichen Einzelprojekten gut organisiert, und die deutsche Forschung ist hierin intensiv eingebunden. Besonderen Bezug zur Hydrosphäre haben vier Kernprogramme des IGBP:

- BAHC (*Biospheric Aspects of the Hydrological Cycle*)
  In allen vier Forschungsschwerpunkten dieses Programms sind deutsche Forschungsgruppen vertreten, das deutsche Engagement wird auch durch den Standort des Kernprojektbüros in Potsdam dokumentiert. In engem Zusammenhang mit diesem Programm steht das BMBF-Schwerpunktprogramm „Wasserkreislauf", in dem 33 Projekte zum Thema „Wasserkreislauf in Klimamodellen" zusammengefaßt sind.
- GLOBEC (*Global Ocean Ecosystem Dynamics*)
  Die deutschen Beiträge zu diesem 1995 neu etablierten Kernprogramm werden zur Zeit formuliert. Am Beispiel der simultanen Veränderungen von Fischbeständen in verschiedenen Teilen des Weltmeeres sollen die regionalen Auswirkungen globaler Klima- und Zirkulationsveränderungen in regionalen Systemstudien (*Large Marine Ecosystem* Konzept, LME, z.B. Ostsee und Benguelastrom) untersucht werden.
- JGOFS (*Joint Global Ocean Flux Study*)
  Seit 1990 finanzieren BMBF und DFG die deutschen Aktivitäten in diesem Projekt, und zwar sowohl auf nationaler wie auf internationaler Ebene. In den JGOFS-Rahmen eingebettet sind auch Sonderforschungsbereiche, wie z.B. der SFB 313

> **KASTEN 8**
>
> **Querschnittsforschung „Klimaänderung und Küste"**
>
> Da die Küstenzonen die weltweit am dichtesten besiedelten und am intensivsten genutzten Regionen der Welt sind, treffen Klimaänderungen hier auf sozioökonomische und naturräumliche Strukturen, deren Anfälligkeit vergleichsweise hoch ist. Um dieses Gefährdungspotential auch für den deutschen Küstenraum abschätzen zu können, wurde 1991 vom damaligen BMFT ein Forschungsprogramm „Klimaänderung und Küste" initiiert, in dem die potentiellen Schäden – bzw. die Verwundbarkeit – des durch vielfältige Verflechtungen und Wechselwirkungen geprägten Lebens- und Wirtschaftsraums „Küste" untersucht werden sollten.
>
> Nord- und Ostseeküste sind stark anthropogen geprägt. Ihre Empfindlichkeit gegenüber klimatischen Effekten ist bereits durch andere Eingriffe, z.B. Nähr- und Schadstoffeinträge, Grundwassernutzung, künstliche Vertiefung der Flußmündungen etc. stark verändert. Deshalb wurde das Forschungsprogramm nicht nur auf die Anfälligkeit gegenüber Sturmfluten oder anderen Naturkatastrophen und die Veränderungen in den marinen und litoralen Ökosystemen beschränkt, sondern um die integrierte Analyse einer möglichen Verschärfung bereits bestehender Nutzungskonflikte (insbesondere zwischen Landwirtschaft, Naturschutz, Küstenschutz und Tourismus) erweitert.
>
> Entsprechend befaßt sich das Bund-Länder-Vorhaben „Klimaänderung und Küste" auf der Basis eines breiten Spektrums von küstenspezifischen „Klimawirkungen" mit der Belastbarkeit und Elastizität einer Vielzahl von Teilsystemen und bezieht dabei zukünftige Entwicklungen im Natur- und Gesellschaftssystem mit ein. Ein Expertengremium hat ein integratives Forschungskonzept entwickelt, das sich auf neue methodische Ansätze stützt: die Modellierung hydrographischer, morphologischer und biologischer Prozesse, die Verknüpfung natur- und sozialwissenschaftlicher Modelle, die gesamtsystemare und planungsorientierte Analyse ausgewählter Beispielräume (Fallstudien über das Weserästuar und die Insel Sylt) sowie die Erfassung, Darstellung und Bewertung resultierender Gefährdungen bzw. Konflikte über ein Geographisches Informationssystem (GIS).
>
> Gegenwärtig bilden die Analyse historischer klimatischer und küstenmorphologischer Veränderungen, Untersuchungen der Klimawirkungen auf Struktur, Dynamik und Stabilität von Wasserströmungen, der Sedimenttransport und Sturmflutentwicklungen sowie Extremwasserstände und Windverhältnisse die Schwerpunkte des Programms. Darauf aufbauend werden Untersuchungen hinsichtlich Küstenschutz, ökonomischer Risiken durch Deichbrüche, Überflutungen und Starkwindereignisse durchgeführt. Die Bestimmung der Gefährdungs- und Schadenspotentiale an Nord- und Ostseeküste bei einem Meeresspiegelanstieg von 1 m, insbesondere aber auch Analysen zur veröffentlichten Wahrnehmung von Extremwetterzuständen, des Reaktions- und Adaptionsverhaltens sozioökonomischer Systeme ergänzen das Themenspektrum.
>
> International ist dieses Forschungsprogramm in das *Coastal Zone Management Programme* des IPCC integriert, in dem die globale Bedrohung von Küstenzonen durch Meeresspiegelanstieg und andere Klimafolgen untersucht werden. Mit Hilfe der vom IPCC entwickelten Methoden und Szenarien werden dabei weltweit standardisierte Gefährdungsabschätzungen durchgeführt und für die Akteure in Politik und Wirtschaft wissenschaftliche Grundlagen für adäquate Handlungs- und Reaktionsstrategien im Küstenraum erarbeitet.
>
> Die Erfahrungen aus den Untersuchungen an den Küsten der Nord- und Ostsee sollten auf ausgewählte Küsten- und Inselregionen der Tropen und Subtropen im Sinne der AGENDA 21 ausgedehnt werden. Hierfür bieten das deutsch-brasilianische Verbundprojekt MADAM in der Amazonas-Mündung und die ebenfalls vom BMBF geförderte Kontaktstelle für tropische Küstenforschung erste Ansatzpunkte.

„Veränderungen der Umwelt: der nördliche Nordatlantik" an der Universität Kiel und der SFB 261 „Der Südatlantik im Spätquartär: Rekonstruktion von Stoffhaushalt und Stromsystemen" an der Universität Bremen.

- LOICZ (*Land-Ocean Interactions in the Coastal Zone*)
  Deutsche Beiträge zu LOICZ konzentrieren sich auf die Nordsee mit KUSTOS (Küstennahe Stoff- und Energieflüsse), die Ostsee mit dem Forschungsverbund Mecklenburg-Vorpommersche

Küstenlandschaft (GOAP, TRUMP, ÖKOBOD) und auf die Dynamik und das Management von Mangroven (MADAM) in einem deutsch-brasilianischen Gemeinschaftsprojekt. Das vom BMBF getragene multilaterale „Rote-Meer-Programm" hat ebenfalls Bezüge zu LOICZ, wie auch das Programm „Klimaänderung und Küste" (*Kasten 8*).

Zwei weitere Kernprogramme sind dem WCRP zugeordnet:
- GEWEX (*Global Energy and Water Cycle Experiment*)
  Besondere Förderung erfährt in Deutschland das GEWEX-Unterprojekt BALTEX (*Baltic Sea Experiment*), das den Wasserhaushalt des Ostsee-Einzuggebiets untersucht. In Geesthacht ist das internationale Sekretariat dieses Programms angesiedelt.
- WOCE (*World Ocean Circulation Experiment*)
  Dieses Programm läuft im Zeitraum 1990-1997 und wird mit starker deutscher Präsenz in allen drei Kernprojekten durchgeführt. Im bereits abgeschlossenen Programm TOGA (*Tropical Ocean-Global Atmosphere*) waren deutsche Forscher in erheblichem Maße durch Schiffsmessungen beteiligt.

3.2.2.3
GW-relevanter Forschungsbedarf in der deutschen Meeres- und Polarforschung

INHALTLICHE ANFORDERUNGEN

Die deutsche Meeres- und Polarforschung ist, auch durch ihre institutionelle Vielfalt, thematisch zwar breit angelegt, bisher jedoch überwiegend auf naturwissenschaftliche Fragen gerichtet. Themen wie die Verschmutzung der Meere vom Land aus, die anthropogene Veränderung der Nahrungsketten und des Artenspektrums oder Struktur und Funktionsweise internationaler Umweltregime (beispielsweise der Seerechtskonvention) sind erst ansatzweise zu finden. Diese und andere Fragestellungen bedürfen einer engen Zusammenarbeit natur- und sozialwissenschaftlicher Disziplinen und sind nach Auffassung des Beirats für das Verständnis der marinen Umweltveränderungen und ihrer Implikationen für den Globalen Wandel essentiell. Hier besteht somit zusätzlicher Forschungsbedarf.

Problemkreise, die im europäischen Verbund in den nächsten 10-15 Jahren verstärkt angegangen werden sollen, lassen sich wie folgt zusammenfassen:
- Erweiterung der wissenschaftlichen Grundlagen eines Ozean-Beobachtungsnetzes (GOOS), analog zum globalen Wetterbeobachtungsnetz der WMO.
- Erforschung des Nordpolarmeeres, insbesondere unter klimatologischen Gesichtspunkten.
- Erforschung der Tiefsee und des Tiefseebodens als einem gegenüber menschlichen Einflüssen empfindlichen Lebensraum.
- Erforschung der anthropogenen Einflüsse auf Randmeere und Küstengebiete.
- Entwicklung von Indikatoren für die anthropogene Veränderung der *carrying capacity* von Küstenökosystemen.
- Technikfolgenforschung bei der Nutzung mariner Ressourcen (Off-shore-Technik, Aquakultur etc.).
- Entwicklung der wissenschaftlichen Grundlagen für ein integriertes Management von Küstenregionen.
- Erweiterung der Wasserhaushaltsmodelle um sozioökonomische und demographische Bezüge (z.B. anknüpfend an das BALTEX-Projekt).
- Entwicklung von Mediationsverfahren für internationale Konflikte bei der Nutzung mariner Ressourcen.
- Evaluationsforschung über Meeresschutzprogramme und die Seerechtskonvention.

Diese Themen erfordern teilweise neue methodische Grundlagen und Instrumente, die gemeinsam von Wirtschaft und Wissenschaft zu entwickeln sind. Das Meeresforschungsprogramm der Bundesregierung von 1993, das neue Polarforschungsprogramm, das Tiefseeforschungskonzept und mehrere Vorhaben des BMBF zur Klima- und Ostseeforschung haben diese Fragestellungen zum Teil schon aufgegriffen, sollten allerdings nach Einschätzung des Beirats in Zukunft auch die Beiträge sozialwissenschaftlicher Umweltforschung stärker fördern und integrieren. International werden diesem Konzept die *Large Marine Ecosystems* (LME) gerecht, bei denen große Seegebiete wie die Nord- und Ostsee oder Stromsysteme wie Benguela- und Perustrom hinsichtlich ihrer Produktivität, Nahrungskettenstruktur und Nutzung unter dem Apsekt von Klimaveränderungen und anthropogener Belastung untersucht werden.

STRUKTURELLE ANFORDERUNGEN

Um die GW-relevante deutsche Meeres- und Polarforschung effizienter zu gestalten, bedarf es keiner wesentlichen zusätzlichen Institutionen oder Gremien, wohl aber einer Bündelung bzw. organisatorischen Neuorientierung. Dazu gehört die bessere Nutzung der Schiffskapazität unter schrittweiser Modernisierung der Flotte sowie die bereits erwähnte Förderung und Integration sozialwissenschaftlicher Umweltforschung.

Für die Meß- und Überwachungstechnik und die Fernerkundung müssen die deutschen Institute und Firmen nicht nur im europäischen Rahmen, sondern auch international enger kooperieren. Hierfür bedarf es u.U. eines Steuermechanismus. Dies gilt auch für die Förderung interdisziplinärer Kooperation, insbesondere zwischen natur- und sozialwissenschaftlichen Disziplinen.

Generell sollten die Vorteile der Vielfalt der deutschen Forschungsstrukturen auch in den GW-relevanten Teilen der Meeres- und Polarforschung noch stärker durch die Förderinstrumente von Gemeinschaftsvorhaben ergänzt werden, wobei mehr als bisher auf interdisziplinäre Vernetzung Wert zu legen ist. Für die Küstenforschung wird in diesem Zusammenhang die Einrichtung eines DFG-Schwerpunktprogramms empfohlen.

3.2.3
Süßwasserforschung

3.2.3.1
Wichtige Beiträge der deutschen Süßwasserforschung

Süßwasserforschung, speziell die hydrologische Forschung, ist in Deutschland relativ gut entwickelt. Hauptträger sind Universitäten und Technische Hochschulen, die Bundesanstalt für Gewässerkunde sowie verschiedene Landesämter für Wasserwirtschaft. Eine zentrale, koordinierende Forschungseinrichtung zur Süßwasserforschung, die auch die globale Perspektive verfolgt, fehlt jedoch.

Neben der etablierten hydrologischen Forschung in staatlichen Instituten existiert eine Vielzahl kleinerer bzw. kleinster Arbeitsgruppen, die sich problem- und lösungsorientiert mit Fragen der Wassernutzung und des Gewässerschutzes befassen. Hierzu gehören Einrichtungen wie das Öko-Institut in Freiburg oder das Institut für sozial-ökologische Forschung in Frankfurt am Main, aber auch das Institut für Strömungswissenschaften in Herrischried. Ihnen ist gemeinsam, daß sie neue interdisziplinäre Ansätze und Methoden entwickeln. Im Rahmen des Forschungsprogramms „Stadtökologie" fördert das BMBF zwei Verbundprojekte, die sich einerseits mit unkonventionellen technischen Lösungen (Regenwassernutzung), andererseits mit sozialwissenschaftlicher Akteursforschung (*Wasserkultur*) befassen.

Eine breitere Behandlung von Forschungsfragen, die das Wasser als Kulturgut betreffen, ist in Deutschland erst ansatzweise sichtbar. Bisher dominieren hier Außenseiterarbeiten, die sich etwa mit historischen Leistungen des Wasser- und Kulturbaus, mit der kulturgeschichtlichen Symbolik des Wassers, mit der kulturellen Bedeutung von Flußsystemen (z.B. Rhein) oder mit dem Verlust lokaler und regionaler Wasserkultur befassen.

3.2.3.2
Einbindung der deutschen Süßwasserforschung in internationale Programme

Die deutsche Forschung hat sich mit den Aufgabenstellungen der internationalen Programme zum Thema Wasser in besonderer Weise identifiziert. Zur Koordinierung der Beiträge sind verschiedene Nationalkomitees gebildet worden (wie IHP/OHP, WCRP/GEWEX, IGBP, IDNDR). Zudem wurden in Deutschland für die Projekte BAHC und BALTEX die internationalen Sekretariate eingerichtet (*siehe Kap. B 1.2*).

3.2.3.3
GW-relevanter Forschungsbedarf in der deutschen Süßwasserforschung

INHALTLICHE ANFORDERUNGEN
Die modellhafte Beschreibung des Wasserkreislaufs im regionalen bis kontinentalen Maßstab ist international im Rahmen der Klimadiskussion verstärkt worden. Es besteht aber noch erheblicher Forschungsbedarf bezüglich ihrer naturwissenschaftlichen Feinabstimmung und ihrer Kopplung mit anderen vorhandenen Modellen. Diese ist insbesondere bei der Niederschlagsberechnung der Klimamodelle und bei der regionalen Wasserhaushaltsanalyse wichtig.

Besondere Aufmerksamkeit verdienen darüber hinaus die Veränderung der Wasserresourcen infolge signifikanter Änderungen der natürlichen und gesellschaftlichen Randbedingungen. Im Zusammenhang mit dem Globalen Wandel sind Hochwasser bzw. Trockenheit wichtige Forschungsgegenstände. Die Themenkomplexe „Auftrittswahrscheinlichkeiten hydrologischer Extreme" und „Qualitätsminderung der Süßwasserressourcen" sind von essentieller Bedeutung für die betroffene Bevölkerung. Auch die Erforschung von Konzepten nachhaltiger Wassernutzung und Methoden des *capacity building* tragen dazu bei, die Probleme in besonders betroffenen Regionen zu vermeiden bzw. zu lindern.

Der Beirat hat die grundlegenden globalen Wasserprobleme in drei Kategorien gefaßt: *Verknappung*, *Verschmutzung* und *Vergeudung* (WBGU, 1993). Angesichts der grundlegenden Bedeutung des Wassers für eine nachhaltige Entwicklung identifizierte der Beirat vier zentrale Handlungsfelder: die Nachfrage nach Wasser, das Angebot an Wasser, die Wasserverschmutzung und naturbedingte Risiken.

Hinsichtlich der *Wassernachfrage* besteht kein Zweifel, daß es viele ungenutzte Möglichkeiten eines sorgfältigeren Umgangs mit Wasser gibt, d.h. den Wasserverbrauch zu senken bzw. die Wasserproduktivität zu erhöhen. Hierzu ist rationelle Wassernutzung ebenso erforderlich wie eine entsprechende Wasserspartechnik. Eine Voraussetzung dafür ist die Wasserverbrauchsmessung. Hierfür sind geeignete Methoden den örtlichen und regionalen Gegebenheiten anzupassen. Forschung muß ferner die wissenschaftlichen Grundlagen und Lösungsvorschläge für den sorgfältigen Umgang und die Nachfragesteuerung (*demand side management*) liefern.

Das *Wasserdargebot* kann auf vielfältige Weise erhöht werden; es gibt konventionelle, nicht-konventionelle und noch zu erprobende Methoden (*supply side management*). Hierzu besteht Forschungsbedarf über ökologisch effektive, ökonomisch effiziente und sozial akzeptable Formen der Ausweitung des Wasserdargebots.

Hinsichtlich des *Gewässerschutzes* sind weltweit höhere Anstrengungen erforderlich, damit die Verschmutzung von Oberflächengewässern und Grundwasservorräten unterbleibt und die sich daraus ergebenden Gesundheitsgefährdungen reduziert werden. Die Forschung richtet sich hierbei vor allem auf die Entwicklung von Verfahren zur Überwachung der Gewässerqualität. Neben der in Deutschland traditionell stark entwickelten Gewässeranalytik muß verstärkt die quantitative Erfassung der Wasserressourcen treten.

Das vierte Handlungsfeld läßt sich mit dem Begriff *Katastrophenmanagement* beschreiben. Häufigkeit und Intensität von Überschwemmungs- und Dürrekatastrophen haben im Laufe der Zeit zugenommen, weitreichende regionale Migrationen von Bevölkerungsgruppen waren die Folge (z.B. Bangladesch, Somalia, Sudan). Nicht nur kurative Nothilfe, sondern präventives Katastrophenmanagement ist forschungspolitisch stärker zu thematisieren, das heißt: bessere Anpassung an und rechtzeitige Vorbereitung auf solche Ereignisse.

GLOBALE WASSERSTRATEGIE

Die Forschungselemente einer *globalen Wasserstrategie* sind Teile einer systematischen Auseinandersetzung um die Ursachen und Folgen der künftig zu erwartenden Wasserprobleme. Zur Umsetzung einer solchen Strategie sind eine Reihe von Initiativen bilateraler und multilateraler Art denkbar, die in ein konsistentes Konzept zu bringen vordringliche Aufgabe der Forschung sein muß. Hierzu müssen Ziele formuliert, Instrumente entwickelt und Institutionen geschaffen werden.

In Anlehnung an frühere Empfehlungen des Beirats läßt sich der GW-relevante Forschungsbedarf in bezug auf das Süßwasser stichwortartig wie folgt zusammenfassen, wobei natur- und sozialwissenschaftliche Forschung miteinander verknüpft werden sollten:

- *Erfassung der Wasserressourcen:* Wasserverfügbarkeit ermitteln; Wasserintensitäten feststellen, und zwar sektoral, regional und produktbezogen („Wasser-Ökobilanzen"); global die Austauschprozesse zwischen Biosphäre und Hydrosphäre („Wasserkreislauf") besser erfassen und beschreiben; regionale Wasserhaushaltsmodelle mit Ankopplung an Klima, Vegetation und Anthroposphäre zur Erfassung der Effekte von Klima- und Landnutzungsänderungen und wasserwirtschaftlichen Maßnahmen entwickeln.
- *Wassereffizienz und Wassersparen*: Techniken mit geringem Wasserverbrauch für Trinkwasserversorgung, Bewässerung und industrielle Produktion sowie Methoden zum Wassersparen entwickeln und auf ihre ökologischen Nebenwirkungen untersuchen; Weiterentwicklung von Modellen integrierter Ressourcenplanung des Wassersektors unter Einschluß von Methoden der Nachfragesteuerung.
- *Wasserkultur*: Kulturelle Werte mit Wasserbezug analysieren; Erfahrungswissen und praktische Lernmöglichkeiten verbreiten.
- *Nationale Wasserpolitik*: Vergleichende Evaluation von Beispielen optimaler Wasserpolitik: Ziele, Instrumente (Preis- und Mengenlösungen) und Institutionen (private und kollektive Wasserrechte, Regionalverbände). Erforschung traditioneller Methoden der Wasserbewirtschaftung in Hinblick auf ihre Nachhaltigkeit und Übertragbarkeit auf moderne institutionelle Arrangements.
- *Internationale Wasserpolitik*: Grenzüberschreitende Wassermanagement-Erfahrungen analysieren und entsprechende Konfliktlösungen vermitteln; Pilotprojekt „Wasserpartnerschaften" zwischen der Bundesrepublik Deutschland und einigen Entwicklungsländern wissenschaftlich vorbereiten und begleiten; die in der Bundesrepublik vorhandenen Ansätze, wie Niederschlagsklimatologie, globales Abflußdaten-Register etc. in eine nationale Datenbank bzw. ein internationales Wasserinstitut einbringen.

STRUKTURELLE ANFORDERUNGEN

In Zukunft wird es darauf ankommen, die Arbeiten der räumlich und fachlich verteilten Forschungspotentiale stärker zu koordinieren bzw. eine gezielte Kooperation zwischen den beteiligten Institutionen, Disziplinen und Forschungsebenen zu organisieren. Beispiele dafür sind

- das DFG-Schwerpunktprogramm „Regionalisierung in der Hydrologie",
- der Forschungsschwerpunkt „Wasserkreislauf" und das Verbundprojekt „Stadtökologie" des BMBF.

Die erwähnten Ziele können jedoch nur erreicht werden, wenn zusätzliche Ressourcen für die Wasserforschung in Deutschland bereitgestellt werden.

Im Vergleich zu anderen europäischen Ländern und auch im Vergleich mit anderen Disziplinen ist die deutsche Forschung in internationalen Gremien der Wasserforschung unterrepräsentiert. Dies betrifft sowohl die hydrologischen als auch die ökonomischen und nutzungstechnischen Themen.

Der Beirat mißt dem Problemkreis auch unter globalen Gesichtspunkten eine hohe Bedeutung zu. Er beabsichtigt daher, sich in einem der nächsten Jahresgutachten speziell mit den weltweiten Wasserproblemen zu befassen und dabei auch der hydrologischen Forschung im weitesten Sinne und ihrer Verzahnung mit anderen Forschungsbereichen besondere Aufmerksamkeit zu widmen. Er wird dann auch zu strukturellen und organisatorischen Fragen, z.B. hinsichtlich eines zentralen deutschen Wasserinstituts Stellung nehmen, das wesentliche nationale und internationale Koordinierungsaufgaben übernehmen und die hydrologischen Aspekte von Natur- und Anthroposphäre in gemeinsamen Forschungsprogrammen zusammenführen könnte.

3.3
Bodenforschung

3.3.1
Relevanz der Böden für den Globalen Wandel

Böden als Bestandteile terrestrischer Ökosysteme haben eine wichtige Funktion als Lebensraum (*Lebensraumfunktion*) und Regler in Stoffkreisläufen (*Regelungsfunktion*). Durch diese Funktionen sichern sie die Recyclierung von Nährstoffen und stellen den Primärproduzenten, d.h. den grünen Pflanzen, Wasser zur Verfügung. Als Struktur- und Funktionselemente terrestrischer Ökosysteme stehen Böden in Energie-, Stoff- und Informationsaustausch mit Atmo-, Hydro-, Bio- und Lithosphäre und sind somit auch den sich verändernden Umweltbedingungen ausgesetzt.

Durch die Verwitterung von Mineralen sowie die Zu- oder Abfuhr von Stoffen mit dem Wasser oder der Luft, aber auch durch Ein- und Abwanderung von Organismen findet eine ständige Veränderung der Böden statt. Unter natürlichen Bedingungen verläuft diese Entwicklung sehr langsam, in Jahrhunderten bis Jahrtausenden, so daß sich Organismengesellschaften diesen Bedingungen anpassen und in vielen Fällen Degradationsprozesse in Böden sogar mindern können. Dabei entstehen terrestrische Ökosysteme, die sich unter den natürlich ablaufenden Schwankungen der Randbedingungen als relativ stabil erweisen.

Böden dienen Pflanzen als Standort und versorgen diese mit Nährstoffen und Wasser, was sie zu einem wichtigen Produktionsfaktor in der Land- und Forstwirtschaft (*Nutzungsfunktion*) macht. Als solche unterliegen Böden einem ständigen Nutzungswandel, der häufig mit Degradationen verbunden ist. Über seine Rolle als Produktionsfaktor bei der Nahrungs- und Futtermittelproduktion hinaus hat der Boden zudem eine *Sozial-* und *Kulturfunktion*.

Durch die rasch wachsende Weltbevölkerung und die damit verbundene Intensivierung der wirtschaftlichen Tätigkeiten ändern sich die Umweltbedingungen terrestrischer Ökosysteme inzwischen so rapide, daß ihre endogenen Kompensations- und Reparaturmechanismen überfordert werden (*siehe Kasten 9*). Darüber hinaus werden durch Nutzungseingriffe in Bodenstrukturen und -prozesse teilweise irreversible Veränderungen verursacht, die zu dauerhaften Störungen der Lebensraum-, Regelungs-, Nutzungs- und Sozial-/Kulturfunktion der Böden führen können. Der Beirat hat in einem früheren Jahresgutachten auf die Verletzlichkeit von Böden und auf die katastrophalen Folgen der Bodendegradation als einer der Haupttrends des Globalen Wandels hingewiesen (WBGU, 1994).

3.3.2
Wichtige Beiträge der deutschen Bodenforschung

Bodenforschung hat in Deutschland eine lange Tradition, sie hat sich jedoch überwiegend auf ihre Rolle bei der Ertragssicherung und -steigerung in der Land- und Forstwirtschaft beschränkt und sich erst in den letzten zwei Dekaden den anderen Bodenfunktionen zugewandt. Heute stehen im Hinblick auf den Globalen Wandel folgende Themen in der deutschen Bodenforschung im Vordergrund:

- Verhalten natürlicher und anthropogener Stoffe (Kohlenstoff, Stickstoff, Schwefel, organische und anorganische Fremdstoffe) in Böden und deren Transfer in terrestrische und aquatische Nachbarsysteme sowie in die Atmosphäre.
- Wirkung chemischer Belastungen auf Struktur und Funktion von Organismengesellschaften (Mikroorganismen, Pilze, Pflanzen, Tiere) (*Ökotoxikologie*).
- Versiegelung von Böden und Fragmentierung von Landschaften.
- Nutzungsbedingter Humusabbau und Verdichtung und damit verbundener Bodenverlust durch Wind- und Wassererosion.
- Bewertung von Klima- und Nutzungsänderungen

KASTEN 9

Agrarökosystemforschung zur Ernährungssicherung

Weltweit sind heute 780 Mio. Menschen, d.h. jeder siebte Erdbewohner, unterernährt. Für das Jahr 2010 prognostiziert die FAO, daß allein in Afrika südlich der Sahara rund 300 Mio. Menschen ohne genügend Nahrungsmittel leben werden. Global gesehen besteht heute an Nahrung kein Mangel, da jedem Menschen hypothetisch täglich die 2.700 kcal zur Verfügung stehen, die er für seine Existenzsicherung benötigt. Das Problem ist die Verteilung: Die Ernährungssituation ist in den meisten Industrieländern von einem Überangebot geprägt, während in vielen Entwicklungsländern Nahrungsmittelknappheit herrscht. Wie rasch sich die Bedingungen ändern können, zeigt die Verknappung der Weltgetreidevorräte und die damit verbundene Verdoppelung der Getreidepreise im Jahr 1996 mit der Konsequenz, daß die EU ein Ausfuhrverbot für Getreide verhängen mußte.

Im Jahr 2025 müssen etwa 8 Mrd. Menschen ernährt werden, das sind 2,3 Mrd. mehr als heute (WBGU, 1996). Um einen den Industrieländern entsprechenden Ernährungsstatus zu erlangen, müßten weltweit die Erträge versechsfacht werden. Die Sicherung der Welternährung stellt somit eine große gesellschaftspolitische Herausforderung der Zukunft dar, deren Bewältigung eine Erhaltung bzw. Wiederherstellung der Kulturböden voraussetzt.

In der Vergangenheit wurde die Erhöhung der Nahrungsmittelproduktion durch die Ausdehnung der Kulturflächen und durch Produktivitätssteigerung (z.B. Einsatz von Dünge- und Pflanzenschutzmitteln, Landmaschinen sowie neuen Pflanzensorten) erreicht. Dabei treten negative Folgen auf, weil bei einer Ausdehnung der Flächen zunehmend ungeeignete Gebiete (z.B. Grenzertragsflächen, extreme Hanglagen) in Kultur genommen werden. Besonders sichtbar wird dies im Zusammenhang mit der wachsenden Bevölkerung in Entwicklungsländern. Durch unangepaßte mechanische Bodenbearbeitung, falsche Bewässerung, den Anbau von Monokulturen und hohe Dünger- und Pestizidgaben bei den hochertragreichen Varietäten zeigen sich in weiten Gebieten zunehmend ökologische Langzeitschäden. Mit der Übernutzung der Ackerflächen steigt die Gefahr der Verarmung an Nährstoffen und der Bodenerosion (*siehe Grüne-Revolution-Syndrom, Kap. C 2.2*). Bei Überweidung kommt die Zerstörung fragiler Ökosysteme hinzu.

Ernährungssicherung, Armutsbekämpfung und Umweltschutz sind eng miteinander verknüpft. Daher muß die Förderung von angepaßten Produktionsmethoden unter Berücksichtigung der örtlichen Bedingungen ein zentraler Bestandteil der ländlichen Entwicklung sein. Angesichts nur begrenzter Ausweitungsmöglichkeiten für Kulturland kann die Steigerung der Nahrungsmittelproduktion vor allem durch eine Verbesserung der Flächenproduktivität erreicht werden. Die hierdurch bedingten Risiken müssen sich aber mit dem Leitbild einer nachhaltigen Entwicklung vereinbaren lassen. Die Agrarforschung sollte daher mehr als bisher standortgerechte, nachhaltige und umweltschonende Anbaumethoden (Mischkulturen, Fruchtfolgen, Zwischensaaten, Bodenbearbeitungs- und Bewässerungstechniken) zur Steigerung der Nahrungsproduktion entwickeln. Weiterhin ist der Einsatz moderner produktionssteigernder Technologien (Dünger, Saatgut, Mechanisierung) wichtig. Darüber hinaus muß ein gesellschaftliches Umfeld geschaffen werden, das diese Anwendung ermöglicht.

Da die Lösung der Probleme häufig lokal nicht möglich ist, ist die Staatengemeinschaft insgesamt zu größeren Anstrengungen und zur Mithilfe aufgerufen. In der Forschung zur Ernährungssicherung hat sich der Fokus von Einzelaspekten auf die Untersuchung von Nahrungssystemen verschoben. Forschungsfelder mit hoher GW-Relevanz sind:

- Verknüpfung traditioneller erhaltensorientierter Grundsätze der Feldbestellung und der Weidewirtschaft mit technologischen Innovationen.
- Untersuchung der Anpassungsfähigkeit von regionalen agraren Produktionssystemen angesichts der sich abzeichnenden Klimaänderungen und der damit möglichen Verschiebung von Anbauzonen.
- Chancen und Risiken der Biotechnologie für die Nahrungsproduktion.
- Integration erzeugungs-, verfügungsrechtlicher und krisentheoretischer Ansätze in einer systemaren Betrachtung der Welternährung.
- Fallstudien zur Wahl geeigneter Indikatoren zur Bestimmung der Anfälligkeit von sozialen Gruppen und Regionen für Nahrungskrisen.

für Struktur und Funktion von Böden (*Indikatorensysteme*).
- Bedeutung von Böden für den Biotop- und Artenschutz.
- Verwendung von Geographischen Informationssystemen (GIS) und Simulationsmodellen für die Regionalisierung von Bodenzuständen und -prozessen sowie deren Entwicklung.
- Bedeutung von Böden für den Stoff- und Energieumsatz von Ökotopen und Landschaften (Fluß-, Wald-, Agrar-, Stadt- und naturnahe Landschaften).
- Handlungsstrategien zur Erhaltung und Wiederherstellung von Böden (Bodenschutz und Sanierung).

3.3.3
Einbindung der deutschen Bodenforschung in internationale Programme

Traditionell lag der Schwerpunkt der deutschen Bodenforschung bisher auf der Lösung nationaler Probleme. Dies ist sicher ein Grund für die bisher geringe deutsche Beteiligung an internationalen Programmen wie GCTE, BAHC und IGAC. Diejenigen, die an diesen Vorhaben beteiligt sind, haben jedoch an der Planung der Programme zum Teil entscheidend mitgewirkt. Als Hindernis für eine stärkere Beteiligung erwies sich oft die unzureichende finanzielle Förderung der deutschen Beiträge.

Daneben gibt es einzelne Forscher bzw. Forschergruppen, die über außereuropäische Bodenprobleme arbeiten. Hier sind beispielsweise Untersuchungen im land- und forstwirtschaftlichen sowie im geowissenschaftlichen Bereich zu erwähnen, die von der DFG, vom BMBF und der GTZ finanziert werden.

3.3.4
GW-relevanter Forschungsbedarf in der deutschen Bodenforschung

3.3.4.1
Inhaltliche Anforderungen

Im Jahresgutachten 1994 hat der Beirat umfassende Empfehlungen für die Bodenforschung zum Globalen Wandel vorgelegt. Entsprechend sollten folgende Themen für die Bodenforschung in den nächsten Jahren im Vordergrund stehen.

REAKTIONEN TERRESTRISCHER ÖKOSYSTEME AUF VERÄNDERUNGEN DES CHEMISCHEN UND PHYSIKALISCHEN KLIMAS

Durch anthropogen bedingte Einträge verändert sich die stoffliche Zusammensetzung terrestrischer Ökosysteme. Die komplexen Strukturen dieser Systeme lassen bis heute keine zuverlässigen Vorhersagen über die daraus resultierenden strukturellen und funktionellen Reaktionen zu. In diesem Forschungsbereich müssen daher die Reaktionen von Pflanzen und Ökosystemen auf den Anstieg von Ozon und CO_2 sowie auf erhöhte Säure-, Stickstoff- und andere Schadstoffdepositionen weiter untersucht werden. Zentrale Forschungsthemen hierzu sind:
- Quantifizierung der langfristigen Wirkungen der veränderten globalen Kohlenstoff- und Stickstoffkreisläufe und Säurebildner auf Böden, naturnahe Ökosysteme und die landwirtschaftliche Produktion (insbesondere die kombinierte Wirkung erhöhter CO_2-Konzentrationen und der Stickstoff-Eutrophierung).
- Bedeutung der Böden als Senken für Kohlenstoff und Stickstoff.
- Degradation von Böden und Ökosystemen aufgrund von Säure- und Schadstoffbelastungen.

Zur Klärung der Anpassungsmöglichkeiten für terrestrische Ökosysteme an die globalen Klimaänderungen (Wasser und Temperatur) muß eine enge Zusammenarbeit der Bodenforschung mit Agrar- und Forstwirtschaft, Botanik und Hydrologie erfolgen. Neben physiologischen Untersuchungen an Einzelpflanzen steht hierbei der Wasseraustausch ganzer Ökosysteme und Regionen mit der Atmosphäre und dem Grundwasser im Mittelpunkt der Betrachtung. Zentrale Forschungsthemen sind:
- Verschiebung der Vegetationszonen aufgrund von Klimaänderungen unter Berücksichtigung der unterschiedlichen Bodeneigenschaften.
- Abschätzung des Degradationspotentials von Böden aufgrund von Desertifikationsprozessen (*siehe Kasten 10*).
- Rolle von Böden als Regelgrößen im Wasserkreislauf (Abschätzung der lokalen, regionalen und globalen Speicher- und Leitfähigkeitsfunktionen).
- Belastung von aquatischen Ökosystemen durch erodiertes Bodenmaterial.

VERÄNDERUNG BIOGEOCHEMISCHER KREISLÄUFE DURCH LANDNUTZUNG

Die Umsetzung und bodeninterne Speicherung von Kohlenstoff, Stickstoff, Phosphor und Schwefel in terrestrischen Ökosystemen werden durch die vorhandenen Organismengesellschaften reguliert. Die Wirkungen von nutzungsbedingten Eingriffen in diese Gesellschaften verursachen Veränderungen der biogeochemischen Prozesse, die bisher nur

schwer abzuschätzen sind. Zentrale Forschungsthemen sind:
- Quantifizierung der nutzungsbedingten Änderungen der biogeochemischen Kreisläufe von C, N, P und S und der sie regulierenden Prozesse.
- Quantifizierung und Regulation der Freisetzung oder Aufnahme klimarelevanter Spurengase aus verschiedenen Böden bei unterschiedlicher Nutzungsart und -intensität.
- Degradation von Böden infolge der Entkopplung von Stoffkreisläufen aufgrund von Bodennutzungsänderungen und die Bedeutung dieses Prozesses für die Nachhaltigkeit der Bodennutzung.

VERÄNDERUNGEN DER STRUKTUR UND FUNKTION VON ORGANISMENGESELLSCHAFTEN
Im einzelnen werden vor allem bessere Erkenntnisse zur Belastbarkeit von Böden mit Schad- und Nährstoffen benötigt. Hierzu bedarf es der verstärkten Forschung über die Bedeutung der Bodenorganismen und ihrer Diversität für die Synchronisation von Stoffumsätzen, den Abbau und die Toxizität von Fremdstoffen und damit für die Stabilität terrestrischer Ökosysteme. Hier ist eine enge Zusammenarbeit mit Umwelt(mikro)biologen notwendig. Zentrale Forschungsthemen sind:
- Entwicklung von Methoden zu Klassifizierung und Lokalisierung der Organismengesellschaften in Böden.
- Ökophysiologische Bewertung des biotischen Stoffansatzes in Böden und seiner nutzungs- und klimabedingten Veränderungen.
- Ökotoxische Wirkungen von anorganischen und organischen Schadstoffen.

BEDEUTUNG DER BIOLOGISCHEN VIELFALT FÜR STABILITÄT UND ENTWICKLUNG VON KULTURLANDSCHAFTEN
Eine wachsende Weltbevölkerung wird zukünftig wesentlich stärker als heute Böden für ihre vielfältigen Ansprüche nutzen. Soll dies nicht wie bisher überwiegend zu Lasten der natürlichen Ökosysteme erfolgen, müssen Wege gefunden werden, um Kulturlandschaften mit hoher Intensität zu nutzen, ohne daß deren Böden degradieren und die Stabilität der Ökosysteme verloren geht. Eine besondere Bedeutung hat dabei die biotische Diversität auf Biotop- und Artenebene, auf der die Reparaturfähigkeit und die Belastbarkeit einer Landschaft wesentlich beruht. Zentrale Forschungsthemen sind:
- Aufklärung der Rolle, die die Heterogenität der Böden und ihrer Organismengesellschaften für die Funktion und Stabilität von Landschaften hat.
- Strategien für eine am Stoffhaushalt orientierte und standortgerechte Nutzung von Landschaften.
- Ökonomische und soziale Voraussetzungen und Konsequenzen einer standortgerechten Nutzung von Böden.

ERDBEOBACHTUNG UND MODELLE ZUR BESCHREIBUNG TERRESTRISCHER ÖKOSYSTEME
In diesem Bereich müssen Meßverfahren, Modelle und Informationssysteme entwickelt werden, um punktuell oder unvollständig vorhandene Informationen auf größere räumliche Einheiten übertragen zu können (*scaling up*). Diese Forschungen sollten sowohl für die temperaten als auch für die tropisch-subtropischen Zonen durchgeführt werden. Im einzelnen muß eine Verbesserung der flächendeckenden Bodenaufnahme erfolgen, und die weltweiten Beobachtungs-, Informations- und Forschungsnetze müssen ausgebaut werden.

3.3.4.2
Strukturelle Anforderungen

FORSCHUNGSORGANISATION
Generell kann festgestellt werden, daß die Institute der Bodenforschung in Deutschland über apparativ gut ausgestattete Labore verfügen, um sowohl quantitativ als auch qualitativ Proben (Boden, Wasser, Pflanzen) den notwendigen Standards entsprechend zu untersuchen. Hierin liegt ein weiterer möglicher Beitrag der deutschen Bodenforschung – ihre Erkenntnisse und Erfahrungen bei der Probennahme (z.B. Bodenzustandserhebung) und bei der Analyse von Böden zu dokumentieren und weiterzugeben. Die Ausstattung mit moderner Datenverarbeitung ist etwa im Vergleich zu den USA, Großbritannien, den Niederlanden oder Schweden jedoch noch rückständig.

Bei den bestehenden Forschungseinrichtungen handelt es sich zumeist um kleine bis sehr kleine Arbeitsgruppen. Dies hat zur Folge, daß die für einen systemaren Ansatz notwendige fachliche Diversität oft nicht gegeben ist. Sie wurde in der Vergangenheit nur über Forschungsverbünde realisiert. Dabei gab es räumliche Hindernisse sowie zeitliche Limitierungen aufgrund der Einwerbung der notwendigen Drittmittel. Erst in jüngster Zeit hat es Änderungen gegeben, an denen das BMBF maßgeblich beteiligt ist. Zu nennen sind die Ökosystemforschungszentren und die Einrichtungen bodenorientierter Institute in den Helmholtz-Zentren. Auch die MPG und die FhG haben das Defizit erkannt und entsprechende Einrichtungen geschaffen.

Bodenforschung findet in Deutschland bisher überwiegend an den geo-, agrar-, gartenbau- und forstwissenschaftlichen Fachbereichen der Universitäten statt. Durch die Einrichtung von Ökosystemforschungszentren (Kiel, Göttingen und Bayreuth)

KASTEN 10

Desertifikationsforschung

Eine extreme Form der Bodendegradation ist die *Desertifikation*, definiert als Bodendegradation in ariden Zonen: Sie wird zumindest teilweise durch menschliche Aktivitäten verursacht. Diese Form der Degradation gefährdet die Lebensgrundlage einer zunehmenden Zahl von Menschen. Sie stellt somit ein zentrales Problem des Globalen Wandels dar. Inzwischen hat sich in weiten Teilen der Wissenschaft die Erkenntnis durchgesetzt, daß die Angaben über Ausmaß, Schwere und Dynamik der weltweiten Desertifikation auf einer noch immer unzureichenden Datengrundlage beruhen. Man hat vor allem erkannt, daß es sich nicht um ein weltweit einheitliches Phänomen mit gleicher Ursachen- und Wirkungsstruktur handelt.

Naturräumliche Gegebenheiten sind im Vergleich mit den sozioökonomischen Faktoren besser erforscht, bedürfen aber einer weiteren Bearbeitung. Auch in Deutschland lagen die Prioritäten im Bereich Desertifikationsforschung bisher auf den naturwissenschaftlichen Phänomenen, und die Forschung zu den verschiedenen Wechselwirkungen konzentrierte sich vor allem auf die Auswirkungen von Klima- bzw. Nutzungsänderungen auf Vegetation und Landschaftsentwicklung. Die Forschung in diesen Bereichen ist nach wie vor wichtig, sie muß jedoch künftig durch Forschungen im ökonomischen, sozialen und politischen Bereich ergänzt werden.

INHALTLICHE ANFORDERUNGEN

Insgesamt besteht noch erheblicher Dissens, was unter Desertifikation zu verstehen ist und in welchem Maß sie fortschreitet. Daher ist weitere Forschung zur *Erfassung*, *Prognose* und *Bewertung* von Desertifikation von erheblicher Bedeutung. Dies gilt auch für die Frage nach der Irreversibilität von Desertifikationsprozessen. Des weiteren bedarf es verstärkter Anstrengungen zur Entwicklung angepaßter Bekämpfungsprogramme. Die meisten Desertifikationsbekämpfungsprojekte sind bislang durch Mittel aus bi- oder multilateraler Entwicklungszusammenarbeit (mit)finanziert. *Kosten-Nutzen-Analysen* müssen die Kriterien für künftige Forschungs- und Projektprioritäten liefern. In diesen Zusammenhang gehört die Ermittlung der direkten Kosten aus Einkommensverlust durch Bodendegradation und der indirekten Kosten, die durch Reparation der Schäden entstehen. Projekte, die wirtschaftlich sind, werden oft auch nach Beendigung von Entwicklungsprojekten selbstständig weitergeführt.

Ein anderes wichtiges Forschungsthema ist die Optimierung der Organisation politischer Maßnahmen gegen Desertifikation. Nach insgesamt acht Vorbereitungskonferenzen zur Desertifikationskonvention mehren sich die Stimmen auch aus Umwelt- und Entwicklungskreisen, die in dieser Konvention ein Negativbeispiel sehen: So erfordere die Bekämpfung der Desertifikation je nach Region und soziokulturellem Hintergrund sehr unterschiedliche Lösungen, denen der globale Charakter einer Konvention nicht gerecht werde. Von der Forschung zum bisherigen Konventionsprozeß sind daher wichtige Erkenntnisse über Voraussetzungen und Gestaltung erfolgreicher Umweltkonventionen zu erwarten.

STRUKTURELLE ANFORDERUNGEN

Die menschlichen Aktivitäten, die zu Desertifikation führen, sind zum Teil bekannt: nicht-nachhaltige Brennholzgewinnung, Überweidung, Intensivlandwirtschaft und falsche Bewässerung (siehe dazu WBGU, 1994). Die Anzahl entsprechender Forschungsprojekte ist auch vor Ort relativ groß. Das Hauptproblem ist die Organisation der Forschung: die genannten Phänomene weisen lokale Besonderheiten auf, sowohl bezüglich des Naturraums als auch der soziokulturellen Gegebenheiten. Um Interdependenzen erkennen und Lösungsmöglichkeiten aufzeigen zu können, sind Kenntnisse zu den genannten Ursachen auf lokaler Ebene notwendig. Hierzu bedarf es der verstärkten Forschungsförderung vor Ort, wobei die Desertifikationsproblematik interdisziplinär behandelt werden muß. Für eine wirksame Bekämpfung der Probleme bedarf es allerdings eines übergreifenden Konzepts. Hierzu hat der Beirat einen Vorschlag entwickelt (*siehe Sahel-Syndrom in Kap. C 6*). Eine Stärkung der Desertifikationsforschung hat auch für die Bewerbung der Bundesrepublik Deutschland um den Sitz des Sekretariats der Desertifikationskonvention in Bonn zentrale Bedeutung.

und die Umstrukturierung von Helmholtz-Zentren für vermehrte Ökosystem- und Umweltforschung wurden wichtige Institutionen geschaffen, die sich mit der Bodenforschung befassen und die durch ihre Ausstattung über gute bis sehr gute Forschungsmöglichkeiten verfügen. Die Ökosystemforschungszentren haben ihre Verankerung an den Universitäten gefunden. Helmholtz-Zentren sind die GBF in Braunschweig, die GKSS in Geesthacht, das UFZ in Leipzig, die KFA in Jülich, das FZK in Karlsruhe und die GSF in Neuherberg. Bodenforschung wird auch in der Bundesforschungsanstalt für Landwirtschaft (FAL) in Braunschweig und im Zentrum für Agrarlandschafts- und Landnutzungsordnung (ZALF) in Müncheberg betrieben sowie in Sonderforschungsbereichen und Graduiertenkollegs in den Geo-, Agrar- und Forstwissenschaften. Erwähnt werden müssen auch die interfakultative Arbeitsgemeinschaft „Grundwasser und Bodenschutz" in Karlsruhe und das Zentrum für Boden- und Wasserschutz, Raumplanung und Umweltrecht in Bonn. Weiter befassen sich Einrichtungen des Bundes und der Länder mit der Boden- und Umweltproblematik und dabei auch mit GW-relevanten Themen. Die finanzielle Basis der universitären Forschung kommt teilweise von der DFG. Integrierte Forschung in den an Universitäten angeschlossenen Forschungszentren und den Helmholtz-Zentren werden verstärkt vom BMBF gefördert, und auch die Bundesländer und die EU finanzieren Bodenuntersuchungen.

Durch die Einrichtung der Ökosystemforschungszentren, des PIK, des ZALF und des SHIFT-Programms sowie die Hinwendung der GFE zu ökologischen Themen hat in den vergangenen Jahren eine gewisse Konzentration der Forschungsaktivitäten stattgefunden. Die Tätigkeiten der Ökosystemforschungszentren sind durch den Forschungsverbund TERN miteinander verknüpft worden. Die in diesen Forschungszentren erhobenen Daten und Analysen sollen in die Gesamtbetrachtung des IGBP einfließen und auf diese Weise Beiträge über globale Umweltveränderungen liefern.

Personell und apparativ ist die deutsche Bodenforschung heute gut bis sehr gut ausgestattet. Insgesamt ist jedoch abzusehen, daß sie in naher Zukunft mit gravierenden Problemen konfrontiert sein wird, sollten die finanziellen Mittel weiter eingeschränkt werden. Für Boden- wie Ökosystemforschung ist es dringend erforderlich, daß kontinuierlich und nachhaltig gearbeitet wird. Ein entscheidener Vorteil in den universitären und staatlichen Forschungszentren liegt darin, daß Wissenschaftler der unterschiedlichen Fachrichtungen zusammenarbeiten und dies einen höheren Informationsfluß gewährleistet. So hat der Wissenschaftsrat beispielsweise die erfolgreiche Zusammenarbeit zwischen der GSF und der TU München im *Forschungsverband Agrarökosysteme München* (FAM) ausdrücklich gewürdigt. Eine Zusammenarbeit zwischen verschiedenen Forschergruppen spielt auch für die globale Bodenforschung eine zentrale Rolle. Dies setzt voraus, daß Arbeitsgruppen die Möglichkeit haben, über einen längeren Zeitraum zusammenzuarbeiten. In Zukunft wird es notwendig sein, aktuelle Ergebisse der Ökosystemforschung schneller in die Praxis umzusetzen. Hierfür müssen die entsprechenden Rahmenbedingungen – einschließlich der finanziellen Mittel – zur Verfügung gestellt werden.

Neben der Untersuchung am Boden muß die Meß- und Überwachungstechnik durch Fernerkundung stärker als bisher in die deutsche Bodenforschung integriert und mit internationalen Programmen koordiniert werden (*monitoring*). Die oben genannten Schwerpunkte sollten deshalb nicht nur national angegangen, sondern auch in internationale Vorhaben eingebunden werden. Dabei sollte die Vielzahl der Ansätze möglichst gewahrt bleiben, die sich im deutschen Forschungssystem ergeben hat. Die deutsche Bodenforschung muß sich hierfür in Zukunft allerdings verstärkt um die Gestaltung internationaler Gemeinschaftsvorhaben bemühen, d.h. diese selbst aktiv initiieren und umsetzen helfen. In Zusammenarbeit mit der Wirtschaft muß die Datenerhebung und deren Analyse den neuesten Entwicklungen angepaßt werden. Insbesondere gilt dies für die Fernerkundung und die Datenverarbeitung.

INTERNATIONALE PROGRAMME

Die vorhandene Expertise der deutschen Bodenforschung kann wesentlich zur Problemlösung in anderen Ländern beitragen, wobei die Bedeutung der Lebensraum-, der Regelungs-, der Nutzungs- und der Sozial-/Kulturfunktion der Böden betont werden sollte.

Für den Bereich der Bodenkontamination sollte eine verstärkte Zusammenarbeit mit mittel- und osteuropäischen Ländern angestrebt werden, um deren teilweise ernsten Bodenprobleme beheben zu helfen. Auch in anderen Regionen der Erde gibt es gravierende physikalische und chemische Belastungen der Böden, deren Sanierung aus finanziellen und technischen Gründen die Möglichkeiten einzelner Länder übersteigt. Hier muß eine bi- oder multilaterale Zusammenarbeit erfolgen. Das im Dezember 1994 eingerichtete *Common Forum on Contaminated Sites in the European Union* bietet zusammen mit der im März 1996 im Rahmen des Umweltforschungsprogramms der EU konstituierten *Concerted Action on Risk Assessment on Contaminated Sites* eine wichtige Grundlage eines Forschungsschwerpunkts zur Sanierung und Restaurierung kontaminierter Böden.

Für die Desertifikationsproblematik ist eine stärkere Forschungsvernetzung mit den betroffenen Entwicklungsländern erforderlich. Eine Kooperation im Ernährungs- und Landwirtschaftsbereich ist dort von besonderer Bedeutung. Im Jahresgutachten 1995 des WBGU wurde bereits auf die Notwendigkeit einer verstärkten Forschungsförderung vor Ort hingewiesen (siehe Kasten 10).

Die Arbeitsgruppe für Tropische und Subtropische Agrarforschung (ATSAF) und die Deutsche Gesellschaft für Technische Zusammenarbeit (GTZ) haben in enger Zusammenarbeit mit der Deutschen Stiftung für internationale Entwicklung (DSE/ZEL) Schwerpunkte für die Desertifikationsforschung entwickelt. Ein besonderer Beitrag deutscher Agrarforschung (Arbeitsgemeinschaft der international ausgerichteten deutschen Agrarforschung, AIDA) liegt in Untersuchungen über die Ressourcenbewirtschaftung im Boden-Pflanzen-Tiersystem.

3.4 Biodiversitätsforschung

3.4.1 Relevanz der Biodiversität für den Globalen Wandel

Biodiversität (oder biologische Vielfalt) ist ein Sammelbegriff, der für die Gesamtheit der Lebensformen in allen ihren Ausprägungen und Beziehungen untereinander steht (Heywood und Watson, 1995). Eingeschlossen ist die gesamte Bandbreite an Variation in und Variabilität zwischen Systemen und Organismen auf den verschiedenen Ebenen sowie die strukturellen und funktionellen Beziehungen zwischen diesen Ebenen, einschließlich des menschlichen Einwirkens:
- *Ökologische Diversität* (Vielfalt von Biomen, Ökosystemen und Habitaten bis hin zu ökologischen Nischen).
- *Diversität zwischen Organismen* (Vielfalt zwischen taxonomischen Gruppen wie Stämmen, Familien, Gattungen bis hin zu Arten).
- *Genetische Diversität* (Vielfalt von Populationen über Individuen bis hin zu Genen und Nucleotidsequenzen).

Forschung auf diesem komplexen Gebiet muß demzufolge Methoden und Aspekte aus den verschiedensten wissenschaftlichen Disziplinen umfassen. Nicht nur die biologischen Fachgebiete sind angesprochen (wie Biotechnologie, Naturschutzforschung, Agrar-, Forst- und Fischereiwissenschaften), sondern auch rechts-, wirtschafts- und sozialwissenschaftliche Fachgebiete (wie Rechtswissenschaften, Raumplanung, angewandte Sozialwissenschaften, Ökonomie, Politikwissenschaft und Ethik). Eine moderne Biodiversitätsforschung sollte daher die Vernetzung von Natur- und Sozialwissenschaften sowie von Grundlagen- und angewandter Forschung berücksichtigen und nicht zuletzt auch in die Programmatik des UNCED-Prozesses eingebunden sein (insbesondere Biodiversitätskonvention, AGENDA 21).

Die Relevanz dieser Forschungsrichtung für den Globalen Wandel ergibt sich zunächst aus den Werten des Gutes „Biodiversität" und dessen akuter Gefährdung. Neben dem *Eigenwert* der Biodiversität sind hier die *Nutzung* der Natur (wie Subsistenznutzung, Erholung und Tourismus, Nutzung genetischer Vielfalt) sowie die *ökosystemaren Leistungen* (wie Klimaregulierung, Aufrechterhaltung von Stoffkreisläufen) gemeint. Nicht zuletzt tragen die Offenhaltung von *Optionen* für künftige Generationen und die *Existenzwerte* zur Relevanz der biologischen Vielfalt bei (WBGU, 1996).

Trotz dieser großen globalen Bedeutung erleidet die Biodiversität derzeit drastische Rückgänge (Habitatzerstörung, Artensterben, genetische Erosion). Außerdem kann es durch Klimaänderungen zu raschen Verschiebungen der biogeographischen Zonen kommen, was die Anpassungsfähigkeit von Ökosystemen zu überfordern droht und eine weitere Beschleunigung des Biotop- und Artensterbens nach sich ziehen kann. Daher ist der Verlust an biologischer Vielfalt zu den wichtigsten Kernproblemen des Globalen Wandels zu zählen (WCMC, 1992; WBGU, 1993 und 1996).

3.4.2 Wichtige Beiträge der deutschen Biodiversitätsforschung

Die Struktur der in einem Forschungsnetzwerk (TERN) verbundenen *Ökosystemforschungszentren* (Kiel, Göttingen, Bayreuth) sowie interdisziplinäre Forschungskonzeptionen (wie z.B. beim ZALF in Müncheberg, PIK in Potsdam und UFZ in Leipzig-Halle verwirklicht) sind vielversprechende Ansätze für die Biodiversitätsforschung. Die Ökosystemforschungszentren sind an den Universitäten verankert, personell wie apparativ gut ausgestattet und verfügen über gute Möglichkeiten zur Forschung über globale Umweltveränderungen (die Forschung zu den ökosystemaren Leistungen im Hinblick auf die globalen Stoffkreisläufe und den Klimawandel wird in *Kap. B 3.1* behandelt). Ebenfalls herausragend ist die erfolgreiche Zusammenarbeit zwischen Großforschungseinrichtungen und Universitäten im Bereich der Bodenökologie (Wissenschaftsrat, 1994). Die

Forschung wird jedoch im wesentlichen naturwissenschaftlich orientiert durchgeführt; sozioökonomische Fragen werden erst ansatzweise bearbeitet.

Beiträge zur Biodiversitätsforschung liefert auch die deutsche *Waldschadensforschung*. Sie sucht eine Antwort auf die seit Mitte der 70er Jahre verstärkt wahrgenommenen Waldschäden, die durch ein komplexes Ursachen-Wirkungs-Gefüge hervorgerufen werden, bei denen Luftschadstoffe eine Schlüsselrolle spielen (BMFT, 1990). Die Waldschadensforschung hat in einem interdisziplinären und inter-institutionellen Forschungsansatz wichtige, wenn auch nicht abschließende – und nicht die ursprünglich erwarteten einfachen – Ergebnisse erbracht und Handlungsalternativen aufgezeigt (Wissenschaftsrat, 1994). Das in der Waldschadensforschung erworbene Wissen und die methodischen Kenntnisse aus Feld- und Laboruntersuchungen könnten genutzt werden, um wesentliche Beiträge zur Erforschung der Beeinträchtigung naturnaher Ökosysteme durch Luftschadstoffe auch außerhalb der gemäßigten Breiten zu liefern. Viele Schwellen- und Entwicklungsländer sehen sich heute bzw. zukünftig einer ähnlichen und zum Teil drastischeren lufthygienischen Situation wie Mitteleuropa ausgesetzt. Das Institut für Weltforstwirtschaft in Hamburg koordiniert die Datenerhebung und Auswertung zum europäischen Waldzustandsbericht und entwickelt u.a. Konzepte sowie Indikatoren und Kriterien für nachhaltige Waldbewirtschaftung.

Ansonsten sind herausragende deutsche Beiträge zur Biodiversitätsforschung im oben definierten Sinne nur schwer zu finden. Die Forschung auf diesem Gebiet ist immer noch überwiegend durch lokale oder regionale Einzelprojekte gekennzeichnet, deren Stärken vor allem in der Anwendung im lokalen Kontext liegen (wie Arten- und Biotopinventarisierung, Rote Listen, Management von Kulturlandschaften). Die Taxonomie, die wesentliche Grundlagen für die Biodiversitätsforschung liefert, spielt in Deutschland kaum noch eine Rolle (Ziegler et al., 1996). Die naturschutzrelevante ökologische Forschung ist, ebenso wie die naturschutzorientierte Forschung für die Entwicklungsländer und Osteuropa, defizitär (Wissenschaftsrat, 1994); bis heute ist es kaum gelungen, in diesem Bereich wirklich interdisziplinäre Forschungsschwerpunkte zu entwickeln. Eine der Ausnahmen ist hier das tropenökologische Begleitprogramm der GTZ, wo im Rahmen der Entwicklungszusammenarbeit u.a. auch Forschung mit ökologischer Fragestellung gefördert wird (GTZ, 1995).

Betrachtet man die Aktivitäten der DFG, so ist nur bei wenigen Projekten der oben definierte Anspruch an die moderne Biodiversitätsforschung erfüllt (z.B. im Schwerpunktprogramm „Mechanismen der Aufrechterhaltung der tropischen Diversität", Universität Würzburg). Sonderforschungsbereiche sind der Biodiversitätsforschung im eigentlichen Sinne nicht zuzurechnen. Mit Ausnahme eines Graduiertenkollegs an der Universität Mainz werden auch die Instrumente „Forschergruppen" und „Innovationskollegs" in diesem Bereich bisher nicht genutzt (Ziegler et al., 1996).

Der Umweltforschungskatalog (UFOKAT) des UBA nennt unter verschiedenen Rubriken Projekte, die zur Biodiversitätsforschung zu zählen wären (UBA, 1992). Hierbei handelt es sich jedoch überwiegend um kleine, lokal oder regional gebundene Projekte, bei denen Interdisziplinarität bzw. fachdisziplinäre Koordinierung fehlen.

Die Anwendung biotechnologischer Methoden zur Erfassung und zum Monitoring von Biodiversität, zum Biodiversitätsschutz, zur Bioprospektierung, zur Rehabilitierung degradierter Ökosysteme und zur biologischen Sicherheitsforschung ist in Deutschland im Vergleich zu den meisten Ländern des anglo-amerikanischen Sprachraums bislang unterentwickelt. Die Defizite in der global orientierten Biodiversitätsforschung führen zu einem Mangel an fundierten Argumenten bei allen Abwägungsdiskussionen, die bei jeder Naturschutzmaßnahme erforderlich sind, und damit zu geringer Akzeptanz und Durchsetzungskraft des Naturschutzes (Beirat für Naturschutz und Landschaftspflege beim BMU, 1995 a und b).

Neue Initiativen zur Unterstützung der internationalen Biodiversitätsforschung sind in Deutschland derzeit nicht zu erkennen. Dagegen haben in anderen Ländern zahlreiche Organisationen bereits vor mehreren Jahren auf die Notwendigkeit der verstärkten Förderung moderner Systematik und der Erforschung der tropischen Biodiversität hingewiesen. So wurden z.B. in Großbritannien die *Darwin-Initiative* zur Ausbildung von Wissenschaftlern in Entwicklungsländern und in den USA das Programm *Partnerships for Enhancing Expertise in Taxonomy* (PEET) gegründet, die dem Verlust taxonomischer Expertise entgegensteuern sollen. Diese fehlende Kenntnisse werden als begrenzender Faktor für die Biodiversitätsforschung angesehen (Stork und Samways, 1995). Beide Länder haben einen erkennbaren Vorsprung vor Deutschland auf dem Gebiet moderner Taxonomie, die u.a. auch molekularbiologische Methoden verwendet. Es ist daher das Urteil gerechtfertigt, daß die deutsche taxonomische Biodiversitätsforschung lediglich im Bereich der systematischen Erfassung von Mikroorganismen und ihrer funktionellen Diversität mit an der internationalen Spitze steht.

3.4.3
Einbindung der deutschen Biodiversitätsforschung in internationale Programme

Das UNESCO-Programm *Man and the Biosphere* (MAB) ist nicht im eigentlichen Sinne ein Forschungsprogramm, allerdings werden in seinem Rahmen auch Forschungs- und Monitoringaktivitäten durchgeführt und koordiniert (*siehe Kap. B 1.4*). Mit dem MAB ist eine Synthese zwischen umweltgerechter Landnutzung (bei Beachtung ökonomischer und sozialer Aspekte) und Naturschutz versucht worden. In dieses Programm sind von deutscher Seite 12 Biosphärenreservate eingeordnet, die etwa 3,3% der Fläche Deutschlands ausmachen. Einige Ökosystemtypen sind darin jedoch bislang nicht vertreten. So fehlen u.a. Stadt- und Industrielandschaften ebenso wie intensiv genutzte Agrarlandschaften. Für diese Ökosystemtypen werden künftig vorrangig Biosphärenreservate einzurichten sein (Erdmann und Nauber, 1995). Beim deutschen Beitrag zu MAB handelt es sich zudem überwiegend um die Schaffung von Ökosystemzentren und Biosphärenreservaten, die primär nationalen Interessen dienen (Wissenschaftsrat, 1994). Allerdings engagiert sich das deutsche MAB-Nationalkomitee besonders für den Aufbau eines übergreifenden monitoring-Programms in Biosphärenreservaten (BRIM). Die Geschäftsstelle des deutschen MAB-Nationalkomitees hat 1993/94 eine Umfrage unter den europäischen Biosphärenreservaten durchgeführt mit dem Ziel, das Potential der Dauerbeobachtungsflächen für Monitoring und Forschung zu erfassen. Auf deutsche Anregung wurde die regionale Zusammenarbeit in Europa als EUROMAB institutionalisiert.

Es gibt nur wenig international orientierte und integrierte Aktivitäten für Biodiversitätsforschung im eigentlichen Sinne. Zu nennen ist hier vor allem das *Diversitas-Programm* zur Förderung und Koordination von Biodiversitätsforschung, das gemeinsam von IUBS, SCOPE und UNESCO gegründet wurde, mit dem Ziel der Informationsvermittlung, der Entwicklung prognostischer Modelle über den Status und die nachhaltige Nutzung von Biodiversität sowie des *capacity building* (Diversitas, 1995). Mehrere Länder haben in diesem Rahmen mit der Umsetzung in nationale Forschungspolitik begonnen (Stork und Samways, 1995). Deutschland ist in dieses Programm bislang nicht nennenswert eingebunden.

Das *Global Biodiversity Assessment* (GBA) wurde unter der Ägide der UNEP durchgeführt, um eine zusammenfassende Darstellung des aktuellen Wissensstands auf diesem Gebiet zu erreichen (Heywood und Watson, 1995). Mehr als 1.100 Wissenschaftler aus 80 Ländern arbeiteten an diesem Zentralwerk zum Stand der Biodiversitätsforschung mit. Kennzeichnend für die mangelnde internationale Einbindung der deutschen Biodiversitätsforschung ist, daß sich daran nur sechs deutsche Wissenschaftler beteiligten, davon keiner in maßgeblicher Funktion (Koordinator oder Autor). Auch bei den anderen international koordinierten Forschungsaktivitäten (wie *Systematics Agenda 2000*, BioNET; siehe Stork und Samways, 1995) kann von einer maßgeblichen deutschen Mitwirkung bei Konzeption und Umsetzung nicht gesprochen werden. So ist es letztlich nicht verwunderlich, daß der Anteil international zitierter Publikationen deutscher Wissenschaftler zur Biodiversitätsforschung gering ist.

3.4.4
GW-relevanter Forschungsbedarf in der deutschen Biosphärenforschung

3.4.4.1
Inhaltliche Anforderungen

Die Fülle der an der Biodiversitätsforschung implizit oder fakultativ beteiligten Disziplinen läßt es nicht ratsam erscheinen, eine Analyse zum Forschungsbedarf disziplinbezogen zu gliedern. Statt eines solchen formalen Ansatzes wird im folgenden eine inhaltsbezogene Vorgehensweise verfolgt (in Anlehnung an das *Global Biodiversity Assessment*, Heywood und Baste, 1995).

BIOLOGISCHE ASPEKTE

Inventarisierung, Klassifizierung, Monitoring
Trotz 200jähriger taxonomischer Arbeit ist die Artenvielfalt erst ansatzweise erfaßt. Ein sehr wichtiger Beitrag, den ein Forschungsprogramm zur Biodiversität leisten könnte, wäre die Entwicklung von Kriterien und Methoden zur Untersuchung von Vielfalt auf der Ebene von Organismen und Populationen (Solbrig, 1991). Ein internationaler Konsens über die Methoden und Prioritäten einer systematischen Inventarisierung der Arten auf der Welt besteht jedoch noch nicht und müßte zunächst herbeigeführt werden. Die bestehenden Initiativen sind nur unzureichend harmonisiert. Abgeleitet aus einer systematischen, umfassenden Erfassung von Biodiversität sollten prädiktive Klassifizierungen möglich werden, die die „Geschichte des Lebens" widerspiegeln und die Organisation dieses Wissens in einer Datenbank speichern, die allen Ländern und Forschern zugänglich sein muß (Diversitas, 1995).

Die Information, die uns über Arten zur Verfügung steht, ist noch nicht optimal organisiert. Es gibt z.B. keine *global master list* der Arten, die heutzutage bekannt sind. Belegexemplare und Beschreibungen von Arten sind weit verstreut, befinden sich hauptsächlich außerhalb ihrer Ursprungsländer und sind nur schwer zu lokalisieren. Weltweit sind adäquate Infrastrukturen und Forschungskapazitäten für die systematische Erfassung und Beschreibung also erst zu schaffen und bestehende Hindernisse zur Charakterisierung und zum Verständnis von Biodiversität zu beseitigen.

Dynamik von Biodiversität

Für das Verständnis der Dynamik von Biodiversität ist grundlegende Forschung auf den verschiedenen Ebenen notwendig. Um Fragen zum Verhältnis von Diversifikation und dem Aussterben von Populationen bzw. Arten zu klären, ist das Verständnis der zugrundeliegenden genetischen Prozesse – insbesondere der Einheiten und Mechanismen der Selektion – erforderlich. Auch auf der Ebene von Organismen und Arten sind noch viele grundsätzliche Fragen unzureichend geklärt:
- Einvernehmen über die Definition des Artbegriffs.
- Entstehung, Dynamik und Messung von Artenvielfalt.
- Beziehungen zwischen Artenvielfalt und Ökosystemstruktur (Schlüsselartkonzept, Diversität versus Stabilität, minimal erforderliche Vielfalt, Redundanz etc.).
- Zusammenhang zwischen Ökosystemstruktur und -funktion.
- Einfluß des Menschen auf die Dynamik von Biodiversität.

Der Mangel an empirischer Information zur Vielfalt der Organismen in vielen natürlichen Ökosystemen erschwert die Untersuchung der Artenvielfalt bei Lebensgemeinschaften erheblich. Die oft verwendete Methode, Hypothesen für bestimmte taxonomische Gruppen in ausgewählten geographischen Regionen zu entwickeln und sie dann auf andere Gruppen und Ökosysteme zu übertragen, ist als problematisch einzustufen, da nicht bekannt ist, wie repräsentativ eine Gruppe von Organismen jeweils ist (Solbrig, 1991).

INWERTSETZUNG, ERHALTUNG UND NACHHALTIGE NUTZUNG DER BIODIVERSITÄT

Bei den Interaktionen zwischen Biodiversität und menschlicher Gesellschaft stellen sich Fragen nach den anthropogenen Einflüssen auf die biologische Vielfalt, nach der Nachhaltigkeit im Umgang mit Biodiversität sowie nach der gerechten Aufteilung der aus der Nutzung der Biodiversität resultierenden geldwerten Vorteile (siehe hierzu Art. 1 der Biodiversitätskonvention). Ein besonders wichtiger Fragenkomplex ist die Bewertung der biologischen Vielfalt in der Gesellschaft und durch den Einzelnen; hier spannt sich der Bogen von philosophischen und gesellschaftlichen Grundlagen von Erhaltung und nachhaltiger Nutzung bis zu Naturbeziehung und Naturerlebnis. An der Schnittstelle zur ökonomischen Forschung finden sich die Fragen nach der Inwertsetzung biologischer Vielfalt. Hier sind die Kategorisierung der ökonomischen Werte, Probleme in Zusammenhang mit der Internalisierung dieser Werte und die damit zusammenhängende Instrumentendiskussion zu nennen (*siehe Kap. B 3.6.4.1 und B 3.8.2.1*).

Erkenntnisse aus der Biodiversitätsforschung müssen für Politik und Administration verständlich und umsetzbar sein. Im Vordergrund sollte hierbei die Entwicklung von Strategien zum Schutz und zur nachhaltigen Nutzung von Biodiversität stehen, wobei z.T. grundlegende Fragen noch unzureichend geklärt sind:
- Soll die Priorität auf ökosystemaren Zuständen oder auf Prozessen liegen?
- Welche Arten oder Lebensgemeinschaften sind primär schützenswert?
- Wie bestimmt man den notwendigen Flächenbedarf von Biotopen?
- Wie sollte man auf die Auswirkungen der Klimaänderung auf ökologische Systeme reagieren, angesichts des erst geringen Wissens über die zu erwartende regionale Ausprägung?

Für die Umsetzung sind verbesserte Methoden, Instrumente und Kommunikationsweisen für Inventarisierung, Monitoring, Gefährdungsanalyse und Management von Biodiversität zu entwickeln. In diesem Zusammenhang ist Forschung zu Normen und Indikatoren (allgemein und regionalisiert) und zu Verfahren für die Bewertung von Zustand und Veränderungen von Ökosystemen notwendig. Bei diesen Forschungsanstrengungen sollte die Integration von Schutz und nachhaltiger Nutzung von Biodiversität auf den verschiedenen Planungsebenen angestrebt werden.

Die Zielsetzung, biologische Vielfalt nachhaltig zu nutzen, erfordert auch Forschung auf den Gebieten der Erhaltung der genetischen Variabilität von Nutzpflanzen und -tieren, der Entwicklung von integrierten Nutzungsformen (*Agroforestry* u.a.), und der Bioprospektierung (detaillierte Forschungsempfehlungen hierzu in WBGU, 1996). Dabei sollten die Folgen unterschiedlicher Nutzungsformen in Land-, Forst- und Fischereiwirtschaft bei der Untersuchung der anthropogenen Auswirkungen auf die Biodiversität eine besondere Stellung einnehmen (Diversität in der Kulturlandschaft). Die Abnahme der genetischen Vielfalt bei landwirtschaftlichen Nutzpflanzen und -tieren (Generosion) ist eine Folge der Einengung des Artenspektrums und der Verdrängung lokal angepaßter Kulturformen und alter Landsorten und -rassen durch züchterisch bearbeitete und im großen Maßstab eingesetzte Hochleistungssorten und -rassen.

Bei der Erforschung und Erhaltung der genetischen Diversität sind Genbanken (z.B. das Institut für Pflanzengenetik und Kulturpflanzenforschung in Gatersleben) von großer Bedeutung. Es gibt bereits internationale Initiativen gegen die genetische Erosion bei Kulturpflanzen, die u.a. die Erforschung, Sammlung, Dokumentation und Erhaltung von pflanzengenetischen Ressourcen zum Ziel haben („Internationale Verpflichtung zu pflanzengenetischen Ressourcen", FAO). Die 4. Internationale Technische Konferenz der FAO zu pflanzengenetischen Ressourcen (Leipzig, Juni 1996) hat den aktuellen Stand auf diesem Gebiet dargelegt und ein globales Aktionsprogramm zum Erhalt der pflanzengenetischen Ressourcen erarbeitet. Der deutsche Bericht zu dieser Konferenz geht u.a. auch auf den Forschungsbedarf zu pflanzengenetischen Ressourcen ein (BML, 1996).

Auch bei den sozialwissenschaftlichen Aspekten der Biodiversität finden sich noch große Forschungslücken. Grundlegend ist dabei die Frage, wie die ökonomischen und sozialen Einflußfaktoren definiert und in ihrer destruktiven, dem Erhalt der Biodiversität derzeit entgegenstehenden Wirkung geändert werden können. Dazu sind z.B. die Auswirkungen des internationalen Handels auf die Biodiversität, die Ausgestaltung und Umsetzung von internationalen Vereinbarungen und die entsprechenden ökonomischen Instrumente bzw. ordnungsrechtlichen Maßnahmen zu untersuchen.

Ein Forschungsdefizit besteht weiterhin bei der Frage, wie die Partizipation der lokalen bzw. indigenen Bevölkerung bei der nachhaltigen Nutzung und der Erhaltung biologischer Ressourcen gewährleistet werden kann, wie in der AGENDA 21 gefordert wird. Im Zusammenhang mit *capacity building* ist noch unzureichend geklärt, wie Transfer und Nutzung von Daten, Methoden, finanziellen Mitteln und Techniken zur Biodiversität am sinnvollsten zu organisieren sind.

3.4.4.2
Strategie künftiger Biodiversitätsforschung

Die globalen Aspekte der Biodiversitätsforschung sind, wie oben festgestellt, von großer Bedeutung. Dennoch gilt, daß regionale und nationale Forschungsansätze sehr wohl auch global bedeutsam sein können, da der Verlust der biologischen Vielfalt hauptsächlich durch die Akkumulation nationaler und regionaler Faktoren (wie Armut, Nährstoffeintrag, Übernutzung, Rodung, Landnutzungsänderungen, Erosion, Desertifikation) verursacht wird. Globale Probleme wie der anthropogene Treibhauseffekt und die verstärkte UV-B-Belastung tragen derzeit noch nicht in gleichem Maße zum Biodiversitätsverlust bei, müssen aber wegen der in Zukunft zu befürchtenden Effekte intensiv erforscht werden. Als Schwerpunkte der zukünftigen Biodiversitätsforschung in Deutschland bieten sich daher an:

- *Durchführung von bzw. Beteiligung an internationalen taxonomischen Projekten zur Arteninventarisierung* (analog der Vorhaben von Diversitas oder *Systematics Agenda 2000*).
- *Durchführung von bzw. Teilnahme an einer globalen biogeographischen Erhebung zur Biodiversität.* Hier wären insbesondere die aus anthropogenen Störungen resultierenden Veränderungen der Biodiversität und ihre Funktion in Ökosystemen zu untersuchen, was die Entwicklung einer Methodologie zum interregionalen Vergleich von Biodiversität voraussetzt (Solbrig, 1991). Hierzu sollten Gradienten der Artenvielfalt zwischen Küsten- und Gebirgsregionen, Feucht- und Trockengebieten, warmen und kalten Klimaten oder zwischen Süß- und Salzwasser für die niederen Breiten beschrieben und mit entsprechenden Gradienten aus den mittleren Breiten verglichen werden.
- *Forschung zu Auswirkungen des Globalen Wandels auf Biodiversität und Ökosysteme.* Einige Themen seien hier stichwortartig genannt: Reaktionen von Ökosystemen auf stoffliche Belastungen bzw. auf Veränderungen des Klimas und des Wasserhaushalts (*siehe Kap. B 3.1*); Bedeutung der Artenvielfalt für die Entwicklung stabiler Kulturlandschaften; Monitoring und Modelle zur Beschreibung der lokalen, regionalen und globalen Entwicklung von Ökosystemen.

Der Umfang des in *Kap. B 3.4.4.1* dargestellten Katalogs des Forschungsbedarfs macht deutlich, daß es ohne international koordinierte Schwerpunktsetzung und Arbeitsteilung nicht möglich sein wird, die Aufgaben zu bewältigen. Im folgenden werden daher *vier Bereiche* formuliert, in denen die deutsche Forschung sich in Zukunft verstärkt engagieren sollte:

1. Ein Teil der Schwächen der deutschen Biodiversitätsforschung rührt daher, daß die *organismische Biologie*, die *biologische Systematik* und die *Taxonomie* einen starken Niedergang erfahren haben. Diese Disziplinen gelten zu unrecht als „antiquiert" und „unmodern". Experten forderten bereits vor Jahren (Henle und Kaule, 1992; Sukopp, 1992), daß eine moderne Taxonomie eine zentrale

Rolle in Ausbildung und Forschung spielen muß, da sie die Grundlage für alle anderen Bereiche der Biodiversitätsforschung bildet (Bisby, 1995). Kürzlich hat auch Hubert Markl, Präsident der Max-Planck-Gesellschaft, auf dieses Defizit hingewiesen: „Ohne den aktiven Beitrag einer lebendigen und produktiven biotaxonomischen Forschung – vor allem auch an den Organismeninventaren der Tropen und Subtropen und der Meere aller Breiten – wird es unmöglich sein, die ökologischen Erkenntnisse zu gewinnen, die notwendig sind, um das globale Management der Biosphäre – ihre nutzbringende Bewirtschaftung zu unseren Gunsten wie unsere schutzbringende Selbstbeschränkung gegenüber den natürlichen Lebensgemeinschaften – so zu bewerkstelligen, daß ein langfristig tragfähiges Zusammenleben von Mensch und Natur gelingt, von dem unsere Zukunft abhängt." (Markl, 1995). Auch die DFG (1992) und der Wissenschaftsrat (1994) haben die verstärkte Förderung der vernachlässigten Taxonomie gefordert. Die DFG beklagt dabei die ungenügende Diskussion zwischen Systematikern und Molekularbiologen, was zu verpaßten Chancen auf dem modernen Gebiet der biochemischen Charakterisierung geführt hat. In partizipative Nutzungsstrategien biotechnologisch nutzbarer Naturstoffe werden große Hoffnungen für die In-situ-Erhaltung biologischer Vielfalt gesetzt (Bioprospektierung). Entsprechend sollte der Bereich der chemischen Ökologie bzw. Naturstoffforschung, gleichermaßen mit industrieller und sozialwissenschaftlicher Beteiligung, verstärktes Augenmerk finden.

2. Ebenfalls durch die Methoden der Molekularbiologie, aber auch durch verhaltens- und sozioökologische Konzepte hat die *Populationsbiologie* international starken Auftrieb erhalten. Doch sowohl Populationsökologie als auch Populationsgenetik freilebender Arten sind in Deutschland im Vergleich zu anderen Ländern stark unterentwickelt. Der Aufbau einer naturschutzorientierten populationsökologischen Forschung und ihre Heranführung an internationales Niveau ist daher als wichtige Aufgabe anzusehen (Kaule und Henle, 1992). Darüber hinaus erhalten zentrale Konzepte der Evolutionsbiologie durch populationsgenetische Methoden zum ersten Mal eine konkrete Datenbasis und einen Zugang zur experimentellen Analyse.

3. Als weiteres Schlüsselgebiet der Biodiversitätsforschung, in das Deutschland sich stärker einbringen sollte, ist die *Biodiversitätsökonomie* zu nennen. Dieses Teilgebiet der Umweltökonomie hat in den letzten Jahren nicht zuletzt in Reaktion auf die Biodiversitätskonvention und die mit ihr verbundene Diskussion über den Wert bzw. die Inwertsetzung biologischer Ressourcen eine stürmische Entwicklung genommen und zu einer Vielzahl von Veröffentlichungen und Diskussionsbeiträgen geführt. Auch in Deutschland haben sich einige Forscher dieser Thematik angenommen. Eine interdisziplinär verknüpfte und bundesweit koordinierte Forschung fehlt jedoch.

4. Ein weiteres Gebiet, das durch die jüngsten internationalen Vereinbarungen an Bedeutung gewinnt, ist die *konventionsbegleitende Forschung*, d.h. Forschung über die Ausgestaltung und Umsetzung der Übereinkommen über die biologische Vielfalt (z.B. Protokollentwurf zu *Biosafety*) und anderen biodiversitätsrelevanten Konventionen (wie CITES, Ramsar Konvention). Diesbezügliche Beiträge dürften im wesentlichen politikwissenschaftlich ausgerichtet sein, müssen aber interdisziplinär auch mit den Biowissenschaften vernetzt werden. Dabei stellt sich die Frage, an welcher Stelle diese Forschung ihren Platz finden sollte, in bestehenden Institutionen (wie z.B. dem Bundesamt für Naturschutz) oder an den Hochschulen (dazu auch folgender Abschnitt).

3.4.4.3
Organisation und Struktur der Biodiversitätsforschung

Angesichts der Bedeutung der Biodiversitätsforschung scheint es dringend geboten, diesen Wissenschaftsbereich in Deutschland in Organisation und Struktur zu stärken und eine bessere Integration in die internationale Forschung zu ermöglichen. Dabei muß der Grundsatz gelten, daß Biodiversitätsforschung die Förderung einer vielschichtigen interdisziplinären und inter-institutionellen Zusammenarbeit erfordert. Ein zusätzlicher wichtiger Aspekt besteht darin, daß sich die Wissenschaft bei diesem unmittelbar politikrelevanten Thema ihrer Rolle und Verantwortung für die Aufbereitung und Vermittlung ihrer Ergebnisse als Grundlage politischen Handelns stärker bewußt werden muß.

Dazu scheint eine eindeutige, am Begriff der Biodiversität orientierte wissenschaftspolitische Schwerpunktsetzung erforderlich. Der Beirat plädiert für die Einrichtung eines eigenständigen *Förderprogramms „Biodiversität"* als ein Schlüsselfeld mit hohem Anwendungsbezug und ökonomischem Potential. Zu prüfen wäre, inwieweit in verschiedenen Förderbereichen der vom BMBF unterstützten Projekte und Einrichtungen, die der Biodiversitätsforschung zuzuordnen sind, eine stärkere Vernetzung erfolgen könnte (im Förderbereich „Biotechnologie" sind z.B. das Hans-Knöll-Institut für Naturstofforschung, oder die landwirtschaftlichen Forschungsanstalten, im Förderbereich „Umweltforschung, Klimaforschung" z.B. die TERN-Zentren, im Förderbereich „Meeresforschung und Meerestechnik, Polarforschung" z.B. das AWI, im Förderbereich „Energieforschung und Energietechnologie" das Förderkonzept „Nachwachsende Rohstoffe" angesiedelt; weitere biodiversitätsrelevante Fördermaßnahmen finden sich in den anderen Bereichen). In ein solches Förderprogramm „Biodiversität" sollte auch die Wirtschaft eingebunden sein.

Analog zum bereits existierenden Förderschwerpunkt „Tropenökologie" könnte durch die Einrichtung weiterer *DFG-Förderschwerpunkte zur Biodiversitätsforschung* (der Wissenschaftsrat hat die Einrichtung von Förderschwerpunkten für Angewandte Ökologie und Naturschutz empfohlen) der Bedeutung dieser Forschung Rechnung getragen und die Lücke zwischen Grundlagenforschung und praxisbezogener Datenermittlung geschlossen werden, ebenso wie jene zwischen Biowissenschaften auf der einen und Rechts-, Wirtschafts- und Sozialwissenschaften auf der anderen Seite. Die vom BMBF im Bereich der Wasserforschung unternommenen Anstrengungen, die grundlagenorientierten Forschergruppen der Universitäten und die anwendungsorientierten Arbeitsgruppen der Landesämter zusammenzuführen, wären für die Biodiversitätsforschung unter Umständen nachahmenswerte Vorbilder.

Des weiteren erscheint aber auch die Etablierung von eigenen, vertiefenden *Biodiversitäts-Studiengängen* plausibel: Sie entsprächen der angeregten Integration von Naturschutzforschung (mit biotechnologischen Inhalten) in eine fundierte biowissenschaftliche Grundausbildung. Zugleich würde der grundsätzlichen Bedeutung ganzheitlicher Biologie durch die Verknüpfung mit modernen molekularbiologischen Methoden neuer Anreiz verliehen. Eigenständige oder vertiefende Studiengänge würden vor allem der Bedeutung der Biodiversitätswissenschaft auch auf der Ausbildungsseite Rechnung tragen.

Für die europäische Ebene wurden Initiativen zur Biodiversitätsforschung bereits angeregt (Heywood, 1993); diese Initiativen sollten in Deutschland aufgegriffen, programmatisch entwickelt und im Europäischen Ministerrat eingebracht werden. Dabei ist nicht nur an eine eigenständige *Biodiversitätsforschungsförderung innerhalb der EU* zu denken, sondern auch an die Integration von Biodiversität in Förderkonzepte für mittel- und osteuropäische Länder (TEMPUS, PHARE, etc.). EU-übergreifend böte das EUREKA-Programm einen guten Rahmen für internationale und interdisziplinäre technologieorientierte Biodiversitätsforschung.

Da Biodiversitätsforschung in vielen Themenbereichen einer internationalen Konzeption und Kooperation bedarf, ist ein Hauptaugenmerk bei der künftigen Strategie deutscher Biodiversitätsforschung auf ihre *internationale Präsenz* zu richten. Deutsche Forscher sollten sich an den internationalen Biodiversitätsinitiativen wie Diversitas, *BioNET International* oder *Systematics Agenda 2000* stärker beteiligen und neue Initiativen für internationale Gemeinschaftsvorhaben einbringen.

3.5
Bevölkerungs-, Migrations- und Urbanisierungsforschung

3.5.1
Relevanz von Bevölkerungszahl, Migration und Urbanisierung für den Globalen Wandel

Der Beirat hat wiederholt darauf hingewiesen (WBGU, 1993, 1994 und 1996), daß die Fragen von Bevölkerungsentwicklung und -verteilung für die Analyse und Bewältigung globaler Umweltprobleme von zentraler Bedeutung sind. In zahlreichen Staaten ist hohes Bevölkerungswachstum Ursache und Folge von Armut und Umweltzerstörung. Weitere Gründe für die hohe Geburtenzahl sind u.a. die nach wie vor in vielen Gesellschaftsbereichen bestehende Benachteiligung der Frauen, der oftmals ungenügende Zugang zu medizinischer Grundversorgung sowie fehlende Bildung. Bevölkerungswachstum und zunehmende Armut bewirken eine Umwandlung naturnaher und häufig marginaler Standorte in landwirtschaftliche Produktionsfläche. Verstärkt wird dieser Trend in den ländlichen Gebieten durch sinkende Faktorproduktivität und nachlassende Bodenfruchtbarkeit infolge unsachgemäßer Bewirtschaftung. Die Migration in die Regenwälder Brasiliens oder Indonesiens, in die Übergangszone zur südlichen Sahara, in die Bergflanken der Anden oder im Himalaya führt dabei zu Umweltschäden, die nicht nur lokale Ökosysteme zerstören, sondern regionale und globale Auswirkungen zur Folge haben.

Darüber hinaus wurde die Zerstörung der natürlichen Umwelt – neben Bürgerkriegen und Katastrophenereignissen – zum wichtigsten Auslöser massiver Land-Stadt-Wanderungen in den Entwicklungsländern (UNDP, 1992; Hauser, 1990 und 1991). Davon besonders betroffen sind Afrika, Indien, Südostasien und Brasilien. Gegen Ende dieses Jahrhunderts wird die Hälfte, im Jahr 2025 schon zwei Drittel der Weltbevölkerung in Städten leben. Unzureichende Wohnverhältnisse und zunehmende Obdachlosigkeit sind alarmierende Kennzeichen für die Probleme in den Städten und stellen eine ernsthafte Bedrohung für Gesundheit und Sicherheit ihrer Bewohner dar.

Diese Krise wird durch die steigende Zahl von Flüchtlingen verschärft. Hinzu kommen der Mangel an Beschäftigungsmöglichkeiten, Slumbildung, wachsende Disparitäten zwischen arm und reich, Verfall der urbanen Bausubstanz und der Infrastruktur, steigende Luft- und Wasserverschmutzung und zunehmende Anfälligkeit der Stadtbewohner gegenüber Krisenereignissen (*siehe Suburbia- und Favela-Syndrom in Kap. C 2.2.2*). Diese Probleme treten besonders drastisch in den *Megastädten* auf (WRI et al., 1996).

Aus intranationalen Flüchtlingsbewegungen werden letztlich internationale Migrationsströme, von denen auch die Industriestaaten als Einwanderungsländer betroffen sein werden, so daß aus den Problemen des Bevölkerungswachstums, der Migration und der Urbanisierung auch Handlungsbedarf für die Industrieländer entsteht.

3.5.2
Wichtige Beiträge der deutschen Bevölkerungs-, Migrations- und Urbanisierungsforschung

Die am Globalen Wandel ausgerichtete deutsche Bevölkerungs- Migrations- und Urbanisierungsforschung untersucht erst seit wenigen Jahren die Wechselwirkungen zwischen Armut, Bevölkerungswachstum, Migration, Verstädterung und Umweltzerstörung. Aufgrund der unzureichenden Vernetzung von Forschungseinrichtungen auf diesem Gebiet, mangelnder Transparenz und starker institutioneller Streuung über einzelne Universitätsinstitute bzw. öffentliche Forschungseinrichtungen können allgemeingültige Aussagen über herausragende deutsche Beiträge zu der Thematik kaum formuliert werden.

Es lassen sich einzelne Fachgebiete benennen, die sich mit diesen Fragen durch empirische Fallstudien und theoretische Arbeiten intensiv beschäftigen. Hierzu zählen insbesondere die Ethnologie, die Geographie, die Raumplanung, die Soziologie und die Wirtschaftswissenschaft. Obwohl sich diese einzelnen Disziplinen mit Teilaspekten der Problemstellung befassen und im Ergebnis wichtige Impulse für die globale Sichtweise geben könnten, mangelt es derzeit an einer globalen Ausrichtung der Forschung. Insofern erscheint eine *systematische Vernetzung* der einzelnen Forschungsaktivitäten in Deutschland und eine *Einbindung in den internationalen Rahmen* dringend erforderlich, um unter den Forschern die gewünschten Synergieeffekte und eine größere Transparenz zu erzielen.

3.5.3
Einbindung der deutschen Bevölkerungs-, Migrations- und Urbanisierungsforschung in internationale Programme

Auf nationaler Ebene nimmt die Bevölkerungs-, Migrations- und Urbanisierungforschung in bezug auf den Globalen Wandel einen deutlich geringeren Stellenwert ein als auf internationaler Ebene. Die Beteiligung an internationalen Forschungsprojekten soll sich zukünftig verstärkt über das *International Human Dimensions of Global Environmental Change Programme* (IHDP) (*siehe Kap. B 1.3*) vollziehen.

Ein Schwerpunkt im deutschen GW-Forschungsprogramm seit 1992 ist die Untersuchung der Beziehungen zwischen Mensch, Gesellschaft und Umwelt sowie die Umsetzung des Konzepts der nachhaltigen Entwicklung. Diese Thematik wird z.B. im DFG-Schwerpunktprogramm „Mensch und globale Umweltveränderungen – sozial- und verhaltenswissenschaftliche Dimensionen" untersucht.

Auf europäischer Ebene ist die deutsche Bevölkerungsforschung in das 4. EU-Forschungsrahmenprogramm (1994-98) integriert (*siehe Kasten 5*). Fragen der Bevölkerungsentwicklung, Verstädterung und Migration werden dabei im Unterprogramm „Sozioökonomische Schwerpunktforschung" (TSER) angesprochen, das insgesamt mit einem Volumen von ca. 40 Mio. DM ausgestattet ist.

Zur Verbesserung von Kooperation und Erfahrungsaustausch wurde von Weltbank, UNDP und HABITAT (UNCHS) das auch von deutscher Seite unterstützte *Urban Management Programme* (UMP) eingerichtet. Ziel ist daher, die Erfahrungen im Bereich des städtischen Managements zu sammeln und aufzuarbeiten. Das UMP läuft seit 1986 und ist mit einem derzeitigen Finanzvolumen von etwa 40 Mio. DM das größte existierende multilaterale Stadtentwicklungsprogramm. Schwerpunktthemen der zweiten Projektphase (1992-1996) sind städtische Finanzen und Verwaltung, Infrastrukturentwicklung, Landmanagement, städtisches Umweltmanagement und Armutsbekämpfung.

An der Universität Limburg wurde 1995 das *Maastricht Health Research Institute for Prevention and Care* (HEALTH) eingerichtet. Das *WHO Collaborating Centre for Research on Healthy Cities* ist integrativer Bestandteil dieses Instituts. Zur Zeit wird insbesondere die politische Ebene einer nachhaltigen Stadtentwicklung erforscht, deutsche Teilnehmer des zugehörigen *Healthy City Project* (HCP) sind Dresden, Frankfurt am Main und Hamburg.

3.5.4
GW-relevanter Forschungsbedarf in der deutschen Bevölkerungs-, Migrations- und Urbanisierungsforschung

Die Ursachen von Bevölkerungswachstum, Migration, Urbanisierung und den daraus resultierenden Umweltveränderungen lassen sich nicht singulär betrachten. Der Beirat hat wiederholt darauf aufmerksam gemacht, daß ein komplexes Ursache-Wirkungsgeflecht vorliegt, dem die Forschung in Ansatz und Methodik Rechnung tragen muß. Dies betrifft insbesondere die folgenden Systemkopplungen.

3.5.4.1
Stadt-Land-Beziehungen

Die Qualität der intranationalen Stadt-Land-Beziehungen wird weltweit durch die Gleichzeitigkeit von Landflucht und Remigration in die Dörfer geprägt (*siehe Landflucht-Syndrom Kap. C 2.2.1*). Beide Aspekte verdienen Aufmerksamkeit.

Die Regierungen der Entwicklungsländer werden unter dem Einfluß der noch zunehmenden Urbanisierung den *urban bias* (die nahezu ausschließliche Konzentration der Finanzmittel auf die Städte), der bisher ihre nationale Siedlungspolitik bestimmt hat, kaum abschwächen. Vielmehr wird sich die Benachteiligung der ländlichen Gebiete eher noch verstärken und die Abwanderungsbereitschaft weiter zunehmen. Zwar hat sich die Erkenntnis durchgesetzt, daß die Unterentwicklung des ländlichen Raums stärker zur *Land-Stadt-Wanderung* beiträgt als die Attraktivität der Großstädte, doch konnten die eingerichteten Regionalentwicklungsprogramme die Landflucht bisher nicht erkennbar aufhalten.

Eine Konsequenz, die sich in Afrika, teilweise aber auch in Süd- und Südostasien bereits abzeichnet, ist die Neubestimmung des Verhältnisses zwischen Stadt und Land. Demnach muß das herkömmliche Klischee von der Landflucht und der Ausbeutung des Landes durch die Stadt durch ein neues Verständnis ersetzt werden, das Wanderungen als Austauschbeziehungen interpretiert (Kreibich, 1992). In dem Maße, in dem das Überleben und die Suche nach ökonomischer und sozialer Sicherheit in den Städten immer schwieriger wird, steigert sich wieder die Attraktivität des ländlichen Raumes, zumindest in denjenigen Ländern, die noch unausgeschöpfte Produktivitäts- und Landreserven haben (vor allem Afrika). Die Abwanderungsentscheidung muß danach im Zusammenhang mit Entwicklungen im Gesamtsystem der ländlichen Ökonomie und vor allem im Haushaltskontext interpretiert werden, um z. B. den wachsenden Anteil der Frauen an den Zuzügen in die Städte oder die hohen Transferleistungen der Migranten erklären zu können.

Das „Zirkulieren" großer Bevölkerungsgruppen zwischen Stadt und Land und seine Auswirkungen auf die Transformationsprozesse innerhalb der ländlichen Gesellschaft sowie die zunehmende Verflechtung von städtischer Warenökonomie und ländlicher Subsistenzwirtschaft sind inzwischen Gegenstand erster Forschungsansätze, beispielsweise an den Universitäten Berlin, Bielefeld und Freiburg. Ein wichtiges Ergebnis dieser geänderten Betrachtungsweise ist eine Neuinterpretation der Kapitalbewegungen zwischen Stadt und Land: Das Überleben in den Großstädten wird – in Umkehrung der herkömmlichen Betrachtungsweise – zunehmend durch Geld- und Gütertransfers aus dem ländlichen Raum ermöglicht. Einige Autoren drehen sogar das klassische Erklärungsmodell von *push*- und *pull*-Faktoren (Wanderungsdruck und -sog) um (Unwin und Potter, 1989), wenn sie wegen der Verschlechterung der Lebensbedingungen in den großen Städten und der neuen Attraktivität des ländlichen Raumes und der Kleinstädte eine steigende Bereitschaft zur Rückwanderung entdecken. Hieraus ergibt sich u.a. folgender Forschungsbedarf:

- Die Stadt-Umland-Beziehungen sollten unter den oben angeführten Aspekten neu untersucht und bewertet werden, um der wachsenden Komplementarität der Wanderungsströme im Sinne von Austauschbeziehungen besser gerecht zu werden. Gleichzeitig sollte auch die wachsende Bedeutung von Transferleistungen vom Land in die Stadt für das Überleben in den städtischen Agglomerationen stärker thematisiert werden. Die spezifischen Orte (z. B. regionale Märkte), die Akteure (z. B. Arbeitsmigranten, Händler, Transporteure), die typischen Mechanismen (z. B. saisonale Migration, Rückwanderung im Ruhestand, soziale Netzwerke) und die Systematik des Austauschs zwischen Stadt und Land müssen genauer untersucht werden.

- Unter Berücksichtigung von Veränderungen im Gesamtsystem der ländlichen Ökonomie und den Systemverflechtungen mit dem städtischen Raum sollten in Zusammenarbeit mit praxisnahen Institutionen (z. B. der GTZ) neue Ansätze der *ländlichen Entwicklung* erarbeitet werden, mit dem Ziel, Alternativen zur Landwirtschaft und eine verbesserte Infrastruktur zu schaffen.

3.5.4.2
Individuelle Wanderungsentscheidung

Die Abwanderung einzelner Haushaltsmitglieder in die Stadt ist eine von mehreren Handlungsoptionen ländlicher Haushalte zur Überlebenssicherung. Alternativen sind die Neulanderschließung, die Intensivierung der Produktion oder die Umstellung auf Feldfrüchte mit höherem Ertrag bzw. Marktwert. Manche dieser Alternativen entlasten die Haushalte nur vorübergehend, während sie ihre natürlichen Lebensgrundlagen auf lange Zeit belasten oder sogar zerstören. Die Schwellenländer liefern auch Belege für die These, daß eine Steigerung der landwirtschaftlichen Produktivität noch keine ausreichende Voraussetzung für eine verringerte Abwanderung aus den ländlichen Gebieten darstellt; sie muß vielmehr einhergehen mit einer allgemeinen Verbesserung der Lebensbedingungen im ländlichen Raum (*siehe Landflucht-Syndrom Kap. C 2.2.1*), vor allem aber mit dem Aufbau eines Arbeitsmarkts außerhalb der Landwirtschaft. Diese Voraussetzung ist in den meisten Entwicklungs- und Schwellenländern angesichts des Übergewichts der großen Städte und einer wenig leistungsfähigen staatlichen Raumplanung nur schwer zu schaffen, so daß die Migranten statt des erhofften sozialen Aufstiegs nur ein bescheidenes Auskommen – häufig als „Marginalisierte" – finden. Die Wanderungsentscheidung ist demnach sehr schwierig und abhängig von den *Handlungsspielräumen der Betroffenen*; welche Optionen die Wanderung letztlich auslösen, ist jedoch noch zu wenig bekannt. Entsprechend besteht weiterer Forschungsbedarf:

- Die individuell wahrgenommene Entscheidungssituation der Haushalte muß ermittelt werden, bevor Zusammenhänge zwischen Wanderungen und Umwelt postuliert werden; dabei sind soziokulturelle Faktoren („Lebenswelt") besonders zu beachten.
- Die Wanderungsentscheidung ist realitätsgerecht abzubilden. Der Familien- bzw. Haushaltszusammenhang, die zeitliche Perspektive (zirkuläre Migration) und die ökonomische Bedeutung (Beschaffung von Agrarkapital) sind dabei besonders zu beachten. Die herkömmliche „Flowanalyse", d.h. die Erklärung des Verlaufs von Migration, ist durch eine „Migrationssystemforschung" zu ersetzen bzw. zu ergänzen, die die verschiedenen Ursachenbündel hinsichtlich Herkunft, Richtung und Dauer der Wanderungen im Zusammenhang betrachtet.

3.5.4.3
Ernährungssicherung

Die Sicherung der Ernährung zählt aufgrund der stetig wachsenden Weltbevölkerung zu den größten Herausforderungen des Globalen Wandels. Fehl- und Unterernährung sowie Hunger sind wesentliche Ursachen von Migration – im urbanen und im ländlichen Raum gleichermaßen. Ernährungssicherung umfaßt dabei nicht nur die *Produktion* (Tragfähigkeit, Grüne Revolution, Gentechnik) und *Distribution* (Weltagrarhandel, Nahrungsmittelhilfe, Agrarpolitik) von Nahrungsmitteln, sondern auch den *institutionellen Rahmen* (Eigentumsrechte, Handlungsrechte, Handlungsspielräume sozialer Gruppen). Trotz der Erfolge der Grünen Revolution, mit der die Pro-Kopf-Nahrungsmittelproduktion erheblich gesteigert werden konnte, wächst in den meisten Entwicklungsländern die Zahl der Unterernährten weiter, vor allem in Lateinamerika, im Nahen Osten und in Afrika (*siehe Grüne-Revolution-Syndrom Kap. C 2.2.2*).

Gleichzeitig wurden auch die ökologischen Probleme des monokulturellen Anbaus mit hochertragreichen, aber auch krankheits- und schädlingsanfälligen Sorten zunehmend deutlich. Eine Studie der FAO zur agraren Tragfähigkeit hat ergeben, daß sich die landwirtschaftliche Produktion in vielen Ländern Afrikas südlich der Sahara bereits mit Verbesserungen nachhaltig erhöhen ließe, die noch ganz im Rahmen der traditionellen Produktionsmethoden liegen und nicht auf importierte Produktionsmittel angewiesen sind. Zur Beleuchtung des Problemkomplexes sind u.a. folgende Forschungsaktivitäten notwendig:

- Das Konzept der (landwirtschaftlichen) Tragfähigkeit und die Methoden der Tragfähigkeitsberechnung sind um die Dimensionen der technologischen Einflüsse (Produktivität) und der ökologischen Wirkungen zu erweitern; dabei sollte stärker nach Agrarsystemen und Bodenbewirtschaftungsmethoden differenziert werden.
- Die nicht-angebotsbedingten Determinanten von Fehl-, Unterernährung und Hunger sollten näher untersucht werden.
- Angesichts der sich abzeichnenden Klimaänderung sind die Methoden zur Erstellung von Ernteprognosen und Frühwarnsysteme z. B. gegen Dürre zu verbessern

3.5.4.4
Informeller Sektor: Arbeitsmarkt und Existenzsicherung

Die Zahl der städtischen Armen nimmt in den Entwicklungsländern stetig zu (aber auch der Reichtum einer kleinen Oberschicht). Mindestens die Hälfte der Menschen in den neuen Groß- und Megastädten lebt in Marginalsiedlungen, teilweise in innerstädtischen Slums und einfachen Hüttensiedlungen, vor allem aber an den Rändern der Agglomerationen, wo fast alle Gebäude ohne behördliche Planung und Genehmigung entstehen (*squatters*) und wo meist nicht einmal die technische und sanitäre Basisinfrastruktur bereitgestellt wird (*siehe Favela-Syndrom Kap. C 2.2.1*).

Noch vor zwanzig Jahren hat man sich in der Forschung kaum vorstellen können, daß die Agglomerationen in den Entwicklungsländern unter den Bedingungen extremer Armut ohne eine erhebliche Verschärfung der sozialen und politischen Konflikte so stark wachsen könnten (Mertins, 1992). Einen Schlüssel zum Verständnis dieser unerwarteten Entwicklung liefert das Konzept des informellen Sektors, das seitdem kontinuierlich entwickelt und empirisch untersucht wurde (z.B. Universitäten Bielefeld und Freiburg). Die beiden Wirtschaftssektoren müssen in aller Regel im Zusammenhang analysiert werden, da der formelle Sektor ohne die Leistungen des informellen Sektors häufig nicht mehr vorstellbar ist. Hier besteht also noch Forschungsbedarf:

- Der informelle Sektor spielt in der Aufrechterhaltung eines Minimums an sozialer Sicherheit eine zentrale Rolle für die städtischen Armen. Es ist jedoch noch wenig untersucht, inwieweit der informelle Sektor ein Entwicklungspotential darstellt. Dieser Forschungsaspekt erscheint umso wichtiger, da die herkömmlichen Modernisierungsstrategien versagt haben.

3.5.4.5
Informeller Sektor: Siedlungsentwicklung

Die informell gebaute Stadt ist im Vergleich zum informellen Arbeitsmarkt noch relativ wenig erforscht. Ohne die Kenntnis der Steuerungsmechanismen des informellen Haus- und Siedlungsbaus ist nicht zu verstehen, wie und warum die Agglomerationen in Entwicklungsländern nicht schon längst kollabiert sind. Wie konnte sich beispielsweise eine Stadt wie Dar-es-Salaam, deren Einwohnerzahl in zwanzig Jahren von einigen Hundertausend auf 3 Mio. expandierte, ohne Grundbuch und wirksame Stadtplanung, aber auch ohne Seuchen und große Konflikte entwickeln?

Ein Charakteristikum der neu entstehenden Siedlungsstrukturen ist die „Stadt der großen Dörfer", die sich entlang der Ausfallstraßen, auf marginalem Land (Überschwemmungsgebiete und Berghänge), vor allem aber um dörfliche Siedlungen in der städtischen Peripherie bilden, wo noch Land verfügbar ist.

Die jeweils geltende Bodenverfassung bestimmt ebenfalls die räumliche Ausbildung der Siedlungsform. Die neuen Siedlungen sind nicht an die Versorgungsnetze angebunden, die in der Kernstadt noch vorhanden sein mögen, und häufig nicht einmal über wetterfeste Straßen zu erreichen. Diese peripheren Siedlungen sind deshalb auch nur wenig in die zentralörtliche Hierarchie integriert, weisen aber dennoch Elemente einer städtischen Wirtschaft und Gesellschaft auf: Märkte, kleine Geschäfte (einfache Ladenboxen), Produktion von Waren und Dienstleistungen.

Auf mittlere Sicht ist zu befürchten, daß immer weniger Menschen in der Lage sein werden, informelle Siedlungsstrukturen aus eigenen Kräften weiterzuentwickeln. Sie werden an Grenzen stoßen, die mit den Mitteln, die ihnen zur Verfügung stehen, nicht zu überwinden sind: Aufgabe landwirtschaftlicher Flächen und wachsende Abwasserprobleme mit zunehmender Verdichtung, steigendes Verkehrsaufkommen, wachsende Konkurrenz um informelle Arbeitsplätze in einer stagnierenden National- bzw. Regionalwirtschaft mit eher abnehmender Einbindung in überregionale oder internationale Märkte. Aus den angeführten Zusammenhängen ergibt sich Forschungsbedarf, der sich auf folgende Themen konzentriert:

- Der informelle Wohnungs- (und Gewerbe-)bau und die *informelle Siedlungsentwicklung* müssen in ihrem Systemzusammenhang erforscht werden. Ihre Kenntnis ist nicht nur unerläßlich, um die Herausbildung und das Funktionieren der ungeplanten Großagglomerationen zu verstehen, sondern auch, um Ansatzpunkte für effiziente Interventionen in die Siedlungsentwicklung bei extrem limitierten Ressourcen zu finden.
- Die internen (Regelungspotential, Kosten) und externen (ökologische Folgewirkungen) Grenzen der informellen Siedlungsentwicklung sind noch nicht ausreichend bekannt. Zur Prognostizierung der maximalen Aufnahmekapazität bzw. Überlebensfähigkeit städtischer Agglomerationen fehlen geeignete Modelle und Indikatorsysteme.
- Die systematische Verzahnung von formellem und informellem Sektor sollte eingehender untersucht werden, um Ansatzpunkte für eine *nachhaltige Stadtentwicklung* zu erarbeiten.

3.5.4.6
Internationale Wanderungen

Wenn die bisher dargestellten Problemkomplexe der Stadt-Land-Beziehungen, des informellen Sektors sowie der *intranationalen Wanderungen* verstärkt auftreten, muß, wie in den letzten Jahren bereits festzustellen war, von einer Zunahme internationaler Migrationsschübe ausgegangen werden. Nach Schätzungen des Bevölkerungsfonds der Vereinten Nationen lebten 1995 ca. 100 Mio. Menschen außerhalb ihres Geburtslands, das sind rund 1,7 % der Weltbevölkerung. Rund 14,4 Mio. von ihnen waren Flüchtlinge und Asylsuchende, zusätzlich lebten etwa 13 Mio. in flüchtlingsähnlichen Situationen. Etwa 23 Mio. Menschen, die vor Unruhen, Gewalt, vor Dürre und Umweltkatastrophen geflüchtet waren, werden als *internally displaced persons* bzw. als Flüchtlinge im eigenen Land eingestuft.

Für die potentiellen Einwanderungsländer – also auch Deutschland – ergeben sich Probleme durch den erwarteten zunehmendem Wanderungsdruck. Daraus läßt sich folgender Forschungsbedarf ableiten:

- Eine Migrationspolitik ohne zuverlässige Prognosen über Zahl und Herkunft künftiger Migranten läuft Gefahr, tiefgreifende Fehlentscheidungen zu treffen. Die Forschungsbemühungen sollten daher zunehmend der Identifikation von Quellgebieten internationaler Migrationen gelten, um auf der Grundlage der daraus gewonnenen Informationen frühzeitig und steuernd auf absehbare Entwicklungen Einfluß nehmen zu können.
- Für das Erkennen und Verstehen des Globalen Wandels bedarf es einer systematischen Erfassung der wanderungsrelevanten Motivstrukturen, um Aussagen über Richtung und Ausmaß zukünftiger internationaler Migrationen zu ermöglichen.

3.5.4.7
Megastädte im System globaler Vernetzung

Während der Anteil der städtischen Bevölkerung in den Industrieländern von 1980 bis zum Jahr 2000 nur noch geringfügig auf knapp 75 % steigen wird, wird er in den Entwicklungsländern um 10 % auf fast 40 % und bis 2020 auf schätzungsweise 53 % zunehmen (UN, 1995). In Lateinamerika wird der Anteil der städtischen Bevölkerung bereits im Jahr 2000 höher sein als in den Industrieländern. Afrika, das noch immer als der „ländliche" Kontinent gilt, hat bereits jetzt einen höheren Verstädterungsgrad als Asien und weist die höchste Verstädterungsrate auf. Bis zum Jahr 2020 wird voraussichtlich fast jeder zweite Mensch in den Entwicklungsländern, insgesamt 2,2 Mrd., in Millionenstädten leben. In Afrika wird es nach den Prognosen der Vereinten Nationen dann mehr als 30 Städte mit mindestens 4 Mio. Einwohnern geben, die im Rahmen der fortschreitenden internationalen Arbeitsteilung in globale Kapital-, Informations- und Warenströme eingebunden sind. Die Frage wird sein, ob die globale Vernetzung der Megastädte und die damit verknüpften Wohlfahrtseffekte auch Entwicklungsimpulse auf das jeweilige Umland haben werden oder ob diese urbanen Agglomerationen sich zu „Inseln ohne Ausstrahlung" entwickeln. Hieraus läßt sich folgende Forschungsempfehlung ableiten:

- Unsere Kenntnis der neu entstehenden Großagglomerationen in Entwicklungsländern und ihrer Einbindung in das globale System ist noch unvollständig. Ihre Phänotypen, ihre Wechselwirkungen mit den regionalen ökonomischen, sozialen, politischen und kulturellen Gegebenheiten sind noch herauszuarbeiten.

3.5.4.8
Bildung

Mit einer Fördersumme von rund 1,7 Mrd. DM entfiel 1993 etwa ein Fünftel der staatlichen Entwicklungshilfe auf den Bildungssektor. Nicht zuletzt durch die Bildungsförderung hat die Zahl der Analphabeten seit Beginn der 80er Jahre weltweit abgenommen (1995 lag sie bei 885 Mio.). Dennoch hat sich die Bildungskluft mit den entsprechenden Wissensdefiziten zwischen Industrie- und Entwicklungsländern und innerhalb der letztgenannten Gruppe weiter vergrößert. Dieser Trend gefährdet nicht nur die wirtschaftliche Entwicklung in der Dritten Welt; eine mangelhafte gesellschaftliche Grundbildung bedroht auch die Bemühungen zur Begrenzung des Bevölkerungswachstums, zur Erhaltung der Umwelt, zur Förderung von Demokratisierung und zur Wahrung des Friedens und der Menschenrechte (BMZ, 1995).

Viele Faktoren hindern arme Haushalte, die Vorteile eines Bildungswesens zu nutzen. Wenn die Kinder inner- und außerhalb der Familie mitarbeiten müssen, ist es kostspielig, sie in eine Schule zu schicken. Die Vorteile einer Grundbildung kommen dann tatsächlich nur den besser gestellten Familien zugute. Insbesondere die Bildung von Frauen ist in vielen Gesellschaften noch schwach entwickelt (WBGU, 1996). Hieraus ergibt sich folgender Forschungsbedarf:

- Bereits ein Mindestmaß an Bildung, insbesondere für Frauen, beeinflußt die gesamtgesellschaftliche Entwicklung positiv. Häufig bleibt die Wahrnehmung des Bildungsangebots allein aus sprachli-

chen Gründen aus. Daher sollte untersucht werden, inwiefern eine stärkere Dezentralisation des Bildungswesens dem Bedarf eines muttersprachlichen Unterrichts gerecht werden kann.
- Die Qualität der Lehre ist bislang im Rahmen von Vergleichsstudien erforscht worden, die sich vorrangig auf kognitive Lernfortschritte in mathematisch/naturwissenschaftlichen Disziplinen konzentriert haben. Dagegen sind Studien zur Zweckmäßigkeit bestehender Lernziele und -programme selten. Für eine effektive Ausschöpfung der knappen Bildungsressourcen sollten die Optimierungsmöglichkeiten des Bildungsangebots erforscht werden.

3.5.4.9
Gesellschaftliche Stellung der Frau

Die Weltfrauenkonferenz der Vereinten Nationen 1995 in Peking hat betont, daß in den Gesellschaften der meisten Entwicklungsländer Männer aufgrund soziokultureller Normen in der Regel besser gestellt sind als die Frauen. Die Belastungen, denen Frauen ausgesetzt sind, lassen sich verdeutlichen, wenn man die Zahl ihrer lebendgeborenen Kinder vergleicht. So erreicht die Fertilitätsrate in vielen Ländern Afrikas noch immer einen Wert von 8 oder höher, d.h. viele Frauen sind mehr als ein Drittel ihres erwachsenen Lebens schwanger und stillen ihre Kinder (Dasgupta, 1995). In den meisten Entwicklungsländern sind Schwangerschaftskomplikationen noch immer die häufigste Todesursache von Frauen im gebärfähigen Alter. Der Beirat hat die Schlüsselfunktion der Frau für eine positive gesamtgesellschaftliche Entwicklung mehrfach hervorgehoben (WBGU, 1994 und 1996) und stellt dazu folgenden Forschungsbedarf fest:
- In Anbetracht der Tatsache, daß Fähigkeiten und Aufgaben bzw. Verantwortungsbereiche der Frauen häufig in Widerspruch zu ihren gesellschaftlichen Möglichkeiten stehen, sollte sich die Forschung u.a. auf die Verbesserung der Rechtsstellung der Frauen, besonders im Hinblick auf die Vergabe von Krediten, Land oder Produktionsmitteln konzentrieren.
- Frauen müssen stärker als bisher ihren Interessen und Bedürfnissen und ihrem soziokulturellen Selbstverständnis entsprechend gefördert werden. Vor allem die spezifische Situation der Frauen in Entwicklungsländern muß näher untersucht werden.

3.5.4.10
Gesundheit

Armut und Unterentwicklung sind die Hauptursache der Gesundheitsgefährdung in Entwicklungsländern. Folgen unzureichender Gesundheit sind krankheitsbedingte Arbeitsausfälle, vorzeitige Invalidität und damit auch hohe volkswirtschaftliche Kosten (BMZ, 1995).

Zwar ist mit der Einführung von Antibiotika, der zunehmenden Anwendung von Schutzimpfungen sowie der Malariabekämpfung die Lebenserwartung der Menschen in den Entwicklungsländern deutlich gestiegen (UNDP, 1992). Jedoch besteht z.B. bei etwa 1 Mrd. Menschen heute noch akuter Vitamin- bzw. Mineralstoffmangel.

Nach neuesten Schätzungen der WHO sind 14 Mio. Menschen weltweit HIV-infiziert, am Ende des Jahrzehnts werden es wohl 30 bis 40 Mio. Menschen sein. Die Deutsche Stiftung für Internationale Entwicklung (DSE) hat aufgezeigt, welche katastrophalen Folgen die Ausbreitung von Aids hat, da oft junge Erwachsene in wirtschaftlichen Schlüsselstellungen, vor allem in ländlichen Gebieten, betroffen sind. Mitarbeiter des Aids-Programms der USAID befürchten, daß in den kommenden Jahren in Asien mehr HIV- und Aids-Fälle auftreten werden als in Afrika. Bis zum Jahr 2000 wird nach Schätzungen der Vereinten Nationen die Zahl um jährlich eine Million steigen (UN, 1994).
- Neben akutem Handlungsbedarf besteht dringender Forschungsbedarf über Gesundheitsinformationssysteme und die Integration von Kontrollprogrammen für spezifische Erkrankungen in die primären Gesundheitsdienste.

3.5.4.11
Konferenzbegleitende Forschung

Die zweite Weltsiedlungskonferenz in Istanbul 1996 hat mit der HABITAT-Agenda eine globale Handlungsgrundlage zur Förderung nachhaltiger Siedlungsentwicklung erarbeitet. Hierfür wurde ein *Global Plan of Action* verabschiedet, der als Rahmen für gemeinsame Ziele und Strategien dient, die in nationalen Aktionsplänen ihren Niederschlag finden. Die beiden großen Leitthemen der Konferenz sind in *Tabelle 2* dargestellt.

Die Weiterentwicklung der nationalen Siedlungspolitik einzelner Länder sollte durch Forschung begleitet werden. Hier ist im *Global Plan of Action* nicht nur die Sicherung der Wohnraumversorgung allgemein angesprochen:
- Vielmehr sollen auch die Bedürfnisse von Armutsgruppen, Obdachlosen, Flüchtlingen und eth-

Angemessener Wohnraum für alle Menschen	Nachhaltige Siedlungsentwicklung in einer sich verstädternden Welt
Nationale Wohnungspolitik	Nachhaltige Flächennutzung
Organisierte Wohnraumversorgung	Armutsbekämpfung und Schaffung von Arbeitsplätzen
Gesicherter Zugriff auf Flächenressourcen	Umweltverträgliche und gesundheitssichernde Siedlungsformen
Basisinfrastruktur	Nachhaltiger Energieverbrauch
Verbesserte Konstruktion und Wartung	Nachhaltige Transport- und Kommunikationssysteme
Gefährdete soziale Gruppen	Erhalt und Pflege des historischen und kulturellen Erbes
	Stärkung der städtischen Wirtschaft
	Ausgewogene Entwicklung ländlicher Siedlungen
	Katastrophenvorbeugung, Krisenmanagement und Wiederaufbaukapazitäten

Tabelle 2
Leitthemen des Globalen Aktionsplans der HABITAT-II-Konferenz 1996
Quelle: UN, 1996

nischen Minderheiten berücksichtigt werden; Siedlungspolitik und Armutsbekämpfung müssen im Zusammenhang betrachtet werden.
- Zur Verbesserung der Datenbasis ist die Entwicklung eines Wohnraum-Informationssystems (*housing information system*) notwendig.
- Es müssen verstärkt Forschungsanstrengungen zur Verbesserung von Bodenmanagement und Bodenpolitik (Gewährleistung von Landrechten) durchgeführt werden.
- Die Bedrohung durch Katastrophen (*man-made and natural hazards*) für die menschlichen Siedlungen steigt. Solche Krisenereignisse wiegen insbesondere in jenen Ländern schwer, in denen das Krisenbewältigungspotential besonders niedrig ist. Daher sind Forschungsprojekte zu technischen, sozialen und wirtschaftlichen Aspekten von Wiederaufbaumaßnahmen und die entsprechende Entwicklung von wirksamen Strategien und Richtlinien unentbehrlich (siehe IDNDR, Kap. B 1).

Die oben angeführten Forschungsfelder müssen im Systemzusammenhang betrachtet werden: so muß die Verbesserung von Bausubstanz z.B. an die physischen Bedingungen des Standortes angepaßt werden (Erdbebengefährdung). Die interdisziplinäre Forschung und Entwicklung zur Analyse kritischer Trends im Siedlungswesen, zu Siedlungspolitik und Siedlungsprogrammen wird in dieser Hinsicht eine wichtige Funktion von HABITAT bleiben. Die Bedeutung der Informationsbeschaffung und -verarbeitung für den Themenbereich Bevölkerungsentwicklung, Migration und Urbanisierung ist schon Gegenstand des Weltsozialgipfels 1995 in Kopenhagen gewesen und wird sicherlich auch den Welternährungsgipfel 1996 in Rom beschäftigen. Die Umsetzung der im Rahmen dieser Konferenzen eingeforderten Forschungsanstrengungen wird neue Perspektiven für die Erklärung der komplexen Wechselwirkungen des Globalen Wandels und neue Wege zur Problembewältigung eröffnen.

3.6
Ökonomische Forschung

3.6.1
Relevanz der Ökonomie für den Globalen Wandel

In der AGENDA 21 wurde das Ziel festgeschrieben, Umweltschutz und Ökonomie so zu verknüpfen, daß eine nachhaltige Wirtschaftsentwicklung gewährleistet werden kann. Der Begriff der nachhaltigen Wirtschaftsentwicklung zeichnet sich hierbei immer noch durch einen hohen *Operationalisierungsbedarf* aus, der auch für die ökonomische Forschung eine Herausforderung darstellt. Dies gilt insbesondere für die Bestimmung der essentiellen (d.h. nicht substituierbaren) Elemente des sogenannten Naturkapitals, die Untermauerung der Forderung nach intergenerationeller Gerechtigkeit sowie die Erweiterung des Nachhaltigkeitspostulats um eine soziale und ökonomische Dimension.

Hauptanliegen der ökonomischen Forschung mit globaler Relevanz war und ist die Erklärung zentraler Entwicklungstendenzen der Weltwirtschaft, des Handelns relevanter Akteure einschließlich der Staaten und internationalen Institutionen sowie die Suche nach Konzepten zur Sicherung der natürlichen Lebensgrundlagen. Angesichts der Globalisierungstendenzen des Wirtschaftens und der Internationalisierung der Produktion wird hierbei aus der Nationalökonomie zunehmend eine Globalökonomie. Globalisierung umfaßt hierbei nicht nur die räumliche Ausweitung der betrieblichen Absatz- und Beschaffungsmärkte, sondern auch die Homogenisierung der Konsum- und Produktionsstile, die Prägung dominanter Technologielinien durch die Industrieländer, die wachsende Verflechtung von Eigentum sowie die Vereinheitlichung wichtiger rechtlicher Rahmenbedingungen.

Verglichen mit anderen Forschungsgebieten, vor allem den Naturwissenschaften, ist die ökonomische Forschung zu globalen Umweltproblemen verhältnismäßig jung. Sie hat zwar insbesondere durch die Klimaschutzdiskussion deutlich zugenommen, aber noch existieren keine zusammenfassenden Darstellungen über dieses Forschungsfeld, so daß die folgenden Ausführungen lediglich als ein Versuch anzusehen sind, aus den vorhandenen Einzelbeiträgen wichtige Ansätze und noch zu bearbeitende Forschungsfragen herauszuarbeiten.

Unter den Ökonomen besteht Konsens darüber, daß die Wirtschaftswissenschaft wichtige Beiträge zur Erforschung des Globalen Wandels zu liefern vermag, zum einen im Bereich der *Ursachenforschung* und der *Analyse der Auswirkungen der globalen Umweltbelastungen bzw. der Umweltpolitik*, des weiteren zur *Operationalisierung des Nachhaltigkeitspostulats* und schließlich zu den *Instrumenten zur Beeinflussung überregionaler Entwicklungstrends*.

Daneben steht die ökonomische Forschung zu regionalen Phänomenen, die erhebliche Relevanz für den Globalen Wandel haben. Diese Forschung kann jedoch, je nach Region und vorherrschenden Umweltbedingungen, zu völlig unterschiedlichen Ergebnissen führen: so fällt eine ökonomische Bewertung der Bodenerosion in Costa Rica mit seinen fruchtbaren Böden vermutlich völlig anders aus als in der Sahelzone (WBGU, 1993).

Für die deutsche Forschungsförderung sind hier vor allem zwei Fragen von Bedeutung:
1. An welchen regional ausgerichteten ökonomischen Forschungen will sich Deutschland in Zukunft beteiligen?
2. Welche Rolle spielt die Wirtschaftswissenschaft in der Forschung zu globalen Umweltveränderungen, die auf Deutschland bzw. seine Nachbarländer einwirken?

Ein Beispiel hierfür ist ein vom BMBF gefördertes Projekt zur Klimafolgenforschung, das die Auswirkungen des Meeresspiegelanstiegs auf die norddeutschen Küsten untersucht (*siehe Kasten 8*).

Eine weniger spezifische Rolle spielt die global ausgerichtete Umweltökonomie hingegen, wenn es um die nationale Umsetzung globaler Vereinbarungen geht, da sich die Instrumente nicht grundsätzlich von national ausgerichteten unterscheiden (z.B. CO_2/Energiesteuer der EU, die sowohl nationalen wie internationalen Zielausprägungen dienen würde). Relativ neu und in dieser Form in anderen Ländern weniger verbreitet ist die jüngste Diskussion um ordnungspolitische Ansatzpunkte zur Bewältigung globaler Umweltprobleme.

3.6.2
Wichtige Beiträge der deutschen ökonomischen Forschung

Der deutsche Beitrag der ökonomischen Forschung zur Erklärung des Globalen Wandels bzw. zur Analyse der Umweltimplikationen des Globalisierungstrends der Wirtschaft ist bisher eher bescheiden. Insgesamt ist festzustellen, daß sich die Wirtschaftswissenschaft aufgrund ihrer traditionell nationalen Ausrichtung (Nationalökonomie) erst spät in die Analyse des Globalen Wandels eingeschaltet hat. Dies gilt in besonderer Weise für die deutsche Wirtschaftswissenschaft, die lange Zeit primär mit der Aufarbeitung der angelsächsischen Forschungsergebnisse beschäftigt war und in gewisser Weise deren Trends zeitverzögert widerspiegelt. (Möglicherweise spielt auch die geringe „koloniale Tradition" hier eine gewisse Rolle.)

Erst neuerdings ist eine gewisse Öffnung zu beobachten, ohne daß man aber schon sagen kann, daß von der deutschen Forschung bislang entscheidende Impulse für eine Globalökonomie ausgingen. Dies gilt selbst für die klassischen Themen wie Umwelt und Freihandel, Erklärung der globalen Entstehung und Ausbreitung des technischen Fortschritts bzw. der relativen Konstanz der großräumigen Wohlstandsdisparitäten oder der divergierenden Wirtschaftsverflechtung (etwa der Triadenbildung). Auch bei der Analyse der Kosten des Umweltschutzes bzw. eines unterlassenen Umweltschutzes blieb die deutsche Diskussion mehr national als international bezogen. Wenn es eine spezifische deutsche Note gibt, ist es die ordnungspolitische Diskussion im Gefolge der Beiträge von Walter Eucken und Friedrich A. von Hayek. Sie erfuhr jüngst im Zusammenhang mit der Diskussion um das Nachhaltigkeitspostulat eine bemerkenswerte Wiederbelebung (Gerken und Renner, 1995; RWI, 1995; IAW, 1995; IÖW, 1995; ZEW 1995) und führte zu interessanten Operationalisierungsversuchen des Nachhaltigkeitsprinzips, zu einer neuen Würdigung internationaler Organisationen sowie zu wichtigen Denkanstößen für die Frage der Ökologisierung der Marktwirtschaft. Hinzu traten vereinzelt spieltheoretische Ansätze zur Erklärung des Verhaltens global bedeutsamer Akteure. Die deutsche Ressourcenökonomie folgt demgegenüber stärker der angelsächsischen Forschung; umweltpolitisch gibt es hingegen über die stoffpolitische Diskussion eine gewisse deutsche Sonderentwicklung und möglicherweise können sich auch die syndromorientierten Forschungsansätze zu einer deutschen Originalität entwickeln.

3.6.3
Einbindung der deutschen ökonomischen Forschung in internationale Programme

Um die deutsche Beteiligung an internationalen Forschungsprogrammen zu bewerten, muß man zunächst zur Kenntnis nehmen, daß es bislang nur wenige global orientierte Forschungsaktivitäten gibt, die sich explizit mit dem Globalen Wandel, und zwar mit besonderer Ausrichtung auf das Thema Wirtschaft und Umwelt, beschäftigen. Letztlich sind es nur die Arbeitsgruppen, die im Umfeld der Klimaschutzpolitik (IPCC) eingerichtet wurden und sich mit den Kosten des unterlassenen, aber auch eines präventiven Klimaschutzes auseinandersetzen (*adaptation* bzw. *mitigation*), die Arbeitskreise, die sich bei den Vereinten Nationen um eine Operationalisierung des Nachhaltigkeitspostulats bzw. seine Berücksichtigung im Rahmen der Volkswirtschaftlichen Gesamtrechnung bemühen und Arbeitsgruppen der OECD, die sich dem Fragenkomplex der Globalisierung von Wirtschaft und Umwelt zugewendet haben. Von einer prägenden Mitwirkung deutscher Ökonomen in diesen Gremien kann bislang noch nicht gesprochen werden.

3.6.4
GW-relevanter Forschungsbedarf in der ökonomischen Forschung

3.6.4.1
Inhaltliche Anforderungen

UMWELTPOLITISCHE ZIELE
Die Definition globaler Umweltschutzziele ist angesichts global divergierender Präferenzen, nationaler Interessen sowie wirtschaftlicher und ökologischer Problemstellungen mit erheblichen Bewertungsproblemen verbunden, die u.a. Güterabwägungen beinhalten und darum zur Anwendung von umfassenden Nutzen-Kosten-Analysen alternativer Verhandlungsvorschläge führen müssen. Darüber darf auch die vordergründig recht große Übereinstimmung bezüglich der Orientierung der globalen Akteure am Leitbild der Nachhaltigkeit nicht hinwegtäuschen. Eine befriedigende Operationalisierung dieses Leitbilds, die generelle Akzeptanz findet und einvernehmliche Hinweise für konkretes umweltpolitisches Handeln liefern würde, steht noch aus.

Bei der Ableitung globaler Ziele ist ein Dilemma zu überwinden: die *Divergenz zwischen individueller, nationaler und globaler Rationalität*. Wenn ein Individuum einen Beitrag zur Lösung globaler Umweltprobleme leisten will, muß es oft gleich mehrere „Rationalitätsfallen" überwinden, da auf der Ebene der individuellen Rationalität die Kosten einer „ökologischeren" Güterproduktion den Nutzen, den das Individuum aus dem öffentlichen Gut „globaler Umweltschutz" zieht, weit übersteigen können. Auch für einzelne Länder erscheint es vielfach nicht rational, auf Wohlfahrtsgewinne zugunsten eines Beitrags zum Klimaschutz zu verzichten, wenn der Effekt ihrer jeweiligen Beiträge auf das Klima vernachlässigbar gering ist, die von ihnen zu tragenden Kosten eines Klimaschutzbeitrags aber hoch wären. Unter solchen Konstellationen können sich bei der politischen Willensbildung häufig die Interessen negativ betroffener Bereiche und Sektoren durchsetzen und das Verhalten der Staaten bei internationalen Verhandlungen prägen. Umso wichtiger wird es daher, ein Zielsystem zu finden, dessen Vorteilhaftigkeit sich auf den verschiedenen Handlungsebenen niederschlägt bzw. vermitteln läßt. Für die umweltökonomische Forschung wäre es daher wichtig, verstärkt mit Disziplinen zusammenzuarbeiten, die sich mit normativen Grundfragen beschäftigen, allen voran die Philosophie und Ethik, aber auch die Naturwissenschaften, die bei der Grenzwertdiskussion eine wichtige Rolle spielen.

Spätestens seit der UNCED-Konferenz in Rio de Janeiro ist eine generelle Akzeptanz des Nachhaltigkeitspostulats zu beobachten. Dies führt jedoch zu der Frage nach der politischen Operationalisierung dieses Konzepts. In diesem Zusammenhang sollte sich die Forschung vor allem mit folgenden Grundfragen beschäftigen:

Frage 1:
Welche Mensch-Gesellschaft-Umwelt-Beziehungen sind vor dem Hintergrund des Globalen Wandels von entscheidender Bedeutung?

Frage 2:
Welche Elemente des sogenannten Naturkapitals sind auf welcher räumlichen Ebene (global, transnational, national, regional) von essentieller Bedeutung, d.h. nicht ersetzbar, und bedürfen deshalb eines besonderen Schutzes (Bewertung von Umweltgütern)?

Frage 3:
Inwieweit werden solche Festlegungen durch Präferenzunterschiede bestimmt? Wie kommen individuelle und politisch relevante Präferenzen zustande?

Frage 4:
Welches Gewicht ist der langfristigen intergenerationellen (Verteilungs-)Perspektive zuzuordnen? Wie kann dieses Verteilungspostulat begründet werden? Gilt es für jede denkbare Bevölkerungsentwicklung?

Frage 5:
Bedarf das Nachhaltigkeitskonzept hinsichtlich spezifischer Problemstellungen (Räume, Sektoren, Unternehmen) einer Differenzierung? Wie sollte diese aussehen?

Frage 6:
Lassen sich die bislang vorliegenden Nutzungs- und Managementregeln für Nachhaltigkeit operationalisieren und konkretisieren? Kommt allen Managementregeln gleiches Gewicht zu?

Frage 7:
Inwieweit führt der in diesem Gutachten empfohlene Syndromansatz zu einer Lösung des Operationalisierungsproblems?

Frage 8:
Welches sind die ordnungspolitischen Implikationen des Nachhaltigkeitspostulats bzw. seiner verschiedenen Interpretationen?

Frage 9:
Bedarf das Nachhaltigkeitspostulat der Erweiterung um eine soziale und ökonomische Dimension? In welchem Verhältnis stehen Ökologie-, Ökonomie- und Sozialverträglichkeit zueinander?

Frage 10:
Wie läßt sich Nachhaltigkeit in Form von Indikatoren ausdrücken?

Mensch-Gesellschaft-Umwelt-Beziehungen
Das bisher unsichere Wissen um wichtige *Zusammenhänge der Interaktion Mensch-Gesellschaft-Umwelt* (Grundfrage 1) und global relevante Leitparameter erklärt einen Teil der Probleme bei der Zieldiskussion. So versteht man Ökonomie und Ökologie heute als eng miteinander verknüpfte Subsysteme eines übergeordneten Systems, welches durch ein umfassendes Existenztheorem oder Modell dargestellt werden könnte. Hier fehlen jedoch noch Modell-Module zur Analyse von globalen Umweltzielen, weltwirtschaftlichem Wachstum, Bevölkerungswachstum, internationaler Einkommensverteilung und den zu berücksichtigenden Interessen künftiger Generationen. Annähernd exakte Aussagen über die nationalen, regionalen und intertemporalen Kosten des Umweltschutzes bzw. dessen Unterlassung sind darum bisher kaum möglich.

Ein wichtiger Forschungsgegenstand ist aber auch die Frage nach den Rückwirkungen umweltpolitischer Festlegungen auf das ökonomische System. Erfahrungen mit den Ölpreisschocks der 70er Jahre zeigen, daß internationale Kaufkraftverschiebungen, wie sie etwa infolge einer drastischen Anhebung der Energiepreise zu erwarten sind, zwar unter Umständen die gewünschten ökologischen Effekte zeigen, jedoch gleichzeitig den Welthandel empfindlich beeinflussen können – und hierbei vor allem die Entwicklungsländer treffen. Dies erschwert die Zielformulierung bzw. die Offenlegung nationaler Präferenzen und erklärt zumindest teilweise, warum man hinsichtlich des Nachhaltigkeitspostulats bisher über eine allgemeine Kennzeichnung wichtiger Managementregeln (Enquete-Kommission, 1994; SRU, 1994), die selbst noch mit Problemen behaftet sind, nicht hinausgekommen ist. Hierzu bedarf es verstärkt der sozioökonomischen Forschung in regionaler und sektoraler Auflösung. Insbesondere muß das wissenschaftliche Fundament für einen Vergleich der (regionalen) Kosten des unterlassenen mit dem geleisteten Umweltschutz verbessert werden.

Bewertung von Umweltgütern
Für die *Bewertung von Umweltgütern* (Grundfrage 2) müssen die bisherigen Monetarisierungsverfahren verfeinert werden. Neben den bekannten indirekten Methoden wie *hedonic pricing* oder „Reisekostenansatz" rücken neuerdings die direkten Methoden in den Mittelpunkt des Interesses, die unter dem Stichwort *contingent valuation* zusammengefaßt werden, d.h. Verfahren, bei denen die Bewertung von Umweltgütern durch direkte Befragung erfolgt. Die Forschung zur Fortentwicklung dieser Bewertungsmethoden wird jedoch bislang hauptsächlich in den USA betrieben, nicht zuletzt, weil sie im Rahmen des amerikanischen Haftungsrechts zunehmend praktische (und darum umweltpolitische) Relevanz erlangen. Inzwischen liegt eine Reihe von Arbeiten vor, die versuchen, Standards für Bewertungsstudien zu setzen, um so eine möglichst hohe Zuverlässigkeit und Gültigkeit der Bewertungsergebnisse sicherzustellen. Zu nennen ist insbesondere der Report des NOAA-Panels (NOAA, 1993; Bateman und Turner, 1993; Mitchell und Carson, 1989).

Die deutschen Ökonomen sollten sich an der Entwicklung dieser Forschungsansätze stärker beteiligen. Zum einen erfordern Anwendungsprobleme der *contingent valuation* weitere Forschungsanstrengungen, beispielsweise bezüglich der auftretenden Differenzen zwischen Zahlungs- und Kompensationsbereitschaften. Daneben gewinnt auch die Frage an Bedeutung, inwieweit sich ermittelte Bewertungen auf ähnliche Anwendungsfälle übertragen lassen, um auf diese Weise die Anzahl der oft kostenintensiven Studien zu reduzieren (Pruckner, 1995; OECD, 1994). Zum anderen sollte eine Anwendung der bekannten Bewertungsverfahren auf die globalen Umweltprobleme angestrebt werden. Da international vor allem Bewertungsstudien zum Treibhauseffekt durchgeführt werden, empfiehlt der Beirat, das Augenmerk verstärkt auf andere globale Umweltprobleme, wie die Meeresbelastung, die Bodendegradation oder die mit besonderen Bewertungsproblemen verbundene Biodiversität zu richten.

Das Nachhaltigkeitspostulat basiert entscheidend auf der Hypothese, daß das sogenannte Natur-Realkapital nicht beliebig durch das künstliche, d.h. vom Menschen geschaffene, Realkapital ersetzt werden kann. Diese Hypothese bedarf der weiteren Konkretisierung, insbesondere einer Bestimmung der als essentiell (UGR, 1995) anzusehenden Elemente des Naturkapitals. Das Verständnis von „Nichtsubstituierbarkeit" variiert jedoch abhängig von der räumlichen Betrachtungsebene. Wichtig wäre daher, eine Einigung über die global relevanten Schutzgüter zu erzielen, da solche „Grenzziehungen" immer von Bewertungen und Präferenzen mitbestimmt werden.

Entstehung von Präferenzen

Dies führt zur dritten Grundfrage, die das *Zustandekommen von Präferenzen* betrifft. Monetäre Bewertungen entstehen zumeist auf der Basis von *individuellen Präferenzen* bzw. Zahlungsbereitschaften. Individuen sind sich oftmals jedoch nur unvollkommen ihrer Präferenzen für Umweltgüter bewußt. Aus diesem Grund kann die Art und Weise, in der Informationen in Befragungsstudien präsentiert werden, das Bewertungsergebnis beeinflussen. Daher sollte erforscht werden, wie die in der Bewertungsstudie bereitgestellte Information von den Individuen verarbeitet wird (Pruckner, 1995).

Die Unkenntnis darüber, wie eine Präferenz für Umweltgüter entsteht, erschwert die Aussage, ob durch bestimmte Monetarisierungsmethoden eine Veränderung oder Manipulation der Präferenzen (nicht der Wahrnehmung) erfolgt (Weimann, persönliche Mitteilung). Solange dieser Zusammenhang zwischen Verfahren zur Präferenzaufdeckung und der Präferenzbildung selbst nicht klar ist, müssen Monetarisierungsstudien mit Vorsicht betrachtet werden. Um Fortschritte auf diesem Gebiet zu erreichen, muß die Forschung interdisziplinär ausgerichtet werden, insbesondere sollte die Zusammenarbeit mit der Psychologie und der Sozialpsychologie gesucht werden. Dies gilt für globale Umweltprobleme in besonderem Maße, weil sich die veränderte Umweltqualität hier oft der individuellen Wahrnehmung entzieht (wie insbesondere bei Klima und Ozon).

Wichtig ist auch die Erklärung des Zustandekommens *nationaler Präferenzen*, die das Verhalten von Staaten bei internationalen Verhandlungen bestimmen und zu divergierenden Interpretationen des Nachhaltigkeitspostulats führen können. Dies ist insofern von großer Bedeutung, als auf der Ebene souveräner Staaten, Vereinbarungen, die zu kooperativem Verhalten verpflichten, nur bei Freiwilligkeit des Koalitionsbeitritts und des Verbleibs in der Koalition erreicht werden können. Hierzu gibt es zwar verschiedene, vor allem empirische Arbeiten aus der Politikwissenschaft, aus der Sicht der ökonomischen Theorie ist die Frage, wie stabile Koalitionen mehrerer Länder hergestellt werden können, bisher aber noch weitgehend unbeantwortet (Barrett, 1991 und 1993; Weimann, persönliche Mitteilung).

Intergenerationelle Verteilung

Die vierte Grundfrage betrifft die *intergenerationelle Verteilung*. Das Nachhaltigkeitspostulat ist von einer ethischen Orientierung geprägt, die ihren Ausdruck in der Forderung nach interregionaler, vor allem aber intergenerationeller Verteilungsgerechtigkeit findet. Die intergenerationelle Verteilungsforderung verlangt, zumeist aufbauend auf der Gerechtigkeitstheorie von Rawls (Rawls, 1972), daß der künftigen Generationen zur Verfügung stehende materielle Handlungsspielraum (bzw. Vermögensbestand) je Mitglied mindestens so hoch sein sollte wie jener der Mitglieder der gegenwärtigen Generation, um allen Generationen gleiche Entwicklungschancen zu gewährleisten. Dabei wird in der Literatur, wie bereits erwähnt wurde, zwischen einem natürlichen und einem „künstlichen", d.h. produzierten Kapitalbestand unterschieden. Unterstellt man eine begrenzte Substituierbarkeit zwischen diesen Beständen und betont man die Forderung nach intergenerationeller Verteilungsgerechtigkeit, leitet sich daraus die Forderung nach Erhalt des Naturvermögens bzw. der als nicht-substituierbar angesehenen Elemente desselben ab.

Bei dieser Betrachtungsweise entsteht die Frage, wie die Interessen verschiedener Generationen gewichtet werden sollen. Entsprechende Operationalisierungsversuche führen zur Frage der Diskontierung. Unterstellt man strenge Komplementarität zwischen dem nicht vermehrbaren Naturkapital und dem vermehrbaren, d.h. vom Menschen produzierten Realkapital, so impliziert eine soziale Diskontrate von größer als Null immer eine Minderbewertung der Bedürfnisse künftiger Generationen. Eine Diskontierung ist deshalb für viele nur mit Blick auf substituierbare Bestände bzw. deren Erträge zulässig. Weicht man diese Komplementaritätshypothese auf und geht stattdessen von substituierbaren Beständen aus, dann stellt sich die weiterhin umstrittene Frage nach dem „richtigen" intergenerationellen Diskontsatz (Lind, 1990; Freeman, 1993). Läßt man sich darüber hinaus auf die Frage ein, *welche* Bedürfnisse zu berücksichtigen sind bzw. ob diese Gerechtigkeitsforderung für *jedes* künftige Bevölkerungswachstum gelten soll (RWI, 1995), so werden die Operationalisierungsprobleme des Nachhaltigkeitspostulats erschwert. Die hier angesprochenen Fragen erfordern eine stärkere Zusammenarbeit von Wirtschaftswissenschaften mit Ethik, Soziologie und Psychologie.

Für die Lösung des Interessenkonflikts zwischen den Generationen ist neben der Höhe des Diskontsatzes die Erfassung der den verschiedenen Generationen durch die Belastung bzw. den Schutz der Umwelt auferlegten Kosten und Nutzen (die dann der Diskontierung unterliegen) von entscheidender Bedeutung. Nach Auffassung des Beirats sollte sich die Forschung, wie oben bereits angesprochen, stärker auf die Erfassung dieser Größen, d.h. der volkswirtschaftlichen Kosten gegenwärtiger Schutzmaßnahmen und der den zukünftigen Generationen aufgebürdeten Kosten der Umweltbelastung konzentrieren. Zwar erscheinen auch weitere Forschungsanstrengungen zur Diskontierungspraxis notwendig, eine Verringerung der Kenntnislücken über die ökonomischen Folgen der globalen Umweltveränderungen ist jedoch nach Auffassung des Beirats für die Lösung des intergenerationellen Interessenkonflikts von ungleich größerer Bedeutung. Gleichzeitig sollte sich die Forschung mit Grundsatzfragen dieses auf Rawls zurückzuführenden Gerechtigkeitspostulats, das nicht unumstritten ist, beschäftigen.

Differenzierung des Nachhaltigkeitskonzepts
Die fünfte Grundfrage betrifft die Notwendigkeit einer *Differenzierung des Nachhaltigkeitskonzepts* für spezifische Problemstellungen. Das Existenztheorem bzw. das Nachhaltigkeitspostulat bedarf einer unterschiedlichen Differenzierung je nach zu bewältigendem Umweltproblem. Der Beirat hat im Rahmen seiner bisherigen Arbeiten vor allem folgende Problemstellungen herausgestellt und gesondert betrachtet: globale Klimaänderungen, Ausdünnung der Ozonschicht, Bodendegradation, Reduktion der Biodiversität, Übernutzung und Verschmutzung der Meere sowie Wasserverknappung und -verschmutzung. Hierbei zeigte sich, daß jede Problemstellung einer andersartigen Regionalisierung bedarf. Während das Klimaproblem bezüglich der maximal zulässigen Treibhausgasemissionen weitgehend eine globale Festlegung von Nachhaltigkeitskriterien zuläßt, verlangt die Bewältigung der Bodendegradation oder der Trinkwasserknappheit die Ableitung regionaler Indikatoren. Hier besteht daher noch erheblicher Forschungsbedarf. Umstritten ist schließlich auch die Frage, ob neben die regionale noch eine sektorale oder unternehmensspezifische Differenzierung treten muß.

Nutzungs- und Managementregeln
Die sechste Grundfrage konzentriert sich auf die Ableitung von *Regeln für den Umgang mit Ressourcen*. Hier interessiert insbesondere die Fortentwicklung von Kriterien für die Nutzung erschöpfbarer und erneuerbarer Ressourcen. Die unter dem Nachhaltigkeitskonzept aufgestellte Regel, daß endliche Ressourcen nur insoweit entnommen werden dürfen, wie gleichzeitig durch Forschung und Entwicklung Vorsorge für die spätere Verfügbarkeit substitutiver Ressourcen getroffen ist, bereitet besondere Probleme und läßt sich in der Praxis kaum realisieren (Cansier, persönliche Mitteilung; Klemmer, 1996). Zudem wird dabei die Innovationsfähigkeit der Wirtschaft und der Gesellschaft, für knappe Ressourcen Substitutionsmöglichkeiten zu entwickeln, tendenziell unterschätzt.

Auch jene Managementregel, die eine Beschränkung der Nutzung regenerierbarer Ressourcen auf die zur Bestandserhaltung mindestens notwendige Regenerationsrate fordert, stößt auf Umsetzungsschwierigkeiten. Sie verlangt nämlich eine Bestandsbewertung und ist bei einer arbeitsteiligen Raumnutzung kaum zu realisieren. Diese Problematik spielt auch bei der Festlegung der *global commons* eine Rolle. Es ist immer noch ungeklärt, ob sich überhaupt realistische Nutzungsregeln für den Erhalt eines multifunktionalen Ressourcenbestands formulieren lassen und wie diese aussehen können (Cansier, persönliche Mitteilung). Schließlich bedarf die Einführung von Risikoüberlegungen bzw. -bewertungen einer kritischen Reflexion.

Operationalisierung des Nachhaltigkeitskonzepts
Die bisherige Diskussion des Ziels nachhaltiger Entwicklung zeigt, daß dieser allseitig akzeptierte Imperativ durch beträchtliche Interpretationsspielräume gekennzeichnet ist, die eine *global relevante Operationalisierung* sehr schwierig erscheinen lassen. Umso mehr interessiert darum die Frage, ob nicht zumindest eine Einigung auf bestimmte Formen *nicht*-nachhaltiger Entwicklungstendenzen gefunden werden kann. Mit seinem Syndromansatz hat der Beirat einen Weg gewiesen, der in diese Richtung geht und die Bewältigung des *Operationalisierungsproblemes* erleichtern kann (*Kap. C 2*). Insofern sollte sich die Forschung künftig mit diesem Ansatz stärker auseinandersetzen (siebte Grundfrage).

Ordnungspolitische Implikationen

Bisher weitgehend vernachlässigt wurden die *ordnungspolitischen Implikationen* des Nachhaltigkeitspostulats (achte Grundfrage). Die Fragen, ob das Nachhaltigkeitspostulat bzw. seine Interpretationen mit der Marktwirtschaft vereinbar sind, die Marktwirtschaft überhaupt zu einer stärkeren Langfristorientierung bzw. expliziten Berücksichtigung ökologischer Belange gebracht werden bzw. mit welchem Instrumentarium das ökologische Anliegen möglichst marktwirtschaftskonform erreicht werden kann, wurden bislang nur am Rande behandelt (Rentz, 1994; Brenck, 1992). Erst neuerdings mehren sich Untersuchungen, die auch diesen Fragen nachgehen (Gerken und Renner, 1995; RWI, 1995; IAW, 1995, IÖW, 1995, ZEW, 1995). Unverkennbar ist dabei, daß die ökologisch und verteilungspolitisch begründete Forderung nach Effizienz- und Suffizienzrevolution, wie sie in manchen Interpretationen des Nachhaltigkeitsanliegens auftritt, dem Staat eine erhebliche Lenkungsaufgabe überträgt. Wird diese z.B. über eine stetig steigende Energie- und Ressourcenbesteuerung realisiert (Görres et al., 1994; DIW, 1994), so werden die Marktpreise zunehmend staatsbestimmt, womit möglicherweise eine schleichende Transformation des Wirtschaftssystems verbunden ist.

Inwieweit die bisher vorliegenden Konzepte einer öko-sozialen Marktwirtschaft dem Nachhaltigkeitspostulat genügen und gleichzeitig systemkonform sind, bedarf dringend der weiteren Forschung. Hierbei müssen neuere Forschungsergebnisse der „Evolutorischen Umweltökonomik" bzw. der „Neuen Politischen Ökonomie" berücksichtigt werden. Markt- und Politikversagen müssen gegeneinander abgewogen werden. In allen Fällen geht es um die Frage, wie eine längerfristige Orientierung der einzelwirtschaftlichen Entscheidungen im Rahmen der Marktwirtschaft bzw. der Entscheidungen politischer Akteure im Rahmen demokratischer Abstimmungsprozesse erreicht werden kann. Eine wünschenswerte Entwicklung wäre, wenn es gelänge, die Konsumenten zur Umwelt- und Langfristorientierung zu bewegen und über die damit verbundene Zahlungsbereitschaft eine Ökologisierung der Wirtschaft in Gang zu bringen. In Verbindung damit stehen Fragen, die das Verhältnis von Freihandel und Umweltschutz oder die Forderung nach Erhalt bzw. Steigerung der nationalen Wettbewerbsfähigkeit betreffen (*siehe Kap. B 3.6.4.2*).

Soziale und ökonomische Dimension

In engem Zusammenhang mit diesen ordnungspolitischen Grundfragen und dem unten erörterten Indikatorproblem steht die Frage, inwieweit das Nachhaltigkeitspostualt um eine *soziale und ökonomische Dimension* (neunte Grundfrage) erweitert werden muß. Verfolgt man die neuere Diskussion in Deutschland, insbesondere jene innerhalb der Enquete-Kommission „Schutz des Menschen und der Umwelt" des Deutschen Bundestags (Enquete-Kommission, 1994) sowie die ordnungspolitischen Ansätze (Gerken und Renner, 1995; RWI, 1995; IAW, 1995, IÖW, 1995; ZEW, 1995), so läßt sich eine Tendenz für eine Erweiterung feststellen. Dabei wird oft vom „Drei-Säulen-Modell" gesprochen. Das Operationalisierungsproblem des Nachhaltigkeitspostulats verschärft sich damit, da Begriffe wie Ökonomieverträglichkeit ebenfalls vielfältige Interpretationen zulassen (Klemmer, 1994). Gleichzeitig entsteht die Frage, in welchem Verhältnis Ökologie-, Sozial- und Ökonomieverträglichkeit zueinander stehen. Der Beirat hat in seiner zum Berliner Klimagipfel vorgetragenen Stellungnahme Ansätze zur Verknüpfung von ökologischen und ökonomischen Überlegungen zur Bestimmung von nachhaltigen Handlungsspielräumen vorgelegt, wobei deutlich wurde, daß für die Wirtschafts- und Sozialwissenschaften noch wichtiger Forschungsbedarf besteht (WBGU, 1995).

Indikatoren

Die *Indikatorforschung* (zehnte Grundfrage) steckt noch in den Anfängen. Das zeigt sich nicht zuletzt bei den zahlreichen Versuchen, Indikatorsysteme für die Praxis aufzustellen, die nicht zuletzt durch die AGENDA 21 und die Arbeit der CSD (*Commission on Sustainable Development*) angestoßen wurden. Bei diesen Versuchen wurden zahlreiche konzeptionelle Lücken offenbar. Insofern wird auch hier noch erheblicher Forschungsbedarf sichtbar. Mehr wissen sollte man über

– Möglichkeiten der Bestimmung konkreter quantitativer Zielvorgaben für die Umwelt- und Ressourcennutzung. Wichtig erscheint hierbei die Frage, inwieweit sich „objektive" Mindeststandards als „Bedingungen" für Nachhaltigkeit ableiten lassen. In diesem Fall könnte man Nachhaltigkeit über einen Korridor, der durch Mindeststandards, die den Charakter von „Leitplanken" haben, festlegen (*siehe Kap. C 2.1.2*).
– Methoden zur Ermittlung der Vermeidungskosten und zum Entwurf praktikabler und aussagefähiger Öko-Sozialprodukt-Konzepte.
– die Anwendungsmöglichkeit und den Aussagegehalt langfristiger Abweichungsindikatoren, wobei das Nachhaltigkeitspostulat langfristige Erhaltungsziele als normative Referenzen voraussetzt.
– die Entwicklung nicht-monetärer Aggregationsverfahren (insbesondere die Eignung des *Rates-to-goals*-Ansatzes für Abweichungsindikatoren).

Besondere Aufmerksamkeit ist in allen Fällen der akkumulativen Umweltbelastung und den Irreversibilitäten zu widmen.

Trägerschaft

Die Bewältigung globaler Umweltprobleme hängt entscheidend von der Frage ab, unter welchen Bedingungen Staaten bereit und in der Lage sind, stabile Koalitionen einzugehen, in denen sie sich verpflichten, Maßnahmen durchzuführen, die aus der Sicht des einzelnen Landes für dieses Land oft nicht vorteilhaft, für die Koalition als ganzes jedoch wünschenswert sind. Diese Frage ist insofern von Bedeutung, als auf internationaler Ebene souveräne Staaten auftreten, das Prinzip der Freiwilligkeit des Koalitionsbeitritts vorherrscht und die Stabilität von Koalitionen nicht oder nur selten erzwungen werden kann.

Zu Fragen der Bildung stabiler Koalitionen, des Gelingens von Konventionen, der Abtretung von nationaler Souveränität an Institutionen etc. liegen bislang erst rudimentäre ökonomische Erklärungsansätze vor, während die Politikwissenschaft hier schon beachtliche Fortschritte erzielt hat. Um hier Fortschritte in der ökonomischen Analyse zu erzielen, müssen insbesondere spieltheoretische Ansätze weiterentwickelt werden, mit denen Verhandlungsgleichgewichte und soziale Verhandlungsoptima beschrieben werden. Die Lösung vieler globaler Umweltprobleme besteht oftmals in einer Modifikation der Rahmenbedingungen, so daß Gleichgewicht und Optimum zur Übereinstimmung gelangen. Hierbei ist auch den Transaktionskosten von Vereinbarungen Aufmerksamkeit zuzuwenden, da der Aufwand je nach Umweltproblem unterschiedlich groß ist.

In diesem Zusammenhang ist darauf aufmerksam gemacht worden (Endres, persönliche Mitteilung), daß die wirtschaftswissenschaftlichen Erklärungen der Realität nicht immer mit jenen der Rechtswissenschaften übereinstimmen. Insofern besteht hier, neben der bereits angemahnten Kooperation mit der Politikwissenschaft, ein Bedarf an stärkerer Zusammenarbeit von Rechts- und Wirtschaftswissenschaften. Folgende Fragen bedürfen vor allem der Beantwortung:

- Wie bedeutend ist das vielfach postulierte „Trittbrettfahren" in der Realität?
- Wie brauchbar sind die von Ökonomen verwendeten Reaktionshypothesen auf bestimmte Verhaltensweisen bei internationalen Verhandlungen?
- Sind die Hypothesen über den Zusammenhang von mangelnder Vertragseinhaltung und Scheitern des Vertragsabschlusses (Antizipationshypothese) haltbar?
- Lassen sich ökonomische Erklärungsansätze für die divergierende Präferenz von Staaten für bestimmte umweltpolitische Instrumente formulieren?
- Wie bedeutend sind Kompensationszahlungen? Lassen sich umweltpolitische Verhandlungsinhalte mit anderen Themen verknüpfen (Paketlösungen), um Erfolge zu erzielen?
- Wie müssen Sanktionsmechanismen im Falle des Vertragsbruchs ausgestaltet sein?
- Inwieweit erfordert der Globale Wandel eine Zentralisierung (z.B. Umweltsicherheitsrat), um zu Ergebnissen zu gelangen? Ist das Modell eines Ordnungswettbewerbs eine Alternative? Bietet die ökonomische Theorie des Föderalismus Ansatzpunkte zur Lösung des Trägerproblems?
- Wie sind Einrichtungen wie Weltbank, UN oder WTO unter ökologischen Aspekten zu bewerten? Welche Reformanregungen liefert hier die ökonomische Theorie der Bürokratie?
- Wird auf der nationalen und/oder internationalen Ebene eine „Zweite Kammer" oder eine Art „Umweltbundesbank" benötigt, um eine Langfristorientierung durchzusetzen?

Instrumente

Die Analyse *globaler umweltpolitischer Instrumente* weist noch gewisse Defizite auf (*siehe Kap. C 7.5*). Dies hat mehrere Gründe. Zum einen wurde die Instrumentendiskussion vernachlässigt, zum anderen fehlen globale Modelle, die die Rückwirkungen umweltpolitischer Beschlüsse auf wichtige globale Leitparameter wie Energiepreise, Wechselkursstruktur, Welthandelsniveau etc. zu beschreiben vermögen. Da es auf der globalen Ebene keine übergeordnete Instanz im Sinne einer „Weltregierung" gibt, die über den Instrumenteneinsatz beschließen kann, muß eine Einigung über Instrumente im Rahmen von Verhandlungen selbständig agierender Staaten erfolgen und ein Anreizsystem geschaffen werden, das den Einigungsprozeß begünstigt. Dies bedeutet, daß es zu internationalen Kompensationszahlungen oder Transfers kommen muß. Von beiden Maßnahmen gehen bestimmte ökonomische und ökologische Effekte aus.

Die Instrumentendiskussion beschäftigt sich gegenwärtig vor allem mit drei Ansätzen: Zertifikate, *joint implementation* sowie Steuern und Abgaben. Zu den ersteren liegen inzwischen neuere Machbarkeitsstudien vor (Heister et al., 1990; Huckestein, 1993; Maier-Rigaud, 1994; Endres und Schwarze, 1994; Hansjürgens und Fromm, 1994; Fromm und Hansjürgens, 1994, weitere befinden sich in Arbeit. Besonderes Interesse gilt der politischen Durchsetzbarkeit des Instruments sowie der Kompatibilität mit der gegebenen Rechtsordnung. Methodische Probleme verbinden sich mit der Marktsimulation sowie der Effizienz- und Inzidenzanalyse. Zu *joint implementation* hat der Beirat mehrfach Stellung bezogen, inzwischen liegen auch weitere Analysen vor (Michaelowa, 1995; Rentz, 1995; Heister und Stähler, 1995), ohne daß jedoch der Forschungsbedarf schon als voll abgedeckt gelten kann.

Zur Einführung einer Energiesteuer auf nationaler Ebene gibt es inzwischen mehrere Untersuchungen (Conrad und Wang, 1993; DIW, 1994; Enquete-Kommission 1990 und 1994; EWI, 1995; Karadeloglu, 1992; Oliveira-Martins et al., 1992; Standaert, 1992; Welsch und Hoster, 1995; RWI, 1996). Ihr Problem ist, daß sie zumeist globale Rahmenbedingungen (etwa die Entwicklung der Energiepreise, der Wechselkurse und des Welthandels) „per Hand" setzen, komparativ-statisch arbeiten, die Verteilungseffekte vernachlässigen und die Struktureffekte nur grob abzuschätzen vermögen. Unzureichend beschrieben werden in der Regel auch die Zeitbedarfe und Anpassungsprozesse sowie die Beschäftigungseffekte. Es besteht der Verdacht, daß die positiven Beschäftigungs- und Emissionsminderungseffekte überschätzt werden. Intertemporale Gleichgewichtsmodelle könnten hier methodisch weiterführen. Wichtig ist vor allem, daß globale Analysen die Rückwirkungen auf die globalen Energiepreise berücksichtigen müssen (Ströbele, persönliche Mitteilung). Insgesamt beruhen die Überlegungen zu umweltpolitischen Instrumenten bis jetzt auf einem noch nicht ausreichend abgesicherten Fundament.

Die umweltökonomische Forschung zum Globalen Wandel hat sich im Hinblick auf die Träger und Instrumente der globalen Umweltpolitik bislang überwiegend mit der Klimaproblematik befaßt und, allerdings in deutlich geringerem Maße, mit dem Verlust von Biodiversität. Der Beirat hält es für dringend erforderlich, die umweltökonomische Forschung verstärkt auch auf die weiteren globalen Umweltprobleme, wie den Schutz der globalen Wasserreserven und der Böden auszudehnen. Hier bestehen noch große Forschungsdefizite.

3.6.4.2
Ökonomische Forschung in einzelnen Politikfeldern

ÜBERBLICK

Die bisherigen Ausführungen zur ökonomischen Forschung richteten sich vornehmlich auf die Themenbereiche Klima, Meere und Bodendegradation und waren daher *eo ipso* ein Teil der Forschung zum Globalen Wandel. Daneben gibt es aber zahlreiche ökonomische Analysen zu einzelnen nationalen Politikfeldern, die zwar nicht Teil der Umweltpolitik sind, zu ihr aber einen engen Bezug haben. Verkehrspolitik, Energiepolitik, Land- und Forstwirtschaftspolitik sind hier in erster Linie zu nennen. Auch von diesen Politikfeldern gehen Wirkungen auf die globale Umwelt aus, und sie sind – umgekehrt – Gegenstand der globalen Umweltpolitik, weil es um die nationale und lokale Umsetzung geht. Beispiele hierfür sind die Entstehung von CO_2-Emissionen in den Sektoren Energie und Verkehr bzw. die Ausweitung der Senkenfunktion der Wälder.

Hier ergibt sich entsprechend ein Abstimmungsproblem zwischen globaler und nationaler Umweltpolitik und darauf gerichteter Forschung und Politikberatung. Eine Politik des Energiesparens, um den vielleicht wichtigsten Fall herauszugreifen, dient – vor allem wenn sie international abgestimmt erfolgt – zugleich der Erreichung der regionalen bzw. der global definierten Umweltqualitätsziele. Da der Einsatz der Instrumente sich je nach der globalen oder regionalen Problemlage nur graduell verschiebt – etwa mehr Stickoxidreduktion bei regionaler und mehr CO_2-Reduktion bei globaler Problemsicht – kann es nicht Aufgabe eines Beratungsgremiums für globale Umweltveränderungen sein, den Forschungsbedarf zur national ausgerichteten Energiepolitik zu formulieren; hier wird auf die entsprechenden Arbeiten des Rats von Sachverständigen für Umweltfragen (SRU, 1996) verwiesen.

Ein spezifisches Thema soll im folgenden jedoch aufgegriffen werden: Im Jahresgutachten 1995 hat sich der Beirat ausführlich zu den Zusammenhängen von globalen Umweltproblemen und internationalem Handel geäußert. Zwei Jahre nach Beendigung der Uruguay-Runde haben sich in diesem Bereich einige Veränderungen ergeben, unter anderem hat die Arbeitsgruppe „Handel und Umwelt" ihre Arbeit aufgenommen. Aus diesem Anlaß wird noch einmal spezifisch auf den Forschungsbedarf in diesem Problemfeld eingegangen.

FORSCHUNGSBEDARF IM PROBLEMFELD
UMWELT UND INTERNATIONALER HANDEL

Die internationale Verflechtung der Volkswirtschaften und damit auch das Volumen der weltweit gehandelten Güter und Dienstleistungen steigen stetig, mit vielfältigen globalen und regionalen Konsequenzen für die natürliche Umwelt (ausführlich hierzu WBGU, 1996). Es hat sich gezeigt, daß der Bereich sehr facettenreich ist und Wettbewerbsthemen (Öko-Dumping) genauso berührt werden wie organisationsinterne (Streitschlichtungsverfahren), institutionsrechtliche (Schaffung einer neuen Umweltorganisation bzw. Integration des Umweltthemas in die WTO) und politische Fragen (Legitimation von Nichtregierungsorganisationen innerhalb der WTO-Verhandlungen).

Die Zahl der wissenschaftlichen Veröffentlichungen zum Thema „Handel und Umwelt" ist seit Beginn der 90er Jahre zwar stark gestiegen, diese beschränken sich jedoch weitgehend auf theoretisch abstrakte Abhandlungen und kommen fast ausschließlich aus dem angelsächsischen Raum. Nach Ansicht des Beirats erfordert die weltweit führende Position, die Deutschland sowohl in bezug auf die Höhe seines Außenhandelsvolumens als auch auf die Fortschrittlichkeit seiner Umweltpolitik innehat, daß in der Forschung die Zusammenhänge und Wechselwirkungen zwischen Freihandel und Umweltschutz in Zukunft wesentlich stärker untersucht werden.

Zwar war das Thema Anfang der 90er Jahre durch die Verhandlungen um NAFTA und im Rahmen der Uruguay-Runde in der öffentlichen Diskussion präsent, das Interesse hat zwischenzeitlich jedoch deutlich nachgelassen. Der Beirat hält es daher für notwendig, die Diskussion um Handel und Umwelt in Hinblick auf die momentan vordringlichen wirtschafts- und umweltpolitischen Probleme zu konzentrieren. Dies sollte durch Betonung von ausgewählten Fragestellungen gefördert werden, wie im folgenden erläutert wird.

Inhaltliche Anforderungen

Es liegt nahe, daß die Konflikte zwischen Handel und Umweltschutz im GATT/WTO umso geringer sind, je effektiver die Mitgliedstaaten ihre Internalisierungspolitik betreiben. Würden global relevante externe Kosten vollständig internalisiert, so könnten sich die ökologisch positiven Wirkungen des Freihandels entsprechend besser entfalten. Von diesem Zustand ist die Weltwirtschaft jedoch noch weit entfernt, und es ergeben sich daraus viele Aufgaben für zukünftige Forschung. Beispielsweise muß untersucht werden, welches die möglichen Aufgaben und Funktionen der WTO bei dieser *Internalisierung externer Kosten* durch die Implementierung von ökonomischen Instrumenten bzw. deren Harmonisierung sein könnten.

Es bedarf auch sehr viel genauerer Erkenntnisse zu den *Wettbewerbswirkungen von umweltpolitischen Maßnahmen*. Die bereits vorhandenen Sektor- bzw. Branchenuntersuchungen zu den Auswirkungen von Umweltabgaben auf die internationale Wettbewerbsfähigkeit müssen ergänzt und verbessert werden. Es werden einerseits sorgfältige Analysen darüber benötigt, in welchen Fällen Umweltschutzmaßnahmen die Wettbewerbsbedingungen bestimmter Branchen derart beeinträchtigen, daß die volkswirtschaftlichen Folgen für Einkommen und Beschäftigung nicht mehr akzeptabel sind. Unter welchen Bedingungen überwiegen andererseits positive Außenhandelseffekte etwa in Form induzierter Umweltschutzinnovationen und -investitionen? Des weiteren ist zu analysieren, inwieweit sich bereits bestehende Abgabensysteme, beispielsweise in den skandinavischen Ländern, auf die Wettbewerbssituation einzelner Branchen ausgewirkt haben.

Dasselbe gilt auch für die *Umweltwirkungen von Handelsmaßnahmen*. Es bedarf zunächst der Entwicklung eines Kriterienkatalogs zur Beurteilung der räumlichen Struktur global relevanter Umweltauswirkungen des zunehmenden Handelsvolumens. Außerdem werden Studien für die einzelnen Sektoren und Branchen benötigt. So gibt es noch keine Untersuchungen über Umweltauswirkungen von Exportbranchen unter verschiedenen Umweltpolitikszenarien.

Angesichts der besonderen Schwierigkeiten internationaler Einigungsprozesse und nicht zuletzt auch der angespannten finanziellen Lage von vielen Staaten und politischen Institutionen ist die Formulierung und Erforschung von sogenannten *Win-win*-Politikfeldern besonders wichtig, d.h. es müssen diejenigen Bereiche identifiziert werden, wo Freihandelsbestrebungen und Umweltschutz sich gegenseitig fördern. Zum einen ist dies bei der Reduktion umweltrelevanter Subventionen der Fall. Viele Ressourcennutzungen werden zum Teil massiv subventioniert. Auswirkungen daraus auf Umweltqualität und Freihandel zu analysieren und politikorientierte Ansätze für den anzustrebenden Subventionsabbau zu entwickeln, sind wichtige Aufgaben für zukünftige Forschung.

Hierbei wäre auch zu untersuchen, welche Rolle die WTO in Zukunft bei dem Abbau von umweltrelevanten Subventionen spielen könnte. Die Uruguay-Runde war zwar ein wichtiger erster Schritt zur Beseitigung von ökologisch problematischen Subventionen im Agrarbereich, aber auch hier gibt es noch erhebliche subventionsbedingte Handelsverzerrungen mit negativen Umweltwirkungen (Beispiel: die gemeinsame Agrarpolitik der Europäischen Union). Ein zentrales Thema in diesem Zusammenhang, das der Bearbeitung bedarf, sind die Zusammenhänge zwischen internationalem Agrarhandel und Ernährungssicherung.

Ein anderer Bereich, bei dem Umweltschutz- und Freihandelsinteressen kongruent sein können, ist die *Beseitigung von Marktzugangsbeschränkungen*, eine Frage, mit der sich auch die OECD in Zukunft eingehend beschäftigen wird. Insbesondere geht es hierbei um die sogenannte „Zolleskalation", d.h. die Tatsache, daß Produkte umso höheren Importabgaben unterliegen, je höher ihr Veredelungsgrad ist. Es ist zu vermuten, daß damit negative Umweltauswirkungen verbunden sind, weil die betroffenen Länder gezwungen sind, ihre Rohstoffe stärker auszubeuten. Hier bedarf es unter anderem einer genauen Untersuchung der betroffenen Rohstoffgruppen: die vermuteten Effekte müssen quantifiziert, die Umweltwirkungen der Verarbeitung in den Herkunftsländern denen in den Importländern gegenübergestellt und die Transportintensität der Rohstoffe mit denen der verarbeiteten Produkte verglichen werden.

Ein anderes Thema mit hoher Aktualität und Politikrelevanz ist das Verhältnis zwischen dem WTO-Regelwerk und internationalen Umweltabkommen. Der Beirat hat sich hierzu bereits im Jahresgutachten 1995 geäußert.

STRUKTURELLE ANFORDERUNGEN

Wie bereits erwähnt, erfolgt in Deutschland umweltökonomische Forschung bisher überwiegend in kleinen, dezentralen Einheiten. Aufgrund der internationalen und interdisziplinären Dimensionen des Themas „Handel und Umwelt" ist es in Zukunft notwendig, neben der inhaltlichen Fortentwicklung auch eine Anpassung der Forschungsorganisation an die Vielschichtigkeit dieses Themas vorzunehmen.

Die deutsche Forschung sollte sehr viel stärker als bisher in internationalen Programmen vertreten sein und prägend wirken, beispielsweise durch Initiierung von entsprechenden Schwerpunktprogrammen innerhalb des IHDP. Insgesamt muß die Zusammenarbeit innerhalb der *scientific community* stärker gefördert werden. In diesem Zusammenhang regt der Beirat an, internationale Workshops zum Thema „Handel und Umwelt", analog der Klimainitiative des *German-American Academic Council*, zu initiieren und aktiv zu gestalten.

Im Rahmen der universitären Lehre könnte die Errichtung eines Graduiertenkollegs, das diese Fragestellung einschließt, den wissenschaftlichen Nachwuchs auf die Herausforderungen der Zukunft vorbereiten. Da die Politik- und Praxisrelevanz der Forschung hier zentrale Bedeutung hat, könnte eine enge Anbindung an internationale Institutionen (WTO, UNCTAD etc.) und die Wirtschaft durch Praktika angestrebt werden.

Darüber hinaus stellen sich noch die Fragen, wie global orientierte ökonomische Forschung generell institutionalisiert werden könnte und ob ein interdisziplinäres Fach „Globaler Wandel" an den Universitäten eingerichtet werden sollte. Der Aufbau von ökonomischen Weltmodellen könnte durchaus durch ein größeres Institut erleichtert werden. Angesichts der Methoden- und Hypothesenvielfalt sowie der normativen Prägung vieler Theorien bietet sich in der Ökonomie jedoch auch die Parallelforschung an. Auf jeden Fall ist aber dringend geboten, die Zusammenarbeit bestehender Institute (etwa durch eine entsprechende Sektionenbildung bei den Instituten der Blauen Liste) zu fördern. Zur Frage der Ausbildung eignet sich das Thema „Globaler Wandel" eher für Graduierten-Kollegs oder Aufbaustudien als für das Grundstudium, wo zunächst die disziplinären Voraussetzungen zu schaffen sind.

3.7
Forschung zur gesellschaftlichen Organisation

Während im Kapitel „Psychosoziale Sphäre" (*Kap. B 3.8*) die Forschung zu umweltrelevantem Verhalten bzw. Verhaltensänderungen beleuchtet werden, stehen in diesem Kapitel die von Politikwissenschaft und Rechtswissenschaft untersuchten institutionellen und rechtlichen Aspekte des Globalen Wandels im Vordergrund.

3.7.1
Relevanz der Politik- und Rechtswissenschaften für den Globalen Wandel

Die politikwissenschaftliche Umweltforschung, die Analysen zu den Handlungs-, Prozeß- und Institutionenaspekten der Umweltpolitik anstellt, wird zunehmend als wichtige Form der Umweltforschung wahrgenommen. Dies gilt auch für die globale Umweltpolitik, die besonders deutlich durch strategisches Handeln politischer Akteure geprägt ist. Die verstärkte Nachfrage nach politikwissenschaftlicher Analyse korrespondiert mit einer Tendenz zur Etablierung der Umweltforschung in der Disziplin „Politikwissenschaft", insbesondere deren Teildisziplin der Internationalen Beziehungen. Die politikwissenschaftliche Forschung zu globalen Umweltveränderungen hat sich in Deutschland allerdings bislang nur mit Bezug auf wenige, öffentlich stark diskutierte Problemfelder, vor allem die Ozon- und Klimaproblematik, in nennenswertem Maße entfalten können; die systematische Erforschung anderer Problembereiche, wie insbesondere die globale Biodiversitäts-, die Boden- und Wasserproblematik stehen noch am Anfang.

Globale Umweltprobleme nehmen auch einen wachsenden Teil des völkerrechtlichen Schrifttums ein. Wie bei der Politikwissenschaft stehen auch hier die internationalen Institutionen zum Schutz der Umwelt im Mittelpunkt, die als Rechtsbeziehungen zwischen den beteiligten Staaten untersucht werden. Gegenwärtig existieren rund 800 zwischenstaatliche Verträge mit Umweltbezug, die von bilateralen Abkommen bis zu universell geltenden Regelungswerken reichen. Wie in der Politikwissenschaft lag auch der Schwerpunkt der Völkerrechtswissenschaft bislang auf der Untersuchung der Regelungsmechanismen zu den bekannteren Umweltproblemen, besonders den Verträgen zum Schutz des Klimas und der Ozonschicht. Daneben ist die Nutzung und der

Schutz der Hydrosphäre ein traditioneller Gegenstand des völkerrechtlichen Schrifttums, da der inhärent „transnationale" Charakter des globalen Waserkreislaufs schon früh zur Ausbildung des Meeresvölkerrechts und eines zwischenstaatlichen Rechts über grenzüberschreitende Binnengewässer geführt hat.

3.7.2
Wichtige Beiträge der deutschen politik- und rechtswissenschaftlichen Forschung

3.7.2.1
Internationale Regime als Forschungsfeld

Inzwischen liegen eine größere Zahl von deutschen Beiträgen zur völkerrechtlichen Analyse des Globalen Wandels vor, die sowohl der Untersuchung bestimmter Vertragswerke als auch der Erfassung allgemeiner Grundregeln des internationalen Umweltrechts dienen. Ein wichtiges Publikationsorgan ist hier das *Yearbook on International Environmental Law*, das traditionelle völkerrechtliche Fachzeitschriften sinnvoll ergänzt. Insgesamt besteht jedoch nach Auffassung des Beirats noch erheblicher Forschungsbedarf, besonders in Hinblick auf grundsätzliche Reformen des internationalen Rechts, wie unten näher ausgeführt.

Ein relativ altes Konzept des Völkerrechts ist das des internationalen „Regimes", das ursprünglich den Status eines bestimmten Gebietes bezeichnete, inzwischen aber auch auf das spezifische Normengefüge zu einem bestimmten Umweltproblem angewendet wird. Dieser Begriff fand Mitte der 70er Jahre Eingang in die politikwissenschaftliche Diskussion, wo seither globale Umweltprobleme am intensivsten unter dem Blickwinkel der *Regime-Forschung* untersucht werden. Ausgehend von der allgemeinen Entwicklung dieses Analyseansatzes im angloamerikanischen Raum und dessen – vor allem über Sicherheitsaspekte vermittelten – Rezeption im deutschsprachigen Raum, sind Analysen internationaler Umweltregime seit dem Ende der 80er Jahre auch in Deutschland üblich geworden.

Im Mittelpunkt dieser politikwissenschaftlichen Forschungsrichtung standen zunächst die Entstehungsbedingungen und die grundsätzliche Bewertung einzelner Umweltregime. Seit einigen Jahren werden verstärkt Fragen der weiteren Regimeentwicklung, der Regimewirkungen und des zielgerichteten institutionellen Designs bearbeitet. Im Rahmen des Regimeansatzes werden zudem Wechselbeziehungen zwischen Umweltregimen und anderen institutionellen Formen der internationalen Umweltpolitik (wie internationale Organisationen, Umweltverbände, transnationale Wirtschaftsorganisationen) zunehmend thematisiert. Diese Forschung geht damit in übergreifende Analysen der Bedingungen und des institutionellen Designs globaler Umweltpolitik über. Ein Forschungsdesiderat blieb bislang die Analyse der Verteilungswirkungen internationaler Umweltschutzregime, insbesondere im Nord-Süd-Zusammenhang.

3.7.2.2
Regionale Schwerpunkte bisheriger Forschung

Der räumliche Schwerpunkt der politik- und völkerrechtswissenschaftlichen Forschung zur globalen Umweltpolitik lag bis in die jüngste Zeit hinein auf den *Industrieländern, insbesondere den OECD-Ländern*. Die Forschung zu Entwicklungs- und Schwellenländern beschränkte sich entweder auf die summarische Untersuchung der Umweltpolitik im Ländervergleich oder auf die detailliertere Analyse einzelner Länder, die in der Regel von Länderexperten mit entwicklungspolitischer Schwerpunktsetzung durchgeführt wurden. Insgesamt noch schwach ausgeprägt ist die politikwissenschaftliche Integration von Umwelt- und Entwicklungsperspektiven in der empirischen Forschung, obwohl die UNCED hier einen langfristig wirkenden Impuls gegeben hat. Zu bedenken ist hier insbesondere, daß die Regierungen der Entwicklungsländer den Globalen Wandel keineswegs unter einem ausschließlichen Umweltaspekt, sondern in unauflösbarem Zusammenhang mit ihrer eigenen wirtschaftlichen und sozialen Entwicklung betrachten, so daß eine rein ökologisch ausgerichtete kooperationstheoretische Forschungsrichtung zu kurz greifen dürfte.

Die Kapazitäten der Entwicklungsländer zum Aufbau bzw. Ausbau eines nationalen Umweltrechts werden inzwischen von UNEP, aber auch von deutscher Seite unterstützt; hier wären gegebenenfalls noch verstärkte Aktivitäten deutscher Institutionen wünschenswert, da viele in jüngster Zeit vereinbarte Abkommen in den Entwicklungsländern nun zur Umsetzung anstehen und neue, umfassendere Handlungskapazitäten erfordern.

3.7.2.3
Ansätze der Umweltpolitikanalyse

Ausgangspunkt für eine stärkere politikwissenschaftliche Durchdringung umweltpolitischer Prozesse sind u.a. *kapazitätstheoretische Überlegungen*. Gerade globale Umweltpolitik ist demnach vorrangig unter dem Gesichtspunkt ökonomischer, soziokultureller und institutioneller Bedingungen zu verstehen, unter denen Umweltprobleme wahrgenommen und bewältigt werden können. Die Unterscheidung in divergierende Handlungspotentiale der Umweltpolitik stellt insofern eine Weiterentwicklung dieses Grundgedankens dar, als darauf aufbauend ein Muster der Erfolgsbedingungen von Umweltpolitik entwickelt werden kann. Umweltgerechte Verhaltensentwicklung ist demnach auf der Grundlage post-materieller Werthaltungen in hochentwickelten Ländern möglich (sogenannte *Reichtums-Ökologie*), sie kann aber ebenso in Entwicklungsländern zustandekommen, wenn ausreichende soziokulturelle Kapazitäten, Sparsamkeit oder strikte Effizienz im Zeichen von Konkurrenzerfordernissen dies ermöglichen (sogenannte *Knappheits-Ökologie*).

Angesichts der ökonomischen Krisenerscheinungen in den Industrieländern sowie des wachsenden Anteils von Schwellenländern an den globalen Umweltbelastungen stellt sich damit auch die Frage, ob herkömmliche Denkmuster der Umweltpolitikanalyse nicht relativiert werden müssen. Statt starkes quantitatives Wirtschaftswachstum als Realvoraussetzung wirksamen Handelns zum Schutz der Umwelt zu betonen, müßte dann die Bedeutung von umweltpolitischen Handlungsspielräumen stärker berücksichtigt werden, die sich aus eigenständigen soziokulturellen Bedingungen ergeben.

3.7.2.4
Nachhaltige Entwicklung und gemeinsames Menschheitserbe

Eine solche Fragerichtung korrespondiert mit der in den letzten Jahren in Expertenkreisen verstärkt aufgekommenen Diskussion über nachhaltige Entwicklung. Die hierzu thematisierten Kriterien sind untereinander zwar nicht widerspruchsfrei (SRU, 1994), lenken aber die Aufmerksamkeit von der Umweltbetrachtung unter Effizienzgesichtspunkten stärker auf soziokulturelle Verträglichkeits- und Gerechtigkeitskriterien. Derartige Kriterien der nachhaltigen, umweltverträglichen Entwicklung von Wirtschaft und Gesellschaft sind unter Umweltexperten unumstritten; außerhalb dieser Fachkreise werden aber Wirtschaftsdiskussionen, zum Beispiel die Diskussion über den Standort Deutschland, nicht immer unter Berücksichtigung von Umweltaspekten geführt. Ungelöst ist dabei die Frage, wie mit dieser Diskrepanz zwischen „Expertenwissen" und „Sachpolitik" analytisch umgegangen werden soll und ob beide Seiten einander angenähert werden können.

In der völkerrechtlichen Diskussion wurden eine Vielzahl von konzeptionellen Grundlagen für die rechtliche Bewertung der grenzüberschreitenden und globalen Umweltgefährdungen vorgelegt, wie etwa das postulierte „Menschenrecht auf eine gesunde Umwelt", die „Rechte der zukünftigen Generationen", die staatliche Rechtspflicht zur nachhaltigen Entwicklung oder die Rechtskonzepte der „gemeinsamen Ressourcen" und des „gemeinsamen Menschheitserbes" (Brown-Weiss, 1992). Inzwischen hat das Konzept der „Gemeinsamen Sorge der Menschheit" die stärkste Unterstützung erfahren: 1988 erklärte die UN-Generalversammlung das Klima zur gemeinsamen Sorge der Menschheit, was 1992 in der Klimarahmenkonvention übernommen und auf die Biodiversitätskonvention und (implizit) für die älteren Verträge zum Schutz der Ozonschicht übertragen wurde. Aufgrund der Neuartigkeit dieses Rechtskonzepts liegen allerdings bislang nur wenige Beiträge vor, in denen sein konkreter Bedeutungsgehalt untersucht wird, so daß hier noch deutlicher Forschungsbedarf besteht.

Organisatorisch werden die politik- und rechtswissenschaftlichen Forschungen in Deutschland innerhalb einzelner lockerer Forschungsgemeinschaften koordiniert, die sich aus Wissenschaftlern mit ähnlichem konzeptuell-theoretischem Ansatz zusammensetzen. Eine Beteiligung sozialwissenschaftlicher Forschung an interdisziplinären Forschungsprojekten kommt deshalb nicht systematisch, sondern nur in Einzelfällen vor. Eine Ausnahme stellt das Schwerpunktprogramm der DFG „Mensch und globale Umweltveränderungen" dar. Neben psychologischen, soziologischen, ökonomischen, ethnologischen und geographischen Projekten beschäftigen sich hier drei Forschungsprojekte mit politikwissenschaftlichen Themen – und zwar: Umsetzung von Klimaschutzpolitik; Umweltpolitik und Landnutzungssysteme; Verhandlungs- und Vermittlungsverfahren bei umweltpolitischen Entscheidungen.

3.7.3
Einbindung der deutschen politik- und rechtswissenschaftlichen Forschung in internationale Programme

Was internationale Forschungsprogramme angeht, so wurde ein besonderer Akzent in den letzten Jahren am Forschungszentrum Jülich hinsichtlich der Verifikationsproblematik klimapolitischer Maßnahmen gelegt. Verbindungen bestehen dabei zum *International Institute for Applied Systems Analysis* (IIASA) in Laxenburg (Österreich), an dem unter deutscher Beteiligung seit 1993 im Rahmen eines umfassenden Projekts über internationale Umweltregime über die Umsetzung zwischenstaatlicher Vereinbarungen zu globalen Umweltveränderungen geforscht wird (Andresen et al., 1995). Dieses Projekt, das bis Oktober 1996 gefördert wird, hat die Funktion einer Anlaufstelle, über die Kontakte zwischen Wissenschaftlern zustandekommen, die im Rahmen des Regimeansatzes über globale Umweltveränderungen forschen. Es ist nach Auffassung des Beirats unbedingt erforderlich, die umweltpolitische Forschungskompetenz des IIASA zu erhalten bzw. zu verbessern.

3.7.4
GW-relevanter Forschungsbedarf in der deutschen politikwissenschaftlichen Forschung

3.7.4.1
Forschung zu konkreten Umweltproblemen

Die Klimaproblematik erscheint nach wie vor als wichtigster politik- und rechtswissenschaftlicher Gegenstand der Erforschung globaler Veränderungen. Angesichts der auf dieses Problemfeld (einschließlich der Ozon-Problematik) beschränkten Problemwahrnehmung vieler Akteure muß dringend auf die Notwendigkeit einer problemfeldbezogenen Weitung der Forschung hingewiesen werden. Es gibt, wie der Beirat in seinen früheren Gutachten aufgezeigt hat, eine Reihe globaler Umweltprobleme von hoher Dringlichkeit, für deren politik- und rechtswissenschaftliche Analyse bisher keine institutionell gesicherten Forschungskapazitäten bestehen. Beispielsweise wäre zu untersuchen, wie die vom Beirat im Jahresgutachten 1995 empfohlene Meeresschutzkonvention bzw. das Waldprotokoll im zukünftigen politischen Prozeß auf den Weg gebracht werden oder inwieweit alternative Arrangements den gleichen Effekt in der globalen Umweltpolitik haben könnten.

Insgesamt sollte die politik- und rechtswissenschaftliche Erforschung der bislang eher vernachlässigten Problemfelder intensiviert werden, insbesondere Forschungen über die Kernprobleme des Globalen Wandels (*Kasten 15*) und alle Fragen, die das Verhältnis von Umwelt und Entwicklung über lokale Bezüge hinaus betreffen. Rasch wachsende Bedeutung erhalten dabei Querschnittsprobleme umweltgerechten Verhaltens, d. h. die Umweltbezüge des Alltagsverhaltens und der laufenden politischen Gestaltung. Vor allem die Beziehung zwischen Ausweitung des Welthandels und Umweltbelastung erscheint angesichts der weiter voranschreitenden Globalisierung der Wirtschaft von überragender Bedeutung (*siehe Kap. B 3.6.4.2*).

3.7.4.2
Politische Prozeßanalyse

Da die grundlegende Notwendigkeit des Umweltschutzes und der pfleglichen Umweltgestaltung in vielen Ländern von der Mehrheit der Bevölkerung anerkannt sind, die „Sachpolitik" aber immer noch gegenläufig zu den Umwelterfordernissen verläuft, stellt sich weiterhin die Aufgabe, Prozesse der politischen Willensbildung und der Implementierung von Umweltpolitik und -recht systematisch zu untersuchen. Hierbei müssen statt langer Auflistungen von Handlungspotentialen und leicht produzierbaren Handlungserfordernissen die Handlungsrestriktionen sorgfältig ausgeleuchtet werden, die unter den gegebenen gesellschaftlichen Bedingungen bestehen. *Vergleichende Prozeßanalysen* sollten insbesondere Fälle einbeziehen, in denen bei unterschiedlichen Bedingungen ähnliche Ergebnisse oder unter gleichen Bedingungen unterschiedliche Ergebnisse eintraten.

3.7.4.3
Institutionenforschung

Die Institutionenforschung verdient nach Auffassung des Beirats besondere Aufmerksamkeit. Die Analyse der Wirkungen internationaler Regimes hat trotz aller Fortschritte noch viele Fragen offen gelassen. Der Beirat regt Forschung zu folgenden Themen an:
- Kulturvergleichende Untersuchung der Erfolgsbedingungen institutioneller Regelungen.
- Analyse des Verhältnisses verschiedener Institutionenformen auf unterschiedlichen Ebenen (international, supranational, national, subnational).
- Umsetzung umweltvölkerrechtlicher Übereinkommen (Konventionenforschung).
- Interdisziplinäre Forschung zu den Möglichkeiten internationaler Regelungen für den Umgang mit den globalen Umweltgütern (*global commons*).
- Erarbeitung von Reformvorschlägen für GW-relevante Institutionen unter umweltpolitischen Gesichtspunkten (z. B. WTO, internationale Entwicklungsbanken etc.).
- Forschung zum Problem der *compliance*: Entwicklung von Instrumenten zur Duchsetzung internationaler Konventionen.

3.7.4.4
Kommunikationsforschung

Die politikwissenschaftliche Forschung zur globalen Umweltpolitikformulierung und -implementierung sollte in verstärktem Maße die Formen, Bedingungen und Wirkungen internationaler Kommunikation zum Gegenstand haben *(siehe auch Kap. B 3.8).* Kommunikationsforschung dieser Art bezieht sich zum einen auf interpersonelle Kommunikation im politischen Entscheidungs- und Implementierungsprozeß, zum anderen auf Wechselbeziehungen zwischen massenmedialer Öffentlichkeit und politischen Entscheidungsprozessen und schließlich auf die Wirkung neuer Kommunikationstechniken hinsichtlich der Politikformulierung und -implementierung.

Erste Forschungsansätze der politikwissenschaftlichen Kommunikationsforschung beschäftigen sich mit der Funktionsweise von internationalen Verhandlungssystemen. Diese Forschung ist insofern von Bedeutung, als Politik sich immer mehr aus parlamentarischen oder hierarchischen Institutionen in pluralistische, korporatistische oder zwischenstaatliche Verhandlungssysteme verlagert hat, in denen Vorhaben nur mit der Zustimmung aller Beteiligten verwirklicht werden können. Für *Verhandlungen* zur Lösung globaler Umweltprobleme gilt dies in besonderem Maße. Diese sind bisher vorwiegend unter dem Aspekt der Partizipation (Einbindung von Betroffenen in die Entscheidungsprozesse) und der Mediation (mittlerunterstützte Verhandlungsverfahren) untersucht worden.

Vor dem Hintergrund der global relevanten „Entscheidung unter Unsicherheit" gewinnt die Unterscheidung zwischen *arguing* (rationales, wissensbasiertes Argumentieren) und *bargaining* (interessenbezogenes Verhandeln) an Bedeutung. Da die in umweltpolitischen Prozessen zu treffenden Entscheidungen oft nicht auf sicheres Wissen gestützt werden können, spielt *bargaining* hier eine besondere Rolle. Die politikwissenschaftlichen Forschungsansätze sollten aufgrund ihrer besonderen Bedeutung für den politischen Entscheidungsprozeß daher weiter ausgebaut und durch Kooperation mit Psychologie, Soziologie, Ökonomie und Ethik ergänzt werden *(siehe dazu Kap. B 3.8.4).*

3.7.4.5
Friedens- und Konfliktforschung

Globale und regionale Umweltprobleme können nicht nur Folge, sondern auch Ursache sowohl zwischenstaatlicher als auch innerstaatlicher Konflikte sein. Als Beispiele können hier Konflikte durch den Export umweltgefährdender Güter sowie Wasserkonflikte oder Sicherheitsgefährdungen aufgrund von Umweltflüchtlingen angeführt werden. Diesem in Zukunft eher wachsenden Konfliktpotential wird im Rahmen deutscher Friedens- und Konfliktforschung noch kaum Rechnung getragen. In Anlehnung an die vom Generalsekretär der Vereinten Nationen entwickelte *Agenda für den Frieden* erscheinen Projekte folgender Art besonders förderungswürdig:

- Identifizierung von Regionen mit ökologischem Konfliktpotential.
- Erarbeitung von Konzepten zur Prävention ökologischer Konflikte.
- Forschung zu Instrumenten der Konfliktlösung (z.B. zu Konzepten wie „Grünhelme" oder „Umweltsicherheitsrat").
- Entwicklung von Bewältigungsstrategien zum Umgang mit Umweltflüchtlingen.

3.7.5
GW-relevanter Forschungsbedarf in der deutschen rechtswissenschaftlichen Forschung

3.7.5.1
Außervertragliches Umweltvölkerrecht

Das völkerrechtliche Vertragsrecht zu Problemen des Globalen Wandels und die allgemeinen Normen des zwischenstaatlichen Umweltrechts sind bereits in zahlreichen Beiträgen der Rechtswissenschaft untersucht worden. Weitgehend ungeklärt ist bislang jedoch der Bestand an außervertraglichen Normen in bezug auf konkrete globale Umweltgefährdungen wie etwa dem stratosphärischen Ozonabbau. Während multilaterale Verträge *per se* keine Drittwirkung gegenüber Nichtvertragsstaaten entfalten, können derartige Verträge unter bestimmten Bedingungen den Status von allgemeinem Völkergewohnheitsrecht erlangen, das alle Staaten bindet. Ob dieser Übergang bei zentralen Vertragswerken wie beispielsweise der Klimarahmenkonvention oder dem Montrealer Protokoll einschließlich seiner Änderungen und Anpassungen bereits erfolgte, ist jedoch noch ungeklärt. Der Beirat weist hier insbesondere auf zwei Kriterien der Bestimmung von Völkergewohnheitsrecht hin, die angesichts der globalen ökologischen Interdependenzen kritisch zu überprüfen sind:

Zum einen erfordert die herrschende Rechtsmeinung eine bestimmte *Dauer* einer staatlichen Übung, bevor die völkergewohnheitsrechtliche Geltung einer Norm festgestellt werden kann. Dieses Kriterium ist angesichts der hohen wissenschaftlichen Unsicherheit bei globalen Umweltveränderungen und der zugleich drastischen potentiellen Schädigungen möglicherweise nur noch eingeschränkt anwendbar. Der Beirat verweist hier insbesondere auf das Beispiel des stratosphärischen Ozonabbaus, der unmittelbar nach dem wissenschaftlichen Bekanntwerden sofortige weltweite Gegenmaßnahmen erforderte. Bei derartigen Gefährdungen sollte die Möglichkeit einer quasi-spontanen Rechtzeugung durch multilaterale Verträge in Erwägung gezogen werden, soweit diese von einer sehr hohen und repräsentativen Zahl von Staaten ratifiziert worden sind.

Zweitens gestattet die herrschende Meinung einem Staat, der sich der Herausbildung einer Norm des allgemeinen Völkergewohnheitsrechts *beharrlich widersetzt*, nicht an diese Norm gebunden zu sein (*persistent objector*). Diese Situation scheint hinsichtlich der Gefährdung essentieller ökologischer Systeme und der Bedrohung der stratosphärischen Ozonschicht oder des Klimas nicht haltbar. Gerade die Erklärung von Klima, Biodiversität und (implizit) der Ozonschicht zur „Gemeinsamen Sorge der Menschheit" durch die UN-Generalversammlung (*siehe Kap. B 3.7.2.4*) und die entsprechenden Verträge von 1992 deuten nach Auffassung des Beirats darauf hin, daß die Staatengemeinschaft zumindest in diesen Problembereichen eine gewisse Begrenzung der souveränen Rechte der Einzelstaaten akzeptiert, wenn die Menschheit als Ganzes bedroht ist. In diesem Zusammenhang ist ebenso zu prüfen, ob das Verbot bestimmter globaler Umweltschädigungen – wie etwa FCKW-Emissionen – nicht bereits als zwingendes Völkerrecht (*ius cogens*) zu werten ist.

3.7.5.2
Rechtliche Würdigung der „ökologischen Solidarität"

Der Beirat hat in seinen Gutachten 1993, 1994 und 1995 wiederholt festgestellt, daß rechtzeitige und wirksame Maßnahmen gegen globale Umweltgefährdungen nur in Verbindung mit internationalen Unterstützungsprogrammen möglich sind. Zahlreiche neue Verträge bestimmen inzwischen – oftmals wörtlich übereinstimmend –, daß die Industrieländer die „vollen vereinbarten Mehrkosten" (*all agreed incremental costs*) der Vertragsumsetzung in den Entwicklungsländern tragen und hierfür den Transfer von umweltgerechten Technologien erleichtern müssen (siehe z.B. Klimarahmenkonvention und Montrealer Protokoll). Hier stellt sich die Frage, ob diese oft uniformen Vertragsbestimmungen, verbunden mit der faktischen Unabdingbarkeit der Unterstützungsprogramme in Zeiten rapider globaler Umweltveränderungen, nicht bereits den Status einer allgemeinen internationalen Rechtspflicht begründen. Der Beirat sieht hier Ansätze zu einer *allgemeinen ökologischen Solidaritätspflicht der Industriestaaten* gegenüber den Entwicklungsländern, deren Status und Umfang in interdisziplinärem Dialog von Politik- und Rechtswissenschaft sowie Ökonomie und Ethik diskutiert werden sollte (*siehe Kap. B 3.8.4.1 zu Fragen der Verteilungsgerechtigkeit*).

3.7.5.3
Die Rolle der „Zivilgesellschaft" im zwischenstaatlichen Recht

Zahlreiche neuere Forschungsbeiträge der Sozialwissenschaften weisen auf die besondere Bedeutung *nichtstaatlicher Akteure* im internationalen Umweltschutz hin. Diese erhielten zum Teil schon 1992 auf der UN-Konferenz über Umwelt und Entwicklung umfassendere Anhörungsrechte. Der Beirat gibt in diesem Zusammenhang zu bedenken, ob nicht eine grundsätzlich verstärkte Rechtsstellung der nichtstaatlichen Akteure im internationalen Umweltrecht möglich ist. Dies wäre nicht gänzlich neu, wie die historisch überkommenen Rechte des Heiligen Stuhls, des Malteser-Ritterordens oder des Internationalen Komitees vom Roten Kreuz und die Stimmrechte von Arbeitnehmer- und Arbeitgeberorganisationen in der ILO belegen. Ein erster Schritt wäre etwa die Gewährung der Klagebefugnis an Nichtregierungsorganisationen in den jeweiligen Streitschlichtungsverfahren internationaler Umweltverträge, wo die Nichtregierungsorganisationen als „Treuhänder der Umwelt" Vertragsparteien wegen Nichterfüllung anklagen könnten. Dieser Vorschlag ähnelt jüngsten Diskussionen über die Eigenrechte der Natur: diese ließen sich nur über die treuhänderische Klagebefugnis von Nichtregierungsorganisationen materialisieren.

Die konkrete Ausgestaltung derartiger prozeduraler Innovationen ist bislang noch weitgehend ungeklärt. Da sie jedoch allein auf dem Wege zwischenstaatlicher Verträge erfolgen können, besteht ein erheblicher Forschungsbedarf über konkrete Kompromißlösungen, die für die Mehrheit der Staaten annehmbar sind, wie auch über die geeigneten Legitimierungsverfahren für die Teilhaberechte einzelner nichtstaatlicher Organisationen. Alternativ wäre auch die Einrichtung eines „Hohen Kommissars der Vereinten Nationen für Umweltschutz und nachhaltige Entwicklung" denkbar, wie er bereits 1987 von den Rechtsexperten der Weltkommission für Umwelt und Entwicklung angeregt worden war. Ein derartiger Treuhänder der Umwelt und der zukünftigen Generationen, der gegebenenfalls das Recht hätte, einzelne Staaten im Rahmen von vertraglich vereinbarten Streitschlichtungsbestimmungen zu verklagen, könnte auch wie ein skandinavischer Ombudsmann Beschwerden von Nichtregierungsorganisationen in die Vertragsorgane hineintragen und so ein Zwischenglied zwischen den Staaten und den globalen Umweltverbänden bilden. Auch hier besteht Forschungsbedarf für die Völkerrechtswissenschaft.

3.7.5.4
Rechtsfragen der Folgen des Klimawandels

Der Beirat geht grundsätzlich davon aus, daß durch geeignete Maßnahmen weitreichende globale Umweltveränderungen vermieden werden können. Es ist jedoch nicht auszuschließen, daß bei unzureichender Prävention erhebliche *Anpassungsmaßnahmen* notwendig werden und regional erhebliche Schäden auftreten können. Diese müssen auch von der Völkerrechtswissenschaft frühzeitig erfaßt werden.

So ist z.B. nicht auszuschließen, daß zahlreiche Menschen ihren Wohnsitz aufgrund veränderter klimatischer Bedingungen oder eines Anstiegs des Meeresspiegels verlassen müssen. Diese *Umweltflüchtlinge* werden bislang von der Genfer Flüchtlingskonvention nicht erfaßt. Da die drohenden Klimaänderungen jedoch von der ganzen Staatengemeinschaft – vor allem den Industrieländern – verursacht werden, müssen Umweltflüchtlinge auch unter den Schutz der gesamten Staatengemeinschaft gestellt werden. Es gilt also, rechtzeitig geeignete institutionelle Verankerungen für den Rechtsstatus von Umweltflüchtlingen zu erarbeiten.

Zum anderen werden in manchen Regionen beträchtliche *Anpassungskosten*, insbesondere gegen Klimafolgeschäden, erforderlich. Hier ist, auch im Zusammenhang mit der oben angesprochenen *ökologischen Solidaritätspflicht*, rechtzeitig die Verantwortlichkeit der Staatengemeinschaft, insbesondere der Industrieländer zu klären.

3.7.5.5
Rechtsgrundlagen umweltpolitisch motivierter Handelsmaßnahmen

Inzwischen finden Handelsmaßnahmen zur Durchsetzung von Umweltschutzstandards in manchen Staaten und Problembereichen immer stärkere Zustimmung. Beispiele sind etwa die extraterritoriale Anwendung des *Marine Mammals Protection Act* der Vereinigten Staaten oder das Handelsbegrenzungsregime gegenüber Drittstaaten gemäß Artikel 4 des Montrealer Protokolls. Obgleich hierzu schon eine Reihe rechtswissenschaftlicher Forschungsbeiträge vorliegt, ist nach Auffassung des Beirats die konkrete Abgrenzung von zulässigen und unzulässigen Handelsmaßnahmen noch nicht hinreichend geklärt, insbesondere mit Blick auf das GATT und den hier gegebenenfalls festzustellenden Reformbedarf (*siehe Kap. B 3.6.4.2*).

3.7.5.6
Institutionelle Grundlagen innovativer Ansätze der globalen Umweltpolitik

Im Jahresgutachten 1995 wurde auf verschiedene innovative Ansätze zur Bewältigung globaler Umweltprobleme hingewiesen (WBGU, 1996), deren konkrete rechtliche Ausgestaltung noch eine Vielzahl von Fragen aufwirft. Beispielsweise ist nicht hinreichend geklärt, wie etwa der vom Beirat vorgeschlagene internationale Handel mit Emissionszertifikaten völkerrechtlich am geeignetsten gestaltet werden kann. Es existieren jedoch erste Erfahrungen in nationalen Rechtssystemen, etwa im US-Bundesstaat Kalifornien, die eine gewisse Vorbildfunktion haben könnten (Hansjürgens und Fromm, 1994). Wenngleich der Beirat von der grundsätzlichen Übertragbarkeit nationaler Erfahrungen auf internationale Ebene ausgeht, besteht für die konkrete Ausgestaltung jedoch noch erheblicher Forschungsbedarf. Fortschritte der internationalen diplomatischen Verhandlungen dürften in nicht geringem Maße davon abhängen, inwieweit die Völkerrechtswissenschaft konsensfähige Modelle für innovative Ansätze in der Klimapolitik, z. B. der internationale Handel mit Emissionszertifikaten, entwickeln kann.

3.7.5.7
Fortentwicklung der Durchsetzungsmechanismen, Entscheidungsverfahren und Streitschlichtungsmechanismen

Die drängenden Probleme der globalen Umweltveränderungen lassen auch Innovationen in den Entscheidungsverfahren, Durchsetzungsmechanismen und Streitschlichtungsverfahren innerhalb zwischenstaatlicher Verträge notwendig werden. Diese sollten auf begrenzte und genau bestimmte Einschränkungen der staatlichen Souveränität *innerhalb* von Vertragssystemen hinauslaufen, wie sie sich beispielsweise schon in den qualifizierten Mehrheitsentscheidungen gemäß Artikel 2 des Montrealer Protokolls finden. Der Beirat plädiert in diesem Zusammenhang insbesondere für die Ausweitung des Mehrheitsprinzips in Umweltverträgen, einschließlich der Gruppenvetorechte von Nord und Süd, die Einbeziehung von Nichtregierungsorganisationen und die bindende Rechtsprechung internationaler Gerichte oder auch vertragsspezifischer Gerichte – etwa eines Klimagerichtshofs.

3.8
Forschung zur psychosozialen Sphäre

3.8.1
Relevanz der Geistes-, Sozial- und Verhaltenswissenschaften für den Globalen Wandel

Globaler Wandel ist, soweit er anthropogen verstanden wird, ein Ergebnis der Wechselwirkung zwischen dem Menschen und seiner Umwelt. Menschliches Handeln ist jedoch nicht nur Ursache für die zu beobachtenden Veränderungen, es ist stets auch davon betroffen. Weiterhin kann menschliches Handeln in Reaktion auf den Globalen Wandel oder antizipatorisch wirksam werden, um die Veränderungen selbst zu beeinflussen oder sich an sie anzupassen. Insofern stellt sich der Globale Wandel als *Verhaltensproblem*, die Umweltkrise als *Krise der Gesellschaft* dar. Wenn es etwa zutrifft, daß der globale Klimawandel mit großer Wahrscheinlichkeit durch menschliches Verhalten bedingt ist und wenn zudem bekannt ist, welche Treibhausgase dafür im wesentlichen verantwortlich sind, dann ist es ein – auch umweltpolitisch – wichtiges Forschungsziel, die sozialen Handlungen und Prozesse, die ursächlich mit diesen Emissionen verknüpft sind, und deren treibende Kräfte zu kennen: Wer verbraucht welche fossilen Brennstoffe zu welchen Zwecken, vor dem Hintergrund welcher Kosten und Techniken? Oder: Welche Gruppe von Akteuren, unter welchen ökonomischen, politischen und kulturellen Rahmenbedingungen, ist für die verschiedenen Muster der weltweiten Bodenerosion verantwortlich? Fragen dieser Art könnte man entlang aller Kernprobleme des Globalen Wandels durchdeklinieren und käme so zu einer eindrucksvollen Forschungsagenda der Geistes-, Sozial- und Verhaltenswissenschaften.

Dabei ist zu berücksichtigen, daß für den Globalen Wandel relevantes Verhalten auf verschiedenen „Aggregationsebenen" der Gesellschaft stattfindet, vom Individuum über die Familie, den Betrieb bis hin zu nationalen und internationalen Organisationen. Die handelnden Menschen haben hierbei unterschiedliche Rollen und Funktionen, die ihr jeweiliges Verhalten beeinflussen. Immer jedoch handeln Menschen in räumlich wie zeitlich konkreten, *lokalen* Kontexten und werden von diesen beeinflußt: Nicht das „Ozonloch an sich" läßt uns FCKW-freie Kühlschränke kaufen, auch nicht das Montrealer Protokoll, sondern die Berichte darüber in der Tageszeitung, das Vorbild von Nachbarn oder Arbeitskollegen, das Vorhandensein entsprechender Geräte zu erschwinglichen Preisen im örtlichen Kaufhaus, in der Zukunft zu erwartende Entsorgungsgebühren der Kommune für FCKW-haltige Geräte, die Angst vor Hautkrebs usw.

Mit dem menschlichen Verhalten, seinen Ausprägungen, Determinanten und Auswirkungen, beschäftigen sich aus ihrem je eigenen Blickwinkel mehr oder weniger alle Disziplinen, die dem großen Bereich der Geistes-, Sozial- und Verhaltenswissenschaften zugeordnet werden können. Während etwa die *Psychologie* vom Verhalten des Individuums als grundlegender Untersuchungseinheit ausgeht und es in seinen Rollen und Positionen in der Gesellschaft zu beschreiben und zu erklären sucht, stehen für die *Soziologie* mit dem Verhalten von Gruppen und ganzen Gesellschaften größere soziale Aggregate im Mittelpunkt des Erkenntnisinteresses. In den *Medien- und Kommunikationswissenschaften* werden Fragen der Vermittlung von Informationen und deren Auswirkungen auf menschliches Handeln erkundet. Die *Erziehungswissenschaft* beschäftigt sich mit den praktischen Möglichkeiten einer Veränderung menschlichen Verhaltens in vielerlei Kontexten, während *Philosophie* und *Theologie* die normativen Grundlagen reflektieren und Leitbilder für menschliches Handeln entwickeln. Die Erforschung der von Menschen geschaffenen Strukturen und Institutionen im politischen Bereich ist Ziel der *Politikwissenschaft (siehe Kap. B 3.7). Wirtschaftswissenschaft (siehe B 3.6)* und *Rechtswissenschaft (siehe Kap. B 3.7)* beschäftigen sich mit den politischen und ökonomischen Aspekten und den durch rechtliche Strukturen gesetzten Rahmenbedingungen menschlichen Verhaltens. Die *Geschichtswissenschaft* ermöglicht Vergleiche menschlicher Verhaltensweisen entlang der Zeitdimension, *Kulturanthropologie, Kulturgeographie* und *Ethnologie* stellen entsprechende Vergleiche über Kulturen hinweg an.

Diese unvollständige, nur grob charakterisierende Zusammenstellung von Disziplinen illustriert bereits die außerordentliche Breite des hier als „psychosoziale Sphäre" beschriebenen Forschungsfeldes, das unter der Prämisse, menschliches Handeln sei *die* zentrale Analyseeinheit des Globalen Wandels, den Großteil der *human dimensions of global change* ausmacht. Gemessen an dieser Breite erweist sich die bisherige Forschungstätigkeit im Bereich der Geistes-, Sozial- und Verhaltenswissenschaften zu Themen des Globalen Wandels auf den ersten Blick als erstaunlich gering.

Ein Grund für die Defizite an humanwissenschaftlicher GW-Forschung ist sicher darin zu suchen, daß Forschung zur „psychosozialen Sphäre" ihrem Wesen nach grundsätzlich nicht auf der globalen Ebene ansetzt: Die relevanten Untersuchungseinheiten sind weder im räumlichen Sinne global noch sind Zeitreihen vorhanden, die den Zeitskalen globaler Umweltveränderungen entsprechen. Allerdings sind große Teile der umweltbezogenen Forschung in den einzelnen Disziplinen für den Phänomenbereich des Globalen Wandels unmittelbar relevant, auch wenn darauf nicht immer explizit Bezug genommen wird. So wurde z.B. Ende der 70er/Anfang der 80er Jahre, als vom Treibhauseffekt noch kaum die Rede war, unter dem Eindruck der damaligen „Ölkrisen" Forschung zu den psychosozialen Determinanten des Energiesparverhaltens initiiert. Dies kann aber nicht über die traditionelle Umweltferne weiter Teile der Geistes-, Sozial- und Verhaltenswissenschaften hinwegtäuschen: Nur sehr wenige der gängigen Theorien, Modelle und Konzepte sind in der Auseinandersetzung mit Umweltproblemen entwickelt worden. Zwar könnten viele dieser Ansätze wohl ohne weiteres auch auf das Forschungsfeld des Globalen Wandels übertragen werden, eine breit angelegte Überprüfung dieses Transfers fehlt jedoch.

In der explizit unter dem Etikett *human dimensions of global change* stattfindenden Forschung spielen konkrete Akteure, deren Motive, Überzeugungen, soziale Barrieren und Konflikte zwischen ihnen bisher kaum eine Rolle. Mögliche Gründe hierfür liegen zum einen in den unterschiedlichen theoretischen Grundlagen und Prämissen der geistes-, sozial- und verhaltenswissenschaftlichen sowie naturwissenschaftlichen Disziplinen, zum andern in den traditionell gewachsenen Forschungsbereichen dieser Wissenschaften. In der Forschung zu globalen Umweltveränderungen dominiert – historisch bedingt – ein naturwissenschaftlich geprägtes, systemanalytisches Modellierungsparadigma. Da die Humanwissenschaften gegenüber den Naturwissenschaften einen weit größeren und vor allem heterogeneren Theorien- und Konzeptvorrat aufweisen, wirft ihre Integration in solche Modelle erhebliche Probleme auf. Diese Heterogenität von Konzepten ist *per se* kein Defizit, sondern hängt mit der Komplexität des untersuchten Gegenstandsbereichs zusammen, die mehrere, konkurrierende Perspektiven zuläßt. Sie erschwert aber den disziplinären wie interdisziplinären Diskurs sowie die Einbettung entsprechender Erkenntnisse in die vorherrschenden Modelle des Globalen Wandels.

3.8.2
Wichtige Beiträge der deutschen geistes-, sozial- und verhaltenswissenschaftlichen Forschung

In seinem Gutachten zur Umweltforschung in Deutschland konstatiert der Wissenschaftsrat zusammenfassend „... einen Rückstand der Geistes-, Verhaltens- und Sozialwissenschaften. ... Die Hinwendung der humanwissenschaftlichen Disziplinen zu Umweltthemen ist unzureichend, ähnliches gilt für die Kooperation der verschiedenen Humanwissenschaften mit den Natur- und Ingenieurwissenschaften. Bisher beteiligen sich die Humanwissenschaften wenig an nationalen und internationalen Forschungskooperationen zur Erfassung globaler Aspekte" (Wissenschaftsrat, 1994). Dieses Fazit gilt in besonderer Weise für die Bearbeitung von Themen des Globalen Wandels, wobei sich allerdings durchaus Unterschiede zwischen den einzelnen Disziplinen zeigen. So wird geistes-, sozial- und verhaltenswissenschaftliche Umweltforschung mit expliziten Bezügen zum Globalen Wandel in Deutschland bislang vornehmlich disziplinär, dezentral und „auf kleiner Flamme" durch einzelne Forscher und Forschergruppen an den entsprechenden Hochschulinstituten initiiert und durchgeführt.

Das 1994 angelaufene Schwerpunktprogramm der DFG „Mensch und globale Umweltveränderungen: sozial- und verhaltenswissenschaftliche Dimensionen", an dem Forschergruppen aus den Disziplinen Psychologie, Soziologie, Geographie, Ethnologie, Politik- und Wirtschaftswissenschaften beteiligt sind, ist als erster Schritt in eine neue, mehr Interdisziplinarität versprechende Richtung zu werten. Gefördert werden darin Projekte zu den Teilthemen „Wahrnehmung und Bewertung von krisenhaften globalen Umweltveränderungen und darauf bezogenes Verhalten", „Analyse politischer und ökonomischer Aspekte der Verursachung und Bewältigung globaler Umweltprobleme" und „Analyse und Vergleich von Strategien der Ressourcennutzung in gefährdeten Ökosystemen der Dritten Welt".

Den größten Raum der humanwissenschaftlichen Umweltforschung nehmen derzeit eher grundlagenorientierte und auf nationale oder lokale Zusammenhänge ausgerichtete Forschungsvorhaben ein. Schwerpunkt soziologischer Arbeiten zum Thema „Umwelt" ist beispielsweise die Erforschung sozialer Strukturen und Prozesse in Industrieländern. Diese können jedoch insofern als relevant für die Erforschung des Globalen Wandels betrachtet werden, als globale Umweltveränderungen insbesondere durch Handeln auf lokaler Ebene hervorgerufen werden.

Eine umfassende Bestandsaufnahme von Forschungsbeiträgen der Geistes-, Sozial- und Verhaltenswissenschaften zu Themen des Globalen Wandels ist angesichts der Vielzahl der unter diesem Dach zusammengefaßten Disziplinen nicht beabsichtigt. Stattdessen sollen im folgenden einzelne Themenfelder im inhaltlichen Zusammenhang mit dem Globalen Wandel benannt werden, die von diesen Disziplinen derzeit in Deutschland bearbeitet werden.

3.8.2.1
Grundlagen

Das menschliche Naturverhältnis wird in Deutschland seit Beginn der 80er Jahre intensiv von der Umweltethik erforscht. Im Rahmen dieser prinzipienorientierten Forschung wird untersucht, von welchen Normen, Werten und Motivationen das Verhalten des Menschen gegenüber seiner natürlichen Umwelt bestimmt ist bzw. bestimmt sein sollte. Dabei stehen zwei Themen im Vordergrund:
- *Der Begriff der Natur.* Hier sind vor allem Arbeiten hervorzuheben, die untersuchen, wie verschiedene wissenschaftliche Disziplinen „Natur" verstehen und wie dieses Verständnis mit der jeweiligen Methodologie der Disziplinen zusammenhängt. Sie liefern wertvolle Hinweise auf die unterschiedlichen Herangehensweisen der Wissenschaften an dieses Thema sowie auf daraus entstehende Verständigungsprobleme. Neben philosophisch orientierten Analysen zum Naturbegriff finden sich in der soziologischen und psychologischen Werteforschung auch empirische Ansätze zu verschiedenen Naturvorstellungen, damit verbundene Werthaltungen und deren Beziehung zum Urteilen und Handeln.
- *Legitimationsgrundlagen umweltverträglichen Verhaltens.* Die philosophische Diskussion über die Legitimationsgrundlagen umweltverträglichen Verhaltens wird hauptsächlich auf der Ebene des Grundgegensatzes zwischen *anthropozentrischen* und *biozentrischen* Ansätzen geführt. Dabei geht es um die Frage, ob umweltverträgliches Verhalten aufgrund des menschlichen Eigeninteresses (anthropozentrisch bzw. egozentrisch) oder aufgrund eines Eigenwerts der Natur (patho-, bio- bzw. physiozentrisch) gerechtfertigt werden soll.

3.8.2.2
Gesellschaftliche Leitbilder einer nachhaltigen Entwicklung

Bei der Entwicklung *gesellschaftlicher Leitbilder* einer nachhaltigen Entwicklung handelt es sich um die Formulierung von Zukunftsvisionen und den damit verbundenen Handlungskonsequenzen. Derartige Ansätze werden in Deutschland u.a. von der Umweltethik verfolgt. In empirischer Weise beschäftigt sich auch die Soziologie mit den Entstehungsbedingungen gesellschaftlicher Leitbilder (z.B. bei der Untersuchung von nachhaltiger Entwicklung als diskursives Phänomen).

Der Beirat betrachtet die Formulierung solcher Leitbilder als eine wichtige Aufgabe, da sie nicht nur wissenschaftliche, sondern auch gesellschaftliche Diskurse auslösen und so mittelbar zu Änderungen des menschlichen Verhaltens beitragen kann. Dahinter verbirgt sich die These, daß technische, ökonomische und gesetzliche Rahmenbedingungen allein nicht zu einer Überwindung der Umweltprobleme führen werden, sondern daß umweltverträglichem Verhalten meist auch ein wertethischer Impuls vorausgeht. So wird etwa in der Studie „Zukunftsfähiges Deutschland" (BUND und Misereor, 1996) unter anderem im Sinne einer Vision dargestellt, wie ein „qualitativ hochwertiges" und zugleich ressourcenschonendes Leben aussehen könnte. Entscheidend ist dabei weniger die Frage, ob die einzelnen vorgeschlagenen Schritte tatsächlich verwirklicht werden, sondern, daß ein Impuls zur ökologischen Bewußtseinsbildung und Wertorientierung gegeben wird.

Umweltethische *Handlungskonsequenzen* werden in Deutschland bisher vor allem für den Umgang mit Tieren (Tierethik), für medizinisch-ethische und naturwissenschaftliche Fragestellungen (Bioethik) sowie für den Umgang mit Technikrisiken (Technikethik) formuliert. Hier ist eine Ausweitung der Themen auf spezifische Ethikprobleme des Globalen Wandels (z.B. Artenschutz) möglich und erforderlich.

3.8.2.3
Bedingungen menschlichen Verhaltens

Im Rahmen eines problemlösungsorientierten Vorgehens bei der Veränderung von Verhaltensweisen, die einer nachhaltigen Entwicklung entgegenstehen, kann (und muß) auf grundlagenwissenschaftliche Erkenntnisse zurückgegriffen werden, die nur zu einem geringen Teil im Zusammenhang mit Themen des Globalen Wandels entstanden sind. Relevante Disziplinen sind dabei u.a. Psychologie, Soziologie, Pädagogik, Ökonomie und Rechtswissenschaften, aber auch Ethnologie, Kulturanthropologie und Kulturgeographie.

Im Vordergrund der Forschung zu umweltrelevanten Verhaltensweisen steht die Identifikation und Beschreibung von Einflußfaktoren auf menschliches Verhalten, das für die zu beobachtenden Umweltprobleme, aber auch für deren Bewältigung ursächlich ist, sowie von Wechselbeziehungen zwischen diesen Faktoren. Was führt beispielsweise Menschen dazu, mit dem Auto statt mit öffentlichen Verkehrsmitteln zur Arbeit zu fahren? Unter welchen Bedingungen ist es möglich, die im Haushalt verbrauchte Trinkwassermenge zu reduzieren? Warum hat das vorhandene Umweltbewußtsein so wenig Auswirkungen auf das tatsächliche Handeln? Ergebnisse solcher Forschungsarbeiten, die sich bislang allerdings noch kaum explizit auf Phänomene des Globalen Wandels beziehen, sind häufig theoretisch und/oder empirisch gestützte Mehrkomponentenmodelle des Umweltverhaltens (WBGU, 1996). Sie lassen in ihrer heterogenen Gesamtheit bislang lediglich den Schluß zu, daß eine ganze Reihe von miteinander interagierenden Faktoren für umweltrelevante Verhaltensweisen verantwortlich sind, u.a.:

- Das Wissen über ökologische Zusammenhänge.
- Individuelle Einstellungen und Werthaltungen („Umweltbewußtsein").
- Handlungsanreize und -motivationen.
- Handlungsangebote und -gelegenheiten.
- Faktoren des kulturellen und sozialen Kontexts (z.B. wahrgenommene soziale Normen, Modellverhalten anderer Menschen, vorhandene Lebensstile).
- Soziodemographische Variablen (Alter, Geschlecht, Bildungsgrad etc.).

Die Phänomene des Globalen Wandels (z.B. das Ozonloch oder der Rückgang der biologischen Vielfalt) sind nur selten unmittelbar erfahrbar, sondern werden in der Regel durch die Medien vermittelt. Sie sind komplexer Natur, und über ihre tatsächlichen, langfristigen Auswirkungen besteht Unsicherheit. Im Zusammenhang mit diesen situativen Spezifika konzentriert sich die geistes-, sozial- und verhaltenswissenschaftliche Forschung zu verhaltensbeeinflussenden Faktoren vor allem auf Aspekte der *Wahrnehmung und Bewertung* von Phänomenen des Globalen Wandels sowie des *kognitiven Umgangs* mit entsprechenden Informationen (Suche, Rezeption und Verarbeitung von Information).

Bisher dominieren in dem hier skizzierten Forschungsbereich einzeldisziplinäre Annäherungen an den Untersuchungsgegenstand. Das führt dazu, daß z.B. semantische und monetäre Bewertungsansätze von Umweltgütern bzw. -problemen relativ unverbunden nebeneinanderstehen. Auch ist eine Zusammenführung beispielsweise von Ergebnissen der empirischen Einstellungs- und Werteforschung und der qualitativ orientierten ethischen Werteforschung noch nicht erfolgt, ebensowenig von Forschungen zu monetären und nicht-monetären Verhaltensanreizen.

Spezifische Handlungskontexte

Ein wichtiges Forschungsparadigma der Psychologie sowie – weitgehend unabhängig davon – der Wirtschaftswissenschaft sind *ökologisch-soziale Dilemmasituationen*, die prototypisch und modellhaft den Umgang von Menschen mit öffentlichen Gütern zu analysieren versuchen. Der strukturelle Dilemmacharakter der Phänomene des Globalen Wandels verleiht der Erforschung menschlicher Verhaltensweisen unter entsprechenden Bedingungen besondere Relevanz. Häufig wird dabei, etwa auf der Grundlage von Computersimulationen oder in experimentellen Anordnungen, das interdependente Handeln von Personengruppen in Abhängigkeit von Variationen der Situation analysiert. Unter anderem geht es um die Frage, unter welchen Umständen das wahrgenommene Verhalten Dritter (z.B. weltweite Flugreisen), dessen quantitativer Ausprägung (z.B. 80% der Bundesbürger) sowie Informationen über die Begrenztheit von Ressourcen (im Beispiel: Belastbarkeit der Atmosphäre mit Schadstoffen) das eigene Handeln beeinflussen. Der normative Gehalt des Umgangs mit der Problematik öffentlicher Güter wird u.a. in biozentrischen Ansätzen der Umweltethik thematisiert, die der bedrohten Natur einen eigenen Rechtsstatus einräumen möchten.

Spezifische Aspekte der GW-Problematik werden auch von Forschungsansätzen zum Umgang mit *komplexen Situationen* bzw. Problemen berührt. Dabei zeigt sich, daß die Möglichkeiten des Menschen zu „systemischem Denken" begrenzt sind. Angesichts komplexer Problemlagen neigen Menschen vielmehr dazu, auf bewährte, vereinfachende und daher oft unangemessene Denk- und Problemlösemuster zurückzugreifen.

Zum *Handeln unter Unsicherheit* bzw. zum *Umgang mit Risiken* und den jeweiligen Einflußfaktoren existiert bereits eine ganze Reihe von meist empirisch orientierten Forschungsarbeiten. Insbesondere Wissenschaftler aus Psychologie, Soziologie und Kommunikationswissenschaft beschäftigen sich hier vor allem mit Fragen der Wahrnehmung, Akzeptanz und Kommunikation von Risiken. Allerdings konzentriert sich die entsprechende Forschung meist auf Risiken aufgrund von Großtechnologien (z.B. Kernenergie, Bio- und Gentechnologie), der Phänomenbereich des Globalen Wandels hingegen ist bislang noch deutlich unterrepräsentiert. Letzteres trifft auch auf Forschungsbeiträge der Ethik zu diesem Themenkomplex zu, die sich u.a. mit der gesellschaftlichen Zumutbarkeit von Risiken, der Verbesserung der Risikoanalyse, ethischen und juristischen Konsequenzen aus der Risikoabschätzung sowie Bedingungen für einen kollektiv verbindlichen, rationalen Risikovergleich befassen.

Gesellschaftliche Akteure

Problemlösungsorientierte geistes-, sozial- und verhaltenswissenschaftliche Forschung zum Globalen Wandel kommt nicht umhin, die einzelnen Akteure und Akteursgruppen in den Blick zu nehmen und ihr Verhalten auf den unterschiedlichen Ebenen der Gesellschaft zu analysieren. Dazu zählt die Untersuchung umweltrelevanten Verhaltens und seiner Bedingungen für spezifische *Teilgruppen* der Gesellschaft (z.B. Frauen, Kinder, alte Menschen) ebenso wie die Untersuchung von Implikationen der verschiedenen *Rollen*, die Individuen einnehmen (z.B. Arbeiter, Unternehmer, Politiker, Multiplikatoren). Diese Forschungsaufgabe wurde bisher in Deutschland erst ansatzweise verfolgt, etwa im Kontext von Untersuchungen zum Umweltbewußtsein von Industriearbeitern oder zu geschlechtsbedingten Unterschieden im Umweltverhalten.

SPEZIFISCHE VERHALTENSMUSTER

Die Forschung zu umweltrelevantem menschlichem Verhalten und seinen Bedingungen konzentriert sich in Deutschland bislang vor allem auf einzelne Bereiche des Konsumverhaltens. Insbesondere zum Umgang der privaten Haushalte mit Energie (Energiesparen) und mit Abfall (Trennung und Vermeidung von Hausmüll) gibt es eine ganze Reihe von Untersuchungen, in jüngerer Zeit vermehrt auch zum Umgang mit Wasser. Ein weiteres, relativ breit bearbeitetes Thema ist das Mobilitätsverhalten, insbesondere in bezug auf die Verkehrsmittelwahl. Auch die Tourismus- und Freizeitforschung ist in diesem Zusammenhang zu nennen. Der integrativen Bearbeitung verschiedener Verhaltensweisen im Rahmen umfassenderer Konzepte (z.B. Lebensstile) wurde hingegen bislang nur relativ wenig Aufmerksamkeit eingeräumt.

STRATEGIEN DER VERHALTENSÄNDERUNG

Die Diskussion um eine adäquate Instrumentierung der Umweltpolitik wird durch die beiden Pole „Ordnungsrecht" und „marktnahe/ökonomische Instrumente" dominiert. Strategien psychologisch-pädagogischer Natur zur Beeinflussung individueller Verhaltensweisen werden dagegen häufig ebenso mißverständlich wie verkürzend unter dem Stichwort *moral suasion* (wörtlich etwa: sittliche Überzeugung) als eher exotische Restkategorie zusammengefaßt und dabei häufig auf reine Informationsstrategien reduziert. Diese eingeengte Führung der umweltpolitischen Diskussion mag zum Teil historisch bedingt sein, sie dokumentiert jedoch auch Defizite in der geistes-, sozial- und verhaltenswissenschaftlichen Erforschung von Strategien der Verhaltensänderung. Letztere zeichnet sich bislang durch einen eher experimentellen Charakter (kleine Stichproben, häufig auf der Ebene der privaten Haushalte) sowie durch die Berücksichtigung jeweils nur weniger potentiell verhaltensbeeinflussender Faktoren aus. Zwar liegen auf dieser Ebene durchaus bereits generalisierbare Forschungsergebnisse vor, das Zusammenwirken der einzelnen Verhaltensdeterminanten etwa in Programmen der *Umweltbildung* ist jedoch noch weitgehend unerforscht, wie der Beirat bereits in einem früheren Gutachten konstatierte (WBGU, 1996). Zudem fehlen Studien, die eine Beurteilung der Wechselbeziehungen zwischen den einzelnen umweltpolitischen Handlungsstrategien erlauben, indem sie diese beispielsweise in einen einheitlichen konzeptuellen Rahmen einbetten. Freilich wird an dieser Stelle auch das Fehlen eines kontinuierlichen interdisziplinären Diskurses zwischen all jenen Disziplinen deutlich, die sich unmittelbar mit dem (übereinstimmenden) Ziel einer Veränderung umweltschädigender Verhaltensweisen beschäftigen, insbesondere zwischen Psychologie, Soziologie und Wirtschaftswissenschaft.

UMWELTDISKURSE

Ein neueres Themenfeld, das die Kommunikationsforschung mit der Soziologie und der Politikwissenschaft teilt, ist die Analyse der gesellschaftlichen Diskurse über Umweltfragen. Ein wichtiges Thema ist dabei die *Analyse von Entstehung und Verlauf* dieser Diskurse. Das öffentliche Meinungsklima ist für politische, unternehmerische und private Entscheidungsprozesse unmittelbar relevant. In der öffentlichen „Kommunikationsarena", deren Hauptbestandteil die Medienberichterstattung ist, werden z.B. die Probleme des Globalen Wandels definiert und strukturiert. Aus der Kenntnis von Entstehungs- und Verlaufsbedingungen der öffentlichen Meinungsbildung zu Umweltfragen können daher politische Handlungsempfehlungen abgeleitet werden. Gesellschaftliche Umweltdiskurse sind auch übergeordnetes Thema der soziologischen Forschung zu den Entstehungsbedingungen der Umweltbewegung sowie der psychologischen und soziologischen Begleitforschung zu mittlerunterstützten Verhandlungen (z.B. Mediationsverfahren, *siehe Kap. B 3.7.4.4*).

3.8.3
Einbindung der deutschen geistes-, sozial- und verhaltenswissenschaftlichen Forschung in internationale Programme

Angesichts der Defizite in der deutschen Forschungslandschaft zu Themen des Globalen Wandels ist es nicht verwunderlich, daß von einer nennenswerten Beteiligung an internationalen Programmen wie etwa dem *International Human Dimensions of Global Environmental Change Programme* (IHDP, *siehe Kap. B 1.3*) derzeit noch kaum die Rede sein kann. Immerhin ist seit kurzem ein Deutscher Vorsitzender des IHDP *Steering Committee*. Ein nationales HDP-Komitee befindet sich in Gründung. Auch im Errichtungsantrag zum Schwerpunktprogramm der DFG „Mensch und globale Umweltveränderungen" wird ausdrücklich auf das IHDP Bezug genommen. Eine explizite „Identifikation" mit dem Programm läßt sich bisher aber weder auf Projekt- noch auf Programmebene feststellen. Daher ist eine Einschätzung der konkreten Beiträge des Schwerpunktprogramms zu IHDP zum jetzigen Zeitpunkt noch nicht möglich. Vertreter des Schwerpunktprogramms wirken im *Steering Committee* des neuen ESF-Programms *Tackling Environmental Resource Management* (TERM, *siehe Kasten 5*) mit.

Im *Vierten Rahmenprogramm für Forschung und Technologische Entwicklung* der EU, das eine überwiegend naturwissenschaftlich-technologische Orientierung aufweist, finden sich auch Förderprogramme zu soziokulturellen und -ökonomischen Aspekten des Globalen Wandels *(siehe Kasten 5)*. So werden im Programm „Umwelt und Klima" u.a. Forschungsprojekte zum Thema „Die menschliche Dimension der Umweltveränderungen" gefördert. Auch im Programm „Gesellschaftspolitische Schwerpunktforschung" (TSER) wird innerhalb der Themenbereiche „Bewertung der wissenschafts- und technologiepolitischen Optionen Europas" und „Soziale Eingliederung und Ausgrenzung in Europa" Forschung zum Globalen Wandel unterstützt. In welchem Umfang an diesen Fördermitteln geistes-, sozial- und verhaltenswissenschaftliche Forscher aus Deutschland partizipieren, ist nicht bekannt.

3.8.4
GW-relevanter Forschungsbedarf in der deutschen geistes-, sozial- und verhaltenswissenschaftlichen Forschung

Allgemein ist eine stärkere *Politikorientierung* der geistes-, sozial- und verhaltenswissenschaftlichen Forschung zum Globalen Wandel einzufordern. So könnten diese Wissenschaften etwa die im Zusammenhang mit GW-relevanten Konventionen zu verhandelnden Inhalte auf ihre gesellschaftliche und politische Durchsetzbarkeit, ihre kulturspezifische Akzeptanz und Sozialverträglichkeit untersuchen. Mögliche Kommunikationsprobleme und Verhandlungshemmnisse aufgrund unterschiedlicher Wertsysteme, Einstellungen und Verhaltensweisen sowie sozioökonomischer Bedingungen könnten so bereits im Vorlauf zu Verhandlungen transparent gemacht werden. Des weiteren gehört zu einer stärkeren Politikorientierung die systematische wissenschaftliche Begleitung und Evaluation aller Maßnahmen, die im Hinblick auf eine nachhaltige Entwicklung eingeleitet werden.

Eine stärkere *Anwendungs- und Problemlösungsorientierung* kann durch eine deutlichere Ausrichtung der Forschungsanstrengungen zur „psychosozialen Sphäre" auf die Erforschung von Verhaltensdeterminanten und von Strategien zur Veränderung von Verhaltensweisen auf allen Ebenen individuellen, sozialen und institutionellen Handelns erreicht werden. Hier eröffnet sich der anwendungsorientierten Grundlagenforschung wie der angewandten Forschung ein interessantes Tätigkeitsfeld.

Da globale Umweltprobleme vor allem die Folge lokaler Verhaltensweisen sind, ist von der *Methodik* her die Untersuchung von Akteuren und Akteursgruppen in ihren jeweiligen Handlungskontexten erforderlich. Von besonderer Bedeutung ist in diesem Zusammenhang die kulturspezifische und kulturvergleichende Erforschung einzelner gesellschaftlicher Gruppen durch umfassende und disziplinübergreifende Fallstudien. Darauf aufbauend ist eine Ausweitung der Forschungstätigkeit in zeitlicher und räumlicher Hinsicht zu empfehlen: Sowohl die verstärkte Einbeziehung der Zeitdynamik, etwa durch Längsschnittuntersuchungen, als auch die Herstellung größerer räumlicher Bezüge durch großflächige Untersuchungsgebiete, im Rahmen kulturübergreifender Vergleichsstudien und durch die explizite Ausrichtung auf globale Problemlagen ist erforderlich.

Der systemische Charakter des Globalen Wandels erzwingt geradezu den Dialog und die *interdisziplinäre bzw. transdisziplinäre Zusammenarbeit* sowohl innerhalb der Geistes-, Sozial- und Verhaltenswissenschaften als auch zwischen den Human- und Naturwissenschaften. Die rigiden universitären Förderstrukturen, die Praxis der Stellenbesetzung und damit die mangelnden Karrierechancen interdisziplinär orientierter Wissenschaftler sind bisher wenig förderlich für die Entwicklung eines solchen Dialogs. Hinzu kommen die immer noch überwiegend disziplinär ausgerichteten Begutachtungsverfahren der einschlägigen Forschungsförderer *(siehe Kap. C 8)*. Die Frage, wie eine problemadäquate interdisziplinäre Zusammenarbeit verwirklicht werden kann, stellt sich – nicht zuletzt aufgrund der Unterschiede in der Methodologie – sowohl innerhalb als auch zwischen Human- und Naturwissenschaften. Hier sind besonders die Bewertung bestehender und die Entwicklung neuer, integrativer Forschungsmethoden wichtige Aufgaben der GW-Forschung:

- Schon heute liegen viele einzelwissenschaftlich gewonnene Forschungsergebnisse vor, die sich entweder explizit mit Fragen des Globalen Wandels beschäftigen oder aber auf diese bezogen werden können *(siehe Kap. B 3.8.2)*. Um dieses Wissen effektiv nutzen zu können, ist es erforderlich, Instrumente zu einer problemlösungsorientierten Zusammenführung, Integration und Bewertung *vorhandener* Forschungsergebnisse zu entwickeln *(Integration ex post)*.
- Gleichzeitig müssen integrative Ansätze entwickelt werden, die von *vornherein* interdisziplinäre Forschung zum Thema „Globaler Wandel" ermöglichen und auf die Untersuchung der Wech-

selbeziehungen zwischen Natur- und Anthroposphäre abzielen *(Integration ex ante)*. In diesen Zusammenhang gehört neben der Suche nach möglichen Alternativen zum derzeitigen Leitparadigma der Umweltforschung, der Systemanalyse, auch die *erkenntnis- und wissenschaftstheoretische* Untersuchung bestehender integrativer Forschungsansätze und Modelle hinsichtlich ihrer Prämissen, der impliziten Werturteile sowie des Zustandekommens von Theorien, Daten und Prognosen. Insbesondere ist es erforderlich, die „menschliche Dimension" der vorherrschenden Ansätze zur Modellierung ökonomischer und sozialer Systeme aufzudecken und Forschungsansätze zu entwickeln, die eine Bezugnahme auf konkrete Akteure und Gruppen in ihren spezifischen räumlichen und soziokulturellen Kontexten erlauben. Nur auf diesem Weg kann eine stärkere Integration der Geistes-, Sozial- und Verhaltenswissenschaften in die bisher größtenteils naturwissenschaftlich geprägte GW-Forschung erreicht werden.

3.8.4.1
Inhaltliche Anforderungen

Voraussetzung für eine stärkere Beteiligung der Geistes-, Sozial- und Verhaltenswissenschaften an der GW-Forschung ist, neben der Übertragung bereits vorhandener Theorien auf Themen des Globalen Wandels, die Entwicklung eigener sozialwissenschaftlicher Konzepte von Globalität. Mögliche Anknüpfungspunkte sind dabei u.a. die fortschreitende Globalisierung der Wirtschaft, die zunehmende Individualisierung und gleichzeitig kulturelle Vereinheitlichung der Weltgesellschaft („McDonaldisierung"), die weltweite informationelle Vernetzung oder der Themenkomplex Bevölkerungswachstum/Urbanisierung/Migration.

Die bisher auf nationale bzw. lokale Zusammenhänge ausgerichteten Forschungsansätze sind durch eine globale Perspektive (z.B. kulturvergleichende Studien sowie Betrachtungen regionaler und globaler Kontexte) und durch eine stärkere Orientierung an politischen Prozessen und an dem daraus entstehenden Forschungsbedarf zu ergänzen.

GESELLSCHAFTLICHE LEITBILDER EINER NACHHALTIGEN ENTWICKLUNG
Im Zuge der Bestrebungen, Umweltprobleme auf dem Wege internationaler Vereinbarungen anzugehen, hält es der Beirat für geboten, auch die ethischen Implikationen dieser Politikprozesse zu untersuchen. Dies gilt insbesondere im Hinblick auf die AGENDA 21 und die im Rio-Nachfolgeprozeß vereinbarten Konventionen, die bisher meist unter naturwissenschaftlichen, politischen und ökonomischen Gesichtspunkten, jedoch noch kaum unter einem geistes- und sozialwissenschaftlichen Blickwinkel betrachtet wurden. Der Beirat regt daher die Unterstützung von Forschungsvorhaben zu folgenden Themen an:
- Implikationen der AGENDA 21, der globalen Konventionen (Klima-, Biodiversitäts- und Desertifikationskonvention) sowie des Konzepts der nachhaltigen Entwicklung für gesellschaftliche Wertesysteme und daraus folgende rechtliche, ökonomische und bildungspolitische Strategien (kulturspezifische und -vergleichende Forschung).
- Gesellschaftliche Akzeptanz und Sozialverträglichkeit der in Konventionen behandelten Inhalte (konventionsbegleitende sozial- und verhaltenswissenschaftliche sowie ethische Forschung).

Daneben ist vor allem die interdisziplinäre Entwicklung kulturspezifischer, qualitativer Visionen (Leitbilder) für eine umweltverträgliche Lebensweise zu fördern.

BEDINGUNGEN MENSCHLICHEN VERHALTENS
Für die Konzeption geeigneter Programme zur Veränderung GW-relevanter Verhaltensweisen ist es unumgänglich, die Faktoren besser zu verstehen, die dieses Verhalten beeinflussen, und deren relative Bedeutung zu erforschen. Der Globale Wandel in all seinen Facetten zeichnet sich vor allem durch eine geringe „Greifbarkeit" sowie durch weitreichende Unsicherheit über seine Folgen aus. Daher stellt vor allem die Untersuchung der *Wahrnehmung und Bewertung* von GW-Phänomenen und von deren Handlungsrelevanz eine große Herausforderung für die geistes-, sozial- und verhaltenswissenschaftliche Forschung dar. Hier müssen deskriptiv-diagnostische Ansätze durch explikative Studien zu einem besseren Verständnis der ablaufenden Informationsverarbeitungsprozesse ergänzt werden. Der Beirat empfiehlt in diesem Zusammenhang:
- Entwicklung und Etablierung eines weltweiten, umfassenden *Social-monitoring*-Systems zur fortlaufenden und vergleichenden deskriptiven Analyse von GW-relevanten Wahrnehmungen, Einstellungen, Motivationen und Verhaltensweisen auf unterschiedlichen sozialen Aggregationsniveaus (möglicher Ansatzpunkt: IHDP-GOES, *siehe Kap. B 1.3*).
- Untersuchung kognitiver, emotionaler und motivationaler Prozesse bei der Verarbeitung von GW-bezogenen Informationen.
- Zusammenführung bestehender und Entwicklung neuer, interdisziplinärer Ansätze zur Bewertung von Umweltgütern und Phänomenen des Globalen Wandels sowie zur politischen Prioritätenset-

zung, beides unter Berücksichtigung sozial- und verhaltenswissenschaftlicher sowie ethischer Aspekte.
- Zusammenführung der Ergebnisse aus der empirischen Werteforschung (vor allem in Psychologie und Soziologie) mit normativ-ethischen Ansätzen.

Spezifische Handlungskontexte

Die Erforschung der Bedingungen menschlichen Verhaltens in *ökologisch-sozialen Dilemmasituationen* sollte zukünftig in den Geistes-, Sozial- und Verhaltenswissenschaften verstärkt unter der Perspektive des Globalen Wandels aufgegriffen werden. Hier bieten sich vielversprechende Möglichkeiten zu interdisziplinärer Kooperation. Auch bezüglich der Problematik öffentlicher Güter empfiehlt der Beirat eine stärkere Zusammenarbeit zwischen Ethikern, Politologen, Juristen, Ökonomen und Psychologen.

Mit Blick auf die Globalität der betrachteten Umweltveränderungen ist zudem die Entwicklung von Ansätzen voranzutreiben, die eine Integration soziologischer, politikwissenschaftlicher und ethischer Aspekte in die bisher vorwiegend ökonomisch dominierte Diskussion um *Gerechtigkeitsaspekte* bei der weltweiten Verteilung von Umweltbelastungen einerseits und Umweltschutzmaßnahmen andererseits ermöglichen (*siehe Kap. B 3.7.5.2*).

Auch die bereits vorhandene Forschung zur *Wahrnehmung und Akzeptanz von Risiken* sollte auf GW-Themen ausgeweitet und stärker interdisziplinär akzentuiert werden. Ein möglicher Schwerpunkt könnte der Einfluß der (Risiko-)Wahrnehmung von Phänomenen des Globalen Wandels auf die Akzeptanz dieser Risiken, auf Prozesse der Entscheidungsfindung und auf konkretes umweltrelevantes Handeln sein.

Gesellschaftliche Akteure

Geistes-, sozial- und verhaltenswissenschaftliche Forschung sollte stärker als bisher *konkrete Akteure* und Akteursgruppen des Globalen Wandels identifizieren und in ihren jeweiligen Verhaltenskontexten untersuchen. Bislang eher selten untersuchte, aber GW-relevante Gruppen sind z.B. Entscheidungsträger in Politik und Wirtschaft sowie Multiplikatoren wie etwa Journalisten. Dies käme u.a. der Konzeption zielgruppenspezifischer Strategien der Verhaltensänderung zugute, die sich in der Regel durch hohe Wirksamkeit und Kosteneffizienz auszeichnen.

Spezifische Verhaltensmuster

Letztlich sind es weniger einzelne, separierbare Verhaltensweisen (Energie- und Wassersparen, Mobilität etc.), sondern die Produktions- und Konsumtionsweisen der „entwickelten" Länder sowie die dort praktizierten *Lebensstile*, die nicht-nachhaltig sind und wesentlich zu den globalen Umweltproblemen beitragen. Die Entwicklung von Alternativen hierzu setzt die Identifikation und Untersuchung komplexer Verhaltensmuster in den entsprechenden Kulturen, ihrer Werte und Normen sowie ihrer Wirtschaftsweise und der sich daraus ergebenden Handlungsspielräume voraus. Auch dafür bieten sich integrative Forschungsansätze über die einzelnen relevanten Disziplinen hinweg an.

Zudem sollten die unterschiedlichen Entwicklungsstadien und -pfade der Weltgesellschaft im Hinblick auf die Einstellung zu sowie die Nutzung von natürlichen Ressourcen beschrieben und einer vergleichenden Analyse unterzogen werden. Im Zeitverlauf könnten so mögliche Determinanten einer nachhaltigen Entwicklung bzw. umweltverträglicherer Naturnutzungsformen extrahiert werden.

Dennoch ist auch weiterhin Forschung zu Ursachen und Folgen *einzelner* Verhaltensweisen und ihrer Verknüpfung notwendig, insbesondere vor dem kulturellen Hintergrund der Entwicklungsländer. Mögliche Themen sind hier:
- Abwanderung aus Gefährdungsgebieten (Migration).
- Urbanisierung und Umgang mit Abfall.
- Tourismus und Globaler Wandel.
- Lokale Selbsthilfe im informellen Sektor.
- Soziokulturelle Einflußfaktoren auf das generative Verhalten.

Strategien der Verhaltensänderung

Die vor allem in Rechts- und Politikwissenschaft, Ökonomie und Psychologie entwickelten Instrumente der Umweltpolitik, die auf *Verhaltensänderungen* auf verschiedenen Ebenen der Gesellschaft abzielen, werden derzeit noch meist isoliert betrachtet. Da sich aus ihrer Zusammenführung sowohl ein verbessertes Verständnis der treibenden Kräfte menschlichen Verhaltens als auch Synergieeffekte bei der Bewältigung der globalen Umweltveränderungen ergeben könnten, sollte in verstärktem Maße Forschung zu einer Integration dieser verschiedenen Instrumente betrieben werden. Hinsichtlich der Annäherung bestehender Verhaltensweisen an neue Leitbilder und Zielvorstellungen müssen sämtliche Instrumente der Umweltpolitik einer fortlaufenden Erfolgskontrolle (Evaluation) unterzogen werden.

Schon heute kann man sagen, daß es zur Verbreitung umweltschonender Verhaltensweisen bei der Bevölkerung erforderlich ist, das ganze Spektrum möglicher verhaltensbeeinflussender Faktoren zu berücksichtigen und jeweils zielgruppen- und kontextspezifisch anzupassen. Daher sind zu der Frage, unter welchen konkreten Rahmenbedingungen welche Kombination von Interventionsmethoden zielführend ist, vermehrt Fallstudien durchzuführen.

Umweltdiskurse

Die *Medien* spielen bei der Meinungsbildung der Bevölkerung zu globalen Umweltproblemen eine besondere Rolle. Daher sind im Rahmen einer interdisziplinären, anwendungs- bzw. problemlösungsorientierten Forschung insbesondere spezifische Aspekte der Kommunikation über den Globalen Wandel herauszuarbeiten. Dazu zählt die Erforschung der Bedingungen der Problemwahrnehmung und -darstellung, auf deren Grundlage effizientere *Kommunikationsstrategien* erarbeitet werden müssen, und zwar insbesondere in den folgenden Bereichen:
- Bedingungen der Fokussierung und Bindung öffentlicher Aufmerksamkeit (*agenda setting*).
- Rolle des öffentlichen Kommunikationssystems bei Entstehung, Austragung und Beilegung von Umweltkontroversen.
- Determinanten entscheidungs- bzw. verhaltensrelevanter Informations- und Kommunikationsprozesse in Öffentlichkeit, Politik und Wirtschaft.
- Angebot, Infrastruktur und Nutzungsbarrieren von Informationen zum Globalen Wandel.
- Determinanten der Entwicklung übernationaler „Öffentlichkeiten" und kollektiver Repräsentationen.

Insgesamt sollten die bisher vorwiegend disziplinär gewonnenen Forschungsergebnisse zu den gesellschaftlichen Umweltdiskursen im Rahmen einer stärker interdisziplinären Zusammenarbeit dort zusammengeführt werden, wo sich thematische Überschneidungen ergeben (*siehe Kap. 3.7.4.4*).

3.8.4.2
Strukturelle Anforderungen

Die globale Umweltkrise ist, da anthropogen verursacht, im Kern eine gesellschaftliche Krise. Dieser mittlerweile allgemein anerkannte Sachverhalt findet in der deutschen Forschungslandschaft noch keine Entsprechung. Insofern ist generell eine deutliche Ausweitung der Förderung geistes-, sozial- und verhaltenswissenschaftlicher Ansätze in der Forschung zum Globalen Wandel zu fordern, mit dem Ziel einer stärkeren Institutionalisierung dieses Forschungsfeldes und der Entwicklung einer entsprechenden Sichtweise auf die Phänomene des Globalen Wandels. Insbesondere wegen der Dominanz einzelwissenschaftlichen Vorgehens weist die vorhandene humanwissenschaftliche Forschung zum Globalen Wandel in Deutschland bislang nur einen niedrigen Organisationsgrad auf. Hier sind zunächst die Hochschulen und die Forschungsförderungseinrichtungen gefordert, die Voraussetzungen für die disziplinäre wie interdisziplinäre Vernetzung zu schaffen. Ein Ansatzpunkt zur Förderung interdisziplinärer Forschungstätigkeit ist die Bildung temporärer Forschergruppen, wie sie auch schon vom Wissenschaftsrat (1994) vorgeschlagen wurde.

Globale Umweltveränderungen werden insbesondere durch lokales Handeln verursacht und beeinflußt, wodurch den jeweiligen konkreten Handlungskontexten große Bedeutung zukommt. Daher ist es unabdingbar, in verstärktem Maße nationale *Human-dimensions*-Programme zu entwickeln. Gleichwohl können bestimmte Fragestellungen nur in internationaler Zusammenarbeit sinnvoll angegangen werden. Dazu zählen vor allem die kulturvergleichende Forschung sowie die Entwicklung eines kontinuierlichen, weltweiten Systems der Gesellschaftsbeobachtung (*social monitoring*, analog zum bereits weit ausgebauten *environmental monitoring*). Der weitere Aufbau internationaler humanwissenschaftlicher Programme zum Globalen Wandel, insbesondere des IHDP, ist daher notwendig. Angesichts der dargestellten hohen Relevanz der Geistes-, Sozial- und Verhaltenswissenschaften für das *Verhaltens*problem „Globaler Wandel" gäben „starke" internationale Programme zudem wichtige Signale an die Akteure im nationalen wie internationalen politischen Prozeß, psychosoziale Aspekte verstärkt im Rahmen von Problemlösungsansätzen zu berücksichtigen. Sowohl die inhaltliche Rahmensetzung des IHDP als auch die bisher ins Auge gefaßten konkreten Projekte (LUCC, GOES, IHDP-DIS, START) bieten für eine stärkere deutsche Beteiligung eine Reihe konkreter Ansatzpunkte (*siehe Kap. B 1.3*).

3.9
Technologieforschung

3.9.1
Relevanz der Technologie für den Globalen Wandel

Das Hauptanliegen der auf Probleme des Globalen Wandels ausgerichteten Technologieforschung ist die Suche nach verbesserten bzw. neuen umweltgerechten technischen Möglichkeiten zur dauerhaft-umweltgerechten Entwicklung, insbesondere zur nachhaltigen Sicherung der natürlichen Lebensgrundlagen. Das Ziel, Umweltschutz und Wirtschaftsentwicklung harmonisch zu verknüpfen, (AGENDA 21, Kap. 31, Abschnitt 8) erfordert, die Erforschung und Entwicklung umweltgerechter Technik und ihrer sozioökonomischen Wechselwirkungen weiter voranzutreiben. Die Technologieforschung und -entwicklung sollte zudem einen entscheidenden Beitrag zur Beherrschung bzw. Vermeidung der schädlichen Auswirkungen des Globalen Wandels leisten. Sie muß bei der Suche nach Wegen zu ganzheitlichen Problemlösungen einbezogen werden (WBGU, 1993). Hierzu gehört die Erarbeitung eines Kriterienkatalogs für die Beurteilung neuer Technologien im Hinblick auf ihre Wirkungen in allen Bereichen der Umwelt und auf die menschliche Gesundheit.

In diesem Zusammenhang ist die am Klimaschutz orientierte Energieforschung besonders bedeutend. Hierbei sind auch Arbeitsfelder aus dem Gebiet der Luftreinhaltung einzubeziehen, da im Rahmen dieser Forschung Technologien entwickelt werden, die zur Minderung von Stoffen beitragen, die für die Bildung des troposphärischen Ozons verantwortlich sind. Als ein relativ neues Forschungsgebiet entwickelt sich die „stofflich orientierte Kreislaufwirtschaft", die mit einer Abkehr von der offenen Stoffwirtschaft weltweite Impulse geben kann.

3.9.2
Wichtige Beiträge der deutschen Technologieforschung

In der Umwelttechnikforschung wird in Deutschland ein hohes Niveau gehalten, das sich auf alle wesentlichen Umweltmedien und -bereiche erstreckt: Abfallwirtschaft, Altlastensanierung, Luftreinhaltung, emissionsarme Technologien, Gewässerschutz, Wasserversorgung und Abwasserentsorgung, Lärmbekämpfung sowie auf den Gebieten der Sicherheitstechnik für Anlagen, Systeme und Dienstleistungen mit hohem Gefährdungspotential. Einzelheiten sind in den verschiedenen Förderprogrammen der Bundesregierung enthalten (Panzer, 1995).

Hervorzuheben sind unter dem Aspekt der GW-Relevanz vor allem die zum Forschungsschwerpunkt Energie gehörenden erneuerbaren Energieträger, Wasser, Wind und Sonne, aber auch die Biomasse mit den nachwachsenden Rohstoffen. Auch hier sind neue technologische Lösungen vorhanden bzw. in Bearbeitung. Ganz besonders setzt der Forschungsbereich „Rationelle Energieverwendung" technologische Innovationen um. Einzelheiten enthält die Forschungsrahmenkonzeption „Globale Umweltveränderungen 1992-1995" des BMFT (April 1992) und der Schlußbericht der Enquete-Komision „Schutz der Erdatmosphäre" des 12. Deutschen Bundestages (1995).

3.9.3
Einbindung der deutschen Technologieforschung in internationale Programme

Die Lösung globaler Umweltprobleme erfordert in besonderem Maße auch internationale Zusammenarbeit im Bereich der Technologieforschung. Im Rahmen der Energieforschungsprogramme der Bundesrepublik und der EU widmen sich zahlreiche Forschungs- und Entwicklungsarbeiten der Reduktion des Energieverbrauchs. Die Bearbeitung der Forschungsthemen im Auftrag der EU verlangen explizit eine internationale Zusammenarbeit von mindestens zwei europäischen Instituten. Im EU-Forschungs- und Entwicklungsprogramm „Umwelt und Klima 1995-1998" sind auch Technologiethemen ausgeschrieben; *Kasten 11* gibt den entsprechenden Überblick.

Weiterhin gibt es für die Altlastensanierungstechnik ein vom NATO-*Committee on the Challenges of Modern Society* gefördertes Programm, an dem Deutschland mit Wissenschaftlern aus neun weiteren Nationen beteiligt ist. Wichtig ist auch die bilaterale Zusammenarbeit mit Entwicklungs- und Schwellenländern, die in den letzten Jahren erheblich verstärkt werden konnte. Für die Zukunft sollte sowohl im deutschen als auch im internationalen Bereich eine noch stärkere Bündelung der Kapazitäten erfolgen, um trotz geringer Finanzmittel Synergieeffekte zu schaffen. Da international auf dem Sektor der Umwelttechnik ein scharfer Wettbewerb herrscht, gilt es im Arbeitsbereich des „Vorwettbewerbs" die internationale Zusammenarbeit zu stärken (Enquete-Kommission, 1995). Um die Synergien unterschiedlicher Forschungsansätze besonders in der Energieforschung international nutzen zu können, ist die Zusammenarbeit mit internationalen Organisationen (z.B. *International Energy Agency,* IEA) zu intensivieren.

3.9.4
GW-relevanter Forschungsbedarf in der deutschen Technologieforschung

Nach wie vor sollten im Forschungsprogramm der Bundesregierung sowohl die Weiterentwicklung der derzeit verfügbaren Technologien als auch die Entwicklung neuer umweltgerechter technischer Lösungen zur Vermeidung bzw. Bekämpfung globaler Umweltveränderungen (*prevention* bzw. *mitigation*) eine wichtige Rolle spielen. Hierbei geht es um technologische Entwicklungen auf fast allen Gebieten, insbesondere um einen wesentlich verringerten Energie-

> **KASTEN 11**
>
> **Themen des EU-Forschungs- und Entwicklungsprogramms Umwelt und Klima 1995-1998 (Auszug)**
>
> 1 Instrumente, Technik und Methoden der Umweltüberwachung
> 2 Technologien und Verfahren zur Einschätzung von Umweltrisiken und zum Schutz und zur Sanierung der Umwelt
>   2.1 Methoden der Einschätzung und des Managements von Risiken für Mensch und Umwelt
>   2.2 Analyse der Lebenszyklen industrieller und synthetischer Produkte
>   2.3 Technologien zum Schutz und zur Sanierung der Umwelt
>   2.3.1 Saubere Technologien und saubere Produkte
>   2.3.2 Emissionsreduzierende Technologien
>   2.3.3 Recycling-Technologien
>   2.3.4 Organische Abfälle
>   2.3.5 Gefährliche Abfallstoffe
>   2.3.6 Sanierung kontaminierter Flächen
>
> Quelle: Europäische Kommission, 1994

und Materialeinsatz bei Rohstoffgewinnung, Produktion, Verteilung, Verbrauch und Entsorgung von Gütern sowie bei Dienstleistungen.

3.9.4.1
Technologien zum Klimaschutz

Einen besonderen Schwerpunkt sieht der Beirat in der Erforschung und Entwicklung verbesserter Technologien zum *Klimaschutz*, vor allem im *Energiesektor*. Der Anteil Deutschlands am rasch wachsenden Weltmarkt der Energietechnik beträgt derzeit etwa 20%. Die globalen energiebedingten Entwicklungen sind also auch wesentlich durch deutsche Technik zu beeinflussen. Es wird vorgeschlagen, aus der Vielfalt der technologischen Forschungsfelder die im folgenden aufgeführten Themen schwerpunktmäßig zu behandeln.

RATIONELLE ENERGIEWANDLUNG UND ENERGIEANWENDUNG

Der Neu- und Weiterentwicklung der Umwandlungs-, End- und Nutzenergien zur *rationelleren Energiewandlung* sollte unter Einbeziehung der Grundlagenforschung zur Hochtemperatur-Werkstoffphysik und der Exergie-Thermodynamik höchste Priorität eingeräumt werden. Die mit der derzeitigen Energiewandlung und -nutzung verbundenen Emissionen sind in den Industrieländern die bei weitem größte Quelle treibhausrelevanter Spurengase (Enquete-Kommission, 1995). Auf diesem Gebiet bestehen jedoch erhebliche Prognoseunsicherheiten über das realisierbare quantitative Ausmaß der technischen Reduktionspotentiale. Der Beirat ist der Auffassung, daß sich hier für die Industrieländer, aber auch im Blick auf die industrielle Entwicklung in Schwellen- und Entwicklungsländern, noch ein großes Entwicklungspotential aktivieren läßt.

Der Beirat verspricht sich insbesondere viel von der derzeit laufenden Weiterentwicklung der *Prozeßintegrations-Methode* für höhere Energieeffizienz in der Industrie (dazu auch UBA, 1994). Die Realisierung und breitere Anwendung in deutschen Industriebetrieben verlangt die Einbeziehung einer größeren Zahl von Fallstudien, die möglichst viele Branchen abdecken sollten. Auch sollten anschließend internationale Programme zu Wissensaustausch und Technologietransfer durchgeführt werden, die eine Anpassung für Industriebetriebe in den Schwellen- und Entwicklungsländern ermöglichen.

Vielfach verlangen die erforschten und weiterentwickelten Komponenten und Systeme der Energieeinsparung eine Integration in bestehende Anlagen und Geräte. Diese Anpassung erfordert ingenieurwissenschaftlichen Sachverstand, der auch neue Wege und Möglichkeiten der Systemoptimierung finden muß. Der Beirat empfiehlt, derartige Vorhaben verstärkt in das Forschungsprogramm aufzunehmen. Auch müssen bessere Voraussetzungen für deutsche mittelständische Firmen geschaffen werden, damit diese an dem internationalen Projekt der IEA zur Energieeinsparung aktiv teilnehmen können.

In Deutschland sollte weiterhin Forschung und Entwicklung verstärkt den Bereich des Kleinverbrauchs und der Haushalte berücksichtigen (z. B. Energiesparen). Allerdings sollten diese Projekte durch ständige Informations- und Ausbildungsprogramme begleitet werden, um gesellschaftliche Vorbehalte abzubauen und die Energiesparpotentiale im Bereich des privaten Verbrauchs zu nutzen.

Erneuerbare Energien

Insgesamt sollten auf diesem Gebiet alle Nutzungssysteme der Wärmebereitstellung, der elektrischen Energieerzeugung und der nachwachsenden Brennstoffe kontinuierlich durch weitere Forschung und Entwicklung begleitet und aussichtsreiche Ansätze erprobt werden, um eine vor allem im Hinblick auf globale Umweltveränderungen erforderliche Veränderung der Energieträgerstrukturen zu erreichen.

Photovoltaik besitzt weltweit das höchste Potential für eine Elektrizitätserzeugung auf der Basis erneuerbarer Energiequellen. Um für diese Technologie die notwendigen Kostensenkungen und den gewünschten Markterfolg zu erreichen, ist eine langfristig konzipierte Vorgehensweise im Rahmen eines Forschungsprogramms „Photovoltaik bis zum Jahre 2020" erforderlich. Dieses Programm sollte prioritär die Weiterentwicklung der Photovoltaik-Technologie auf der Basis kristallinen Siliziums angehen und darüber hinaus die folgenden Themenbereiche umfassen (zu weiteren Einzelheiten *siehe Kasten 12*):
- Halbleitertechnologie einschließlich Dünnschicht-Solarzellen.
- Systemstrukturtechnik, u.a. Modulverbindungen, Leistungselektronik, Schalt- und Schutztechnik.
- Produktionsmittel für eine rationellere Fertigung ausgereifter Serienprodukte.

Hierbei sollten auch die Erfahrungen aus dem seit 1988 laufenden Förderprogramm „Meß- und Dokumentationsprogramm an 49 PV-Anlagen" genutzt werden (MuD et al., 1996).

Mit den technikorientierten Maßnahmen sollte ein breit angelegtes Programm zur Marktentwicklung einhergehen. Ein derartiges Aktivitätenbündel, das auf Märkte innerhalb und außerhalb Europas abzielt, ist essentiell, um über eine deutliche Zunahme des Marktvolumens die notwendigen und möglichen Kostendegressionsmechanismen greifen zu lassen. Dieses Programm verlangt eine sozioökonomische Betrachtungsweise. Hierbei sind auch die Gründe, die bisher eine breite Anwendung in Entwicklungsländern verhindert haben (u.a. kulturelle Einflüsse) sorgfältig zu analysieren und neue Lösungen zu einer besseren Anpassung zu entwickeln.

Trotz der zunehmenden Nutzung von *Windenergie* in Deutschland ist Kontinuität im Forschungs- und Entwicklungsbereich notwendig. Dies betrifft insbesondere Konzepte zur Minderung des Landverbrauchs und zum Abbau aufkommender Akzeptanzprobleme durch eine landschaftsgerechte Aufstellung sowie Konzepte zur Minderung der Lärmentwicklung. Um die exportorientierte Entwicklung und Marktentwicklung voranzutreiben, sollte ein Forschungsprogramm zur Lösung der besonderen Probleme aufgelegt werden, die beim Transport, bei der Errichtung, bei der Integration in bestehende Versorgungsstrukturen und bei der Wartung (Ferndiagnosetechniken) von Anlagen im Ausland (vor allem in Entwicklungsländern) auftreten.

In vielen Fällen verlangt die Markteinführung der erneuerbaren Energien wissenschaftliche Begleitung. Hierfür sollten nicht nur die Bundesregierung, sondern verstärkt auch internationale Organisationen, insbesondere die Weltbank und regionale Entwicklungsbanken (z.B. *Asian Development Bank*), Mittel für den Einsatz in Entwicklungsländern bereitstellen. Der Beirat begrüßt das von der Bundesregierung aufgelegte Marktanreizprogramm erneuerbare Energien (1995 bis 1998), das auch Technologien im Bereich der Biomasse unterstützt.

Speicher- und Transporttechnologien

Speicher aller Art, insbesondere Wärme- und Stromspeichersysteme, chemische und elektrochemische Speicher sollten intensiv weiterentwickelt werden, wobei nicht nur technische, sondern auch ökonomische Gesichtspunkte Beachtung finden müssen. Zeitlich schwankende Wärme- und Stromerzeugung auf Basis erneuerbarer Energien benötigen dringend ökonomisch effizientere Speichersysteme. Für den Stromtransport sollte im weltweiten Verbund an den Möglichkeiten der *Supraleitung* weitergeforscht werden.

Kraftwerkstechnik

Verbesserungen in der *Kraftwerkstechnik* erfordern eine ständige Forschung über Verbrennungsvorgänge und die damit verbundenen stofflichen Umsetzungen. Diese Forschung sollte als Grundlagenforschung nicht vernachlässigt werden. Um eine Vorschaltung von Hochtemperatur-Brennstoffzellen in Verbindung mit dem Gas- und Dampfturbinenprozeß (GuD) zu erreichen, ist noch Forschung zu den Werkstoff- und Fertigungsfragen von Brennstoffzellen erforderlich (Enquete-Kommission, 1995). Die Forschungen zur Weiterentwicklung der Brennstoffzellen müssen auch im Zusammenhang mit der Entwicklung Carnot-unabhängiger elektrochemischer Energiewandlungsprozesse gesehen werden. Auch sind noch weitere anwendungsorientierte Arbeiten für Blockheizkraftwerke auf Brennstoffzellenbasis sinnvoll, da diese relativ zu Verbrennungsmaschinen ein deutlich besseres Strom-Wärme-Verhältnis aufweisen (Luther, 1996). Im Zusammenhang mit der Anwendung der Brennstoffzelle ist auch die Weiterentwicklung des Einsatzes für Kraftfahrzeuge wichtig (*zero emission car*).

Die Fortschritte in der Kraftwerkstechnik zur Wirkungsgraderhöhung und die Entwicklung neuer Kraftwerkskonzepte mit fossilen Energieträgern sind gut erkennbar und teilweise bis zur Einsatzreife

> **KASTEN 12**
>
> **Forschungsthemen aus dem Bereich der solaren Energiesysteme**
>
> - Weiterentwicklung der Dünnschichttechnologie: Demonstration der Produktionstechnologien im 100-kW/a- bis 1-MW/a-Bereich, um zu zuverlässigen Kostenextrapolationen zu kommen, einschließlich Optimierung der Umweltverträglichkeit der Produktionsverfahren und der Recyclingtechniken. Entwicklung einer Dünnfilmmodultechnik für Massenproduktion, insbesondere Module für den Gebäudebereich.
> - Entwicklung bzw. Demonstration von Produktionstechnologien für großflächige Module auf der Basis amorphen Siliziums mit hohen stabilen Wirkungsgraden.
> - Anwendungsorientierte Grundlagenforschung für Solarzellen auf der Basis neuer Materialien.
> - Weiterentwicklungen auf dem Gebiet der photovoltaikangepaßten elektrotechnischen Systemtechnik: Leistungselektronik, Lastmanagementsysteme, Überwachungssysteme, elektromagnetische Verträglichkeit.
> - Entwicklung und Demonstration optimaler Techniken für die Integration von Photovoltaikanlagen in Gebäuden, Siedlungen und größeren Baustrukturen: Standardisierung, Erhöhung der Systemwirkungsgrade, Entwicklung von Service-Konzepten.
> - Entwicklung und Demonstration von Photovoltaik-Energieversorgungskonzepten in Entwicklungsländern einschließlich Qualitätssicherung, Schulung, Finanzierung und lokaler Produktion von Systemkomponenten.
>
> Quellen: Enquete-Kommission, 1995; Dechema, 1994; Luther, persönliche Mitteilung, 1996; Kleinkauf et al., 1993

gediehen. Dort, wo ein großer Beitrag zur Minderung von Kohlendioxid- Emissionen zu erwarten ist, sollten Demonstrationsprojekte, z.B. als transnationale Kooperationsmodelle gefördert werden. Der Beirat sieht in den Programmen „Investitionen zur Verminderung von Umweltbelastungen" und „Investitionen zur Verminderung von grenzüberschreitenden Umweltbelastungen" des BMU eine hilfreiche Maßnahme, auch Pilotprojekte im Zusammenhang mit fortschrittlichen GW-relevanten Technologien im Ausland zu fördern.

LUFTVERKEHRSTECHNIK

Der ansteigende Luftverkehr (WBGU, 1993) wird zu einer immer wichtigeren Emissionsquelle klimarelevanter Gase (*siehe Massentourismus-Syndrom, Kap. C 2.2.1*). Aus diesem Grund müssen die Forschungsarbeiten mit dem Ziel einer eindeutigen Klärung der Auswirkungen dieser Emissionen in globaler Sicht fortgeführt werden. In das seit 1992 laufende Verbundprogramm „Schadstoffe in der Luftfahrt" wird bereits die Entwicklung emissionsärmerer Flugzeugtriebwerke einbezogen. Darüber hinaus sollte untersucht werden, ob für den Luftverkehr langfristig die Entwicklung neuer Flugzeugtypen auf einer klimaverträglichen Basis erforderlich ist. Die Anforderungen betreffen insbesondere Treibstoffverbrauch, Begrenzung der Reisegeschwindigkeit und der Flughöhe (Enquete-Kommission, 1994). Die technischen Neuentwicklungen (z.B. Einsatz von Wasserstoff) sollten im Rahmen weltweiter Kooperation erfolgen, einschließlich der fortgeschrittenen technischen Lösungen in Rußland.

3.9.4.2
Technologien zum Schutz der Ozonschicht

Der Bereich der technologischen Möglichkeiten zur Minderung der anthropogenen Veränderung des Ozongehalts der Atmosphäre ist noch nicht abschließend erforscht. Die Umstellung auf Substitutionsprodukte für FCKW und Halone müssen durch die Förderung von Forschungs- und Entwicklungsarbeiten schneller zum Abschluß gebracht und international (insbesondere für die Entwicklungsländer) koordiniert werden. Da langfristig der Anteil der anthropogenen N_2O-Emissionen zunimmt, müssen alle Quellen gründlich untersucht und technische Lösungen zur Emissionsminderung der N_2O-Emissionen entwickelt werden.

3.9.4.3
Technologien zu Stoffflüssen

Bereits in den Berichten der Enquete-Kommissionen des Deutschen Bundestags (Enquete-Kommission, 1993 und 1995) sind zahlreiche Anregungen zur erforderlichen Forschung und Weiterentwicklung über den nachhaltigen Umgang mit Stoff- und Materialströmen enthalten. Auf der Grundlage des ökologischen Produktliniencontrolling (UBA, 1994) als Baustein für ein Stoffstrommanagement muß die Frage nach dem Entwicklungsbedarf stoffarmer Techniken die Güterproduktion, die Energieversorgung und die Bereitstellung von Dienstleistungen umfassen, wobei die Ökonomie- und Sozialverträglichkeit einzubeziehen sind. In diesem Zusammenhang begrüßt der Beirat das Rahmenkonzept des BMBF „Produktion 2000". Neben den Vorhaben im Produktionsbereich sollten auch solche bei der Rohstoffgewinnung und für den Dienstleistungsbereich (mit globalem Bezug) berücksichtigt werden. Da zum Stoffstrommanagement auch die Beeinflussung von Stoffströmen im Entsorgungsbereich gehört, werden weitere Forschungsthemen für eine international orientierte Abfallwirtschaft empfohlen (*siehe Kasten 13*).

3.9.4.4
Schnittstellen Technik/Ökonomie

Technologieforschung zur Lösung globaler Umweltprobleme ist immer mit ökonomischen Fragen gekoppelt und weist insofern einen Querschnittscharakter auf (Rentz, 1995). Aus diesem Grund schlägt der Beirat einige Forschungsthemen im Schnittstellenbereich von Technik und Ökonomie vor:
- Überprüfung der Eignung und Wirkung des *Joint-implementation*-Ansatzes (Kompensationsprinzip) zur Treibhausgasreduktion.
- Entwicklung und Bewertung von kosteneffizienten Minderungsstrategien für Treibhausgasemissionen bei simultaner Berücksichtigung der klimawirksamen Spurengase (CO_2, CH_4, N_2O und $O_{3)}$.
- Erforschung von CO_2-Rückhalte- und Speichertechniken unter ökologischen und ökonomischen Aspekten.

KASTEN 13

Forschung zu Abfallproblemen aus globaler Sicht

- Ausarbeitung von Strategien, die dazu beitragen, daß die umweltgerechte Behandlung von Abfällen einer wachsenden Weltbevölkerung global nach einem ähnlichen Konzept sichergestellt werden kann.
- Entwicklung von Strategien und Mechanismen, unter denen Maßnahmen zur Abfallvermeidung, -verwertung und -entsorgung ergriffen werden, die sowohl für Industrie- als auch für Entwicklungsländer angewandt werden können.
- Diese Strategien und Mechanismen sind so zu gestalten, daß eine Beteiligung für eine möglichst große Zahl von Ländern attraktiv wird. Weiterhin sind Anpassungsprozesse so zu strukturieren, daß die Maßnahmen von den Beteiligten im eigenen Interesse ausgeführt werden.
- Arbeitsschwerpunkte:
  - Untersuchung der Interessenlage der einzelnen Länder bzw. Ländergruppen.
  - Identifizierung der Phasen der Vermeidung, Verwertung und Entsorgung und der phasenspezifischen Interessenharmonien bzw. Interessenkonflikte beteiligter Länder.

Auf dieser Basis könnten ländergruppenspezifische Konzepte entwickelt werden. Wenn Interventionsmaßnahmen geplant sind, müssen diese Konzepte auch auf die regionale und lokale Ebene (Kommunen) mit ihren unterschiedlichen Sozial- und Siedlungsstrukturen ausgerichtet werden.

Das Projekt sollte in zwei Stufen bearbeitet werden:

Stufe 1:
Determinanten von Abfallvermeidung, -verwertung und -entsorgung; relevante Verhaltensweisen und deren Änderung.

Stufe 2:
Planung von Interventionsmaßnahmen unter Berücksichtigung von länder-, kultur- und lokalspezifischen, von ökonomischen, technischen, rechtlichen, sozialen und psychologischen Rahmenbedingungen.

Das Projekt sollte durch eine interdisziplinäre Arbeitsgruppe aus den Bereichen der Umweltpsychologie, Ökonomie und Ingenieurwissenschaft unter Einbeziehung ausländischer Experten der verschiedenen Ländergruppen bearbeitet werden.

- Quantifizierung der Auswirkungen von Treibhausgasminderungsstrategien auf die Emissionen anderer atmosphärischer Massenschadstoffe.
- Entwicklung von kosteneffizienten Minderungsstrategien für Ozon in der Troposphäre.
- Identifikation von umweltverträglichen Industrialisierungspfaden in Entwicklungs- und Schwellenländern.
- Weiterentwicklung von lokal angepaßten Technologien in Entwicklungsländern (z. B. lokale Transportsysteme und Produktionsmethoden, traditionelle Bauweisen).
- Analyse des Einflusses staatlicher Maßnahmen auf die Entwicklung emissions- und reststoffarmer Technologien.
- Entwicklung von Anlagenverbundlösungen auf betrieblicher und überbetrieblicher Ebene zur Optimierung der Kreislaufwirtschaft (z.B. Zusammenfassung von Produktionsanlagen zur Energie- und Rohstoffeinsparung sowie zur Emissions- und Reststoffvermeidung).
- Entwicklung logistikorientierter Produktionsprozesse (insbesondere Reduzierung der Transportwege im Produktionsprozeß).
- Entwicklung stoff- und energieeffizienter Produktionsverfahren und Technologien.

3.9.4.5
Strukturelle Anforderungen

Die Erfahrung mit der praktischen, technisch orientierten Umweltpolitik zeigt, daß komplexe technische Umweltprobleme im Regelfall mindestens folgende Bereiche tangieren:
- *Techniken*: also Ingenieurdisziplinen.
- *Stofflichkeit*: also Chemie, Biologie, Geologie.
- *Planung und Gestaltung*: also Ökonomie, Sozialwissenschaften.
- *Anwendung und Auswirkungen*: also Sozial- und Verhaltenswissenschaften, Umweltmedizin.

Um komplexe technische Umweltprobleme praxisrelevant lösen zu können, d.h. konkrete Gestaltungsvorschläge zu erarbeiten, sind jeweils im einzelnen Projekt bzw. bei der gegebenen Problemstellung alle diese Bereiche abzudecken. Hierzu reicht die bloße Kopplung von verschiedenen Instituten aus verschiedenen Fakultäten nicht immer aus. Es ist vielmehr vorteilhaft, in derselben Arbeitsgruppe, d.h. unter demselben Dach, Mitarbeiter der verschiedenen Richtungen zu vereinen. Nach derzeitiger Einschätzung gibt es nur wenige Fakultäten und Fachbereiche in Deutschland, die eine solche multidisziplinäre Institutsstruktur bzw. Lehrstuhlstruktur aufweisen. Hier besteht Entwicklungsbedarf, wobei die Erfahrungen mit Umweltforschungszentren und deren Effizienz einbezogen werden sollten (Rentz, 1995).

3.10
Fazit: Stand der deutschen Forschung zum Globalen Wandel

Die deutsche Forschung hat wichtige Beiträge zum Verständnis globaler Umweltveränderungen geliefert. In der Forschungsorganisation und -breite, der internationalen Einbindung und der Leistungsfähigkeit sind jedoch bei den verschiedenen Wissenschaftsdisziplinen große Unterschiede festzustellen.

Innerhalb der *Naturwissenschaften* existieren besondere Schwerpunkte in den Bereichen Klima- und Atmosphärenforschung sowie Meeres- und Polarforschung. Hier gibt es mehrere Sonderforschungsbereiche und Schwerpunktprogramme der DFG sowie eine starke Einbindung der Forschungsbereiche in internationale Programme. Hingegen wird die globale Dimension im Bereich der Litho- und Pedosphäre, vor allem aber der Biosphäre, in Deutschland noch wenig bearbeitet.

Innerhalb der *Geistes-, Sozial- und Verhaltenswissenschaften* gibt es explizite Forschung zum Globalen Wandel bisher nur in Ansätzen. Die Forschung ist hier durch einzelwissenschaftliche Beiträge sowie durch eine stark nationale Ausrichtung gekennzeichnet. Dies entspricht zwar der Natur ihres Erkenntnisgegenstands (Kulturen, Gesellschaften, Individuen), dennoch ist eine stärkere Berücksichtigung der globalen Perspektive unbedingt erforderlich. Voraussetzung hierfür ist die Erarbeitung grundlegender Konzepte zur Erforschung des Globalen Wandels (z.B. sozialwissenschaftlicher Konzepte von Globalität) und die Ergänzung des bisher einzigen Schwerpunktprogramms der DFG durch eine Förderung weiterer Forschungsprojekte und -programme.

Die Erforschung des Globalen Wandels als vielschichtiges, interdependentes Phänomen erfordert die Zusammenarbeit von Wissenschaftlern unterschiedlicher Disziplinen. So sind naturwissenschaftliche Prognosemodelle anthropogener Umweltveränderungen von Annahmen über zukünftiges Verhalten der Menschen abhängig und erfordern somit eine enge *Kooperation von Natur- mit Sozialwissenschaftlern*. Sollen umgekehrt Sozialwissenschaftler Konzepte zur Bewältigung von Umweltproblemen erstellen, benötigen sie valide Informationen aus den Naturwissenschaften. Diese notwendige Vernetzung von Sozial- und Naturwissenschaften steht in der deutschen Forschung noch aus.

Eine ähnliche Aussage läßt sich für interdisziplinäre Forschung innerhalb der Sozialwissenschaften treffen, teilweise auch innerhalb der Naturwissenschaften. Zwar gibt es erste Ansätze für Interdisziplinarität (z.B. in der Waldschadensforschung), diese müssen in Zukunft jedoch verstärkt und ergänzt werden.

Ein generelles Problem der deutschen Forschung zum Globalen Wandel ist ihre mangelnde *Problemlösungskompetenz* und damit *Politikrelevanz*. Auch hervorragende wissenschaftliche Leistungen allein können keine Bewältigung der Umweltprobleme herbeiführen. Die Forschung muß vielmehr anwendungsorientiert sein, eine Aufarbeitung in politische Lösungsschritte und die Formulierung von Umweltzielen in Form praktisch umsetzbarer Vorgaben ist notwendig. Dies ist vor allem deshalb erforderlich, damit die Politik dem Vorsorgeprinzip gerecht werden kann: Nur wenn wissenschaftliche Erkenntnisse in politische Vorgaben umgewandelt werden, kann die Politik aktiv werden. Die Wissenschaft wiederum muß eine politikunterstützende Funktion erfüllen, indem sie ihre Forschung am Bedarf ausrichtet, also den Erfordernissen, die aufgrund aktueller politischer Prozesse (z.B. Verhandlungen zu den Umweltkonventionen) entstehen.

Generell bleibt festzustellen, daß in Deutschland Forschung zum Globalen Wandel bisher weitgehend eine Domäne der Naturwissenschaften ist. Weiterhin fehlt es an Interdisziplinarität, an internationaler Zusammenarbeit sowie an Problemlösungskompetenz zur Behebung akuter und potentieller Gefährdungen der globalen Umwelt. Im folgenden wird der Beirat daher Vorschläge unterbreiten, wie diese Defizite behoben werden können.

Neue Leitlinien zur Gestaltung von Umweltforschung

C

Die neuen Leitlinien im Überblick

Gegenstand von *Kap. B 3* des Gutachtens ist die deutsche Forschung zum Globalen Wandel, wie sie in sektoraler und disziplinärer Aufgliederung betrieben wird. Wie in der Einführung zum Gutachten näher erläutert, erscheint dem Beirat dieser sektorale Ansatz aber als nicht angemessen bzw. als ergänzungsbedürftig. Die komplexen Phänomene des Globalen Wandels können nicht sektoral oder aus der Perspektive nur einer Disziplin analysiert werden. Dies hängt damit zusammen, daß diese Phänomene Resultat vielschichtiger Interaktionen zwischen Natur- und Anthroposphäre sind. Wenn GW-Forschung zudem die Grundlage für Problemlösungen erarbeiten soll, ist die Betrachtung komplexer Wechselwirkungen zwischen Vorgängen in der Natursphäre und der Anthroposphäre (Bevölkerungs- und Wirtschaftsentwicklung sowie technologische und psychosoziale Prozesse) erst recht erforderlich.

Diese Problemsicht muß in Inhalt und Organisation der deutschen Forschung zum Globalen Wandel stärker als bisher ihren Niederschlag finden. Der Beirat hat in seinen bisherigen Gutachten einen Ansatz entwickelt, der diesem Postulat entspricht. Dieser systemare Ansatz, wie er im *Syndromkonzept* zum Ausdruck kommt, wird im folgenden verwendet, um neue Leitlinien für die Forschung zum Globalen Wandel abzuleiten. Dabei wird in mehreren Schritten vorgegangen.

Die enge Verzahnung von menschlichen und natürlichen Systemen verlangt ein Vorgehen, das sicherstellt, daß die komplexen Probleme des Globalen Wandels aus verschiedenen Sichtweisen und auf unterschiedlichen Ebenen in integrierter Form angegangen werden. Diese Integration muß nach Auffassung des Beirats zum einen in horizontaler, zum anderen in vertikaler Form erfolgen. *Horizontale Integration* bezieht sich auf die Probleme selbst, ihren Zuschnitt und ihre Verbindungen untereinander. Dieser Sichtweise sind die *Kap. C 2* bis *C 6* gewidmet. Unter dem Aspekt der Problemlösung muß für jeden Problembereich aber noch ein weiterer Zugang eröffnet werden. Er wird hier als *vertikale* Integration bezeichnet und umfaßt die Stufen von der entscheidungsorientierten Aufbereitung eines Problems über die Implementierung angemessener Instrumente bis hin zur Überprüfung ihrer Wirksamkeit *(Kap. C 7)*.

Im Mittelpunkt dieses Gutachtenteils steht die *Horizontale Integration*. Hauptinstrument hierfür ist das *Syndromkonzept*, das der Beirat in diesem Zusammenhang auf die Forschung anwendet. Syndrome basieren auf dem *Globalen Beziehungsgeflecht* und stellen gewissermaßen komplexe Krankheitsbilder des Systems Erde dar *(Kap. C 2.1)*. Sie ergeben sich aus charakteristischen Konstellationen von sozioökonomischen, naturräumlichen und politischen Trends in diesem Beziehungsgeflecht und lassen sich in vielen Regionen identifizieren. Der Beirat versucht hier erstmals, eine vollständige Liste der Syndrome aufzustellen *(Kap. C 2.2)*, und ordnet die Syndrome den *Kernproblemen des Globalen Wandels* zu *(Kap. C 2.3)*.

Alle Syndrome gleichzeitig und umfassend zum Gegenstand der Forschung machen zu wollen, wäre ein allzu ambitioniertes Unterfangen. Daher sind Kriterien erforderlich, um sie zu gewichten und – gefördert durch eine entsprechende Forschungsorganisation – anzugehen. Dazu hat der Beirat zwei Typen von Kriterien entwickelt:

1. *Relevanzkriterien* dienen dazu, die Syndrome aus Sicht der deutschen Forschung nach „Wichtigkeit" zu reihen *(Kap. C 3)*. Ein Kriterium hierfür ist beispielsweise die bereits vorhandene Kompetenz der deutschen Forschung, um darauf aufbauen zu einer zügigen Problemlösung beizutragen.
2. *Integrationsprinzipien* sind erforderlich, um die Forderung nach Vernetzung oder interdisziplinarität in konkrete Anforderungen an Forschungsprogramme und -projekte zu überführen *(Kap. C 4)*. Solche Prinzipien beziehen sich auf Merkmale des Forschungsgegenstands und der -methodik ebenso wie auf Aspekte der Forschungsorganisation und der Ergebnisumsetzung.

Auf der Basis dieser Prinzipien erfolgt die Bildung einer *Rangfolge der Syndrome (Kap. C 5)*. Der Beirat hat hierzu eine erste Befragung im eigenen Kreis durchgeführt, um die Anwendbarkeit der Prinzipien zu testen. Eine endgültige Festlegung sollte durch einen größeren Kreis von Experten, z.B. im Rahmen einer Delphi-Studie, erfolgen.

Nachdem die wichtigsten Syndrome des Globalen Wandels identifiziert und in eine Rangfolge gebracht worden sind, kann am Beispiel ausgewählter Syndrome ein entsprechendes Forschungsdesign entworfen werden. Am Beispiel des *Sahel-Syndrom*s wird illustriert, wie entsprechende Forschung gestaltet werden könnte *(Kap. C 6)*.

Forschung zu solch komplexen Problemen, die auf die Erarbeitung und Umsetzung von Problemlösungen ausgerichtet ist, verlangt nach Forschungsstrukturen und Förderinstrumenten, die einerseits auf Bestehendem aufbauen können, andererseits neu entwickelt und erprobt werden müssen *(Kap. C 7 und C 8)*.

Horizontale Integration: Das Syndromkonzept 2

2.1
Der systemare Ansatz

Der Globale Wandel ist dadurch geprägt, daß die Menschheit heute ein aktiver Systemfaktor von planetarischer Bedeutung ist: Zivilisatorische Eingriffe wie der Abbau von Rohstoffen, die Umlenkung von Stoff- und Energieflüssen, die Veränderung großräumiger natürlicher Strukturen und die kritische Belastung von Schutzgütern verändern das System Erde zunehmend in seinem Charakter. Die Komplexität der dabei involvierten bzw. angestoßenen Prozesse stellt eine gewaltige Herausforderung für die Wissenschaft dar. Damit verbunden sind Forschungsfragen, deren Beantwortung in den kommenden Jahren weiter an Bedeutung zunehmen wird:
- Wie kommt es zu den Naturveränderungen, und wie sind sie mit der globalen Entwicklungsproblematik verknüpft?
- Wie kann man sie frühzeitig erkennen oder vorhersagen?
- Welche Risiken sind mit ihnen verbunden?
- Wie muß der Mensch handeln, um negative Entwicklungen auf globaler Ebene zu verhindern, um drohenden Gefahren zu begegnen bzw. um die Folgen globaler Veränderungen zu minimieren?

Forschung zum Globalen Wandel muß sich also mit der Diagnose, Prognose und Bewertung der globalen Trends, der Vermeidung negativer Entwicklungen (*Prävention*), der „Reparatur" bereits eingetretener Schäden (*Sanierung*) sowie der Anpassung an Unvermeidliches (*Adaption*) befassen. Hierzu müssen die bestimmenden Wechselwirkungen zwischen diesen Trends erfaßt, beschrieben und erklärt werden.

Diese Forschungsaktivitäten sollten sich am Leitbild der nachhaltigen Entwicklung orientieren. Das entscheidende und inzwischen allgemein anerkannte Element dieses Konzepts ist der untrennbare Zusammenhang zwischen Umwelt *und* Entwicklung (AGENDA 21). Darin spiegelt sich die Einsicht wieder, daß der Mensch und seine Umwelt ein eng miteinander verflochtenes System bilden. Die Forschung zum Globalen Wandel ist daher mit zwei prinzipiellen Problemen konfrontiert: Zum einen erzwingt die Untersuchung des Systems Erde einen *integrativen* Ansatz, denn die Interaktionen reichen über die Grenzen von Disziplinen, Sektoren und Umweltmedien hinweg. Das zweite grundlegende Problem ist die hohe *Komplexität* der dynamischen Zusammenhänge, die eine übersichtliche Darstellung, Analyse und Modellierung sehr erschwert. Nur eine entsprechend vernetzte und interdisziplinäre Betrachtungsweise kann diesen beiden Problemen gerecht werden. Daher ist die bislang vorwiegend sektoral geprägte Forschung durch einen *systemaren Ansatz* zu ergänzen, der verschiedene disziplinäre Forschungsstränge miteinander verknüpft.

2.1.1
Das globale Beziehungsgeflecht

Der Beirat hat eine neue *Methode* für eine Ganzheitsbetrachtung der gegenwärtigen Krise im System Erde vorgeschlagen (WBGU, 1993 und 1994). Als Elemente dieser Beschreibung werden nicht, wie sonst üblich, einfach zu indizierende Basisvariablen, wie z.B. CO_2-Konzentration in der Atmosphäre, Bevölkerungszahl oder Bruttosozialprodukt gewählt. Stattdessen werden die wichtigsten Entwicklungen des Globalen Wandels als qualitative Elemente verwendet *(Abbildung 5)*. Diese werden als *Trends des Globalen Wandels* bezeichnet und geben Auskunft über die dominierenden Merkmale der globalen Entwicklung.

Die Trends bilden die Grundlage für die Beschreibung der Entwicklung des Systems Erde. Sie bezeichnen hochkomplexe natürliche oder anthropogene Prozesse, ohne jedoch deren interne Vorgänge im Detail aufzulösen. Die genaue Betrachtung der Mikromechanismen ist auf der hochaggregierten Ebene des Begriffsbilds vom Globalen Wandel auch nicht notwendig, da diese Mechanismen keine bzw. nur mittelbare Auswirkungen auf die globalen Veränderungen der Mensch-Umwelt-Beziehungen haben. Da die Trends so formuliert wurden, daß sie in ihrem Be-

112 C 2 **Horizontale Integration: Das Syndromkonzept**

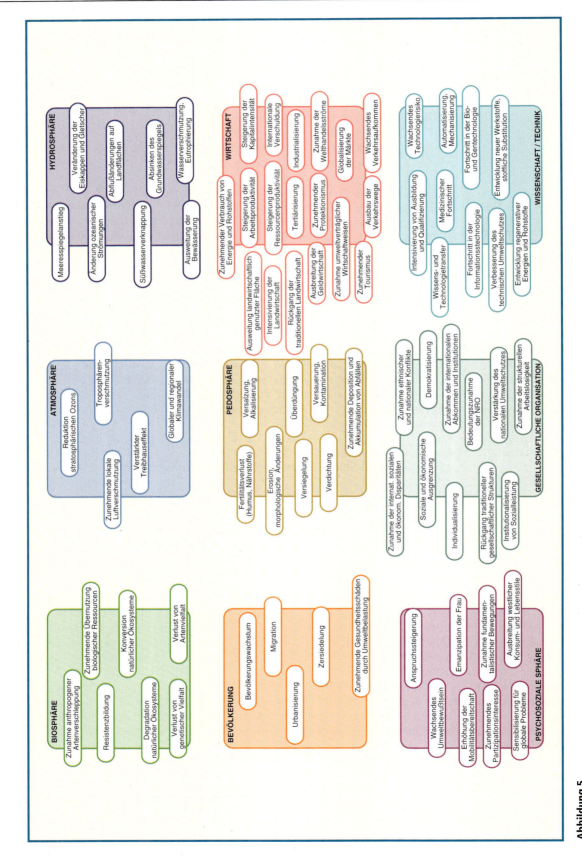

Abbildung 5
Das Globale Beziehungsgeflecht.
Quelle: WBGU

deutungsinhalt möglichst wenig „überlappen", ist es möglich, sie als grundlegende Elemente einer systemanalytischen Beschreibung der Dynamik des Globalen Wandels zu verwenden.

Eine weitere Voraussetzung dafür ist, daß sich für die Trends Indikatorgrößen bestimmen lassen, die sich direkt oder indirekt aus einem Meßprozeß ergeben (*Kasten 14*). Dies können sowohl physikalische, chemische oder biologische Beobachtungsgrößen als auch solche sein, die sich im Rahmen sozialwissenschaftlicher Betrachtungen ergeben. Wesentlich ist hierbei, daß diese Informationen nicht vollständig vorliegen müssen, sondern daß nur Hinweise auf den qualitativen Charakter erforderlich sind.

Auf der Basis von Expertenwissen wurden jene Trends ausgewählt, die für den Globalen Wandel hochrelevant sind. Die Trends wurden zunächst nicht bewertet, d.h. problematische Vorgänge wie Klimawandel, Rückgang der Artenvielfalt oder Bodenerosion stehen neben Trends wie Globalisierung der Märkte oder Fortschritt in der Bio- und Gentechnologie, die je nach Blickwinkel und konkreter Ausprägung negative oder positive Wirkungen haben können. Hinzu kommen Entwicklungen, von denen man sich eine Linderung der globalen Probleme erhofft, wie z.B. Verstärkung des nationalen Umweltschutzes, wachsendes Umweltbewußtsein oder Zunahme internationaler Abkommen.

Insgesamt finden sich auf diese Weise auch die Hauptthemen der öffentlichen und internationalen Debatte zum Globalen Wandel wieder. Einige dieser Hauptthemen oder *Kernprobleme des Globalen Wandels* (*Kasten 15*) sind direkt mit entsprechenden Trends identisch, andere lassen sich im Sinne von „Megatrends" als Summe verwandter globaler Tendenzen identifizieren. So ist z.B. das Kernproblem „Bodendegradation" aus mehreren Trends der Pedosphäre (Erosion, Fertilitätsverlust, Versalzung, Versiegelung etc.) zusammengesetzt, während der

---

KASTEN 14

Umweltindikatoren – Definitionen und Anwendungen

Umweltindikatoren sind Größen für die Umweltwahrnehmung und -bewertung. Dabei müssen eine Vielzahl möglicher Beobachtungen und Informationen systematisiert und zu Schlüsselmerkmalen *verdichtet* werden, um den *aktuellen Zustand* bzw. die *Entwicklungstendenz* des betrachteten Systems ablesen und evaluieren zu können. Bei richtiger Wahl der Indikatoren reicht oft schon ein kleiner Bruchteil der verfügbaren Daten aus, um eine komplexe Situation zu charakterisieren oder zu klären.
Beispiele:
- Die „Täterschaft" bei der Reduktion des Ozons läßt sich unmittelbar über die Konzentration der reaktiven Halogenid-Verbindungen in der Stratosphäre nachweisen: Diese Verbindungen können nicht natürlich entstehen, sondern nur als Abbauprodukte von FCKW.
- Für die Bildung tropischer Wirbelstürme im äquatornahen Ozean muß eine Mindesttemperatur von 27°C im Oberflächenwasser überschritten werden.

Einzelne Meß- oder Indikatorgrößen reichen aber nicht aus, um den Zustand des komplexen Systems Umwelt hinreichend zu beschreiben oder zu bewerten. Hierfür werden mehrere Typen von Indikatoren verwendet, die sich hierarchisch gliedern lassen: von „einfach" über „zusammengesetzt" bis „systemar".

- *Einfache Indikatoren* sind Meßgrößen z.B. für Substanzen mit hohen Gefährdungspotential, bei denen synergistische oder antagonistische Eigenschaften noch nicht berücksichtigt sind.
  Beispiel: Dioxinkonzentration in Abgasen.
- *Zusammengesetzte Indikatoren* sind Kombinationen von Systemgrößen mit spezifischer Aussagekraft (z.B. Aggregationen von verwandten oder komplementären Merkmalen), welche komplexere Systemeigenschaften anzuzeigen vermögen.
  Beispiele: Für die Beurteilung der *Bodenkontamination* kann die Belastung durch die Konzentrationen potentieller Schadstoffgruppen (Schwermetalle, organische Stoffe, radioaktive Substanzen etc.) indiziert werden. Die Entwicklungstendenzen eines unter den Neuartigen Waldschäden leidenden Forstes lassen sich durch eine Gruppe empirischer Merkmale (Verlichtung der Kronen, Verfärbung der Nadeln, übermäßige Fruchtbildung etc.) abschätzen.
- *Systemare Indikatoren* geben Aufschluß über nicht additiv aus bestimmten Meß- und Beobachtungsgrößen abzuleitende Relationen und Wechselwirkungen zwischen einfachen oder zusammengesetzten Merkmalen. Hier sind insbesondere Systemeigenschaften wie Komple-

xität, Stabilität, Reparaturfähigkeit, Entwicklungspotential, Vernetztheit, Rückkopplungsdichte etc. zu nennen.
Beispiel: Die Artenvielfalt eines Ökosystems wie des tropischen Regenwalds ist ein Indikator für den Grad der Vernetzung dieses Systems; der Artenverlust ist somit ein Hinweis auf die Gefährdung des ökologischen Systems in seiner Gesamtheit.

Eine weitere Dimension liefert die Einteilung in „analytische" und „normative" Indikatoren.

- *Analytische Indikatoren* sind Schlüsselmerkmale zur Zustandsbeschreibung des untersuchten Systems. Diese Größen lassen sich durch direkte Beobachtung oder Messung auf einer Skala abbilden oder in ein Spektrum einordnen.
Beispiele: Cadmiumkonzentration in Proben von Sondermülldeponien; Auftreten der Brennessel als Zeigerpflanze für hohes Stickstoffangebot.
- *Normative Indikatoren* werden erst dann benötigt, wenn durch eine äußere (ethische, politische, ökonomische) Normgebung dem System eine Bewertung aufgeprägt wird. Dann sind Schlüsselmerkmale zu ermitteln, welche die *Qualität* eines Systemzustands oder die *Richtigkeit* eines Systemtrends indizieren. Normative Indikatoren können ebenfalls alle Komplexitätsgrade von einfach bis systemar besitzen.
Beispiel: Klassifizierung eines PKW als „schadstoffarm".

Durch Vorgabe gesellschaftlicher Präferenzen oder Zielvorstellungen können analytische Indikatoren oft direkt in normative umgewandelt werden: Beispielsweise erhält der Nitratgehalt im Grundwasser den Charakter eines einfach-normativen Schlüsselmerkmals, wenn er sich auf einen behördlich festgelegten Grenzwert x bezieht. Aus der Feststellung „kleiner bzw. größer als x" wird dann die wertende Aussage „zulässig bzw. unzulässig". Der wesentlich komplexere normative Indikator „Beachtung der Menschenrechte" läßt sich dagegen nicht unmittelbar aus analytischen Kennzeichen gewinnen.

Für die Analyse von Wechselwirkungen zwischen Natur- und Anthroposphäre sind komplementär zu den Indikatoren für die Natursphäre auch Indikatoren für ökonomische, politische und psychosoziale Zustände und Entwicklungen zu erstellen (*social monitoring*). An derartigen Ansätzen wird vielerorts gearbeitet; insbesondere für den Bereich Wirtschaft gibt es eine Reihe von Vorschlägen (z.B. neue umweltökonomische Gesamtrechnung, Schätzung der Kosten unterlassenen Umweltschutzes). Neben Problemen der Definition sind vor allem methodische Fragen der kontinuierlichen, flächendeckenden oder stichprobenhaften Messung und Bewertung der jeweiligen Merkmale zu klären.

Umweltinformationssysteme setzten sich aus Indikatoren aller Hierarchiestufen zusammen. Sie bilden einen wohldefinierten Rahmen, der im wesentlichen zur Informationsstrukturierung und -organisation dient. Dadurch soll sowohl der Prozeß der Indikatorenentwicklung selbst als auch der Zugang zu diesen Indikatoren erleichtert werden.

Im allgemeinen werden zumindest die folgenden drei Anforderungen an ein Informationssystem für Umwelt und Entwicklung (U&E) gestellt:
- Verbesserung der U&E-Information.
- Intensivierung der U&E-Kommunikation.
- Unterstützung und Verifikation der U&E-Politik.

Ein Indikatorenkatalog dient somit vorwiegend als Hilfsmittel für eine objektivierte Umweltwahrnehmung und -bewertung. Weltweit existieren inzwischen eine Reihe unterschiedlicher U&E-Informationssysteme, wobei im Zusammenhang mit dem Globalen Wandel insbesondere die jährlichen Berichte der Weltbank, des *World Resources Institute*, der Organisation für wirtschaftliche Zusammenarbeit und Entwicklung (OECD) und UNEP von Bedeutung sind. Für die Bundesrepublik lassen sich entsprechende Informationen insbesondere in den vom Umweltbundesamt herausgegebenen „Daten zur Umwelt" finden.

Im Zusammenhang mit dem schwer zu präzisierenden Begriff der nachhaltigen Entwicklung sind die Erwartungen an das Indikatoreninstrumentarium oft jedoch unklar oder überzogen (*siehe Kasten 17*). Dabei ist insbesondere bei wertenden Aussagen auf die explizite Festlegung eines Referenzrahmens zu achten. Dieser Referenzrahmen muß sowohl die Erfassung der wesentlichen Elemente des Umweltsystems und ihrer Dynamiken (Variablen, Kapazitäten und Rückkopplungsschleifen) einschließen als auch von außen vorgegebene normative Setzungen (Umweltqualitätsziele und Leitbilder) berücksichtigen.

Klimawandel einen besonders dominanten Einzeltrend im Beziehungsgeflecht darstellt.

Eine isolierte Bewertung von Trends oder Kernproblemen ist losgelöst von ihren Ursache-Wirkungs-Geflechten nicht möglich. Kernprobleme können nur durch Betrachtung des Gesamtzusammenhangs in ihrer Bedeutung erfaßt werden. Um diesen Zusammenhang herzustellen, werden die bisher vom Beirat ausgewiesenen rund 80 Trends der globalen Umwelt- und Entwicklungsdynamik durch die *Erfassung von Wechselwirkungen* auf der Basis von Expertenwissen miteinander verkoppelt. Jede Einwirkung eines Trends auf einen anderen wird durch die qualitative Charakterisierung als „Verstärkung" oder „Abschwächung" dargestellt. So kann z.B. angenommen werden, daß der anthropogene zusätzliche Treibhauseffekt den Meeresspiegelanstieg verstärkt oder daß der Trend zur Emanzipation der Frau das Bevölkerungswachstum abschwächt.

Die Trends und ihre Interaktionen lassen sich auf diese Weise zu einem qualitativen Netzwerk verweben, dem *Globalen Beziehungsgeflecht,* das den Globalen Wandel als System beschreibt und einen Ausgangspunkt für weitergehende Analysen der Erdsystemdynamik darstellt. Auf der Grundlage dieser empirisch-phänomenologischen Beschreibung des Globalen Wandels läßt sich auch eine qualitative Modellierung aufbauen, die bereits Gegenstand eines Forschungsprojekts des BMBF ist.

KASTEN 15

Kernprobleme des Globalen Wandels

NATURSPHÄRE

- *Klimawandel:* Die Menschheit provoziert über die Anreicherung langlebiger Treibhausgase in der Atmosphäre einen signifikanten Klimawandel, der sich schon heute vom „Rauschen" der natürlichen Klimavariabilität abhebt. Rückkopplungen der anthropogenen Erderwärmung mit der ozeanischen Zirkulation und der Dynamik der polaren Eismassen sind zu befürchten. Wie sich die prognostizierte Verschiebung der Klimagürtel und damit der Vegetationsbedeckung und der landwirtschaftlichen Anbauzonen, der Anstieg des Meeresspiegels und die Entwicklung von Wetterextremen auf Mensch und Natur regional und global auswirken werden, ist noch weitgehend ungeklärt.

- *Bodendegradation:* Die Böden der Erde weisen in vielen Ländern bereits heute mittlere bis schwere Schädigungen auf. Die Situation verschlechtert sich von Jahr zu Jahr. Verursacht werden die Degradationen durch die rasch wachsende Weltbevölkerung und ihre wirtschaftlichen Aktivitäten, in deren Folge Übernutzungen und Umgestaltungen von Pflanzendecken, Verdichtungen und Versiegelungen von Böden sowie Belastungen durch toxische organische und anorganische Stoffe auftreten. Schwere Bodendegradationen bedeuten Zerstörung menschlicher Lebensgrundlagen und können damit Hunger, Migration oder kriegerische Auseinandersetzungen auslösen.

- *Verlust an Biodiversität:* Nutzungsänderungen auf großen Flächen der Erde (wie Abholzung von Wäldern, Umwandlung von Weiden in Ackerland u.a.) bewirken eine Verminderung des Reservoirs an potentiell nutzbaren Arten und damit an Naturstoffen, eine Einschränkung der Regulationsfunktion von Ökosystemen und eine Abnahme an kulturell und ästhetisch wertvollen Biotopen. Der Verlust an Kulturpflanzensorten und Nutztierrassen führt zu einer erhöhten Anfälligkeit gegenüber Schädlingen und Krankheiten und damit zur Gefährdung der Ernährungsgrundlagen der Menschen.

- *Verknappung und Verschmutzung von Süßwasser:* Durch Bewässerungslandwirtschaft, Industrialisierung und Verstädterung werden die Süßwasservorräte lokal und regional übernutzt. In vielen Teilen der Welt kommt es vermehrt zu Wasserknappheit und Wasserverschmutzung. Daraus entstehen zunehmend ökonomische, soziale und politische Konflikte um die knapper werdende Ressource Wasser, die auch globale Auswirkungen haben können.

- *Übernutzung und Verschmutzung der Weltmeere:* Der Ozean erfüllt wichtige ökologische (insbesondere klimatische) Funktionen, ist aber auch eine bedeutende Nahrungsquelle und Senke für anthropogene Abfälle. Insbesondere die Küstenregionen und Randmeere werden durch Immissionen und direkte Einleitungen über Flüsse weiter mit Schadstoffen belastet. Über die Gefährdung der Regionen, in denen Fischfang betrieben wird hinaus, erge-

▶

ben sich auch globale Auswirkungen, etwa hinsichtlich der Bedeutung des Fischfangs für die Welternährung.
- *Zunahme anthropogen verursachter Naturkatastrophen:* Vieles deutet darauf hin, daß Naturkatastrophen durch menschliche Eingriffe in natürliche Systeme zunehmen. Beispielsweise werden durch die Abholzung von Wäldern im Himalaya Hochwasser in den Gebirgsvorländern mit existentieller Bedrohung für die Bevölkerung verursacht. Dies führt u.a. zu einem Migrationsdruck (Umweltflüchtlinge), der weite Teile der Völkergemeinschaft tangiert.

ANTHROPOSPHÄRE
- *Bevölkerungsentwicklung und -verteilung:* Die Weltbevölkerung wächst weiter, in erster Linie in den Entwicklungs- und Schwellenländern. Ursachen hierfür sind u.a. ein zu geringes Bildungsniveau und, damit verbunden, hohe Geburtenraten, ungenügende soziale Sicherungssysteme sowie die soziale Ausgrenzung großer Teile der Bevölkerung dieser Länder. Hinzu kommen Landflucht sowie intra- und internationale Migrationsbewegungen. Dies führt zu einem rapiden urbanen Wachstum, besonders in Küstengebieten; die städtische Infrastruktur (Energie, Wasser, Verkehr, soziale Dienste, etc.) kann vielerorts mit diesem Wachstum nicht mithalten. Hierdurch induzierte Umwelt- und Armutsprobleme (soziale Unruhen) haben globale Auswirkungen.
- *Umweltbedingte Gefährdung der Welternährung:* Große Teile der Menschheit sind fehl- bzw. unterernährt. Ihre Ernährung wird durch Bodendegradation, Wasserknappheit und Bevölkerungswachstum zunehmend schwieriger. Dieser Trend wird häufig durch eine fehlgeleitete Wirtschafts- und Entwicklungspolitik verstärkt.
- *Umweltbedingte Gefährdung der Weltgesundheit:* Faktoren wie Bevölkerungsentwicklung, Hunger und Kriege, aber auch die Verschmutzung des Trinkwassers und mangelhafte Abwasserbehandlung führen in vielen Ländern der Erde zu verstärktem Auftreten von Infektionskrankheiten, zu Epidemien und Seuchengefahr. Angesichts der wachsenden globalen Mobilität steigt die Gefahr der schnellen Ausbreitung von Seuchen. Luftverschmutzung führt in Industrieländern zur Verstärkung von Krankheitsbildern.
- *Globale Entwicklungsdisparitäten:* Die strukturellen Ungleichgewichte zwischen Industrie- und Entwicklungsländern haben in den letzten Jahrzehnten nicht ab-, sondern zugenommen. Dahinter stehen ökonomische, technische und soziale Veränderungen, insbesondere die Globalisierung der Wirtschaft mit ihrer zunehmenden internationalen Arbeitsteilung. Das hat einigen Ländern zu der gewünschten ökonomischen Entwicklung verholfen, allerdings oft auf Kosten der natürlichen Umwelt. Die große Zahl der Entwicklungsländer (insbesondere in Afrika) ist dennoch sehr arm geblieben. Insbesondere dort stellen der Verlust sozialer Sicherheit und damit verbundene Migrationsprozesse ein enormes Problem dar. Dieses „Entwicklungsdilemma" prägt und belastet den Globalen Wandel und ist ein zunehmendes Risiko.

2.1.2
Syndrome als funktionale Muster des Globalen Wandels

Beziehungsgeflechte lassen sich nicht nur für die globale Ebene entwickeln. Eine regionalisierte Betrachtung des Erdsystems mit diesem Instrument macht deutlich, daß die Interaktionen zwischen Zivilisation und Umwelt in bestimmten Regionen häufig nach typischen Mustern ablaufen. Diese funktionalen Muster (*Syndrome*) sind unerwünschte charakteristische Konstellationen von natürlichen und zivilisatorischen Trends und ihren Wechselwirkungen, die sich geographisch explizit in vielen Regionen dieser Welt identifizieren lassen. Die Grundthese des Beirats ist, daß sich die komplexe globale Umwelt- und Entwicklungsproblematik auf eine überschaubare Anzahl von *Umweltdegradationsmustern* zurückführen läßt.

Syndrome zeichnen sich durch einen transsektoralen Charakter aus, d.h. die assoziierten Problemlagen greifen über einzelne Sektoren (etwa Wirtschaft, Biosphäre, Bevölkerung) oder Umweltmedien (Boden, Wasser, Luft) hinaus, haben aber immer einen direkten oder indirekten Bezug zu Naturressourcen. Global relevant sind Syndrome dann, wenn sie den Charakter des Systems Erde modifizieren und damit direkt oder indirekt die Lebensgrundlagen für einen Großteil der Menschheit spürbar beeinflussen, oder wenn für die Bewältigung der Probleme ein globaler Lösungsansatz erforderlich ist.

Jedes einzelne dieser „globalen Krankheitsbilder" stellt also ein eigenständiges Grundmuster der zivilisatorisch bedingten Umweltdegradation dar. Das bedeutet, daß das jeweilige Syndrom – im Prinzip – unabhängig von den anderen auftreten und sich weiter entfalten kann. Dies gilt besonders in den Fällen, in denen Syndrome durch Selbstverstärkungsmechanismen gekennzeichnet sind, wie z.B. in den Krankheitsbildern *Landflucht* und *Massentourismus*. Wenn, wie im ersten Fall, die ländliche Infrastruktur und die Lebenssituation der agrarischen Bevölkerung generell durch Abwanderung schlechter wird, verstärkt sich der Druck zu weiterer Abwanderung in die Städte. Oder wenn, wie im zweiten Fall, die Folgen des bereits ausgebrochenen Syndroms eine Region für touristische Ansprüche unattraktiv machen, wird nach neuen Regionen oder Attraktionen gesucht und das typische Schädigungsmuster breitet sich aus.

Die grundsätzliche Eigenständigkeit der Syndrome schließt jedoch keineswegs die passive Überlagerung oder die aktive Wechselwirkung solcher Degradationsmuster aus. Es können mehrere Formen der Syndromkopplung unterschieden werden (*Kasten 16*).

Die Syndrome oder Krankheitsbilder lassen sich kartographisch als Fleckenstrukturen abbilden. Die Karten zeigen dann, wo und in welcher Stärke das betrachtete Syndrom vorliegt. Weist man z.B. jedem einzelnen Syndrom eine spezifische Farbe mit mehreren Intensitätsstufen zu, dann sollte die Überlagerung der entsprechenden Karten ein aussagekräftiges Bild vom Umwelt- und Entwicklungszustand des Planeten Erde zeichnen. Als Beispiel wird hier be-

---

KASTEN 16

Typen der Syndromkopplung

KOINZIDENZ

Die schwächste, gleichzeitig aber auch die häufigste Form, in der Syndrome zusammenwirken, besteht in ihrem gleichzeitigen Auftreten in einem Land bzw. einer Region, ohne daß dabei ein Antriebsmechanismus des einen auf das andere vorliegt. Beispielsweise kann ein Land wie Australien zugleich vom *Katanga-Syndrom*, dem *Dust-Bowl-Syndrom* und dem *Massentourismus-Syndrom* betroffen sein, ohne daß zwischen diesen Syndromen eine nennenswerte wechselseitige Verstärkung bestehen muß. Gleichwohl ist auch dieses eher zufällig auftretende Zusammenwirken insofern bedeutsam, als sich dadurch *hot spots* des Globalen Wandels identifizieren lassen. Solche „schwachen" Kopplungen sind nicht zuletzt dann wichtig, wenn man die gesamte Anfälligkeit eines Landes für den Globalen Wandel abschätzen will. In Ländern mit geringen „Abwehrkräften" (natürliche Ressourcen, Kapital, Know-how, stabile politische Verhältnisse etc.) genügt unter Umständen schon das gemeinsame Auftreten nur zweier Syndrome, um die „Widerstandsfähigkeit" völlig zu überfordern und spontan auch weitere Syndrome (z.B. das *Verbrannte-Erde-Syndrom*) ausbrechen zu lassen.

KOPPLUNG DURCH GEMEINSAME TRENDS

Eine stärkere Form der Syndromkopplung liegt vor, wenn zwei Syndrome einen oder mehrere zentrale Trends gemeinsam haben. Wenn etwa, wie im Fall des *Sahel-* und des *Landflucht-Syndroms*, der Trend „Soziale und ökonomische Ausgrenzung" ein Bestandteil des jeweiligen Kernmechanismus ist, wird man die räumliche und zeitliche Parallelität des Auftretens der beiden Syndrome für mehr als nur zufällig halten – zumal dann, wenn der globale Marginalisierungstrend zu einem großen Teil durch sie erklärt wird.

INFEKTION

Ein bereits aktives Syndrom kann den Beginn eines anderen in einer bestimmten Region auslösen. So kann die zielgerichtete Umgestaltung des Naturraums durch Großprojekte (*Aralsee-Syndrom*) dazu führen, daß Veränderungen in den Mensch-Umwelt-Interaktionen des betreffenden Gebiets auftreten und sich z.B. zu dem *Landflucht-Syndrom* bzw. zum *Sahel-Syndrom* verdichten, obwohl es diese Degradationsmuster vorher hier nicht gab.

VERSTÄRKUNG

Nicht nur Trends können verstärkend (oder abschwächend) aufeinander wirken, sondern auch ganze Syndrome. Sie stoßen dann nicht über gemeinsame Trends, sondern über die ganze Wirkungsmacht ihres charakteristischen Musters andere Syndrome an. Beispiel dafür wäre der Antrieb, den das *Sahel-Syndrom* auf das *Favela-Syndrom* ausübt. Das vor allem in Schwellen- und

Entwicklungsländern zu beobachtende gleichzeitige Auftreten von Phänomenen wie Bodenerosion, Marginalisierung der ländlichen Bevölkerung und Wachstum städtischer Ballungszentren stellt von daher keineswegs bloß eine räumliche Koinzidenz dar, sondern drückt eine syndromverstärkende Kopplung von hoher globaler Relevanz aus. Ein anderes Beispiel ist die verstärkende Wirkung, die von expandierenden städtischen und infrastrukturellen Zentren (*Suburbia-Syndrom*) auf die Deponierung zivilisatorischer Abfälle (*Müllkippen-Syndrom*) ausgeht.

ABSCHWÄCHUNG

Syndrome können sich auch gegenseitig abschwächen und auf diese Weise miteinander verknüpft sein. Beispiel dafür wäre etwa die Wirkung, die das *Verbrannte-Erde-Syndrom* auf das *Massentourismus-Syndrom* hat: Dort, wo Kriege und Bürgerkriege zivilisatorische Infrastrukturen und die natürliche Umwelt gezielt zerstören, geht der davon abhängige Erholungstourismus sofort zurück. Das ehemalige Jugoslawien ist dafür das jüngste Beispiel. Oder man denke an die Tatsache, daß sich auf vielen Arealen im „Todesstreifen" entlang der ehemaligen innerdeutschen Grenze die Natur relativ ungestört entwickeln konnte, so daß diesen Flächen eine Schädigung etwa im Rahmen des *Suburbia-Syndroms* oder des *Dust-Bowl-Syndroms* lange Jahre erspart blieb.

SUKZESSION

Syndrome sind selbstverständlich Teil der geschichtlichen Entwicklung der *Mensch-Umwelt-Schnittstelle*. Wenn man den Syndromansatz zur nachträglichen Analyse der Geschichte menschlicher Naturnutzung und -schädigung heranzieht – und die Umweltgeschichtsschreibung der letzten Jahre gibt dazu hinreichend Material an die Hand – dann kann man nicht nur das Auftreten einzelner Syndrome in der Vergangenheit erkennen (z.B. gab es das *Hoher-Schornstein-Syndrom* schon bei den sächsischen Eisenhütten des frühen 19. Jahrhunderts), sondern auch typische Ablauf- oder *Sukzessionsmuster* von Syndromen. Offensichtlich ist die Abfolge von Entwicklungsstadien der menschlichen Zivilisation mit ganz bestimmten Syndromen verknüpft, so daß man sie zumindest explorativ auch für eine Abschätzung der zukünftigen Entwicklung des Erdsystems heranziehen kann. So läßt sich z.B. eine Syndrom-Sukzession bilden, die mit dem *Sahel-Syndrom* anfängt, nach einem Verzweigungspunkt zum *Grüne-Revolution-Syndrom* oder zum *Kleine-Tiger-Syndrom* führt und vom *Dust-Bowl-Syndrom* oder dem *Suburbia-Syndrom* und *Müllkippen-Syndrom* vorläufig abgeschlossen wird.

sonders auf das *Sahel-Syndrom* verwiesen, das in *Kap. C 6* ausführlich dargestellt ist.

Das Syndromkonzept bietet mehrere Optionen: Zum einen läßt sich die Analyse soweit vorantreiben, daß die Anfälligkeit einer gegebenen Region für ein Syndrom bestimmt werden kann (*Prävention*). Zum anderen ergibt sich aufgrund der systemaren Einbeziehung von Ursachen, Mechanismen und Folgen als problemspezifisches Muster ein besseres Systemverständnis, womit fundiertere Empfehlungen zur *Kuration* von Syndromen möglich werden.

Nicht zuletzt eröffnet das Konzept einen Weg zur *Operationalisierung* des Begriffs der nachhaltigen Entwicklung, womit allgemein eine akzeptable Koevolution von Natur- und Anthroposphäre gemeint ist. Um die globale Entwicklung zu charakterisieren, werden zunächst unerwünschte oder gefährliche Zustände im Umwelt-, Wirtschafts-, Sozial- und Kulturbereich definiert. Diese „Bereiche der Nicht-Nachhaltigkeit" sind durch „Leitplanken" (bzw. „Grenzflächen" in der mehrdimensionalen Darstellung) vom Handlungsraum abgegrenzt. Innerhalb des letzteren bleibt die Gesellschaft handlungsfähig, und es können freie Entscheidungen über die menschlichen Aktivitäten getroffen werden. Lediglich in der Nähe der Grenzflächen ist das Risiko erhöht und die Stabilität vermindert, während ein Aufenthalt des Zustands des Erdsystems jenseits der Leitplanken unbedingt vermieden werden sollte (*Abbildung 6*).

Die Komplexität des Systems und die oftmals nur unscharfe Datenlage führen dazu, daß „Leitplanken" bzw. „Grenzflächen" nicht exakt definierbar sind. Sie sind daher eher im Sinne von „Grenzzonen" mit unscharfen Rändern zu verstehen. Da die Festlegung dieser Zonen vom jeweiligen Kenntnisstand, von den herrschenden Wertvorstellungen und der Risikobereitschaft der Bevölkerung abhängt, ist ihr Verlauf auch einem zeitlichen Wandel unterworfen. Die Aufgabe der Steuerung des Erdsystems ist es nun, ein Abgleiten in die Bereiche jenseits der Leitplanken zu verhindern.

Als Beispiel für diesen prinzipiellen Ansatz kann das Klimaschutz-Szenario des Beirats dienen, in dem globale CO_2-Reduktionsziele abgeleitet werden (WBGU, 1995). Hierfür werden zunächst Grenzen definiert, innerhalb derer sich die globale Klimaent-

Abbildung 6
Die „Leitplanke" im Syndromkonzept. Die „Leitplanken" bzw. Grenzflächen trennen den erlaubten Handlungsraum vom Bereich der „Nicht-Nachhaltigkeit" ab, in dem sich das Syndrom manifestiert.

Quelle: WBGU

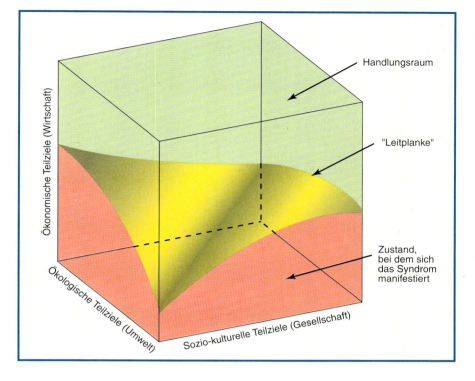

wicklung bewegen muß, wenn allgemeine Prinzipien wie die „Bewahrung der Schöpfung" nicht verletzt werden sollen. So entsteht ein „tolerierbares Fenster" für das globale Klimasystem, dessen Beachtung inakzeptable Konsequenzen für Mensch und Umwelt ausschließt. Unter der Prämisse, daß ein Verlassen dieses Klimafensters nicht erlaubt, d.h. nicht nachhaltig ist, können die künftig notwendigen CO_2-Emissionsminderungen direkt berechnet werden.

Dieses Beispiel zeigt deutlich, daß ein problemorientierter systemarer Ansatz letztlich auch die Operationalisierung des Begriffs der nachhaltigen Entwicklung erleichtert. Für die Umsetzung des Leitplankenmodells bietet das Syndromkonzept einen besonders guten Ansatzpunkt: Nachhaltige Entwicklung läßt sich dann als Abwesenheit bzw. Linderung von Syndromen beschreiben. In bezug auf diesen (utopischen) Idealfall können regional existierende Syndrome bewertet werden, indem über systemare Indikatoren (*Kasten 17*) ihr „Abstand" vom Desiderat bestimmt wird.

Auch für die Forschung zum Globalen Wandel kann das Syndromkonzept eine neue Grundlage bieten. Gegenwärtig ist diese Forschung noch stark durch die Aufteilung ihrer Forschungsgegenstände nach Umweltmedien oder nach Kernproblemen geprägt. Diese sektorale bzw. disziplinäre Ausrichtung hat zunächst durchaus ihre Berechtigung: Ohne die Suche nach einem tieferen Verständnis der einzelnen Problemfelder und ihrer Wirkungsmechanismen können die spezifischen Aspekte einer Umweltbelastung nicht verstanden werden

Wie in diesem Gutachten bereits mehrfach angesprochen, muß Umweltforschung, wenn sie system- und nutzenorientiert sein soll, aber auch synthetisch und integrativ arbeiten. Gerade die globale Perspektive erzwingt eine gemeinsame Arbeit verschiedener Disziplinen, Interessengruppen und Akteure. Aus Sicht des Beirats muß sich GW-Forschung deshalb bereits in der Konzeption an der interdisziplinären Problem- und Lösungsstruktur ausrichten.

Das Syndromkonzept des Beirats zeigt hier eine neue, konkrete Gestaltungsmöglichkeit auf. Besonders mit Blick auf die in *Kap. B 3.10* angesprochenen Desiderate für die GW-Forschung, *Interdisziplinarität*, *Internationalität* und *Problemlösungskompetenz*, liegt es nahe, künftige Umweltforschung entsprechend zu strukturieren. Deshalb wird vorgeschlagen, für die Gestaltung der Forschung zum Globalen Wandel künftig die Syndrome als zentrale Untersuchungsgegenstände heranzuziehen.

2.2
Liste der Syndrome des Globalen Wandels

Voraussetzung für die in *Kap. C 1.1* genannten Handlungsoptionen und für eine neue Forschungsorientierung ist allerdings, daß die wesentlichen Syn-

C 2 Horizontale Integration: Das Syndromkonzept

> **KASTEN 17**
>
> **Syndrom-Profile als Indikatoren für nachhaltige Entwicklungen**
>
> Um das Syndromkonzept zu operationalisieren, müssen Indikatoren formuliert werden, welche die Erkennung und Bewertung von Syndromen des Globalen Wandels auf ein standardisierbares Verfahren zurückführen. Es sind somit jeweils Indikatorenkataloge zu erstellen, worin sich die wesentlichen Bestimmungsstücke des Krankheitsbildes (Maßzahlen, Symptome, Systemeigenschaften, Bewertung der Schädigung etc.) miteinander verbinden und ein *Syndrom-Profil* bilden.
>
> Diese Syndrom-Profile sind nach dem Klassifikationsschema aus *Kasten 14 normativ-systemare* Indikatoren. Sie enthalten neben zusammengesetzten und systemaren Indikatoren auch normative Elemente, da sie komplexe Fehlentwicklungen des globalen Umwelt- und Entwicklungsprozesses nicht nur anzeigen, sondern auch bewerten. Deshalb bieten sich diese Profile unmittelbar als *„Sustainability-Indikatoren"* an: Eine aufrechterhaltbare Entwicklung kann dadurch gekennzeichnet werden, daß die weltweite bzw. regionale Ausprägung einzelner oder aller Syndrom-Profile ein bestimmtes Maß nicht überschreitet. Im einzelnen sind zunächst folgende Arbeitsschritte zu unternehmen:
> - Einordung der entsprechenden Kernproblemanteile (Bodendegradation, Treibhauseffekt, etc.) nach Art und Menge in die verursachenden Syndromkomplexe.
> - Gruppierung und Feinanpassung der schon existierenden Indikatorenkataloge (Schadstoffverzeichnisse etc.) an das Gliederungsschema der Syndrome.
> - Erarbeitung von Leitkriterien zur Beantwortung der Frage, welches Syndrom gravierender als andere ist (Schwere der Schädigungen für Mensch und Natur, Kurationsfähigkeit, Betroffenheitsmaße etc.).
>
> Dadurch läßt sich eine nachvollziehbare Bewertung nach der gegenwärtigen Intensität eines Syndroms *und* seiner generellen „Gefährlichkeit" erreichen. Aufgrund dieser Informationen können vorhandene Mittel zielgerichteter eingesetzt werden, indem zuerst die Syndrome mit erkennbar katastrophalen Folgen für Mensch und Natur gelindert oder nach Kräften ganz vermieden werden (*Leitplankenszenario*).

drome im Sinne von Störungen oder Fehlentwicklungen der Mensch-Umweltbeziehungen identifiziert und beschrieben werden. Die folgende Typisierung ist als Anregung gedacht und beinhaltet selbst noch erheblichen Forschungsbedarf (u.a. Fragen nach Trennung und Kopplung der verschiedenen Syndrome). Der Beirat hat sein Syndromkonzept bereits auf die Bodenproblematik angewandt (WBGU, 1994). Die hier vorgestellte Syndromliste stellt eine Weiterentwicklung dar; die Krankheitsbilder sind nun nicht mehr nur auf die Böden zentriert, sondern berücksichtigen alle Elemente von Natur- und Anthroposphäre gleichzeitig.

Grundsätzlich lassen sich drei große Gruppen von Syndromen unterscheiden:
1. Syndrome als Folge einer unangepaßten Nutzung von Naturressourcen als Produktionsfaktoren (*Syndromgruppe „Nutzung"*).
2. Mensch-Umwelt-Probleme, die sich aus nicht-nachhaltigen Entwicklungsprozessen ergeben (*Syndromgruppe „Entwicklung"*).
3. Umweltdegradation durch unangepaßte zivilisatorische Entsorgung (*Syndromgruppe „Senken"*).

Innerhalb dieser Gruppen lassen sich jeweils verschiedene archetypische Muster der globalen Umweltproblematik identifizieren (*Übersicht in Kasten 18*). Alle Syndrome müssen jedoch den folgenden Kriterien genügen:
- Das jeweilige Syndrom besitzt einen mittel- oder unmittelbaren Bezug zur Umwelt; es darf somit nicht nur auf Kernprobleme innerhalb der Anthroposphäre hinweisen.
- Es sollte als Querschnittsproblem an vielen Orten der Welt erkennbar bzw. virulent sein.
- Es sollte eine Fehlentwicklung bzw. signifikante Umweltdegradation beschreiben.

2.2.1 Syndromgruppe „Nutzung"

LANDWIRTSCHAFTLICHE ÜBERNUTZUNG MARGINALER STANDORTE: SAHEL-SYNDROM

Als *Sahel-Syndrom* wird der Ursachenkomplex von Degradationserscheinungen bezeichnet, die bei Überschreitung der ökologischen Tragfähigkeit in Regionen auftreten, wo die natürlichen Umweltbedingungen (Klima, Boden) nur begrenzte landwirtschaftliche Nutzungsaktivitäten zulassen (marginale

> **KASTEN 18**
>
> **Übersicht über die Syndrome des Globalen Wandels**
>
> SYNDROMGRUPPE „NUTZUNG"
> 1. Landwirtschaftliche Übernutzung marginaler Standorte: *Sahel-Syndrom*
> 2. Raubbau an natürlichen Ökosystemen: *Raubbau-Syndrom*
> 3. Umweltdegradation durch Preisgabe traditioneller Landnutzungsformen: *Landflucht-Syndrom*
> 4. Nicht-nachhaltige industrielle Bewirtschaftung von Böden und Gewässern: *Dust-Bowl-Syndrom*
> 5. Umweltdegradation durch Abbau nicht-erneuerbarer Ressourcen: *Katanga-Syndrom*
> 6. Erschließung und Schädigung von Naturräumen für Erholungszwecke: *Massentourismus-Syndrom*
> 7. Umweltzerstörung durch militärische Nutzung: *Verbrannte-Erde-Syndrom*
>
> SYNDROMGRUPPE „ENTWICKLUNG"
> 8. Umweltschädigung durch zielgerichtete Naturraumgestaltung im Rahmen von Großprojekten: *Aralsee-Syndrom*
> 9. Umweltdegradation durch Verbreitung standortfremder landwirtschaftlicher Produktionsverfahren: *Grüne-Revolution-Syndrom*
> 10. Vernachlässigung ökologischer Standards im Zuge hochdynamischen Wirtschaftswachstums: *Kleine-Tiger-Syndrom*
> 11. Umweltdegradation durch ungeregelte Urbanisierung: *Favela-Syndrom*
> 12. Landschaftsschädigung durch geplante Expansion von Stadt- und Infrastrukturen: *Suburbia-Syndrom*
> 13. Singuläre anthropogene Umweltkatastrophen mit längerfristigen Auswirkungen: *Havarie-Syndrom*
>
> SYNDROMGRUPPE „SENKEN"
> 14. Umweltdegradation durch weiträumige diffuse Verteilung von meist langlebigen Wirkstoffen: *Hoher-Schornstein-Syndrom*
> 15. Umweltverbrauch durch geregelte und ungeregelte Deponierung zivilisatorischer Abfälle: *Müllkippen-Syndrom*
> 16. Lokale Kontamination von Umweltschutzgütern an vorwiegend industriellen Produktionsstandorten: *Altlasten-Syndrom*

Standorte) (WBGU, 1994). Typische Erscheinungsformen dieses Musters sind die Degradation von Böden (Erosion, Fertilitätsverlust, Versalzung), die Ausbreitung wüstenähnlicher Verhältnisse (Desertifikation), die Verwendung fossiler Süßwasserressourcen, die Konversion naturnaher Ökosysteme (z.B. durch Entwaldung), der Verlust biologischer Vielfalt und die Veränderung des regionalen Klimas.

Das *Sahel-Syndrom* tritt typischerweise in Subsistenzwirtschaften auf, wo ländliche Armutsgruppen und von Ausgrenzung bedrohte Bevölkerungsschichten durch Übernutzung der Agrarflächen (z.B. Überweidung, Ausweitung von Ackerbau auf ökologisch empfindliche Gebiete) einer zunehmenden Degradation ihrer natürlichen Umwelt ausgesetzt sind. Die syndromspezifischen Probleme der Bevölkerung sind wachsende Verarmung, Landflucht, eine steigende Anfälligkeit gegenüber Nahrungskrisen sowie zunehmende Häufigkeit von politischen und sozialen Konflikten um knappe Ressourcen. Die Intensivierung ursprünglich nachhaltiger Bodenbearbeitungsmethoden, wie z.B. die Aufgabe von Fruchtfolge- und Rotationssystemen oder die Verkürzung der Brachezeiten sind wichtige Kennzeichen des Syndroms. Unangepaßte Entwicklungsstrategien (Seßhaftmachung von Nomaden, Tiefbrunnenbau) können zur Entstehung des Syndroms beitragen. Diese Entwicklung, die durch ein hohes Bevölkerungswachstum verschärft wird, geschieht im Kontext gesamtgesellschaftlicher Transformationsprozesse, wie der Auflösung traditioneller Solidarsysteme, der Verschiebung lokaler Preisgefüge infolge subventionierter Exporte aus Industrieländern und kulturellem Wandel. Im Verlauf des *Sahel-Syndroms* kommt es zu einer sukzessiven Verengung der Handlungsspielräume der betroffenen sozialen Gruppen (Extremfall: Hungerkatastrophe), da sich Verarmung, Übernutzung und Umweltdegradation gegenseitig verstärken.

Im Sahelgebiet selbst sind inzwischen durch die Destabilisierung der ländlichen Produktions- und Sozialsysteme mehr als die Hälfte der Bevölkerung von Hunger bedroht. Die traditionelle Landwechselwirtschaft hat durch das Bevölkerungswachstum die kritische Grenze überschritten, so daß es zu einer Ausweitung der Agrarproduktion auf Grenzertragsflächen kommt. Die Konsequenz der unangepaßten

Landnutzung ist Desertifikation und Abwanderung in die Städte.

Ein anderes Beispiel für das *Sahel-Syndrom* ist die Waldkonversion an marginalen Standorten mit nachfolgender Subsistenznutzung: *shifting cultivation* (Brandrodungsfeldbau). Zum Beispiel sind erosionsbedingte Überschwemmungskatastrophen im Süden Thailands eine direkte Folge dieser Nutzungsform im Norden des Landes.

Symptome: Destabilisierung von Ökosystemen, Verlust biologischer Vielfalt, Bodendegradation, Desertifikation, Gefährdung der Ernährungssicherung, Marginalisierung, Landflucht.

Raubbau an natürlichen Ökosystemen: Raubbau-Syndrom

Das *Raubbau-Syndrom* beschreibt die Konversion von natürlichen Ökosystemen sowie den Raubbau an biologischen Ressourcen. Hiervon sind sowohl terrestrische Ökosysteme (Wälder, Savannen) als auch marine (Überfischung) betroffen. Das gemeinsame Phänomen ist, daß Ökosysteme ohne Rücksicht auf ihre Regenerationsfähigkeit übernutzt werden, mit schwerwiegenden Folgen für den Naturhaushalt. Die Verletzung des Nachhaltigkeitsgebots führt zu Degradation, bis hin zur Vernichtung von natürlichen Ökosystemen, z.B. durch großflächigen Kahlschlag, durch Überweidung von ansonsten unbewirtschaftetem Land oder durch Überfischung. Die unmittelbaren Folgen sind Habitatverlust und somit Verlust biologischer Vielfalt und – besonders in bergigen Regionen – Erosion. Dies vergrößert das Risiko durch Naturkatastrophen erheblich (Bergstürze, Überschwemmungen) und erhöht zudem die Sedimentfracht der Flüsse, was andernorts zu Überschwemmungen und Gefährdung von Küstenökosystemen wie auch zu hohen Kosten infolge Verschlickung von Fahrrinnen und Häfen führt. Hinzu kommt, daß die Freisetzung von CO_2 aus Biomasse und Böden den Treibhauseffekt verstärkt. Für die lokale Bevölkerung bedeutet die Konversion der Ökosysteme den direkten Verlust der Lebensgrundlage, was u.a. Verarmung und Verlust von kultureller Identität zur Folge hat. Das Zulassen eines am kurzfristigen Gewinn orientierten Raubbaus ist ein typisches Merkmal des *Raubbau-Syndroms*. Diese Wirtschaftsweise (oftmals unter Beteiligung internationaler Konzerne) führt zudem in der Regel dazu, daß der Gewinn in große Städte oder ins Ausland transferiert wird und auf der lokalen Ebene kaum Gewinne, jedoch hohe Kosten entstehen. Heute ist durch die Kenntnis der negativen Wirkungen eine Gegenbewegung in Ansätzen bereits spürbar, sowohl auf nichtstaatlicher Ebene (NRO) als auch im internationalen politischen Kontext (Initiativen der FAO, Biodiversitätskonvention).

Typische Beispiele für das Wirken des *Raubbau-Syndroms* finden sich bei der Nutzung des tropischen Regenwalds durch Kahlschlag mit nachfolgender Landnutzungsänderung (Brasilien, Malaysia, Indonesien, Myanmar etc.). Auch die Rodung von Mangroven im Gezeitenbereich tropischer Küsten ist hier zu nennen. Ein anderer Brennpunkt ist derzeit die Übernutzung borealer Wälder mit geringer Regenerationsfähigkeit. So wird in Sibirien zugelassen, daß boreale Nadelwälder mit Hilfe moderner Harvester-Technik durch Kahlschlag großflächig vernichtet werden. Ähnliche Mechanismen führen zu einer Überfischung der Weltmeere. Mit Hilfe technologisch hocheffizienter, aber ökologisch rücksichtsloser Fangmethoden werden inzwischen alle 17 der wichtigsten Fanggründe an oder über der Grenze ihrer Tragfähigkeit befischt, bei 13 sind die Bestände mehr oder weniger stark dezimiert.

Symptome: Verlust von Biodiversität, Klimawandel, Süßwasserverknappung, Bodenerosion, Zunahme von Naturkatastrophen, Gefährdung der Ernährungssicherung.

Umweltdegradation durch Preisgabe traditioneller Landnutzungsformen: Landflucht-Syndrom

Das *Landflucht-Syndrom* beschreibt Umweltdegradationen, die durch Aufgabe ehemals nachhaltiger Landnutzung verursacht werden. Die traditionellen Bewirtschaftungsmethoden lassen sich oft nur mit einem hohen Aufwand an manueller Arbeit aufrechterhalten. Arbeitsintensive, kleinparzellierte Bodenpflegemaßnahmen wie z.B. die Erhaltung terrassierter Hänge, aufwendige kleinräumige Bewässerung oder Maßnahmen gegen Winderosion werden bei veränderten sozioökonomischen Rahmenbedingungen zunehmend unrentabel. Der Grund ist oftmals die Abwanderung der jüngeren, männlichen Bevölkerung in urbane Zentren (*siehe Favela-Syndrom, Kleine-Tiger-Syndrom*), wo wirtschaftlich attraktivere Lohnarbeit, bessere Bildungschancen und allgemein ein weniger „provinzielles" Leben gesucht werden. Die zurückbleibenden Frauen, Kinder und Alten sind mit der Aufrechterhaltung der arbeitsintensiven Bewirtschaftung überfordert. Folgen der Extensivierungstendenzen in der Bodenbearbeitung und der damit verbundenen Vernachlässigung von Schutz- und Pflegemaßnahmen sind Erosion (oft verstärkt durch übermäßigen Holzeinschlag auf steilen Hangflächen, *siehe Sahel-Syndrom*), der Abgang von Muren oder Bergstürze. Im Ergebnis geht fruchtbares Ackerland verloren, Versorgungs- und Kommunikationsnetzwerke werden unterbrochen oder zerstört. In anderen Regionen kann durch Vernachlässigen der Schutzmaßnahmen die Winderosion drastisch zunehmen. Mit dem *Landflucht-Syn-*

drom geht eine Schwächung der Subsistenzbasis bäuerlicher Produzenten einher. Gleichzeitig nimmt die Abhängigkeit von externen Waren- und Gütertransfers sowie den Unterstützungszahlungen der abgewanderten Arbeitskräfte zu.

Idealtypisch kann dieser Prozeß z.B. im nordpakistanischen Karakorumgebirge beobachtet werden. Durch die Erschließung der einstmals abgeschlossenen Region nahmen die externen Güter- und Warenströme stark zu. Zunehmende Bildungschancen für die Kinder sowie saisonale und permanente Arbeitsmigration der Männer, insbesondere nach Karachi, führten zu einer Vernachlässigung der vormals sehr intensiven Bodenbewirtschaftung. Modernisierungsprozesse in der Landwirtschaft (partielle Mechanisierung, z.B. der Erntearbeiten) konnten den Arbeitskräfteabbau indes nur teilweise kompensieren, so daß sowohl das bewirtschaftete Kulturland als auch Flächenproduktivität zurückgingen. Das Resultat war die Schwächung der Subsistenzbasis der Agrarproduzenten. Im Extremfall kam es in Zusammenhang mit Bergstürzen, vermehrter Lawinentätigkeit zu Flurwüstungen, d.h. der Abwanderung ganzer Dorfgemeinschaften. Ähnliche Prozesse spielen sich bei extrem arbeitsaufwendigem Naßreis-Terrassenbau auf steilen Hängen (z.B. in Nord-Luzon, Philippinen) und an den fruchtbaren Hängen des Kilimandscharo ab.

Symptome: genetische Erosion, Bodenerosion, Landflucht, Gefährdung der Ernährungssicherung, Marginalisierung.

NICHT-NACHHALTIGE INDUSTRIELLE
BEWIRTSCHAFTUNG VON BÖDEN UND
GEWÄSSERN: DUST-BOWL-SYNDROM

Mit dem *Dust-Bowl-Syndrom* wird der Ursachenkomplex angesprochen, der Umweltschädigungen durch nicht-nachhaltige Nutzung von Böden oder Gewässern als Produktionsfaktor für Biomasse unter hohem Energie-, Kapital- und Technikeinsatz nach sich zieht.

Die moderne Landwirtschaft zeichnet sich dadurch aus, daß sie auf den verfügbaren Flächen die größtmöglichen Erträge erzielen will. Häufig werden diesem Ziel die langfristig wichtigen Umweltaspekte untergeordnet. Das *Dust-Bowl-Syndrom* im weiteren Sinn umfaßt auch die ähnlich motivierten Formen der Forstwirtschaft (z.B. Pflanzung und nachfolgend Kahlschlag schnellwachsender Monokulturen ohne Rücksicht auf Degradation der Böden oder Verlust der Biodiversität) oder der Aquakultur (Eutrophierung, Zerstörung von Küstenökosystemen).

Hochertragssorten, Agrochemikalien und Mechanisierung bilden die Grundlage für die moderne industrielle Biomasseproduktion. Kennzeichnend für solche Agrarsysteme ist, daß die Betriebe hochtechnisiert und automatisiert sind (z.B. Massentierhaltung, moderne Bewässerungssysteme, Aquakultur, Forstmonokulturen) und nur wenige Mitarbeiter benötigen. Voraussetzung für den kommerziellen Erfolg ist dabei das Zusammenfallen der Faktoren Kapital, Know-how, gesellschaftspolitische Unterstützung (z.B. Flurbereinigung oder andere Großprojekte, *siehe Aralsee-Syndrom*) und günstige Standortbedingungen. Der zentrale Mechanismus des Syndroms ist demnach der fortgesetzte technologisch-innovative Wettbewerb um regionale und zunehmend auch globale Märkte für Agrarprodukte, der durch Handelsschranken und ungenügende Internalisierung der Umwelteffekte stark verzerrt ist. Gefördert wird das Syndrom weiter durch hohe Subventionen auf Energie, Roh- und Betriebsstoffe (z.B. EU, Nordamerika).

Bei nicht-nachhaltiger Wirtschaftsweise können beträchtliche Umweltschäden die Folge sein. Nicht alle lassen sich durch die Metapher *Dust Bowl* charakterisieren, da auch nicht-nachhaltig bewirtschaftete Aquakulturen diesem Syndrom zuzurechnen sind. Schädigungen reichen von der Veränderung der hydrologischen Verhältnisse, Eutrophierung und Kontamination von Oberflächen- und Grundwasser über den Verlust biologischer Vielfalt (Habitatverlust, verminderte Vernetzung naturnaher Ökosysteme, Rückgang der Artenvielfalt, Isolierung von wildlebenden Populationen, genetische Erosion etc.) bis hin zur Anreicherung von Pestziden in der Nahrungskette mit nachfolgenden Gesundheitsschäden und zur Emission von treibhauswirksamen Gasen (CO_2, Methan).

Symptome: Verlust von Ökosystem- und Artenvielfalt, genetische Erosion, Eutrophierung, Saurer Regen, Treibhauseffekt, Kontamination von Gewässern und Luft, Süßwasserverknappung, Bodendegradation, Marginalisierung, Landflucht.

UMWELTDEGRADATION DURCH ABBAU NICHT-
ERNEUERBARER RESSOURCEN: KATANGA-
SYNDROM

Unter dem Namen *Katanga-Syndrom* werden die Schädigungen der Umwelt zusammengefaßt, die entstehen, wenn ohne Rücksicht auf Bewahrung der natürlichen Umgebung nicht-erneuerbare Ressourcen über- oder untertage abgebaut werden.

Der Abbau nicht-erneuerbarer Ressourcen erfolgt zwar meist nur temporär (Jahrzehnte), doch hinterläßt er in vielen Fällen dauerhafte, zum Teil irreversible Umweltschäden. Es lassen sich dabei zwei Erscheinungsformen unterscheiden: einerseits die Umweltfolgen durch Toxizität der Stoffe (Freisetzung von wenig Material mit hoher Gefährdung, etwa Quecksilber) und andererseits die morphologischen und energetischen Konsequenzen der Verschiebungen von großen Materialmassen im Zusammenhang mit dem Abbau sehr großer Rohstoffmengen (Kies, Braunkohle) oder sehr wertvoller, aber in hoher Dispersion vorliegenden Rohstoffen (etwa: Blindgestein bei Diamanten oder Bunt- und Edelmetallen).

Typisch für das Syndrom sind die großflächige Vernichtung natürlicher Ökosysteme bzw. kulturfähiger Böden, was beim Tagebau in Entwicklungs- und Schwellenländern besonders ausgeprägt ist, während in fast allen Industrieländern die Zwischenlagerung dieser Böden inzwischen gesetzlich vorgeschrieben ist. Des weiteren treten Veränderungen der Morphologie sowie Setzungserscheinungen der Landoberfläche auf. Dies wiederum hat erhebliche Auswirkungen auf hydrologische Prozesse wie den Oberflächenabfluß, erhöhte Sedimentbelastung von Flüssen und den Grundwasserspiegel, aber auch auf die Bodenerosion. Die Freisetzung von toxischen Stoffen führt zur Kontamination von Böden, Oberflächen- und Grundwässern mit den entsprechenden Auswirkungen auf die biologische Vielfalt. Die negativen Folgen für die lokale Bevölkerung reichen von schweren Gesundheitsschäden bis hin zu Vertreibung oder Zwangsumsiedlung, z.B. von indigenen Völkern im „Goldrausch-Gebiet" des Amazonas. Generell ist festzustellen, daß das *Katanga-Syndrom* überall dort besonders intensiv wirkt, wo mangels Kapital veraltete Bergbautechnologien mit geringer Energieeffizienz und Rohstoffauswertung eingesetzt werden.

Diese Art der nicht-nachhaltigen Nutzung von Rohstoffen ist weit verbreitet. Beispiele in Deutschland sind Regionen mit ausgeprägtem Tagebau; wichtige Brennpunkte des Erzabbaus sind u.a. Irian Jaya in Indonesien, Carajás in Brasilien (Eisenerz, Aluminium), Bougainville in Papua-Neuguinea (Kupfer) und eben Katanga. Auch mit der Ölprospektion und -förderung (Nigeria, Golfstaaten, Rußland) sind erhebliche Gefahren für die Umwelt verbunden (Ölpest in Gewässern, Abfackeln von Erdgas, Bodenkontamination durch Leckagen in Pipelines).

Symptome: Verlust von Biodiversität, lokale Luftverschmutzung, Süßwasserverknappung, Abflußänderung, Verschmutzung von Gewässern, Bodendegradation, Entstehen von Altlasten, Gesundheitsschäden durch Umweltbelastung.

ERSCHLIESSUNG UND SCHÄDIGUNG VON
NATURRÄUMEN FÜR ERHOLUNGSZWECKE:
MASSENTOURISMUS-SYNDROM

Das *Massentourismus-Syndrom* beschreibt das Ursache-Wirkungsgeflecht, das infolge der stetigen Zunahme des globalen Tourismus in den letzten Jahrzehnten in erheblichem Maße zur Umweltdegradation beigetragen hat. Brennpunkte sind dabei neben Küstengebieten vor allem Bergregionen. Folgen von Skisport oder Trekking sind die Zerstörung oder Beeinträchtigung der Pflanzendecke und der Baumvegetation, was in Verbindung mit starker mechanischer Belastung und anderen Eingriffen in den Naturhaushalt (Planierung, Geländekorrekturen, Schneekanonen) zum Verlust biologischer Vielfalt sowie zu Bodenerosion führt, womit sich die Gefahr von Erdrutschen bzw. Lawinen erhöht. Der Massentourismus bedeutet u.a. Konversion von naturnahen Flächen durch Bau touristischer Infrastruktur (Hotels, Ferienhäuser, Verkehrswege) und Schädigung bzw. Verlust von empfindlichen Berg- und Küstenökosystemen (z.B. Dünenlandschaften, Salzwiesen). Die stark zunehmende Anzahl von Fernreisen mit dem Flugzeug in den letzten Jahren trägt zur Belastung der Atmosphäre durch Luftschadstoffeinträge bei. In den betroffenen Gebieten kommt es – insbesondere auf Inseln – zu einem stark erhöhten Bedarf an Süßwasser (*swimming pools*, hoher Wasserbedarf der Touristen). Typische Folgen sind Übernutzungsprobleme bei Süßwasserressourcen mit der langfristigen Folge der Zerstörung der eigenen Grundlagen durch Grundwasserabsenkung, Bodenaustrocknung und Erosion. Die starke, oft saisonal unterschiedliche Belastung der Tourismusgebiete bringt besondere Probleme bei der Abwasserbehandlung mit sich, Kontamination und Eutrophierung von Oberflächengewässern oder Küstenökosystemen können die Folge sein. Außerdem wird das steigende Abfallaufkommen zum Problem.

Unmittelbar induziert wird das wachsende Tourismusaufkommen durch steigende Einkommen in den Industrieländern und sinkende Transportkosten, bei gleichzeitig sinkenden Arbeitszeiten und insgesamt verändertem Freizeitverhalten. Ein weiterer wichtiger Faktor ist die zunehmend leichte Erreichbarkeit fast aller Reiseziele, nicht nur durch den Ausbau der Infrastruktur, sondern auch im Sinne einer subjektiv als problemlos empfundenen Überwindung selbst größter Distanzen. Darüber hinaus ist ein ganzes Bündel an psychologisch motivierten Ursachen identifizierbar (gesteigertes Bedürfnis nach Erholung durch erhöhte Lärm- und Umweltbelastung der Städte, Fernreisen als Statussymbol, gestiegenes Bildungsniveau und damit vermehrtes Interesse an fremden Kulturen, Entdeckung neuer Reiseziele etc.).

Der Mensch zerstört somit an den Urlaubsorten gerade das, was er sucht: unberührte Natur. Das führt oft dazu, daß wegen der oben beschriebenen Auswirkungen des Tourismus vermehrt andere, unberührte Reiseziele gewählt werden, wodurch das Syndrom aufgrund seiner Eigendynamik zunehmend auch an anderen Orten auftritt.

Typische Beispiele sind die Zersiedlung von ehemals naturnahen Gebieten in Spanien (Costa del Sol, Lanzarote) oder die Folgen des Trekkingtourismus in Nepal.

Symptome: Verlust von Biodiversität, Verstärkung des Treibhauseffekts durch Flugreisen, mangelnde Süßwasserversorgung, Bodenerosion, mangelhafte Entsorgung von Abwasser und Abfall, Zersiedlung, hoher Ressourcenverbrauch.

UMWELTZERSTÖRUNG DURCH MILITÄRISCHE NUTZUNG: VERBRANNTE-ERDE-SYNDROM

Die Umweltdegradation durch direkte und indirekte militärische Einwirkungen zeigt eine eigene Charakteristik. Einwirkungen durch Manöver, regional begrenzte militärische Einsätze und militärische Altlasten sind ein weiteres Problemfeld des Globalen Wandels. Ein zunehmendes Konfliktpotential auf regionaler Ebene wie auch wachsende ordnungspolitische Ansprüche globaler Akteure führen zu weiteren Brennpunkten, bei denen die lokale Umwelt unter Umständen auf Dauer geschädigt wird. Man kann hierbei grob folgende „Subsyndrome" unterscheiden.

Regionale Auseinandersetzungen, die sich aus gegebenen politischen Strukturen ergeben und mit geringer militärtechnischer Ausstattung geführt werden, ziehen eine fast schon irreversibel zu nennende Umweltdegradation nach sich, da hier oft Minen eingesetzt werden. Diese Waffensysteme, die zu einem sehr geringen Stückpreis erhältlich sind, können im nachhinein nur schwierig entschärft werden und bilden eine bleibende Gefährdung.

Ein weiteres Problemfeld zeigt sich, wenn hochtechnisierte Streitkräfte in lokale Konflikte eingreifen oder völkerrechtliche Maßnahmen und Beschlüsse umsetzen. Die unterlegene, militärtechnisch schwächer ausgestattete Partei kann zu Zwecken der Erpressung auf lokale Umweltressourcen zurückgreifen, wie es z.B. die irakische Armee in Kuwait mit den dortigen Erdölvorkommen demonstrierte. Denkbar sind aber auch Erpressungsversuche unter Einbeziehung vorhandener Hochtechnologieprodukte, wie z.B. (Kern)kraftwerke, Staudämme u.a., oder einer angedrohten Verseuchung von Böden und Gewässern. Das Potential einer solchen „Verbrannten-Erde-Politik" kann lokal verheerende Folgen für Mensch und Natur haben und selbst global schwerwiegende Auswirkungen zeigen.

Ein drittes Subsyndrom zeigt sich in weiten Teilen der Welt als direkte Konsequenz der Hochrüstung der ehemaligen Machtblöcke in Ost und West. Wie ein Flickenteppich liegen die militärischen Altlasten hauptsächlich an den ehemaligen Grenzlinien. Im Westen wird dieses Gefährdungspotential trotz hohen Kapitaleinsatzes und moderner Technik noch auf Jahre die lokalen Umweltressourcen (Böden, Grundwasser) belasten. In den ehemaligen Warschauer-Pakt-Staaten ist diese Gefahr noch weit höher einzuschätzen, da hier kaum Kapital zur Behebung dieser Altlastenproblematik zur Verfügung steht und daraus erwachsende Katastrophen weniger in den Blickpunkt der Weltöffentlichkeit treten.

Symptome: Verlust biologischer Vielfalt durch chemische Kampfstoffe (z.B. *Agent Orange*), bleibende Bodendegradation durch Verminung, Kontamination durch Betriebs- und Sprengstoffe, Gesundheitsgefährdung, verstärkte Flüchtlingsströme.

2.2.2
Syndromgruppe „Entwicklung"

UMWELTSCHÄDIGUNG DURCH ZIELGERICHTETE NATURRAUMGESTALTUNG IM RAHMEN VON GROSSPROJEKTEN: ARALSEE-SYNDROM

Das *Aralsee-Syndrom* beschreibt das Scheitern großflächiger, umfassender Umgestaltungen von naturnahen Bereichen. Es sind hier ganze Landschaften betroffen, in die mit hohem Kapitaleinsatz bewußt und planmäßig eingegriffen wird, oftmals unter ungenügender Berücksichtigung der lokalen Gegebenheiten. In der Regel geht es dabei um die Erreichung strategischer Ziele, die im nationalen, gelegentlich auch im internationalen Rahmen festgelegt und dann mit Hilfe einer zentralen Planung in Form von Großprojekten umgesetzt werden. In vielen Fällen handelt es sich dabei um die Errichtung großtechnischer Anlagen (Staudämme, Bewässerungsprojekte), bei denen aufgrund von mangelndem Systemverständnis die Auswirkungen nicht genügend bedacht werden, was zu Umweltdegradationen und oftmals auch zu erheblichen sozialen Verwerfungen führen kann. Es gibt aber auch Ausprägungen, bei denen ohne die Errichtung von Großbauwerken eine Landschaft nach Effizienzgesichtspunkten an die mechanisierte landwirtschaftliche Nutzung angepaßt wird, z.B. durch großflächige Flurbereinigung. Ihnen gemeinsam ist die Unfähigkeit der Planer, die Folgen von Großprojekten einzuschätzen bzw. sie zu beherrschen.

Am Aralsee ist dieses Syndrom in voller Ausprägung zu beobachten. Dieser See war einmal der viertgrößte Süßwassersee der Erde. In einer ehemals fruchtbaren, wald- und artenreichen Region wurden Fischfang und Landwirtschaft betrieben. Seit 30 Jahren werden die Zuläufe des Aralsees angezapft (nur noch etwa 10% erreichen den See) und einem gigantischen Bewässerungssystem für die Baumwollproduktion zugeführt. Die Oberfläche des Aralsees schrumpfte um die Hälfte, das Volumen ging um zwei Drittel zurück. Der ehemalige Seeboden ist nun eine

Salzwüste, von der der Wind jährlich 40 bis 150 Mio. Tonnen Salz und Sand auf das fruchtbare Land des Amu Darya-Delta verfrachtet. Sämtliche 24 Fischarten sind heute ausgestorben, 60.000 Fischer haben ihre Beschäftigung verloren. Für eine nur kurzfristig mögliche Ausweitung der landwirtschaftlichen Produktion wurden durch die ökologischen Folgeschäden weite Teile der Region verwüstet.

Beispielhaft lassen sich hier auch große Staudammprojekte anführen (z.B. Hoover-, Assuan-, Narmada-, Bakun-Damm, das Drei-Schluchten-Projekt am Yang Tse), bei denen vielfach ebenfalls die sozialen und ökologischen Auswirkungen fehlerhaft eingeschätzt bzw. vernachlässigt wurden.

Ein extremes Beispiel für derartige Megaprojekte war der sowjetische Plan, die großen sibirischen Flüsse nach Süden umzuleiten und damit die unter Wassermangel leidenden Flächen Zentralasiens zu bewässern. Die Gefahr drastischer Auswirkungen auf das Weltklima durch den verminderten Abfluß von Wasser aus dem Nordpolarmeer mit der Folge, daß das gesamte globale Strömungsmuster der Weltmeere gedroht hätte zusammenzubrechen, war ein wesentlicher Grund für die Aufgabe dieser bereits weit fortgeschrittenen Planungen.

Symptome: Verlust von Biodiversität, lokaler oder sogar globaler Klimawandel, mangelnde Süßwasserversorgung, Bodendegradation, Zwangsumsiedlung lokaler Bevölkerung, Gefahr von zwischenstaatlichen Konflikten etwa um Wasserrechte von Flüssen.

UMWELTDEGRADATION DURCH VERBREITUNG STANDORTFREMDER LANDWIRTSCHAFTLICHER PRODUKTIONSVERFAHREN: GRÜNE-REVOLUTION-SYNDROM

Das *Grüne-Revolution-Syndrom* umfaßt die großräumige, zentral geplante Modernisierung der Landwirtschaft mit importierter Agrartechnologie zur Ernährungssicherung angesichts eines hohen Bevölkerungswachstums. Durch die Grüne Revolution, bei der meist nationale Entwicklungsanstrengungen mit den Aktivitäten internationaler Geberorganisationen parallel laufen, konnten viele Entwicklungsländer ihre landwirtschaftlichen Erträge erheblich steigern. Die typische Grüne-Revolution-Technologie umfaßt die gleichzeitige Anwendung von ertragreichen Getreidesorten (*high-yielding varieties*), von Agrochemikalien (Handelsdünger und Pestizide) sowie den Einsatz von Maschinen (Traktoren, Erntemaschinen, Bewässerungspumpen etc.). Verbunden mit der notwendigen Komplementarität dieser drei Faktoren ist ein hoher Bedarf an Kapital und landwirtschaftlicher Beratung.

Ohne die Grüne Revolution wäre in den Entwicklungsländern die Versorgung einer exponentiell wachsenden Bevölkerung nicht gelungen. Der zentrale Mechanismus besteht in einem „Wettlauf" zwischen dem Bevölkerungswachstum und dem Zwang zur Produktionssteigerung durch die Intensivierung der Agrarproduktion. Es zeigten sich jedoch bald auch nachteilige ökologische und sozioökonomische Auswirkungen der Grünen Revolution, die durch den Transfer standortfremder Produktionsmethoden und vor allem deren unsachgemäße Anwendung verursacht wurden. Insbesondere in den letzten Jahren bewirken Importabhängigkeit, Devisenmangel und Preissteigerungen, daß die notwendige Komplementarität der drei o.g. Faktoren nicht mehr gewährleistet ist. Zusammen mit der mangelnden Bildung vieler Bauern und Defiziten in der Beratung kommt es zu fehlerhafter Anwendung, was oftmals zu Umweltdegradation z.B. durch Überdüngung, falschen Einsatz von Maschinen oder Bewässerungstechniken führt. Sehr häufig sind auch Gesundheitsschäden durch unsachgemäßen Umgang mit Pestiziden. Ein grundsätzliches Problem ist die rapide genetische Erosion bei Kulturpflanzen, da die vielen einheimischen, an die lokalen Gegebenheiten angepaßten Sorten durch wenige, dafür aber anspruchsvolle Hochertragssorten verdrängt werden. Die Grüne Revolution verstärkt zudem die wirtschaftsräumlichen Disparitäten, da sie zumeist nur in den traditionellen Bewässerungsregionen erfolgreich ist, sich aber in den Trockengebieten Asiens und Afrikas nicht durchsetzen konnte.

Ein typisches Beispiel für die Grüne Revolution ist Indien, wo sie Ende der 60er Jahre als nationales Programm zur ländlichen Entwicklung eingeführt wurde. Die Erfolge des Programms konzentrierten sich auf traditionelle Bewässerungsregionen, wie die großen Deltaregionen des Ganges, Cauvery und des Indus (Punjab). Die Ertragssteigerungen insbesondere im Weizenbau machten Indien trotz rapide wachsender Bevölkerung zu einem Selbstversorger in der Nahrungsmittelproduktion. Inzwischen zeichnen sich aber Umweltschäden ab, die zu einer Reduktion der kultivierbaren Ackerfläche führen.

Symptome: Verlust an Biodiversität, genetische Erosion, Grundwasserverschmutzung, Bodendegradation, Gefährdung der Ernährungssicherung, Gesundheitsgefährdung durch Pestizide, Marginalisierung, Landflucht, Reduktion kultureller Vielfalt, Verstärkung wirtschaftsräumlicher Disparitäten.

VERNACHLÄSSIGUNG ÖKOLOGISCHER STANDARDS IM ZUGE HOCHDYNAMISCHEN WIRTSCHAFTSWACHSTUMS: KLEINE-TIGER-SYNDROM

Viele Regionen in den sogenannten Schwellenländern haben sich zu Brennpunkten einer rasanten wirtschaftlichen Dynamik entwickelt oder sind auf dem Sprung, diesen Strukturwandel mit einer Intensität zu bewältigen, die als neuartiges Phänomen durch seine hohe Eigendynamik gravierende Folgen für Mensch und Natur zeigt. Diese Entwicklungsproblematik, die als „Manchester-Syndrom" in England Mitte des 18. Jahrhunderts begann und dort mehr als 100 Jahre zu ihrer Entfaltung brauchte, hatte damals ihre wesentliche Umweltproblematik im mangelnden Wissen über Umweltwirkungen und im Fehlen geeigneter Technologien.

Im Gegensatz dazu ergibt sich die besondere Umweltbrisanz im *Kleine-Tiger-Syndrom* daraus, daß sich dieser Entwicklungsprozeß drastisch verkürzt hat und seine Beherrschung, was die Umweltaspekte betrifft, deshalb größte Anforderungen stellt. Die Mobilität des Kapitalmarkts, die Globalisierung der Märkte, weltweit hohe Transportkapazitäten und nicht zuletzt lokale Standortvorteile wie ökonomische und politische Stabilität, geringes Lohnniveau, geringe Partizipation der Arbeitnehmer und anfänglich geringe Konsumansprüche sind wesentliche Merkmale für die Disposition einer Region. Daneben sorgt die ständig steigende Verfügbarkeit von Produktionssoftware (Blaupausen, Produktionstechniken etc.) für bisher nicht bekanntes Wirtschaftswachstum in immer kürzeren Zeiträumen. Es liegt dabei auf der Hand, daß vielfach weder der Aufbau einer adäquaten Infrastruktur zur Ver- und Entsorgung noch die Einführung entsprechender Umwelttechnologien mit diesem Wachstum Schritt halten können. Dies gilt vor allem für Länder, die das Beispiel der Kleinen Tiger zu kopieren versuchen.

Die Ursachen für diese Entwicklungsdisparitäten sind zu einem beachtlichen Teil in einem Politikversagen begründet, sie sind aber vor allem Konsequenz der Eigendynamik dieser explosiven Entwicklung. Große Investitionen wären erforderlich, um irreparablen ökologischen Schäden vorzubeugen. Diese Mittel sind zwar vorhanden, werden aber vor allem in das weitere Wirtschaftswachstum investiert – nur so läßt sich der Prozeß aufrechterhalten. Die Konsequenzen zeigen sich in vielen betroffenen Regionen in Südostasien und zukünftig sicherlich auch in Indien, Mittel- und Südamerika. Städte wie Bangkok, Manila, Mexico City, Jakarta und Bombay gelten bereits als Beispiele für außer Kontrolle geratenes Verkehrsmanagement. Extreme lokale Luftverschmutzung (Smog), mangelhafte Abwasserreinigung und umweltgefährdender Umgang mit Abfall sind ebenso wie enormer Ressourcen- und Energieverbrauch die Kennzeichen dieses Syndroms.

Die Asiatische Entwicklungsbank beziffert die entstehenden Schäden bis zum Jahr 2000 bereits auf mehr als 2.500 Mrd. US $, wobei andere, bald ebenso dazu zählende Regionen wie die „Mekong-6-Länder" (Kambodscha, Vietnam, Laos, Myanmar, Thailand und Yünan) noch nicht berücksichtigt sind. Neben bestimmten Regionen in Indien wird eine ähnliche Entwicklung auch in anderen Regionen dieser Welt, wie Südafrika und Teilen Süd- und Mittelamerikas erwartet.

Symptome: Verstärkung des Treibhauseffekts, lokaler Klimawandel, Smog, Saurer Regen, Wasserverschmutzung, Gesundheitsgefährdung, hoher Ressourcenverbrauch.

UMWELTDEGRADATION DURCH UNGEREGELTE URBANISIERUNG: FAVELA-SYNDROM

Das *Favela-Syndrom* beschreibt den Prozeß der ungeplanten, informellen und dadurch umweltgefährdenden Verstädterung. Es ist u.a. gekennzeichnet durch Verelendungserscheinungen, wie die Bildung von Slums und großteils illegalen Hüttensiedlungen. Damit einher gehen Überlastungs-, Infrastruktur- und Umweltprobleme sowie Segregationserscheinungen im Lohn-, Eigentums-, Wohn- und Versorgungsniveau der Bevölkerung. Durch den zunehmenden Verkehr und industrielle Emissionen ohne ausreichende Kontrolle und Auflagen erreichen Luftverschmutzung und Lärmbelastung weltweite Spitzenwerte. Hinzu kommen zunehmende Versiegelung des Bodens, ungeregelte Abfallakkumulation, Abwasserprobleme und dementsprechend eine akute Gesundheitsgefährdung der Bevölkerung. Wasser aus Entnahmegebieten am Stadtrand wird z.B. in zentrale Stadtteile befördert (Symptom des *Suburbia-Syndroms*) und fehlt den armen Bevölkerungsgruppen an der Peripherie.

Die industriellen Anlagen in diesen Städten erreichen nicht einmal einen Mindeststandard an Sicherheits-, Entsorgungs- und Emissionsminderungsvorkehrungen. Auch verfügen die Transportmittel in der Regel über keinerlei abgasreduzierende Technik. Typisch für das *Favela-Syndrom* ist die große Bedeutung des informellen Sektors, da das städtische Planungs- und Ressourcenmanagement nicht mehr zur Aufrechterhaltung einer Basisinfrastruktur in der Lage ist. Die sozialen und wirtschaftlichen Folgen haben vor allem die städtischen Armen zu tragen.

Die ungeregelte Entwicklung der Siedlungsstrukturen ist zum einen auf ein hohes Bevölkerungswachstum zurückzuführen, zum anderen auf die ungelösten Entwicklungsprobleme im ländlichen Raum. Städte üben infolge besserer Verdienstmöglichkeiten einen Sog auf landwirtschaftlich geprägte Regionen aus. Hinzu kommt, daß Ernteeinbußen und Produktivitätsverluste sich auf dem Land bei stark wachsender Bevölkerung als hochwirksame Druckfaktoren hinsichtlich einer Abwanderung in die Städte erweisen.

Als Beispiel kann die pakistanische Millionenstadt Karachi (ca. 7 Mio. Einwohner) gelten, die im letzten Jahrhundert noch ein Dorf war. Die Stadt am

Indusdelta ist heute das wirtschaftliche Zentrum Pakistans, zwei Drittel der Industrie des Landes konzentrieren sich hier. Auch die Zwölfmillionen-Metropole Kairo leidet am *Favela-Syndrom*. Dort leben 45% der Bevölkerung in informellen Siedlungen. Allein die Zahl der Menschen, die in Kairo auf Friedhöfen wohnen, wird auf zwischen 125.000 und 2 Mio. geschätzt. Weitere Beispiele für Städte mit einer hohen Disposition für das *Favela-Syndrom* sind São Paulo, Kalkutta, Manila, Teheran u.a. Der Dispositionsraum beschränkt sich aber nicht nur auf marginale Randzonen (z.B. schwer erschließbare Hanglagen, Überschwemmungsbereiche von Flüssen) dieser Megastädte. Das *Favela-Syndrom* umfaßt grundsätzlich auch Siedlungstypen, die als „nicht mehr Dorf – noch nicht Stadt" gekennzeichnet werden können (z.B. Nouakchott in Mauretanien).

Symptome: Luftverschmutzung, Bodenerosion, Abfallakkumulation, Lärm, Bevölkerungswachstum, Landflucht, akute Gesundheitsgefährdung, Marginalisierung, Verwaltungsversagen, mangelnde Basisinfrastruktur, überlastete Verkehrsinfrastruktur.

Landschaftsschädigung durch geplante Expansion von Stadt- und Infrastrukturen: Suburbia-Syndrom

Das *Suburbia-Syndrom* beschreibt den Prozeß der Ausweitung von Städten mit Umweltauswirkungen großer Reichweite. Durch die Bildung städtischer Agglomerationen (Verdichtung/Zusammenwachsen von Städtesystemen) entstehen völlig neue Raumstrukturen mit entsprechendem Anpassungsbedarf. Agglomerationen sind durch eine hohe Bevölkerungsdichte und spezifische umweltbelastende Verflechtungsmerkmale gekennzeichnet, die sich deutlich von den Mensch-Umwelt-Beziehungen anderer Siedlungsstrukturen unterscheiden.

So umfaßt die Umwidmung natürlichen Lebensraums in infrastrukturelle Nutzfläche in der Bundesrepublik zur Zeit etwa 80-90 ha pro Tag. Neben den bekannten Verdichtungs- und Versiegelungserscheinungen der Böden und der Fragmentierung von Lebensräumen ist ein Verlust an biologischer Vielfalt die Folge. Man schätzt, daß durch die Umwidmung agrarischer Nutzfläche in Großbritannien rund 30% der Tier- und Pflanzenarten auf Dauer verlorengegangen sind.

Ein erhöhtes Verkehrsaufkommen führt zu einer Zunahme der direkten Bodenbelastung durch den Kfz-Verkehr über Stoffeinträge in Form von Abgasen, Reifenabrieb, Ölrückständen etc. Eine Beeinträchtigung der Böden durch den Straßenverkehr erfolgt auch über die Schädigung der straßensäumenden Vegetation infolge zunehmender Immissionen. Mit dem Ausbau der Verkehrsinfrastruktur zu Verdichtungsachsen, die Orte zentraler Bedeutung miteinander verknüpfen, geht in der Regel eine kapitalintensive, geplante Umstrukturierung der sozialen Infrastruktur einher. Der Strukturwandel selbst verläuft nicht nur umweltbelastend, sondern erzeugt auch einen erhöhten Energieumsatz (der Ausbau der Verkehrsinfrastruktur korreliert positiv mit der Mobilität der Bevölkerung) und neue Stoffströme.

Die Entstehung des Syndroms ist teilweise Ausdruck von gesunkenen Transportkosten sowie einer Infrastrukturpolitik, die Flächenausdehnung begünstigt (die Wohnfläche pro Person beispielsweise erhöhte sich in Deutschland im Zeitraum von 1950 bis 1981 von 15 auf 34 m^2). Dieser Bedarf läßt sich in der Regel nur durch Baumaßnahmen an der städtischen Peripherie decken. Parallel dazu gehen von den urbanen Zentren Verdrängungsprozesse aus; das innerstädtische Preisgefälle erhöht den Druck auf die Peripherie. Die zunehmende Trennung der Funktionen Wohnen und Arbeiten macht sich insbesondere durch ein erhöhtes Verkehrsaufkommen bemerkbar.

Das Auftreten des *Suburbia-Syndroms* schließt jedoch nicht aus, daß in Teilbereichen der Siedlungsstrukturen andere Strukturkrankheiten, wie etwa das *Favela-Syndrom*, wirksam werden können. Im Gegensatz zum *Favela-Syndrom* setzt das *Suburbia-Syndrom* jedoch die Existenz städtischer Strukturen voraus, da die Wachstumsimpulse zum großen Teil aus den Städten selbst hervorgehen; so nimmt auch bei stabilem Bevölkerungsbestand die Nutzfläche der Städte zu.

Das Syndrom ist z.B. im Bereich der polyzentrischen Agglomeration Los Angeles festzustellen, die mehr als 120 selbständige Gemeinden (*incorporated cities* wie Santa Monica, Pasadena, Long Beach) ganz unterschiedlicher Größenordnung umfaßt. Der Agglomerationsprozeß dieser Städte wurde nicht nur von großräumigen umweltbelastenden Infrastrukturmaßnahmen begleitet; er hat auch zu einer wachsenden Segmentierung und Polarisierung des Arbeitsmarkts und damit der sozioökonomischen Strukturen geführt. Neuerdings sind solche Entwicklungen auch im Ruhrgebiet erkennbar.

Symptome: Fragmentierung von Ökosystemen, bodennahe Ozonproblematik, stratosphärischer Ozonabbau, urbane Luftverschmutzung, verstärkter Treibhauseffekt, Saurer Regen, Bodenkontamination, -verdichtung und -versiegelung, Gesundheitsgefährdung, Verkehrsbelastung.

Singuläre anthropogene Umweltkatastrophen mit längerfristigen Auswirkungen: Havarie-Syndrom

Im Mittelpunkt des *Havarie-Syndroms* steht die zunehmende Gefährdung der Umwelt durch lokale, singuläre Katastrophen, die durch das Wirken des Menschen verursacht werden, wobei häufig die Haftung für mögliche Schäden begrenzt ist bzw. Defizite aufweist. Derartige Ereignisse mit geringer Wahrscheinlichkeit, aber schwerwiegenden, oftmals die nationalen Grenzen überschreitenden Auswirkungen sowie die weltweiten Perspektiven zur Störfallvermeidung scheinen im Rahmen des Globalen Wandels an Bedeutung zu gewinnen. Die Steigerung der weltweiten Transportleistung und der lokal zunehmende Bedarf an Energie und Rohstoffen erhöhen die Gefährdung durch Tankerunfälle oder allgemein Umweltkatastrophen durch den Transport von gefährlichen Gütern. Neben dieser Kategorie besteht ein hohes Gefährdungspotential durch Störfälle bei industriellen Prozessen. Insbesondere Anlagen, die in Schwellen- und Entwicklungsländern betrieben werden, sind anfällig, da dort die Sicherheitsauflagen und ihre Durchsetzung weniger restriktiv sind und zudem oft ein angemessenes Katastrophenmanagement fehlt. Häufig finden sich Gefährdungen durch unzureichende Wartung von Industrieanlagen. Hierzu gehören die Vielzahl von veralteten und nicht mehr dem Stand der Technik entsprechenden Kernkraftwerken, Chemie- und anderen Industrieanlagen in Schwellen-, Transformations- und Entwicklungsländern.

Unter das *Havarie-Syndrom* wird auch die weltweite Verschleppung von Arten mit unvorhersehbaren, teilweise katastrophalen Konsequenzen für andere Ökosysteme eingeordnet. Die resultierenden Umweltdegradationen können vom Aussterben endemischer Arten, der Habitatzerstörung durch Massenvermehrung eingeschleppter Arten bis hin zur Gefährdung von Ökosystemstruktur und -funktion durch die irreversible Freisetzung von gentechnisch veränderten Organismen reichen.

Beispiele für das *Havarie-Syndrom* sind weithin bekannt, da durch die punktuellen und aktuellen Schädigungen ein hohes Medieninteresse besteht. Namen wie Seveso, Tschernobyl, Exxon Valdez und Bhopal stehen für dieses Syndrom, mit teils kontinentweiten Schäden an Mensch und Natur. Das bekannteste Beispiel für Artenverschleppung ist wohl die Einfuhr von Kaninchen nach Australien, was nach extremer Populationsentwicklung schwere Habitatzerstörungen und nachfolgend Bekämpfungsmaßnahmen ausgelöst hat, die ihrerseits Gefährdungen für die einheimische Tierwelt mit sich brachten.

Symptome: Verlust biologischer Vielfalt, Ökosystemdegradation, Kontamination von Boden, Wasser und Luft, Gesundheitsgefährdung.

2.2.3
Syndromgruppe „Senken"

UMWELTDEGRADATION DURCH WEITRÄUMIGE DIFFUSE VERTEILUNG VON MEIST LANGLEBIGEN WIRKSTOFFEN: HOHER-SCHORNSTEIN-SYNDROM

Dieses Syndrom beschreibt die Fernwirkung von stofflichen Emissionen nach Entsorgung in die Umweltmedien Wasser und Luft. Hintergrund ist hierbei das Scheitern der Strategie, unerwünschte Stoffe durch möglichst feine Verteilung in der Umwelt bzw. durch starke Verdünnung in Umweltmedien (Wasser, Luft) problemlos zu entsorgen. So werden durch hohe Schornsteine Luftschadstoffe nicht beseitigt, sondern das Problem lediglich auf andere, industrieferne Bereiche verlagert.

In Abhängigkeit vom Emissionsmuster und physikalisch-chemischen Verhalten der Stoffe in den Umweltmedien kommt es zu lokaler (typisch für Staub), regionaler (typisch für NH_3, SO_2 und NO_X) oder globaler Verteilung (typisch für CO_2, FCKW). Der Ferntransport erfolgt vor allem über den atmosphärischen Pfad sowie über Fließgewässer. In der Umweltwirkung ist zu unterscheiden, ob die Schadstoffe nach Verteilung in der Umwelt systemare Effekte zur Folge haben (z.B. Ozonabbau durch FCKW, verstärkter Treibhauseffekt durch CO_2) oder ob sie sich erneut anreichern (Säureanreicherung in Böden infolge der Emission von NH_3, SO_2 und NO_X, Anreicherung von persistenten Pestiziden in der Nahrungskette).

Die weltweiten Auswirkungen der anthropogenen Verstärkung des Treibhauseffekts durch die Emission klimawirksamer Gase (CO_2, CH_4 etc.) sind ein Beispiel für das Wirken des Syndroms. Die Veränderung der chemischen Zusammensetzung der Erdatmosphäre (vor allem durch die Verwendung fossiler Energie) ist mengenmäßig zwar nur geringfügig, hat aber für die Strahlungsbilanz der Erde und somit für das globale Klima erhebliche Konsequenzen.

Ein ähnlicher Fall liegt bei der Problematik der Ausdünnung der stratosphärischen Ozonschicht vor: Eine mengenmäßig geringe Emission hoch wirksamer Stoffe (z.B. FCKW) bedeutet einen unerwartet starken, von der Größenordnung her überraschenden Eingriff in atmosphärenchemische Prozesse, was eine verstärkte Einstrahlung von UV-B und damit vielfältige Gefahren für die Gesundheit der Menschen und für die Ökosysteme nach sich zieht.

Am Prozeß der Versauerung von Böden wird das Syndrom ebenfalls deutlich: Die Emission der Säurebildner SO_2 und NO_X, vor allem aus Energiewirtschaft und Verkehr, führt zu erhöhtem Eintrag von Schwefel- und Salpetersäure in Ökosysteme, mit der Folge der Versauerung der Böden. Diese Vorgänge sind eine Hauptursache für die Neuartigen Waldschäden in Mitteleuropa.

Symptome: Verlust biologischer Vielfalt, Eutrophierung von Ökosystemen, Ausdünnung der stratosphärischen Ozonschicht, verstärkte Einstrahlung von UV-B am Boden, Verstärkung des Treibhauseffekts, regionaler und globaler Klimawandel, Meeresspiegelanstieg, Saurer Regen, Kontamination von Böden und Grundwasser mit Folgen für die Trinkwasserressourcen.

UMWELTVERBRAUCH DURCH GEREGELTE UND UNGEREGELTE DEPONIERUNG ZIVILISATORISCHER ABFÄLLE: MÜLLKIPPEN-SYNDROM

Das *Müllkippen-Syndrom* beschreibt den weltweit zunehmenden Bedarf an kontrollierter Entsorgung von Rest- und Abfallstoffen. Im Gegensatz zum *Hoher-Schornstein-Syndrom*, wo eine Minimierung der Umweltbelastung durch „Verdünnung" in Luft oder Wasser erreicht werden soll, stehen hier eine „Lokalisierung", Verdichtung und Anreicherung im Vordergrund. Die Abfallstoffe werden konzentriert in möglichst kleinräumigen Anlagen zusammengefaßt und so gut wie möglich von der Umwelt abgeschlossen. Während 1970 allein in den alten Bundesländern noch über 50.000 Müllkippen benutzt wurden, sollen in Zukunft in der Bundesrepublik nur noch etwa 350-450 zentrale Großdeponien betrieben werden. Durch diese Zusammenführung lassen sich aufwendige Systeme realisieren (z.B. Deponieabdichtungen, unterirdische Ableitungssysteme, Absaugeinrichtungen für Deponiegas, intelligente Überwachungssysteme).

Letztlich weiß jedoch niemand, wie lange solche Systeme bei nicht gebundenen Schadstoffen aufrechterhalten werden können; die Haltbarkeit der Dichtungen und entstehende Zersetzungsprozesse sind bekannte Unsicherheitsfaktoren. So entstehen zum Beispiel in der Nähe der afrikanischen Ballungszentren riesige Abfalldeponien, die als „tickende Zeitbomben" beschrieben werden können. In Südostasien – in der Nähe von Manila – hat eine riesige Müllhalde als „Smokey Mountain" traurige Berühmtheit erlangt. Heute findet man in der Nähe der großen Besiedlungsgebiete aller Kontinente dieses Syndrom. Die Kontamination von Grund- und Trinkwasser, Boden und Luft sind je nach lokalen Umweltstandards eine Folge, zudem bindet die Deponierung auch über lange Zeiträume finanzielle und personelle Mittel, da notwendige Sanierungen nur eine Frage der Zeit sind. Die Deponierung von radioaktivem Sondermüll hat bezüglich des Zeithorizonts eine Sonderstellung: die Lagerstätten müssen über mehrere Jahrtausende hinweg von der Umwelt vollständig abgeschlossen bleiben, was eine bislang ungelöste technische, vor allem aber gesellschaftliche Herausforderung darstellt.

Symptome: Kontamination von Böden und Grundwasser mit schädlichen Folgen für die Trinkwasserressourcen, Gesundheitsgefährdung.

LOKALE KONTAMINATION VON UMWELTSCHUTZGÜTERN AN VORWIEGEND INDUSTRIELLEN PRODUKTIONSSTANDORTEN: ALTLASTEN-SYNDROM

Das *Altlasten-Syndrom* kennzeichnet Standorte und Regionen mit akkumulierten Einträgen von Schadstoffen in Böden oder in den Untergrund, die die menschliche Gesundheit und die Umwelt gefährden.

Altlasten finden sich an Standorten und in Regionen mit ehemaligen industriellen, gewerblichen oder militärischen Aktivitäten. Sie treten aber auch auf verlassenen und stillgelegten Ablagerungsplätzen mit Siedlungs- und Gewerbeabfällen sowie mit umweltgefährdenden Produktionsrückständen auf.

An den durch Schadstoffakkumulationen betroffenen Standorten können sich ökologische, ökonomische und soziale Folgen überlappen. Vor allem findet sich dieses Syndrom in Ballungsräumen, in denen großindustrielle Anlagen, z.B. der Schwerindustrie, der Chemieindustrie, des Bergbaus betrieben und die Entsorgung sowie die Umweltbelange bei der Produktion aus unterschiedlichen Gründen nicht ausreichend beachtet wurden.

Ein Beispiel für dieses Syndrom ist der Ballungsraum um Bitterfeld (Sachsen-Anhalt). Weltweit sind zahlreiche weitere Brennpunkte dieses Syndroms zu nennen, z.B. Cubatao (Brasilien), Donez-Becken (Ukraine), Kattowitz (Polen), Wallonien (Belgien), Manchester-Liverpool-Birmingham (Großbritannien), Pittsburgh (USA).

Symptome: Verlust von Biodiversität, Schadstoffeintrag in Böden, Wasser und Luft, Bodendegradation, Gesundheitsgefährdung.

2.3
Zuordnung von Kernproblemen des Globalen Wandels zu Syndromen

Eine Organisationsstruktur für Forschung, die sich an den Syndromen des Globalen Wandels orientiert, hat den Vorteil, daß sie nicht ausschließlich auf die verschiedenen Problembereiche in den einzelnen Umweltmedien fokussiert, sondern Problembereich, Ursache und Wirkungsmechanismen gleichermaßen strukturiert.

Jedes Syndrom dient hier als Forschungsschwerpunkt, um den sich disziplinär orientierte Forschungsfragen gruppieren. Darüber hinaus werden sich aus jedem dieser Muster des Globalen Wandels fast zwangsläufig Querschnittsfragen ergeben, die *a priori* interdisziplinäre Forschungsstrategien erfordern.

Eine solche Vorgehensweise kann nur gelingen, wenn sich alle *Kernprobleme des Globalen Wandels* in den Syndromen wiederfinden lassen. Die Zuordnung der Kernprobleme zu den Syndromen ist in *Tabelle 3* durchgeführt.

Die Zeilen dieser Matrix entsprechen den sechzehn Krankheitsbildern der Erde, die Spalten den in *Kasten 15* beschriebenen Umweltproblemen von globaler Bedeutung. In völliger Entsprechung der räumlich-konkreten Verhältnisse stellen sich die Syndrome hier als eigenständige Querschnittsphänomene dar. Die Felder der Matrix sind dann durch einen Punkt gekennzeichnet, wenn eine bestimmte globale Problematik signifikant zu einem gegebenen Krankheitsbild beiträgt.

Tabelle 3 zeigt, daß alle globalen Kernprobleme jeweils in Bezug zu mehreren Syndromen gesetzt werden können. Offensichtlich erfassen also Syndrome als Querschnittsphänomene jeweils bedeutsame Ursachen, ihre Wirkungsmechanismen und wesentliche Beiträge zu Kernproblemen auf eine signifikante Art und Weise. Schon anhand der ersten Matrixzeile, welche das *Sahel-Syndrom* repräsentiert, läßt sich im Gegensatz dazu die Schwäche der traditionellen Orientierung an verkürzt wahrgenommenen Problemlagen aufzeigen: Krisenhafte Trends wie „Bodendegradation" oder „Migration" treten als Ursachen *und* Folgen des *Sahel-Syndroms* in Erscheinung, der Verlust an Biodiversität stellt dagegen vornehmlich eine Auswirkung der betrachteten krankhaften Erscheinung dar.

In der Syndromanalyse werden solche Faktoren von vornherein an den richtigen Platz in der (Rück-)Wirkungskette gerückt. Durch diese *systemare* Betrachtungs- und Darstellungsweise wird ein Ord-

Tabelle 3
Zuordnung von Kernproblemen des Globalen Wandels zu Syndromen.
Quelle: WBGU

Syndrom \ Kernproblem	Klimawandel	Verlust an Biodiversität	Bodendegradation	Süßwasserverknappung	Gefährdung der Weltgesundheit	Gefährdung der Welternährung	Bevölkerungsentwicklung	Anthropogene Naturkatastrophen	Übernutzung und Verschmutzung der Weltmeere	Globale Entwicklungsdisparitäten
Sahel-Syndrom		•	•	•		•	•	•		•
Raubbau-Syndrom	•	•	•	•				•	•	•
Landflucht-Syndrom		•	•	•		•	•			•
Dust-Bowl-Syndrom	•	•	•	•		•		•		
Katanga-Syndrom		•	•	•						
Massentourismus-Syndrom		•	•	•				•		
Verbrannte-Erde-Syndrom		•	•		•	•	•			•
Aralsee-Syndrom	•	•	•	•				•		
Grüne-Revolution-Syndrom		•	•	•		•	•			
Kleine-Tiger-Syndrom	•	•	•	•	•		•			•
Favela-Syndrom	•		•	•	•					
Suburbia-Syndrom	•	•	•	•						
Havarie-Syndrom		•						•		
Hoher-Schornstein-Syndrom	•	•	•		•			•		
Müllkippen-Syndrom		•	•		•					
Altlasten-Syndrom		•	•		•				•	

nungsschema für die scheinbar unklare Gemengelage der weltweit erkennbaren Veränderungen in Natur und Zivilisation bereitgestellt. Aus diesem Grund kann eine Forschungsorganisation, die sich an den wesentlichen Krankheitsbildern der Erde orientiert, die vorhandenen Kräfte stärker problem- *und* ursachenorientiert bündeln und so die Forschungseffizienz steigern.

Relevanzkriterien

Bei der Gestaltung und Planung von Umweltforschung sind zunächst allgemeingültige Kriterien wie z.B.
- fachliche (insbesondere methodische) Qualität,
- Konkurrenzfähigkeit im nationalen und internationalen Vergleich,
- Preis-Leistungs-Verhältnis,
- Wahrnehmbarkeit,
- Anwendungsbezug

zu berücksichtigen.

Der Globale Wandel ist jedoch kein Forschungsthema wie jedes andere: die existentielle Bedeutung dieser Problematik für die künftige Entwicklung der Menschheit sowie die Einmaligkeit, Komplexität, Vielfalt und Dynamik der damit verbundenen Phänomene machen zusätzliche forschungspolitische Relevanzkriterien erforderlich. Mit Hilfe solcher Maßstäbe kann sowohl die Forschungstätigkeit am Querschnittscharakter der Umweltthematik orientiert als auch eine rationale Prioritätensetzung in Zeiten knapper Mittel erzielt werden.

Der Beirat schlägt vor, in Deutschland bei der Auswahl von Forschungsthemen zum Globalen (und regionalen) Wandel künftig insbesondere die folgenden Kriterien heranzuziehen.

R_1: GLOBALE RELEVANZ

Werden Leitparameter, Grundmuster oder Kernprobleme im System Erde untersucht? Ist eine große Zahl von Menschen von dem Problem betroffen? Läßt die Forschung neue Optionen zur Steuerung des Umwelt- und Entwicklungsprozesses erwarten?

R_2: DRINGLICHKEIT

Ist eine rasche Beantwortung der Fragestellung erforderlich, um irreversible ökologische oder sozioökonomische Fehlentwicklungen zu vermeiden?

R_3: WISSENSDEFIZIT

Können gravierende Lücken in der angestrebten Ganzheitsbetrachtung der globalen Umwelt und ihrer Dynamik geschlossen werden?

R_4: VERANTWORTUNG

Werden Probleme erforscht, an deren Entstehen Deutschland unmittelbar (z.B. durch Treibhausgasemissionen) oder mittelbar (als Nutznießer des Weltmarkts für Güter und Dienstleistungen) beteiligt ist? Berührt die Thematik allgemeine ethische Grundsätze (z.B. Bewahrung der Schöpfung)?

R_5: BETROFFENHEIT

Werden Probleme erforscht, die eine unmittelbare (z.B. Klimafolgen) oder mittelbare Wirkung (z.B. Umweltflüchtlinge) auf Deutschland haben könnten?

R_6: FORSCHUNGS- UND LÖSUNGSKOMPETENZ

Handelt es sich um Themen, bei denen Deutschland aufgrund seiner wissenschaftlichen, technologischen und infrastrukturellen Potentiale wichtige Beiträge leisten kann? Kann die Bearbeitung der Fragestellung zur weiteren Verbesserung dieses Potentials und damit zur Stärkung des „Standorts Deutschland" führen?

4 Integrationsprinzipien

Die Analyse des Globalen Wandels sollte grundsätzlich problem- bzw. nutzenorientiert sein. Die globale Perspektive erzwingt hierbei eine gemeinsame Arbeit verschiedener Disziplinen, Interessengruppen und Akteure, d.h. die Bewältigung einer Integrationsaufgabe. Angesichts der Vielfalt der Konzepte zur Vermittlung von Umweltwissen ist diese Integrationsaufgabe mit Schwierigkeiten verbunden. Für die Forschung stellt sich insbesondere die Frage, nach welchen Prinzipien die notwendige Synthese verwirklicht werden soll.

Der Beirat stellt im folgenden eine Reihe von Prinzipien zusammen, die bei der Umsetzung des integrativen Anspruchs der Umweltforschung hilfreich sein können. Danach sollte die Forschungsintegration über Integrationswege laufen, die sich an analytischen, methodischen und organisatorischen Aspekten sowie an Umsetzungsüberlegungen orientieren.

4.1 Analytische Integrationsprinzipien

I_1: RAUMBEZUG

Dieses Kriterium verlangt eine Zusammenarbeit unter dem Aspekt des gemeinsamen Raumbezugs. Diese kann z.B. mit dem Syndromkonzept verwirklicht werden, welches das Auftreten bestimmter Krankheitsbilder aus der räumlichen Überlagerung spezifischer Trends erklärt. Insofern sollte eine syndromorientierte Forschung verschiedene Einzeldisziplinen über den gemeinsamen Raumbezug zusammenführen.

I_2: ZEITBEZUG

Hinzu tritt der Zeitbezug. Bedenkt man, daß viele globale Umweltprobleme Folge einer Überforderung der zeitlichen Anpassungsfähigkeit von Ökosystemen darstellen, wie auch ökonomische und soziale Anpassungsprozesse mit Zeitbedarfen verbunden sind, sollte die Zusammenarbeit der verschiedenen Disziplinen durch eine gemeinsame Zeitperspektive geprägt sein.

I_3: SOZIOKULTURELLE STRUKTUREN UND PROZESSE

Die Weltgesellschaft gliedert sich in Teilgesellschaften mit unterschiedlichem Entwicklungsniveau, Bildungsniveau, Wertehorizont, d.h. soziokultureller Struktur. Diese beeinflußt Aspekte wie Risikobereitschaft, Anpassungsfähigkeit, Umweltsensibilität und umweltrelevante Verhaltensweisen. Zur Effizienzsteigerung der Forschung und bei ihrer Umsetzung sollte die Forschungsintegration diese Unterschiede explizit einbeziehen.

4.2 Aspekte der Methodik

I_4: MODELLBILDUNG UND SIMULATION

Jede Modellbildung ist der Versuch, die Realität über vereinfachte Hypothesen abzubilden, die der wechselseitigen Abhängigkeit Rechnung tragen und möglichst an empirischen Daten validiert sein sollten. Insofern ist gerade die Modellbildung ein geeigneter Weg zur Zusammenführung von Disziplinen, wobei die Simulation auf jene Hypothesen aufmerksam macht, die einer besonders kritischen Überprüfung bedürfen bzw. Lücken aufdecken.

I_5: GEMEINSAME INSTRUMENTE

In gleicher Weise zwingen gemeinsame Instrumente zur Integration. Dies können eine abgestimmte (komplementäre) Nutzung von Großgeräten (z.B. Satelliten, Forschungsschiffen oder Höchstleistungsrechnern), Infrastrukturen und Wissensressourcen (z.B. Datenbanken oder Algorithmen) sein.

4.3 Aspekte der Organisation

I_6: INTERDISZIPLINÄRE EINRICHTUNGEN

Im Zentrum dieses Integrationsweges steht die Schaffung von Forschungsinstitutionen mit klar definierten Querschnittsaufgaben, wobei je nach Aufgabenbereich ein Zusammenwirken naturwissenschaftlicher, ingenieurwissenschaftlicher, ökonomischer und sozialwissenschaftlicher Disziplinen erforderlich erscheint.

I_7: TEMPORÄRE VERBÜNDE

Hier handelt es sich um die integrationsfördernde Bildung von mittelfristigen projektorientierten Kompetenznetzwerken zwischen etablierten, eher disziplinär ausgerichteten Institutionen. Gegebenenfalls sind dabei Weisungsbefugnisse auf gemeinsame Steuerungsgremien unter ausgiebiger Nutzung moderner Kommunikationsmittel („Datenautobahnen") zu übertragen.

I_8: FÖRDERSTRUKTUREN UND -PROGRAMME

Hier stehen die Einrichtung von ressort- bzw. referatsübergreifenden Schwerpunktprogrammen mit Querschnittscharakter durch den Bund (z.B. Migrationsforschung, „Gesundheit und globaler Wandel"), die Stärkung der interdisziplinären Verbundforschung durch die DFG (z.B. Neuorganisation des Gutachterwesens, Förderung von thematisch statt methodisch definierten und geographisch verteilten Sonderforschungsbereichen), die Etablierung von umweltprozeßorientierten Max-Planck-Instituten (z.B. zur Erforschung der globalen biogeochemischen Kreisläufe) oder die Auslobung von Preisen für „synthetische" umweltwissenschaftliche Leistungen im Vordergrund.

I_9: ORIENTIERUNG AN INTERNATIONALEN PROGRAMMEN

Zur Überwindung des Defizits an globaler Orientierung der Umweltforschung bietet sich die stärkere Ausrichtung an internationalen Programmen (z.B. Rahmenprogramme der EU, internationale Programme zum Globalen Wandel, Kooperationen zum *capacity building* in Entwicklungsländern) an. Diese Zusammenarbeit fördert gleichzeitig den Aufbau internationaler Forschungsnetze.

I_{10}: AUSBILDUNG

Integrierend wirkt die Einrichtung von Basis- bzw. Aufbaustudiengängen mit umweltwissenschaftlichem Charakter (z.B. Landschafts- und Geoökologie, Umweltwirtschaft, Mensch/Umweltsystemanalyse) wie auch von Graduiertenkollegs und Sommer- bzw. Austauschprogrammen.

und Engagierten in die Praxis der Umweltforschung erzielen. Potentielle Partner sind u.a. Kommunen (z.B. Klimaschutzbündnisse), Interessenverbände, Industrie (z.B. Energiewirtschaft, Versicherungs- und Rückversicherungswesen) und umweltpolitische Gruppen.

I_{12}: EVALUATION

Erfahrungsgemäß kann eine Forschungsevaluation integrationsfördernd wirken. Diese sollte sich an der Frage orientieren, welche Beiträge zur Erklärung der Syndrome und zu ihrer Bewältigung im Sinne der Überwindung von Nicht-Nachhaltigkeit erarbeitet werden können.

4.4
Aspekte der Umsetzung

I_{11}: PARTIZIPATION

Ein Integrationseffekt läßt sich auch über die stärkere Einbeziehung von Verursachern, Betroffenen

5 Syndrom-Ranking

Auf der Grundlage der in *Kap. C 3* vorgestellten Relevanzkriterien hat der Beirat eine interne Expertenumfrage durchgeführt. Ziel war dabei, jene Syndrome zu identifizieren, mit denen sich die deutsche Forschung vordringlich beschäftigen sollte. Jedes der 16 Syndrome wurde daher hinsichtlich der Relevanzkriterien bewertet. Um eine möglichst sachgebundene Bewertung der Syndromrelevanz zu gewährleisten, wurde dabei zusätzlich die Einschätzung der eigenen Kompetenz zum entsprechenden Problemkomplex abgefragt. Dies war notwendig, da die Beiratsmitglieder jeweils in unterschiedlichen Themengebieten spezialisiert sind. Den Befragten war ebenso die Möglichkeit gegeben, sich bei einzelnen Syndromen der Bewertung zu enthalten. Bei der Auswertung wurden die Angaben zur Syndromrelevanz je nach eingeschätzter Kompetenz gewichtet. Die Ergebnisse der Umfrage sind, differenziert nach den sechs verschiedenen Relevanzkriterien, in *Tabelle 4* dargestellt.

Auf diesen Ergebnissen aufbauend wurden die Syndrome in drei Prioritätsklassen eingeteilt, wobei alle Relevanzkriterien jeweils gleich gewichtet wurden (*Tabelle 5*). Innerhalb der Prioritätsklassen wurde keine Rangfolge festgelegt; die Auflistung ist alphabetisch. Oberste Priorität haben nach dieser Auswertung sieben Problemkomplexe (*Kap. D 3*).

Diese erste grobe Einschätzung der vordringlich zu erforschenden Syndrome sollte durch einen Diskurs über das Syndromkonzept in der Gemeinschaft der GW-Forscher und GW-Entscheidungsträger reflektiert und gegebenenfalls ergänzt werden. In diesem Zusammenhang schlägt der Beirat vor, eine methodisch vorbereitete *Delphi-Studie* in einem größeren Expertenkreis vorzunehmen (*Kap. D 3*).

Tabelle 4
Rangfolge der Syndrome gemäß der Relevanzkriterien (*Kap C 3*). Dargestellt sind die Ergebnisse einer internen Umfrage im Beirat. Die Einschätzung der Relevanz erfolgte auf einer Skala von 1 (niedrig) bis 4 (hoch).
Quelle: WBGU

R_1 Globale Relevanz		R_2 Dringlichkeit		R_3 Wissensdefizit	
Hoher-Schornstein-S.	3,9	Sahel-S.	3,9	Aralsee-S.	2,8
Sahel-S.	3,7	Hoher-Schornstein-S.	3,8	Favela-S.	2,8
Favela-S.	3,7	Favela-S.	3,8	Suburbia-S.	2,8
Raubbau-S.	3,6	Raubbau-S.	3,6	Verbrannte-Erde-S.	2,5
Müllkippen-S.	3,3	Landflucht-S.	3,4	Landflucht-S.	2,5
Suburbia-S.	3,1	Müllkippen-S.	3,3	Massentourismus-S.	2,5
Grüne-Revolution-S.	3,0	Suburbia-S.	3,1	Altlasten-S.	2,5
Landflucht-S.	2,8	Katanga-S.	3,1	Müllkippen-S.	2,5
Altlasten-S.	2,8	Massentourismus-S.	3,1	Raubbau-S.	2,4
Katanga-S.	2,8	Grüne-Revolution-S.	3,0	Sahel-S.	2,4
Massentourismus-S.	2,8	Dust-Bowl-S.	2,9	Havarie-S.	2,3
Verbrannte-Erde-S.	2,7	Verbrannte-Erde-S.	2,8	Hoher-Schornstein-S.	2,2
Dust-Bowl-S.	2,7	Kleine-Tiger-S.	2,8	Kleine-Tiger-S.	2,1
Kleine-Tiger-S.	2,6	Altlasten-S.	2,8	Grüne-Revolution-S.	2,1
Aralsee-S.	2,5	Aralsee-S.	2,7	Katanga-S.	2,0
Havarie-S.	2,2	Havarie-S.	2,5	Dust-Bowl-S.	1,8

Tabelle 4
Fortsetzung

	R_4 Verantwortung Deutschlands		R_5 Betroffenheit Deutschlands		R_5 Forschungs- und Lösungs- kompetenz Deutschlands	
	Hoher-Schornstein-S.	3,5	*Hoher Schornstein-S.*	3,5	*Hoher-Schornstein-S.*	3,9
	Massentourismus-S.	3,5	*Dust Bowl-S.*	3,1	*Müllkippen-S.*	3,6
	Dust-Bowl-S.	3,3	*Altlasten-S.*	3,1	*Altlasten-S.*	3,4
	Altlasten-S.	3,2	*Müllkippen-S.*	3,0	*Katanga-S.*	3,2
	Müllkippen-S.	3,2	*Suburbia-S.*	2,9	*Grüne-Revolution-S.*	3,2
	Katanga-S.	2,8	*Katanga-S.*	2,9	*Dust-Bowl-S.*	3,2
	Suburbia-S.	2,7	*Massentourismus-S.*	2,7	*Aralsee-S.*	3,2
	Raubbau-S.	2,5	*Verbrannte-Erde-S.*	2,5	*Havarie-S.*	3,2
	Havarie-S.	2,4	*Havarie-S.*	2,3	*Suburbia-S.*	3,1
	Grüne-Revolution-S.	2,4	*Sahel-S.*	2,3	*Sahel-S.*	3,0
	Aralsee-S.	2,2	*Favela-S.*	2,3	*Raubbau-S.*	2,9
	Sahel-S.	2,1	*Landflucht-S.*	2,1	*Verbrannte-Erde-S.*	2,9
	Landflucht-S.	1,8	*Aralsee-S.*	2,0	*Kleine-Tiger-S.*	2,9
	Verbrannte-Erde-S.	1,8	*Grüne-Revolution-S.*	1,6	*Massentourismus-S.*	2,6
	Favela-S.	1,7	*Raubbau-S.*	1,6	*Favela-S.*	2,6
	Kleine-Tiger-S.	1,6	*Kleine-Tiger-S.*	1,6	*Landflucht-S.*	2,5

Tabelle 5
Einordnung der Syndrome in Prioritätsklassen. Die sieben Syndrome in Klasse I sollten von der deutschen Forschung vorrangig behandelt werden.
Quelle: WBGU

Klasse I	Klasse II	Klasse III
Altlasten-S.	*Aralsee-S.*	*Havarie-S.*
Dust-Bowl-S.	*Favela-S.*	*Kleine-Tiger-S.*
Hoher-Schornstein-S.	*Grüne-Revolution-S.*	*Landflucht-S.*
Massentourismus-S.	*Katanga-S.*	*Verbrannte-Erde-S.*
Müllkippen-S.	*Raubbau-S.*	
Sahel-S.		
Suburbia-S.		

6 Entwicklung einer Forschungsstruktur im Rahmen des Syndromkonzepts: Fallbeispiel Sahel-Syndrom

Dieses Kapitel soll darstellen, auf welche Weise eine Forschungsstruktur entwickelt werden kann, die die Interdependenzen der syndromspezifischen Probleme erfassen und entsprechend Lösungsstrategien erarbeiten kann. Dabei sollen die einzelnen Schritte zunächst allgemein diskutiert und anschließend beispielhaft am *Sahel-Syndrom* (Beschreibung *siehe Kap. C 2.2.1*) illustriert werden. Das vorgeschlagene Verfahren ist ähnlich auch auf die anderen Syndrome des Globalen Wandels übertragbar.

Forschungsorientierung am Syndromansatz bedeutet zunächst, die Methoden dieses Ansatzes (*Kap. C 2*) für eine Forschungsstrategie zu nutzen, die relevante Fragestellungen identifiziert und eine möglichst effiziente Bearbeitungsform sicherstellt. Die einzelnen Elemente dieser Strategie sind:

- Das *Beziehungsgeflecht* des Syndroms, dem die entscheidenden Trends, Antriebskräfte, Auswirkungen und Mechanismen entnommen werden können.
- Der *Dispositionsraum,* mit dem von einem Syndrom betroffene Gebiete identifiziert und – forschungsstrategisch noch wichtiger – die Anfälligkeit einer Region bestimmt werden können. Dabei kommt den natur- und sozialräumlichen *Dispositionsfaktoren* eine wichtige Funktion im Hinblick auf zukunftsrelevante Forschungsgebiete zu. Diese beiden Schritte zusammen bilden den Kern einer qualitativen Systemanalyse des Syndroms, dessen Ergebnisse es erlauben, syndromspezifische Fragestellungen für die GW-Forschung zu entwickeln.
- GW-Forschung entlang dem Syndromkonzept muß darüber hinaus nach bestimmten *Relevanzkriterien* (*Kap. C 3*) und *Integrationsprinzipien* (*Kap. C 4*) organisiert sein, damit die finanziellen und wissenschaftlichen Ressourcen möglichst zielführend genutzt werden. Die Berücksichtigung dieser Faktoren führt dann zur Umsetzung der Systemanalyse in konkrete Forschungsorganisation, für die in diesem Kapitel ebenfalls Vorschläge entwickelt werden.

Im folgenden wird dieses Verfahren am Beispiel des *Sahel-Syndroms* vorgestellt. Aus Beziehungsgeflecht (*Kap. C 6.1*) und Dispositionsraum (*Kap. C 6.2*) werden Forschungsfragestellungen entwickelt und Bearbeitungsmöglichkeiten vorgeschlagen, die sich an den Relevanzkriterien und den Integrationsprinzipien orientieren (*Kap. C 6.3*). Abschließend wird ein Modell der Forschungsorganisation präsentiert, das die Grundstruktur eines Netzwerks zur Erforschung des *Sahel-Syndroms* umreißt (*Kap. C 6.4*).

Der Vorschlag eines Forschungsnetzwerks beruht auf der generellen Einschätzung, daß die wissenschaftliche Bearbeitung des Globalen Wandels zwar eine zentrale Zukunftsaufgabe mit neuen Herausforderungen darstellt, gleichwohl aber keineswegs überall „bei Null" angefangen werden muß. Die internationale, aber auch die deutsche Forschungslandschaft ist durchaus reichhaltig genug, um – angemessene Zielorientierung, Organisation und Rahmenbedingungen vorausgesetzt – diese Zukunftsaufgaben anzugehen. Oft fehlt es weniger an guten Ansätzen oder an einzelnen Forschungsergebnissen, sondern an Kooperation, Kommunikation und Integration. Eben darauf zielt der Netzwerk-Gedanke. Zur Konkretisierung werden daher eine Reihe von Institutionen und Projekten genannt, in denen bereits gegenwärtig an Fragen gearbeitet wird, die zur Erforschung des *Sahel-Syndroms* relevant sind, und es werden Möglichkeiten zu ihrer stärkeren Integration vorgestellt. Alle diese Vorschläge haben beispielhaften Charakter und dienen lediglich dazu, die Umsetzung des Syndromkonzepts in Forschungsorganisation anschaulich zu machen. Es wird keineswegs der Anspruch erhoben, die Sahel-relevante Forschung in Deutschland gleichsam „flächendeckend" aufnehmen und bewerten zu wollen. Gleichwohl soll gezeigt werden, daß das Syndromkonzept auch dazu geeignet ist, bereits bestehende Forschung zu berücksichtigen und in eine neue Strategie zu integrieren.

6.1
Das Beziehungsgeflecht des Sahel-Syndroms

Zur Darstellung der Wechselwirkungsmuster eines Syndroms hat der Beirat ein Instrument entwickelt (siehe *Kap. C 2.1* sowie WBGU, 1993 und 1994), in dem Trends und Wechselbeziehungen graphisch dargestellt werden. Dieses syndromspezifische *Beziehungsgeflecht* erlaubt es, die relevanten Wechselwirkungen zu erfassen und so ein umfassendes und übersichtliches Bild des Syndroms zu gewinnen.

Als *Sahel-Syndrom* wird der Ursachen-Wirkungs-Komplex bezeichnet, der mit der landwirtschaftlichen Übernutzung marginaler Standorte einhergeht (WBGU, 1994) und in *Kap. C 3.2.1* näher beschrieben ist. Als zentraler Mechanismus des *Sahel-Syndroms* erweist sich die Selbstverstärkung zwischen Umweltdegradation, sozialer und ökonomischer Marginalisierung und Übernutzung. *Abbildung 7* zeigt diesen *Teufelskreis* des Syndroms mit den relevanten Trends und Interaktionen entlang der Mensch-Umwelt-Schnittstelle. Entscheidend jedoch ist, daß dieser Teufelskreis keine isolierte Struktur darstellt, sondern mit zahlreichen anderen Trends des Globalen Wandels in Wechselbeziehung steht. Das syndromspezifische Beziehungsgeflecht, also das vollständige Muster der Trends und ihrer Wechselbeziehungen, ist in *Abbildung 8* dargestellt. Verbindungslinien mit Pfeilspitze symbolisieren eine verstärkende, solche mit endständigen Kreisflächen eine abschwächende Wechselwirkung. Die schwarzen Verbindungslinien kennzeichnen Wirkungszusammenhänge, die zwar für das Syndrom von Bedeutung sind, aber für die Formulierung der drei abgeleiteten Forschungsfragen (s.u.) eine untergeordnete Rolle spielen. Trends, die für das *Sahel-Syndrom* als wichtig, im globalen Kontext aber eher als nebensächlich betrachtet werden, sind durch ein rautenförmiges Symbol gekennzeichnet (*Abbildung 8*).

Der *zentrale Teufelskreis* bringt die prekäre soziale und ökologische Lage großer Bevölkerungsgruppen, vor allem in Entwicklungsländern, zum Ausdruck. Man kann sie verkürzt durch ein Dilemma beschreiben: einerseits besteht die Notwendigkeit der Ernährungssicherung für die lokale Bevölkerung, die aufgrund fehlender ökonomischer Alternativen nur durch die Intensivierung oder Ausweitung der Landwirtschaft bzw. die Übernutzung der Vegetation – kurz- und mittelfristig – erreicht werden kann. In diesem Zusammenhang ist die Frage nach den Handlungsoptionen der betroffenen Bevölkerung bei gegebenen Rahmenbedingungen von besonderer Bedeutung. Andererseits besteht die Gefahr erhöhter Bodendegradation aufgrund ungeeigneter Bewirtschaftungsmethoden auf marginalen Standorten. Die anthropogenen Umweltdegradationen wirken auf die Gesellschaft zurück, treffen in der Regel die verwundbaren Gruppen und verschlimmern deren Lage – und verstärken damit den Kernmechanismus des *Sahel-Syndroms*.

Neben dem Teufelskreis lassen sich drei weitere strukturelle Elemente des Musters in Form von Teilgeflechten identifizieren, die für das *Sahel-Syndrom* eine wesentliche Rolle spielen:

- *Die Handlungsoptionen der betroffenen Bevölkerung* sind im *Sahel-Syndrom* stark eingeschränkt. Diese Optionseinschränkungen sind eng mit dem Teufelskreis verknüpft. Oft besteht der einzige Ausweg für die Betroffenen darin, in andere Regionen bzw. in die städtischen Ballungszentren zu migrieren. Bevölkerungsdruck und weitere Verarmungstendenzen verstärken sich dabei gegenseitig (in *Abbildung 8* rot gekennzeichnetes Teilgeflecht).
- *Der regionale Klimawandel* ist ein Wirkungskomplex, in dem durch die Konversion natürlicher Ökosysteme eine Veränderung des lokalen – und unter Umständen auch globalen – Klimas hervorgerufen wird. Dieser Klimawandel kann wiederum über veränderte Produktionsbedingungen die Prozesse beeinflussen, welche zu Bodendegradation führen. Weiterhin kann der Klimawandel wesentliche Auswirkungen auf den Wasserhaushalt der betrachteten Region haben. Dieser Wirkungszusammenhang ist von Bedeutung, weil er sich in längeren Zeiträumen entfaltet und der Syndromdynamik folglich eine gewisse Trägheit aufzwingt (in *Abbildung 8* grün gekennzeichnetes Teilgeflecht).
- *Wirtschaftliche Rahmenbedingungen* (sowohl national wie international) stellen eine besondere Einflußgröße für das *Sahel-Syndrom* dar. Diese Einflußfaktoren können den zentralen Mechanismus des Syndroms auslösen bzw. zu dessen Beschleunigung beitragen (in *Abbildung 8* blau gekennzeichnetes Teilgeflecht).

Das *Sahel-Syndrom* ist zwar für viele Entwicklungsländer typisch, aber es enthält auch Ansätze zu einer Verbesserung der Situation und zu einer Unterbrechung des zentralen Teufelskreises. Dabei ist vor allem an die dämpfende Wirkung der verbesserten gesellschaftlichen Stellung der Frau auf das Bevölkerungswachstum sowie an den Transfer von angepaßten Technologien (z.B. bodenschonende Bewirtschaftungsformen, Einsatz energiesparender Technologien) zu denken, in *Abbildung 7* als abschwächende Trends gekennzeichnet. Auch auf sie wird im Rahmen der folgenden Überlegungen eingegangen.

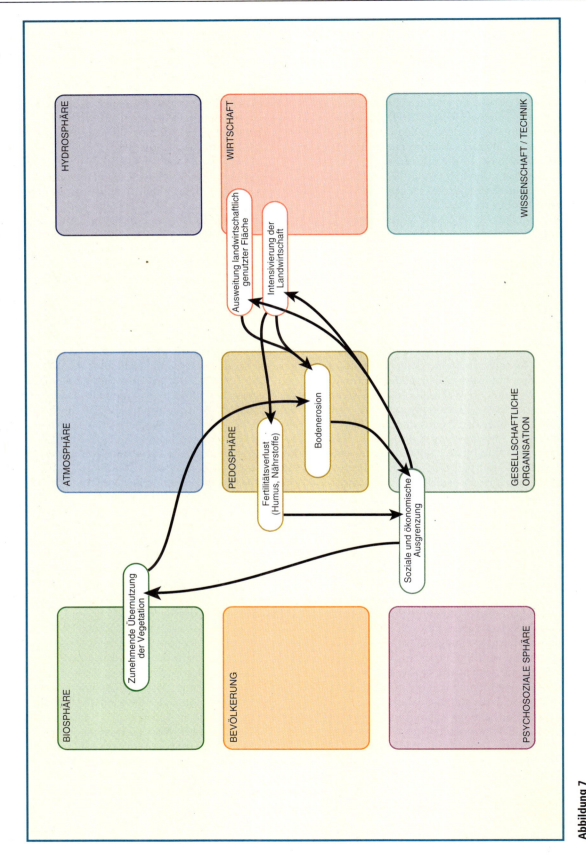

Abbildung 7
Zentraler Mechanismus des *Sahel-Syndroms* (Teufelskreis).
Quelle: WBGU

Das Beziehungsgeflecht des *Sahel-Syndroms* C 6.1

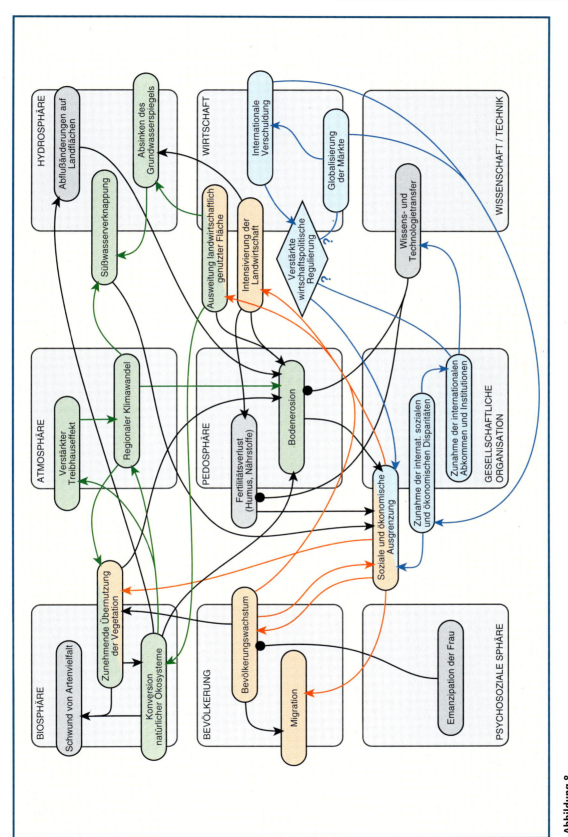

Abbildung 8
Syndromspezifisches Beziehungsgeflecht des *Sahel-Syndroms*. Die drei Teilgeflechte, aus denen Fragenkomplexe abgeleitet werden, sind rot, grün und blau dargestellt.
Quelle: WBGU

6.2
Die Disposition für das Sahel-Syndrom

Während das Beziehungsgeflecht das wesentliche Muster der Mensch-Umwelt-Beziehungen des Syndroms graphisch darstellt, wird durch die Disposition für ein Syndrom die Gefährdung für den „Ausbruch" der syndromspezifischen Mechanismen bestimmt. Somit bildet die Bestimmung der Disposition den zweiten Schritt der Systemanalyse eines Syndroms.

Eine Region ist dann für ein Syndrom anfällig, wenn bestimmte strukturelle Konstellationen naturräumlicher und sozioökonomischer Dispositionsfaktoren vorliegen. Solche Faktoren sind z.B. kulturelle Merkmale, Wasserverfügbarkeit, Hangneigung etc., die in einer syndromspezifischen Kombination die Anfälligkeit einer Region festlegen. Kommen innerhalb dieser Rahmenbedingungen bestimmte auslösende Faktoren hinzu (Expositionsfaktoren, z.B. starke Wechselkursschwankungen oder Dürreperioden), so setzt der Mechanismus des Syndroms ein, und das Syndrom wird in der jeweiligen Region akut.

Die Disposition für das Sahel-Syndrom wird im wesentlichen bestimmt durch:

- *naturräumliche Disposition*, d.h. die naturräumlichen Produktionsbedingungen lassen erwarten, daß es infolge von landwirtschaftlicher Intensivierung bzw. Ausweitung auf niedrigem Niveau bereits zu Bodendegradation kommt;
- *sozioökonomische Disposition*, d.h. die marginalisierte bäuerliche Bevölkerung hat keine Handlungsalternativen zu diesen Landnutzungformen.

Um abzuschätzen, in welchem Ausmaß eine *naturräumliche Disposition* vorliegt, muß eine natur- und agrarwissenschaftliche Abschätzung der Empfindlichkeit (*Fragilität*) der Region gegenüber landwirtschaftlicher Nutzung durchgeführt werden. Unter Verwendung von Methoden der *fuzzy logic* (Zimmermann, 1994) wird die Fragilität eines Standorts durch einen Zugehörigkeitswert zwischen 0 (sicher nicht fragil) und 1 (fragiler Standort) mit einer Auflösung von 0.5°x0.5° bestimmt (*Abbildung 9*). Berücksichtigt werden hierbei Hangneigung, Niederschlagsvariabilität, Ariditäts- und Temperaturbegrenzung des Pflanzenwachstums sowie Bodenfertilität, aber auch der mehr oder weniger leichte Zugang zu Oberflächenwasser für die Bewässerung.

Der zweite Aspekt, die *sozioökonomische Disposition*, ist charakterisiert durch die fehlenden Alternativen der ländlichen Bevölkerung zur weiteren Ausweitung oder Intensivierung ihrer landwirtschaftlichen Aktivitäten. Sie wird bestimmt unter Berücksichtigung folgender Faktoren:

- *Ausmaß der Subsistenzwirtschaft* eines Landes. Da es keine Möglichkeit gibt, Subsistenz direkt zu messen, muß eine indirekte Abschätzung vorgenommen werden. Dazu wird das aus den offiziellen Statistiken ermittelte inländische Nahrungsmittelangebot mit dem Nahrungsbedarf der Bevölkerung verglichen. Auf diese Weise kann eine Maßzahl für den Grad der Selbstversorgung gewonnen werden, die ein grober Indikator für das Ausmaß der Subsistenzwirtschaft ist.
- Berücksichtigung der syndromfördernden *energiewirtschaftlichen Randbedingungen*, wobei insbesondere die Abhängigkeit der Energieversorgung von der Brennholznutzung zu beachten ist. Hierfür wurde ein zusammengesetzter Indikator entwickelt, der aus Kennzahlen für den Energieverbrauch pro Kopf und den Anteil der Brennholznutzung am Energieverbrauch besteht.

In *Abbildung 10* ist die Zugehörigkeit zu den Regionen mit hoher sozioökonomischer Gefährdung für das *Sahel-Syndrom* dargestellt. Da für den „Ausbruch" des Syndroms sowohl eine naturräumliche als auch eine sozioökonomische Disposition vorliegen muß, werden beide Aspekte über eine logische „Und-Verknüpfung" zur Gesamtdisposition zusammengefügt. Das Resultat in *Abbildung 11* zeigt in roter Farbe die besonders disponierten Regionen, in denen ein Auftreten des *Sahel-Syndroms* in Zukunft zu befürchten bzw. das Syndrom bereits ausgebrochen ist. Die Karte zeigt, daß nicht nur die namensgebende Region Afrikas für das *Sahel-Syndrom* disponiert ist, sondern auch in vielen anderen Gebieten der Erde eine Gefährdung besteht.

6.3
Die Ableitung von Fragestellungen für die Forschung

Für die Ableitung von Forschungsfragen kommt es darauf an, das Beziehungsgeflecht als produktive Fragenheuristik zu nutzen und entsprechend zu „lesen". Die Wissenschaft erforscht in der Regel mehr oder weniger eindeutig spezifizierte Zusammenhänge, wie sie auf elementarster Ebene durch jeden einzelnen Pfeil innerhalb eines Syndroms dargestellt sind. In einer reduktionistischen Perspektive würde es sich zur Generierung von Forschungsfragen daher anbieten, die Stärke sowie die syndromare und lokale Ausprägung solcher Zusammenhänge als Untersuchungsziele zu formulieren. Damit würde man jedoch die besondere Bedeutung und Stärke des Syndromkonzepts nicht nutzen, die gerade darin besteht, komplexe, sektorübergreifende Interaktionsmuster von Trends einer systemaren und interdisziplinären Bearbeitung zugänglich zu machen. Dem Syndromkonzept entsprechend kommt es also nicht darauf an, isolierte Zusammenhänge des Beziehungsgeflechts herauszugreifen, sondern vielmehr darauf, zentrale *Trend-Interaktions-Cluster* zu finden, die einerseits hinreichend aggregiert sind, um noch einen Beitrag zur Systemanalyse des Globalen Wandels zu leisten, aber andererseits den wissenschaftsstrategischen Anforderungen an eine handhabbare Spezifizierung von Zusammenhängen unterhalb der Ebene vollständiger Syndrome entgegenkommen.

Zur Ableitung von Fragenkomplexen sollten zwei wesentliche Prinzipien berücksichtigt werden, deren Anwendung in *Kap. C 6.3.1 - C 6.3.3* an drei zentralen, an Teilgeflechten ausgerichteten Fragekomplexen zum *Sahel-Syndrom* illustriert wird. Diese Prinzipien sind:

- Forschungsleitende Teilgeflechte müssen transsektoral und interdisziplinär angelegt sein. Die beteiligten Trends müssen zwei oder mehreren Sphären des Erdsystems angehören. Da diese Sphären im wesentlichen traditionelle Wissenschaftsdisziplinen repräsentieren, führt dieses Prinzip notwendigerweise zu einer weitgehenden horizontalen Integration der Forschungsfragen.
- Die einzelnen Teilgeflechte müssen insofern in sich einen sinnvollen Zusammenhang bilden, als sie wesentliche Bereiche eines Syndroms miteinander verknüpfen. Somit sind z.B. Fragestellungen, die einzelne Wechselbeziehungen „am Rand" des Beziehungsgeflechts zum Gegenstand haben, als relativ unwichtig, solche, die durch Teilgeflechte als Kodierung essentieller Triebkräfte für zentrale Trends repräsentiert werden, als äußerst bedeutsam zu betrachten. Dieses Kriterium stellt sicher, daß die abgeleiteten Fragenkomplexe einen hohen Grad an Lösungsrelevanz – und somit vertikaler Integration – besitzen, da die Maßnahmen zur Linderung eines Syndroms nur an den zentralen Mechanismen ansetzen können.

In Ergänzung zum Beziehungsgeflecht hilft die Darstellung der Disposition bei der weitergehenden Spezifizierung von Relevanzkriterien und Integrationsprinzipien. Durch die Identifikation der von dem Syndrom potentiell betroffenen Regionen können z.B. hinsichtlich des Betroffenheitskriteriums oder der globalen Relevanz Einordnungen vorgenommen werden. Weiterhin erlauben die thematischen Karten (*Abbildungen 9-11*) die Bestimmung der zu untersuchenden Räume (Integrationsprinzip I_1) oder der Regionen mit ähnlichen soziokulturellen Strukturen (I_3) (*siehe Kap. C 4*). Auf diese Weise kann die Disposition auch zur Verfeinerung einzelner aus dem Beziehungsgeflecht abgeleiteter Fragen herangezogen werden.

So kann z.B. auf der Ebene des gesamten *Sahel-Syndroms* eine Einordnung in bezug auf das Betroffenheitskriterium (R_5, *Kap. C 3*) erfolgen. Aus *Abbildung 11* wird deutlich, daß auch Gebiete disponiert sind, zu denen Deutschland bzw. die EU enge politische oder wirtschaftliche Beziehungen unterhalten: Nordafrika und Zentralasien sind hier zu nennen. Weiterhin sind anhand der Karten diejenigen Regionen identifizierbar, die einen zu untersuchenden Raum darstellen (Integrationsprinzip I_1) oder die in den relevanten soziokulturellen Strukturen und Prozessen (I_3) Ähnlichkeiten aufweisen (*Abbildung 10*).

Ausgehend vom Beziehungsgeflecht (*Abbildung 8*) und von den Karten der unterschiedlichen Dispositionsräume hat der Beirat im folgenden drei wichtige Problemkomplexe identifiziert, die als Beispiele für die Ableitung von syndromorientierten Forschungsvorhaben dienen sollen. Dabei werden die drei folgenden *Fragenkomplexe* auf der Grundlage der oben diskutierten wesentlichen Elemente des Syndroms entwickelt, d.h. des zentralen Teufelskreises und der Teilgeflechte, die in *Abbildung 8* farbig gekennzeichnet sind.

1. *Handlungsoptionen der betroffenen Bevölkerung* (rote Kennzeichnung in *Abbildungen 8* und *12*): Welche Handlungsoptionen bestehen für Gruppen, die von Marginalisierung bedroht sind, und was beeinflußt die Wahl ihrer Anpassungs- bzw. Ausweichstrategien?

2. *Der regionale Klimawandel*: (grüne Kennzeichnung in *Abbildungen 8* und *12*): Welche Wechselwirkungen bestehen zwischen anthropogenen Veränderungen des Weltklimas, dem regionalen Klima, den regionalen landwirtschaftlichen Produktions- und Ökosystemen sowie der lokalen Wasserverfügbarkeit in den für das *Sahel-Syndrom* disponierten Regionen?

3. *Internationale wirtschaftliche Rahmenbedingungen* (blaue Kennzeichnung in *Abbildungen 8* und *12*): Welcher Zusammenhang besteht zwischen Trends und Strukturen in der Weltwirtschaft, der nationalen Politik und den sozioökonomischen Marginalisierungsprozessen in den für das *Sahel-Syndrom* disponierten Regionen?

Tabelle 6 gibt einen Überblick über die Relevanzkriterien, die vom Beirat den einzelnen Fragestellungen zugeordnet wurden (*Kap. C 3*), sowie über die Integrationsprinzipien, die für die Bearbeitung als notwendig erachtetet werden (*Kap. C 4*).

Einige Elemente der herausgearbeiteten Teilmechanismen werden auch in der *Desertifikationskonvention* angesprochen, die Forschungsprioritäten für diesen Themenkomplex entwickelt hat (detaillierte Ausführungen zur Desertifikationskonvention siehe WBGU, 1994). Zwar werden in der Konvention die sozioökonomischen Ursachen von Degradationsprozessen explizit berücksichtigt, jedoch sind die in Artikel 17 angegebenen Forschungsvorgaben fast ausschließlich sektoral ausgerichtet, und die Themenauswahl trägt der Komplexität des Zusammenwir-

144 C 6 **Fallbeispiel** *Sahel-Syndrom*

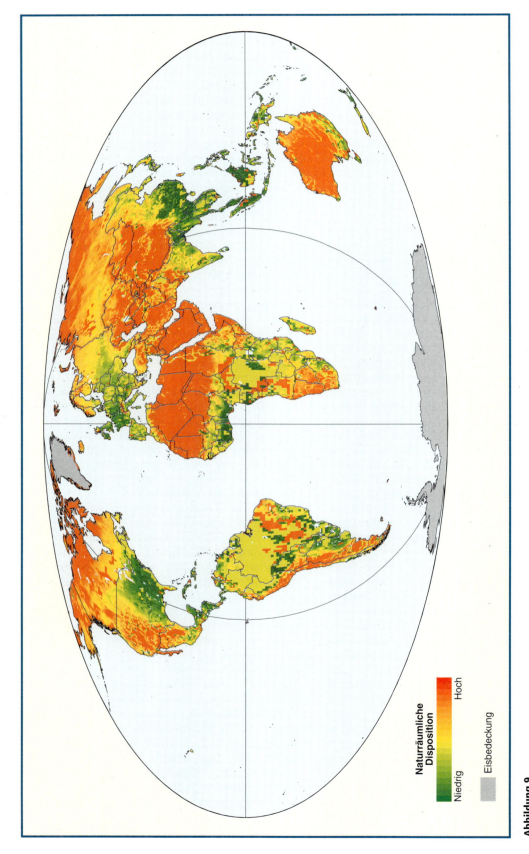

Abbildung 9
Naturräumliche Komponente des *Sahel-Syndrom*-Dispositionsraums.
Die naturräumlich bedingte Fragilität eines Standorts bezüglich landwirtschaftlicher Produktion wird durch einen Zugehörigkeitswert zwischen 0 (grün, sicher nicht fragil) und 1 (rot, sicher fragil) dargestellt; berücksichtigt sind Hangneigung, Niederschlagsvariabilität, Ariditäts- und Temperaturbegrenzung des Pflanzenwachstums, Bodenfertilität sowie der Grad der Erreichbarkeit von Oberflächengewässern zur Bewässerung. Großräumig vergletscherte Gebiete werden grau dargestellt (flächentreue Mollweide-Projektion).
Quelle: WBGU

Ableitung von Fragestellungen für die Forschung C 6.3 145

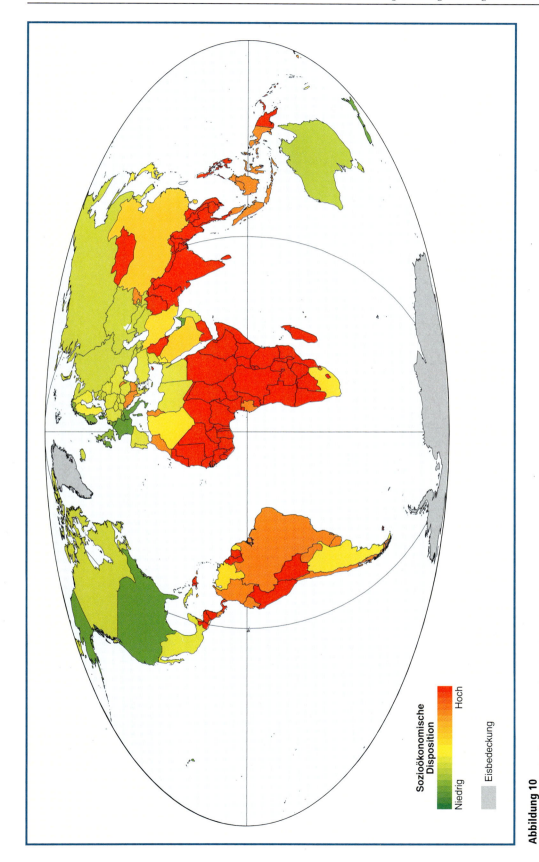

Abbildung 10
Sozioökonomische Komponente des *Sahel-Syndrom*-Dispositionsraums.
Die Subsistenzökonomie eines Standorts wird durch einen Zugehörigkeitswert zwischen 0 (grün, sicher keine Subsistenzökonomie) und 1 (rot, sicher Subsistenzökonomie) dargestellt; berücksichtigt sind die marktstatistische Ernährungslage im Vergleich zum Nahrungsmittelbedarf und ein subsistenztypisches Energieverbrauchsmuster. Großräumig vergletscherte Gebiete werden grau dargestellt (flächentreue Mollweide-Projektion).
Quelle: WBGU

146 C 6 **Fallbeispiel** *Sahel-Syndrom*

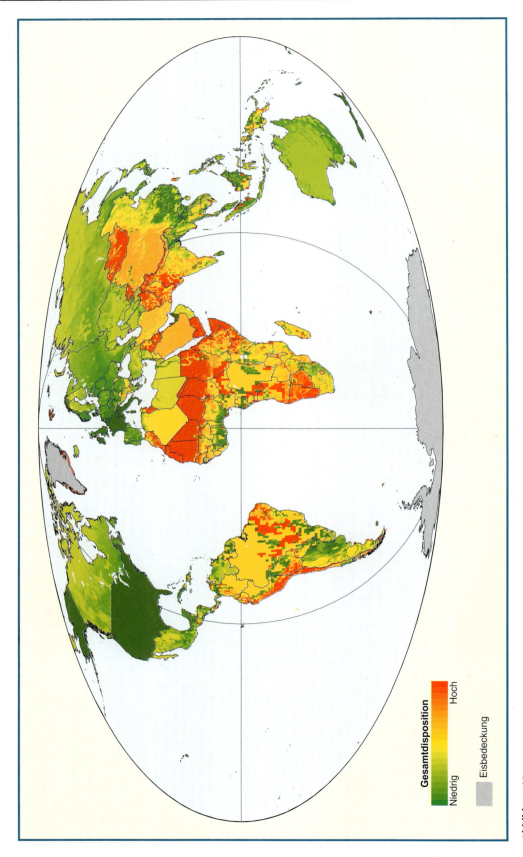

Abbildung 11
Dispositionsraum des *Sahel-Syndroms*.
Die Disposition eines Standorts für das Auftreten des *Sahel-Syndroms* wird durch einen Zugehörigkeitswert zwischen 0 (grün, sicher nicht disponiert) und 1 (rot, sicher disponiert) dargestellt. Großräumig vergletscherte Gebiete werden grau dargestellt (flächentreue Mollweide-Projektion).
Quelle: WBGU

Tabelle 6
Ausgewählte Fragenkomplexe zum *Sahel-Syndrom*.
A Zuordnung der *Relevanzkriterien* (R_1-R_6) zu den drei ausgewählten Fragenkomplexen zum *Sahel-Syndrom* sowie Auswahl der für ihre Bearbeitung als notwendig erachteten *Integrationsprinzipien* (I_1- I_{12}).
B Evaluierung der drei abgeleiteten Fragenkomplexe zum *Sahel-Syndrom*. Es wurde bewertet, welcher Grad an *horizontaler Integration* für die Bearbeitung des jeweiligen Fragenkomplexes notwendig ist und welche Bedeutung der Fragenkomplex für die Problemlösung des *Sahel-Syndroms* (*vertikale Integration*) hat. Die Werte weisen auf die hohe Priorität der drei Fragenkomplexe für die Forschung zum *Sahel-Syndrom* hin. Die Bewertung erfolgt auf einer Skala zwischen 1 (sehr gering) und 5 (sehr hoch).
Quelle: WBGU

		Fragenkomplexe zum *Sahel-Syndrom*		
		Handlungsoptionen der betroffenen Bevölkerung (rote Kennzeichnung)	Der regionale Klimawandel (grüne Kennzeichnung)	Internationale wirtschaftliche Rahmenbedingungen (blaue Kennzeichnung)
A	Relevanzkriterien	R_1, R_2, R_3, R_5	R_1, R_2, R_4, R_5	R_1, R_3, R_4
	Integrationsprinzipien	$I_1, I_2, I_4, I_7, I_8, I_9, I_{11}$	$I_1, I_4, I_5, I_6, I_8, I_9, I_{12}$	I_3, I_4, I_7, I_8
B	Horizontale Integration	4	3	3
	Vertikale Integration	5	3	4

kens von naturräumlichen, kulturellen, sozialen und politischen Prozessen nicht ausreichend Rechnung.

6.3.1
Fragenkomplex 1: Handlungsoptionen der betroffenen Bevölkerung

Marginalisierte Gruppen sehen sich in der Regel einem verengten Handlungsspielraum gegenüber. Im *Sahel-Syndrom* stehen sie typischerweise vor der Wahl zwischen Abwanderung einerseits und der Übernutzung der Vegetation sowie der Intensivierung bzw. Ausweitung der Landwirtschaft andererseits. In der Regel finden sich in einer von dem Syndrom betroffenen Region beide Verhaltensmuster. Daher ist dieses Forschungsgebiet nicht nur – wie aus der Dispositionskarte ersichtlich – von *globaler Relevanz* (R_1), sondern auch von hoher *Dringlichkeit* (R_2), sowohl für die direkt Betroffenen als auch für mögliche Zielländer von Wanderungsströmen, von denen natürlich auch die EU bzw. Deutschland betroffen sein können (R_5). Der Sahel-Teufelskreis ist zudem einer der zentralen Antriebskräfte des weltweiten Bevölkerungswachstums: angesichts der degradierten Ressourcenbasis kann Kinderreichtum die tägliche Arbeit (z.B. Brennholzsammeln, Wasserholen) erleichtern und die Altersversorgung in Ländern ohne soziale Sicherungssysteme sichern helfen. Forschung hat in diesem Zusammenhang die Aufgabe, Handlungsoptionen zu erarbeiten und deren Wahrnehmung durch die Betroffenen zu verbessern bzw. zunächst zu ermöglichen. Außerdem muß ermittelt werden, wie bestehende Rahmenbedingungen zu konkreten Entscheidungen der betroffenen Bevölkerung beitragen. Dies ist vor allem unter prognostischen Gesichtspunkten von großer Bedeutung.

Zu diesen Fragen bestehen eine Reihe von *Wissensdefiziten* (R_3): Gibt es regionale Entwicklungspotentiale, welche den Intensivierungs-, Übernutzungs- bzw. Migrationsdruck mildern können? Welche sozialen Gruppen sind für Marginalisierung anfällig, und welche Migrationsprozesse werden ausgelöst? Welche Rolle spielt dabei das Bevölkerungswachstum? Welchen Einfluß hat die veränderte Rolle der Frau in der Gesellschaft? Wie ist die zukünftige Entwicklung von Optionen in verschiedenen Szenarien abzuschätzen? Zur Beantwortung dieser Fragen müssen sektorale Forschungsprojekte der Wirtschaftswissenschaften und Geographie vor allem durch Arbeiten der Soziologie, Psychologie, Ethnologie bzw. verwandter Disziplinen ergänzt werden.

Die übergreifende Forschungsfrage – Handlungsoptionen der betroffenen Bevölkerung – kann nach drei Aspekten differenziert werden, die auch parallel erforschbar sind und an jeweils unterschiedliche vorhandene Forschungsstrukturen und -programme anknüpfen:

- *Bestandsaufnahme der Optionen und Strategien marginalisierter Bevölkerungsgruppen in den vom Sahel-Syndrom betroffenen Regionen.* Hier kommt es darauf an, die bestehende Forschung bzw. vorliegende Ergebnisse aus Fall- und Regionalstudien zusammenzufassen und auf typische Handlungsmuster hin zu generalisieren. Dabei muß auf die Rahmenbedingungen geachtet werden, die sich etwa aus den natur- oder sozialräumlichen Dispositionen, der Expositionsfaktoren sowie der konkreten Ausprägung des *Sahel-Syndroms* ergeben bzw. auch historisch ergeben haben (I_2). Die Bearbeitung dieses Aspekts könnte beispielsweise an das DFG-Schwerpunktprogramm „Mensch und globale Umweltveränderungen" anschließen (I_8). Zusätzlich könnte eine Verknüpfung mit den zukünftigen Forschungsschwerpunkten des IHDP (*siehe Kap. B 1.3*) – etwa im Zusammenhang mit dem Teilbereich *Social Dimensions of Resource Use* – gesucht werden (I_9). Auch an vielen geographischen Fachbereichen und Instituten an deutschen Universitäten besteht fall- und regionalspezifisches Wissen. Notwendig ist die gezielte Auswertung der Ergebnisse, die Verallgemeinerung über die betreffende Region hinaus sowie die Integration mit theoretischen Überlegungen.

- *Modellierung und Simulation des Verhaltens gefährdeter Gruppen.* Die in Fall- und Regionalstudien gewonnenen Erfahrungen müssen systemar verarbeitet sowie die Erkenntnisse über menschliche Verhaltensweisen und Handlungsstrategien auf die konkreten Rahmenbedingungen des *Sahel-Syndroms* bezogen werden. Methodisch bietet sich hier die Arbeit mit Modellen und Simulationstechniken an. So könnte man die Migrationsmotive und -bewegungen regelgestützt simulieren, um Nahrungsmittelknappheiten und Flüchtlingsbewegungen abzuschätzen. In diesem Zusammenhang wäre eine verstärkte Förderung der Kooperation (I_7, I_8) mit Umweltsoziologie und Umweltpsychologie sinnvoll, die bislang noch vowiegend auf die Erforschung von Handlungsoptionen und -restriktionen in den Industrieländern orientiert sind. Beispielsweise könnten Modell- und Simulationstechniken (I_4) aufgegriffen werden, wie sie unter anderem am Fachbereich Psychologie der Universität Bamberg zu menschlichem Verhalten in komplexen intransparenten Situationen durchgeführt werden. Generell wären hier auch die Ergebnisse der Sozialen-Dilemma-Forschung, wie sie die DFG fördert, auszuwerten und gegebenenfalls sahelspezifisch zu konkretisieren (I_8).

- *Erfahrungs- und modellgestützte Ermittlung von Handlungsalternativen.* Die Bedeutung dieser Fragestellung für die Erarbeitung von Lösungsmöglichkeiten (*vertikale Integration*) ist als hoch einzustufen, weil sie auf Dilemma-Situationen zielt, die für dieses Syndrom typisch sind. Dafür bietet sich das Integrationsprinzip der Partizipation (I_{11}) an. Hierzu müssen die entsprechenden Erfahrungen aus der Entwicklungszusammenarbeit genutzt und die bestehenden Wissenspotentiale in Deutschland ermittelt werden. In der Bundesrepublik könnte dabei auf einen temporären Forschungsverbund (I_7) von einem ökonomischen Forschungsinstitut der Blauen Liste, z.B. dem Deutschen Institut für Entwicklungspolitik (DIE, Berlin), Universitäten (z.B. entwicklungsorientierter Frauenforschung) und Agrarforschungsinstituten gesetzt werden. Außerdem könnte die Forschung zum Stichwort *empowerment* (AGENDA 21) zur Stärkung marginaler Gruppen einbezogen werden.

6.3.2
Fragenkomplex 2: Der regionale Klimawandel

Landwirtschaftlich marginale Regionen sind meist besonders anfällig gegenüber Änderungen des Regionalklimas. Je nach Ausprägung dieser Änderungen ist mit verstärkter Bodendegradation bzw. mit Süßwasserverknappung zu rechnen. Neben der natürlichen Klimavariabilität sind hier insbesondere anthropogene (und damit direkt beeinflußbare) Ursachen von Interesse: zum einen der größtenteils von den Industrieländern verursachte (R_4) zusätzliche Treibhauseffekt in seiner lokalen Ausprägung, sowie zum anderen regionale Klimaänderungen aufgrund menschlicher Eingriffe vor Ort. Letztere werden im wesentlichen durch Landnutzungsänderungen hervorgerufen, die u.a. Veränderungen der Evapotranspiration, Reflexion und Rauhigkeit zur Folge haben können und in engen Wechselwirkungen mit den anthroposphärischen Aspekten der *Sahel-Syndroms* stehen. Durch regionalen Klimawandel möglicherweise bedingte landwirtschaftliche Ertragsverluste führen zu weiteren Landnutzungsänderungen, die ihrerseits wieder auf das Regionalklima zurückwirken.

Einige Ausprägungen des *Sahel-Syndroms*, wie etwa der Wanderfeldbau, tragen über rodungsbedingte CO_2-Emissionen zum globalen Treibhauseffekt bei, so daß auch hier eine – wenn auch nur schwache – Rückkopplung existiert. Es ist jedoch wegen der stärkeren Rückkopplungsschleifen nicht möglich, die regionale Klimaänderungsdynamik zu erforschen, ohne die Klimawirkungen auf die Lebensgrundlagen der betroffenen Menschen und deren mögliche Reaktionen hinreichend zu berücksichtigen. So wenig die skizzierten Zusammenhänge bisher verstanden sind (R_3), so wichtig ist dieses Verständnis zur Beurteilung der Folgen des Treibhauseffekts für die Nahrungsmittelversorgung eines beträchtlichen Teils der Weltbevölkerung (R_1).

Während im Rahmen des deutschen Klimaforschungsprogramms u.a. mit der Gründung des DKRZ globale Prognosen im Hinblick auf den treibhauseffektbedingten Klimawandel möglich geworden sind (R_6), stehen Methoden noch aus, die diese globalen Resultate für die Sahel-disponierten Regionen interpretieren können. Die hierzu notwendigen *downscaling*-Regeln für die wichtigsten lokalen Wettervariablen müssen die – teilweise in Reaktion auf Klimaänderungen – durchgeführten Landnutzungsänderungen berücksichtigen, die für das regionale Klima relevant sind. Dieser engen Problemvernetzung kann ein interdisziplinäres Institut wie das Potsdam-Institut für Klimafolgenforschung – in Kooperation mit den z.B. im Rahmen der Forschungsprogramme IGBP-BAHC (*Biospheric Aspects of the Hydrological Cycle*) und EFEDA (*Echival Field Experiment in a Desertification Threatened Area*) aktiven Universitätsinstituten – gerecht werden (I_6), indem die meteorologischen Aspekte gleichzeitig mit den agrarwissenschaftlichen und ökologischen Fragen behandelt werden. Hierbei wird die mathematische Modellbildung sicherlich eine wesentliche Rolle spielen (I_4).

Auf die Frage, mit welchen Landnutzungsänderungen in Sahel-disponierten Regionen auf mögliche Produktionseinbußen reagiert wird, müßte in einem entsprechenden Forschungsprogramm (I_8) unter Verwendung vorwiegend sozioökonomischer Modellbildungen eingegangen werden.

Als eine wichtige empirische Grundlage dieser Modellierungen könnten satellitenerfaßte Zeitreihen von Landnutzungsänderungen dienen (I_5), wie sie etwa im *Humid-Tropical-Forest*-Projekt (USA) für tropische Regenwälder erstellt wurden. Derzeit beginnt die Koordination solcher Aktivitäten in IGBP/IHDP-LUCC (*Land-Use and Land-Cover Change*). Hier ergibt sich für die deutsche Forschung die Chance, durch entsprechende Beiträge ihre internationale Orientierung zu verstärken (I_9). Eine kompetente Forschungsevaluation kann darüber hinaus dazu beitragen, daß Wissenschaft über Disziplingrenzen hinweg betrieben wird (I_{12}). Der Schwerpunkt einer solchen Evaluation müßte hier auf dem Rückfluß der (eher zu strukturierenden als zu bewertenden) Evaluationsergebnisse zu den beteiligten Forschergruppen liegen und stellt damit neue Anforderungen an Evaluationsverfahren.

Ein Beispiel für bereits vorhandene Expertise zur hier erläuterten Forschungsfrage ist der Projektbereich D des SFB 268 „Geographie der westafrikanischen Savanne" und der SFB 69 „Geowissenschaftliche Probleme arider Gebiete" (R_6). Ein Versuch der Integration von sozioökonomischen und naturräumlichen Aspekten im Sahel-disponierten Nordosten von Brasilien wird derzeit in einem bilateralen Projekt zwischen Deutschland und Brasilien (*Water Availability, Vulnerability of Ecosystems and Society,* WAVES) durchgeführt (I_1).

Für die Planung von weiteren Forschungsvorhaben, deren Integration über den Bezug auf eine gemeinsame Region (I_1) erreicht werden soll, liefert die in *Abbildung 11* dargestellte Dispositionskarte erste Hinweise: insbesondere in Regionen mit mittlerer und hoher Sahel-Disposition, in denen das Syndrom noch nicht massiv aufgetreten ist, könnte die Erforschung der engen Wechselwirkung zwischen regionalem Klimawandel, Ertragsentwicklung und Landnutzungsänderungen einen wesentlichen Beitrag dazu leisten, das weitere Ausbreiten des Syndroms zu verhindern.

6.3.3
Fragenkomplex 3: Internationale wirtschaftliche Rahmenbedingungen

Sowohl nationale als auch internationale ökonomische Trends bzw. Rahmenbedingungen (z.B. die Globalisierung der Märkte, die internationale Verschuldung, das Welthandelssystem) können innerhalb des *Sahel-Syndroms* eine wesentliche Ursache der Marginalisierung von Gruppen darstellen. Daher ist es für die Vermeidung des syndromspezifischen Teufelskreises wichtig zu erkennen, welche Rolle ökonomische Trends und Rahmenbedingungen in sozialen Marginalisierungsprozessen spielen und welche Bedingungen zur Vermeidung bzw. Anpassung an die spezifischen Probleme notwendig sind. Deutschland besitzt aufgrund seiner Rolle in der Weltwirtschaft sowohl eine besondere Verantwortung (R_4) als auch eine wichtige Position bei der Gestaltung dieses Themas in einem entsprechenden Forschungsprogramm.

Unangepaßte nationale Wirtschaftspolitik ist im *Sahel-Syndrom* meist dadurch charakterisiert, daß sie

– entweder zu stark auf die ökonomische Existenzsicherung der städtischen Bevölkerung und zu wenig an den Problemen der landwirtschaftlichen Produzenten orientiert ist;
– einseitig auf exportorientierte Monokulturen setzt und die Ernährungssicherung über die Entwicklung einer heimischen Landwirtschaft vernachlässigt;
– aufgrund fehlerhafter Anreizstrukturen bodenschonende Bewirtschaftungsformen verhindert.

Viele dieser Faktoren werden durch die internationale Einbindung verstärkt: durch die Blockade der landwirtschaftlichen Entwicklung durch Importe aus Ländern mit hochsubventionierter Landwirtschaft, durch eine Kurzfristorientierung aufgrund hoher Verschuldung, durch die Bindung der Kreditvergabe an bestimmte Entwicklungsparadigmen und entsprechende Entscheidungskriterien internationaler Institutionen (z. B. Strukturanpassungsprogramme).

Im wesentlichen läßt sich die hierfür notwendige Forschung folgenden Kategorien zuordnen:

- *Untersuchungen zu den Determinanten landwirtschaftlicher Produktion in den Entwicklungsländern.* Agrarökonomische Forschung läuft aufgrund ihrer disziplinären Orientierung oft Gefahr, soziale, kulturelle oder ethnische Faktoren zu vernachlässigen, obwohl diese für die regionale Wirtschaftsentwicklung in der Regel sehr wichtig sind (I_3). Die bestehenden Forschungsansätze unterscheiden sich zudem in dem Grad der Berücksichtigung weltwirtschaftlicher Strukturen. Hier wäre an integrative Ansätze anzuknüpfen, wie sie z.B. am Institut für Agrar- und Sozialökonomie in den Tropen und Subtropen an der Universität Hohenheim durch die Integration über vier Fachgebiete hinweg erreicht wird (I_6).
- *Analyse globaler Wirtschaftsstrukturen als Voraussetzung für die Verbesserung der sozioökonomischen Bedingungen in Entwicklungsländern.* Der Dispositionsraum des *Sahel-Syndroms* zeigt, daß die meisten potentiell oder aktuell betroffenen Gebiete in Entwicklungs-, Schwellen- oder Transformationsländern liegen. Die Degradationsprozesse werden von globalen Wirtschaftsstrukturen teilweise erheblich beeinflußt. Aufgrund einer bislang dominierenden Segmentierung der ökonomischen und sozialen Forschung zu diesen Fragen ist hier eine verstärkte Integration dringend erforderlich. Temporäre Verbünde (I_7) sowie entspre-

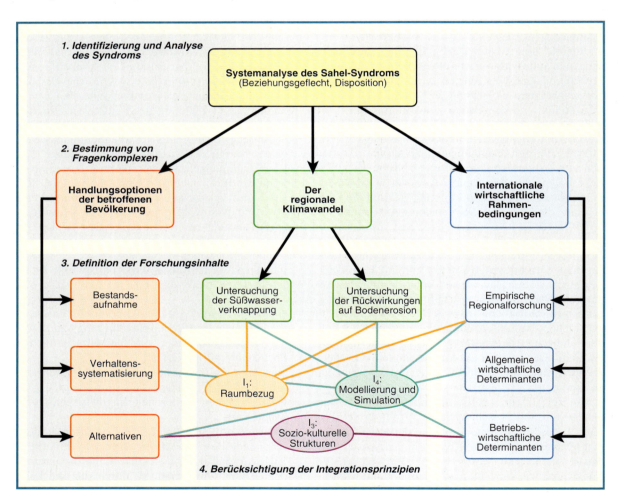

Abbildung 12
Grundstruktur des Forschungsnetzwerkes zur Bearbeitung zentraler Fragestellungen für das *Sahel-Syndrom*.
Die Felder 1 - 4 stehen für die methodische Abfolge bei der Entwicklung des Forschungsnetzwerkes „Sahel". Die schwarzen Pfeile repräsentieren die hierarchische Koordination im Forschungsnetzwerk. Die Farben der Fragenkomplexe entsprechen denen in *Abbildung 8*. Die farbigen Verbindungslinien im vierten Feld stehen für die Integrationsprinzipien, die bei der Entwicklung des Sahel-Forschungsnetzwerkes berücksichtigt und über die einzelnen Forschungsfragen hinweg einheitlich angewandt werden müssen.
Quelle: WBGU

chende Förderstrukturen (I_8) für gemeinsame Projekte aus den beiden Forschungsrichtungen könnten der deutschen GW-Forschung hierbei neue Impulse geben. Denkbar wäre dabei z.B. eine Kooperation zwischen einem der Wirtschaftsforschungsinstitute, dem Deutschen Institut für Entwicklungspolitik (DIE, Berlin) und dem Forschungsinstitut der Deutschen Gesellschaft für Auswärtige Politik (Bonn). Möglichkeiten für Verbünde oder Programme können sich u.a. aus der Institutionenökonomie oder der evolutorischen Ökonomie ergeben, welche (welt-)wirtschaftliche Mechanismen im Kontext sozialer und kultureller Institutionen untersucht.

- *Empirisch ausgerichtete Regionalforschung.* Zu einer ganzen Reihe von Ländern, in denen das *Sahel-Syndrom* bereits ausgebrochen ist (vor allem aus der Sahelzone selbst), liegen Fallstudien zu den sozioökonomischen und soziokulturellen Bedingungen für Ausbruch und Verlauf der „Krankheit" vor. Hier wären viele Institute deutscher Universitäten zu nennen, insbesondere der Geographie, der Agrarökonomie und der Entwicklungssoziologie. Zukunftsorientierte globale Umweltforschung kann hier an den bereits vorhandenen Einzeluntersuchungen anknüpfen. Darauf aufbauend müssen zukünftig disziplinäre Grenzen bei regionalspezifischen Betrachtungen und die getrennte Betrachtung von regionalen und globalen Wandlungsprozessen überwunden werden.

6.4
Organisatorische Schlußfolgerungen

Die enge inhaltliche Verknüpfung der diskutierten Fragestellungen erfordert die abgestimmte Bearbeitung der einzelnen Fragenkomplexe. Der Beirat hält daher die Einrichtung eines Forschungsnetzwerks unter Federführung einer Trägergesellschaft für dringend notwendig, um die ausreichende Koordination der Arbeit in den verschiedenen Programmen und Instituten zu gewährleisten. Die Grundstruktur des einzurichtenden Sahel-Forschungsnetzwerks ist in *Abbildung 12* wiedergegeben. Neben einer hierarchischen Koordination (*Abbildung 8*, schwarze Pfeile) ist insbesondere auf einheitlich gestaltete analytische und methodische Integrationsprinzipien zu achten. So sollten etwa die Modellierungs- und Simulationsmethoden zur Rolle der internationalen Wirtschaftsstrukturen mit denen zur Untersuchung des Optionsspielraums der marginalisierten Bevölkerung ebenso kompatibel sein, wie mit den Methoden der regionalen Klimamodellierung. Ähnliches gilt für die anderen Prinzipien (soziokulturelle Strukturen und Prozesse, Raumbezug etc.).

Dies macht die Einrichtung eines Forschungsnetzwerks erforderlich, wobei z.B. die GTZ in die Trägergesellschaft einbezogen werden könnte. Die Struktur des Netzwerks sollte sich an den angesprochenen Verknüpfungen zwischen den jeweiligen Forschungsinhalten orientieren, deren Ableitung in *Abbildung 12* in den Schritten 1-4 zusammengefaßt ist. Diese durch die Berücksichtigung der Integrationsprinzipien resultierenden Verknüpfungen sind durch die Verbindungsnetze im vierten Schritt dargestellt.

7 Vertikale Integration: Forschung zum Problemlösungsprozeß des Globalen Wandels

7.1 Besonderheiten des Problemlösungsprozesses

In *Kap. B* des Gutachtens wurden Stand und Lükken der Forschung zu globalen Umweltproblemen gemäß den einzelnen Bereichen der Natur- und Anthroposphäre dargestellt. Neben diesen spezifischen Forschungsfragen zu konkreten inhaltlichen Problemen des Globalen Wandels müssen jedoch auch Fragen zum Problemlösungsprozeß selbst berücksichtigt werden.

Forschung zu umweltpolitischen Entscheidungsprozessen bezog sich bisher hauptsächlich auf Probleme nationaler Umweltpolitik. Zwar sind Erkenntnisse hieraus auch für den umweltpolitischen Entscheidungsprozeß im internationalen und globalen Rahmen von Bedeutung, jedoch ist die Sachlage deutlich komplexer. Globale Probleme sind oft langfristiger Art, was größere Schwierigkeiten für Diagnose und Prognose mit sich bringt. Dadurch ergeben sich besondere Anforderungen an Frühwarnsysteme und Planungsinstrumente, aber auch an Forschungsmethoden und -instrumente. Globale Probleme sind zudem deutlich komplexer als nationale Umweltprobleme, was sich auf den Prozeß der politischen Konsensfindung und auf die Wahl der Instrumente auswirkt. Nicht zuletzt sind auch die Zielkonflikte international in aller Regel schwerer zu lösen als national, bedingt durch Unterschiede in Kultur, Religion, vor allem aber des Entwicklungsstands.

Forschungsmethoden und -ansätze zur nationalen Umweltpolitik sind daher so anzupassen, daß sie auch auf die Elemente des Entscheidungsprozesses zu globalen Umweltveränderungen angewendet werden können. Dazu wird hier nicht auf einzelne Disziplinen abgestellt. Es geht vielmehr darum, die Elemente des Problemlösungsprozesses zu strukturieren und dann zu fragen, welche Disziplinen hierzu schon beigetragen haben bzw. im Rahmen einer interdisziplinären Forschung verstärkt beitragen sollten.

Folglich ist zunächst zu prüfen, welche Ergebnisse bereits vorliegen und welche Ergänzungen erforderlich sind. Folgende Elemente eines Problemlösungsprozesses lassen sich unterscheiden:

- *Problemaufbereitung.* Der Problemlösungsprozeß zum Globalen Wandel beginnt mit der Problemanalyse, d.h. der Identifizierung von Ursachen und Wirkungen sowie der Abschätzung zukünftiger Entwicklungen (Prognose). Angesichts der Komplexität der hier zu erforschenden Sachverhalte und der dafür notwendigen integrierten Forschungsansätze bedarf es daher für die Problembeschreibung und -erklärung sowie für die Prognose einer entsprechenden Methodik, wie z.B. der *Systemforschung* (*Kap. C 7.2*).
- *Leitbilder und Ziele.* Im Anschluß an die Problemanalyse sind Leitbilder und Ziele zu definieren. Ein besonderes Defizit sieht der Beirat in der *Leitbildforschung*, die auf das Konzept der nachhaltigen Entwicklung auszurichten und mittels entsprechender Handlungsmaximen und Indikatoren zu konkretisieren ist (*Kap. C 7.3*).
- *Träger.* Eine Politik zur Beeinflussung globaler Umweltveränderungen bedarf entsprechender Träger auf verschiedenen Ebenen (global, regional, national, lokal). Da auf der zwischenstaatlichen Ebene souveräne Staaten agieren, bedürfen vor allem die dort ablaufenden Entscheidungs- und Handlungsmechanismen besonderer Aufmerksamkeit. Die Problematik der Trägerkonstellation und eines effektiven Zusammenwirkens der Träger ist daher genauer zu untersuchen. Hierfür sind geeignete Methoden auszuwählen bzw. weiterzuentwickeln, so z.B. die *Spieltheorie* (*Kap. C 7.4*).
- *Instrumente.* Die Durchsetzung der Ziele erfolgt mittels der im Rahmen globaler Umweltpolitik zur Verfügung stehenden bzw. zu entwickelnden Instrumente. Diese sind hinsichtlich ihrer Durchsetzbarkeit und Wirksamkeit zu untersuchen und fortzuentwickeln. Insbesondere ist dabei Forschung zu übergreifenden Instrumenten, etwa den Konventionen erforderlich, aber auch zu den in ihrem Rahmen wirksamen Teilinstrumenten (*Kap. C 7.5*).

- *Implementierung.* Im Anschluß an die Vereinbarung internationaler Abkommen stellt sich die Frage nach deren Umsetzung und Durchführung (*Implementierung*) sowie nach Möglichkeiten der Sanktionierung. Die dabei auftretenden Hindernisse sind angesichts der Tatsache, daß Problemlösungsprozesse gerade in diesem Stadium oft stagnieren, genauer zu analysieren (*Kap. C 7.6*).
- *Entscheidungs- und Risikoforschung.* Übergreifend zur Begleitforschung bzgl. der genannten Elemente des Entscheidungsprozesses, vor allem aber zur Trägerproblematik und zur Wirksamkeit der Instrumente, sind Entscheidungs- und Risikoforschung voranzutreiben, da sie zwei spezifische Merkmale des Problemlösungsprozesses zum Globalen Wandel untersuchen: das Problem der Konsensfindung bei teilweise fundamentalen Interessensgegensätzen sowie den Umgang mit unsicherem Wissen (*Kap. C 7.7*).

Im folgenden werden die zu den hier geschilderten Schritten bestehenden Forschungsansätze analysiert und wichtige Forschungslücken aufgezeigt. Nicht behandelt wird an dieser Stelle die Frage, welche Institutionen diese Forschung leisten können. Aussagen hierzu finden sich an anderen Stellen des Gutachtens. In *Kap. C 8* schlägt der Beirat beispielsweise ein deutsches *Strategiezentrum für den Globalen Wandel* vor, das nicht zuletzt auch übergreifende Aufgaben dieser Art zu übernehmen hätte.

7.2
Entscheidungsorientierte Aufbereitung der Probleme

In diesen Aufgabenbereich gehört die gesamte auf das Identifizieren, Erklären und Prognostizieren globaler Umweltprobleme ausgerichtete Forschung zur Natur- und Anthroposphäre. Über die Aufbereitung konkreter Umweltprobleme hinaus lassen sich u.a. folgende allgemeine Erfordernisse skizzieren:
- Bei der Problembeschreibung und -erklärung sind unterschiedliche *Perspektiven* (verschiedene Disziplinen, Akteure, Problemwahrnehmungen und Erklärungsansätze etc.) zu berücksichtigen; dies erfordert einen Diskurs zwischen Wissenschaft, Politik und Öffentlichkeit.
- Es sind geeignete *Informationssysteme* aufzubauen, die insbesondere die Verbindungen zwischen den Sektoren und Teilbereichen stärken.
- Diese Systeme müssen auf *Frühwarnung* ausgelegt sein.
- Umweltpolitische Entscheidungen zu GW-Phänomenen stellen generell *Entscheidungen unter Unsicherheit* dar. Entsprechende Entscheidungsprozesse werden im Rahmen der *Entscheidungs- und Risikoforschung* (siehe auch *Kap. C 7.7*) aus den Perspektiven unterschiedlicher Disziplinen behandelt.

Wegen der Komplexität der globalen Probleme sind vorrangig Methoden zu entwickeln bzw. zu differenzieren, die bei der Abschätzung von Ursachen und Wirkungen integrativ vorgehen (z.B. Syndromansatz, *siehe Kap. C 2*). Daher sind die Systemanalyse und die mit ihr im Zusammenhang stehende Modellierung und Simulation von komplexen Systemen dringlich fortzuentwickelnde Methoden.

7.3
Leitbildentwicklung und Zielforschung

Seit UNCED (1992) ist das Leitbild *sustainable development* eine für die Völkergemeinschaft verbindliche Programmatik geworden. Dies erfordert die Einbindung aller nationalen Umweltpolitiken in den Orientierungsrahmen dieses Konzepts (WBGU, 1993; SRU, 1994). Auch die verwendeten Ziele und Zielfindungsverfahren müssen sich daher am Konzept der nachhaltigen Entwicklung orientieren, das eine systemare Betrachtung von ökologischen, ökonomischen und soziokulturellen Aspekten verlangt. Die *Commission on Sustainable Development* (CSD) hat die Aufgabe, an der Konkretisierung des Konzepts, insbesondere auch im Wege der Indikatorenbildung zu arbeiten und die Einhaltung der Zusagen von Rio zu überwachen.

Für die Zielformulierung des Nachhaltigkeitskonzepts kann bereits auf einige Ansätze im Bereich der nationalen Umweltpolitik zurückgegriffen werden. Sowohl das Umweltgutachten des SRU (1994) als auch der Bericht der Enquete-Kommission „Schutz des Menschen und der Umwelt" (1994) zeigen mögliche Wege, aber auch die bestehenden Defizite bei Umsetzung und Quantifizierung der Ziele im Sinne einer nachhaltigen bzw. dauerhaft-umweltgerechten Entwicklung auf.

Auf der Basis einer systemaren Betrachtung sowie der Erkenntnis, daß Problemlösungen in der Anthroposphäre ansetzen müssen, erachtet der Beirat folgende Ziele für den Bereich der globalen Umweltpolitik als wesentlich:
- Gesellschaftliche Entwicklung darf nicht allein als Steigerung des materiellen Wohlstands begriffen werden: global müssen die Ernährungs- und Gesundheitssituation sowie die Bildungsmöglichkeiten entscheidend verbessert werden.
- Eine schrittweise Angleichung der materiellen und immateriellen Lebensbedingungen zwischen hochentwickelten und weniger entwickelten Ländern muß angestrebt werden (*intragenerationelle Gerechtigkeit*).

- Eine besondere Forschungsaufgabe ist die Berücksichtigung der Interessen zukünftiger Generationen (*intergenerationelle Gerechtigkeit*).

Die Erarbeitung eines solchen Leitbilds ist ein *diskursiver Prozeß*, der für Anpassungen über die Zeit offen ist. Das Konzept der nachhaltigen Entwicklung kann nicht als eine für alle Zeiten feste Zielgröße definiert werden, sondern ist als Ausdruck gesellschaftlicher Werte einem zeitlichen Wandel unterworfen. Gerade über Leitbilder, die letztlich Anweisungen für ein angemessenes umweltbezogenes Handeln darstellen, muß auf allen gesellschaftlichen Ebenen eine breite *Diskussion* geführt werden, schon allein, um die notwendige Akzeptanz für die erforderlichen Verhaltensänderungen sicherzustellen, aber auch, um das kreative Potential partizipativer Prozesse auszuschöpfen.

Trotz intensiver Diskussion des Leitbilds ist der Gehalt des Konzepts einer nachhaltigen, zukunftsfähigen (WBGU, 1993) bzw. dauerhaft-umweltgerechten (SRU, 1994) Entwicklung nicht ausreichend konkretisiert. Auch über die Operationalisierung des Leitbildes, dessen Umsetzung vielfältige Kompetenzen erfordert (SRU, 1994 und 1996), besteht weder in Deutschland noch der EU und erst recht nicht auf globaler Ebene Konsens. Erforscht werden müssen daher sowohl die Barrieren, die einer Konkretisierung dieses Zielsystems gesellschaftlicher Entwicklung direkt entgegenstehen, als auch die Alternativen zur Überwindung dieser Barrieren, z.B. Formen umweltverträglicher Lebensstile.

Der Ansatz des Beirats hierzu ist die Orientierung an einem *„Leitplanken-Modell"* (*Kap. C 2*) als Alternative zu einer Fixierung eines detaillierten „Endzustands". Dieses Modell baut auf einem Politikansatz auf, der Begrenzungen festlegt, aber innerhalb dieser Begrenzungen freie Entscheidungen zuläßt. Hier ist es insbesondere Aufgabe der Forschung zu klären, inwiefern Leitbilder und Ziele konkreter Umweltkonventionen diesem Prinzip entsprechen (*Kap. B 3.7*). Ein weiterer Gegenstand der Forschung zu dem Thema ist die Anpassung dieses Modells an zusätzliche, interdisziplinär zu bearbeitende Begrenzungen unter ökologischen, ökonomischen und sozialen Aspekten.

Ein großes Defizit bei der Forschung zu Zielfindungsprozessen sieht der Beirat in der mangelhaften Berücksichtigung und Konkretisierung der Bedürfnisse *zukünftiger Generationen*. Hier muß international und interdisziplinär und unter Berücksichtigung ethischer Aspekte Forschung zur Abschätzung zukünftiger Bedürfnisse geleistet werden, z.B. der Legitimation einer Diskontierung des Nutzens späterer Generationen (*siehe auch Kap. B 3.6.4.1*).

Inwieweit der Ansatz des *Stoffstrommanagements*, der von der Enquete-Kommission des Deutschen Bundestags vorgeschlagen wird, die Handlungsregeln auch unter globalen Gesichtspunkten ergänzt oder aber zu weiteren Regeln führen müßte, sollte ebenfalls eingehender untersucht werden. Die als Ziel vorgegebene Forderung, Ökosysteme sollten nur im Rahmen ihrer Aufnahme- oder Tragekapazität belastet werden, führt zu der Frage, wie weit diese Inanspruchnahme aus Vorsorgegründen oder aus dem Zwang zur intergenerationellen Gerechtigkeit gehen darf. Hierzu besteht Forschungsbedarf mit besonderem Augenmerk auf Irreversibilitäten.

7.4
Forschung zu Trägern globaler Umweltpolitik

Während bei den übrigen Elementen des Entscheidungsprozesses beim Übergang von nationalen zu globalen Umweltproblemen eine graduelle Erhöhung der Komplexität vorliegt, ist die Trägerproblematik auf der zwischenstaatlichen Ebene durch eine qualitativ andere Dimension gekennzeichnet (Zimmermann, 1992). So gibt es z.B. keine zentrale, durchsetzungsfähige Instanz für globale Umweltpolitik. Am ehesten würde man im Sinne einer übernationalen Institution an UN-Institutionen denken. Deren Aufgabe ist allerdings vor allem Koordination, nicht aber Anordnung und Sanktion. Die nationalen Träger einer globalen Umweltpolitik keiner souveränen „Weltregierung" untergeordnet sind, können sie ihre jeweiligen Einzelinteressen zu jedem Zeitpunkt einbringen. Folglich muß der unterschiedliche Grad der Betroffenheit, sei es als Verursacher, sei es als Geschädigter, in die strategischen Überlegungen mit eingehen, ebenso wie die besondere Rolle des Politikers. Ein vielversprechendes Analyseinstrumentarium, das sich mit interdependenten Entscheidungssituationen bei partiell kontroversen Interessen und der Möglichkeit zu kooperativem Verhalten befaßt, ist die *Spieltheorie*.

Eine weitere wichtige Forschungsfrage betrifft die Interessen der Akteure im Rahmen bestehender bzw. geplanter Konventionen. In welchem Maße sind diese Interessen durch Entwicklungsstand, durch gesellschaftliche Werte, religiöse oder ethnische Zugehörigkeit geprägt? Welche Akteure sind einem Konzept der weltweiten Verantwortlichkeit zugänglich? Was ist zu tun, um unter höchst unterschiedlichen Voraussetzungen zu einvernehmlichen Lösungen bei GW-Problemen zu gelangen?

7.5 Forschung zu Instrumenten globaler Umweltpolitik

Der charakteristische Unterschied zwischen den Instrumenten einer nationalen und einer globalen Umweltpolitik (*siehe Kap. B 3.6.4.1*) hängt mit der qualitativen Besonderheit der Träger zusammen: Weil es keine „Weltregierung" gibt, müssen die Instrumente auf der internationalen Ebene vergleichsweise „weich" sein. Erst bei der Durchsetzung im einzelnen Land können dann wieder die bekannten Instrumente der Umweltpolitik zum Einsatz kommen, wie Ordnungsrecht, Abgaben, Haftungsrecht, aber auch Maßnahmen der Umweltbildung. Bei der Diskussion der Instrumentierung einer wirksamen GW-Politik ist daher die traditionelle Einschränkung auf ordnungsrechtliche versus marktwirtschaftliche Instrumente dahingehend zu erweitern, daß auch pädagogisch-psychologische Ansätze und Strategien der Verhaltensänderung (im Sinne einer breit verstandenen *Umweltbildung*, siehe WBGU, 1996) als Instrumente der Umweltpolitik eingesetzt werden.

Darüber hinaus ist zu prüfen, inwieweit andere Formen der internationalen „Instrumentierung" helfen können, Ziele der globalen Umweltpolitik zu erreichen. Hierzu könnten Deklarationen, „runde Tische", aber auch nationale Maßnahmen wie Zertifizierungen (z.B. das Symbol „Teppich ohne Kinderarbeit") eingesetzt werden. Des weiteren ist zu untersuchen, inwieweit der Ausbau einer internationalen Wirtschaftsordnung über die Neuregelung des internationalen Haftungsrechts, Operationalisierung des Begriffs „Öko-Dumping", internationale Zertifikate-Modelle etc. zur stärkeren Berücksichtigung ökologischer Belange beisteuern kann. Auch sollten der Einsatz von informatorischen Instrumenten und vor allem des Öko-Audits gemäß der EU-Verordnung in ihrer Anwendbarkeit auf globale Probleme untersucht werden (WBGU, 1996).

Des weiteren ist die interdisziplinäre Forschung zu den globalen Konventionen auszubauen (*siehe Kap. B 3.7.2.1*). So gibt es zwar bereits umfangreiche Forschung über das Zustandekommen, die Themensetzung (*agenda setting*) und die internen Prozesse von Umweltkonventionen (*regime formation*), aber die Probleme ihrer Umsetzung und Wirksamkeit (*regime implementation, regime effectiveness*) sind erst ansatzweise bearbeitet. Hier sind insbesondere politik- und rechtswissenschaftliche Forschungsansätze mit dem Theorieansatz der politischen Ökonomie zu verbinden. Sie sollten sich auf folgende Schwerpunkte konzentrieren:

- *Regimebildung (regime formation)*. Hierzu gibt es bereits eine Reihe von Studien zu den Themen „Seerecht", „Ozon" und „Klima". Zukünftig ist es wichtig, die Verhandlungsprozesse der Klima-, Desertifikations- und der Biodiversitätskonvention systematisch nachzuvollziehen und jene von geplanten Übereinkommen (Wälder, Böden, Gewässer) vorausschauend zu erforschen.
- *Themenbesetzung (agenda setting)*. Der Prozeß des *agenda setting* ist eine wesentliche und bisher nur wenig erforschte Voraussetzung der Entstehung von Umweltregimen. Dabei geht es um die Frage, wie Themen auf die internationale Politikagenda gelangen, wer Themen „vergibt", begründet und gegebenenfalls gegenüber anderen Themen durchsetzt.
- *Wirksamkeit von Umweltregimen (regime effectiveness, regime implementation)*. Neben Forschung zu den Entstehungsvoraussetzungen von Umweltregimen ist es notwendig, vermehrt Erkenntnisse über ihre Wirkung zu gewinnen. Hierzu müssen vor allem im Bereich der empirischen Politikwissenschaft Methoden zur Erfassung und Messung von Effektivität entwickelt werden.

7.6 Forschung zur Implementierung internationaler Vereinbarungen

Nach Beschluß einer globalen Konvention bzw. eines Protokolls, sind u.a. folgende Aufgaben zur *Umsetzung* bzw. *Durchsetzung* zu lösen, ohne die ein Erfolg internationaler Vereinbarungen nicht gewährleistet ist:

- Interpretation der vertraglichen Grundlagen.
- Konkretisierung der vereinbarten Ziele.
- Diskussion und Bewertung der einzusetzenden Instrumentarien.
- Überprüfung der vereinbarten Koordinations- und Abstimmungsmechanismen.
- Verifikation der individuellen Beiträge eines Landes zu internationalen Vereinbarungen.
- Definition und Durchsetzung von Sanktionen.

Die wirksame Erfüllung dieser Aufgaben muß durch Forschung begleitend unterstützt werden. Zu dieser Thematik liegen bisher erst wenige Forschungsergebnisse vor.

7.7 Entscheidungs- und Risikoforschung

Der Problemlösungsprozeß des Globalen Wandels gestaltet sich aufgrund zweier spezifischer Merkmale besonders schwierig. Zum einen stehen sich bei der Problemlösung souveräne Staaten mit oft stark divergierenden Interessen gegenüber. Zum anderen sind bei der Entscheidungsfindung häufig keine gesicherten Erkenntnisse verfügbar (siehe die Hinweise zur Unsicherheit der Wissensbasis auch im jüngsten IPCC-Bericht, 1996).

Diese den Problemlösungsprozeß erschwerenden Aspekte werden vor allem von der *Risiko-* und *Entscheidungsforschung* genauer untersucht. So beschäftigt sich die *Risikoforschung* mit der Wahrnehmung, Bewertung und Akzeptanz von Risiken. Im Rahmen des Problemlösungsprozesses spielt sie somit bereits bei der Identifizierung von Umweltproblemen eine wichtige Rolle. Des weiteren ist die Wahl der Instrumente und Träger von der jeweiligen Einschätzung der Risiken abhängig. Zu diesen Problemkomplexen sieht der Beirat noch großen Forschungsbedarf, der neben der expliziten Risikoforschung auch Dilemma- und Werteforschung, Forschung zu Verhaltensdeterminanten, zu Steuerungs- und Interventionssystemen, zur Wirkung von Medien- und Kommunikationsstrategien sowie zu umweltbezogenen Bewertungsmethoden umfaßt.

In der *Entscheidungsforschung* lassen sich zwei Ansätze unterscheiden. Zum einen gibt es sozial- und verhaltenswissenschaftliche Ansätze, z.B. Forschung zu Wirkungen von Mediationsverfahren oder zur „Entscheidung unter Unsicherheit", wobei der Aspekt des ungesicherten Wissens und sein Einfluß auf Entscheidungssituationen analysiert wird (*siehe Kap. B 3.8.2.3 und B 3.8.4.1*). Zum anderen gibt es eine normativ geprägte und eher formal ausgerichtete Entscheidungstheorie, die insbesondere von Wirtschaftswissenschaftlern entwickelt worden ist. Für beide Ansätze gilt es, den Stand der Anwendung der jeweiligen Methoden und Verfahren bei Entscheidungsprozessen zu globalen Problemen zu untersuchen. Die dabei gewonnenen Erfahrungen sollten bei der Weiterentwicklung der vorliegenden Ansätze berücksichtigt werden. Dabei ist eine verstärkte Zusammenarbeit von Wirtschafts-, Sozial- und Verhaltenswissenschaften sowie Ethik anzustreben.

Forschungsorganisation 8

8.1
Erfordernisse

Umweltforschung ist problemorientiert und eher synthetisch als analytisch. Das gilt verstärkt für die GW-Forschung mit ihren erdumspannenden Ansätzen. Nach welchen Prinzipien kann die notwendige problemorientierte Synthese verwirklicht werden? Der wiederholte Ruf nach Vernetzung, interdisziplinärem Denken und Kooperation reicht sicherlich nicht aus, gesucht sind vielmehr organisatorisch-strukturelle Grundsätze und Instrumente, die eine Ganzheitsbetrachtung des Globalen Wandels ermöglichen.

Für die Anforderungen an die zukünftige Organisation der GW-Forschung in Deutschland lassen sich prinzipiell mehrere Aspekte formulieren:

- *Neue Formen der Definition von Forschungsthemen.* Aus den Phänomenen des Globalen Wandels ergeben sich komplexe Problemstellungen, die kooperativ analysiert und auf bearbeitbare Projekte aufgeteilt werden müssen. Dies kann z.B. im Rahmen des vom Beirat entwickelten Syndromkonzepts geschehen.
- *Neue Formen der Durchführung von Forschung.* Die Forderung nach mehr inter- bzw. transdisziplinärer Forschung legt nahe, daß Forscher in stärkerem Maße in Gruppen arbeiten und regionale und überregionale Forschungsgruppen sowie Forschungsnetzwerke aus verschiedenen Instituten (*inter-institutionelle Forschung*) temporär gebildet werden.
- *Neue Formen der Forschungsbegutachtung.* Insbesondere für die Behandlung komplexer, disziplinübergreifender Themen ist das bisherige System der Begutachtung auf Defizite und Strukturfehler hin zu überprüfen. Empfohlen wird eine Begutachtung im Team, analog zum Vorgehen bei Sonderforschungsbereichen.
- *Anpassung der Forschungsfinanzierung.* Neue Forschungsansätze (insbesondere disziplinübergreifende Forschung, Forschung mit räumlich und/oder zeitlich erweiterten Themen, z.B. bei Längsschnittstudien) erfordern eine Anpassung der finanziellen Ausstattung, um den von ihnen erwarteten Zusatznutzen erbringen zu können. So müssen Mittel für eine interdisziplinaritätsfördernde Infrastruktur und für die Anregung transdisziplinärer „Übersetzungsprozesse" bereitgestellt werden. Dies kann unter den zur Zeit gegebenen Finanzrestriktionen nur teilweise durch „neue" Mittel erfolgen. Wichtig ist daher der flexible Einsatz von Projektmitteln.

Wichtige Prämissen für die Diskussion über derartige neue Anforderungen an die Förderung und Organisation der GW-Forschung sind:

- Forschung zum Globalen Wandel beschäftigt sich mit den Wechselbeziehungen zwischen Natur- und Anthroposphäre und betrifft somit die meisten wissenschaftlichen Disziplinen. Sie ist in den verschiedenen Disziplinen jedoch höchst unterschiedlich weit ausgebaut: Während sie in den Naturwissenschaften bereits gut entwickelt ist, besteht ein Nachholbedarf vor allem bei den Sozial- und Verhaltenswissenschaften, den Wirtschafts-, Rechts- und Politikwissenschaften (*siehe Kap. B 3.6 - 3.8*).
- Der bisherigen GW-Forschung fehlt es – aus verschiedenen Gründen – vor allem an *Problemlösungskompetenz*. Da Problemlösungen immer an der Anthroposphäre ansetzen, kann eine problemlösungsorientierte Forschung nicht ohne die Erkenntnisse der kulturwissenschaftlichen Forschung auskommen. Problemlösungen, die das Handeln einzelner Menschen betreffen, sind primär lokaler Art, so daß für die auf Intervention bezogene Forschung eine Trennung zwischen GW-Forschung und „sonstiger" Umweltforschung nicht (immer) sinnvoll zu treffen ist.
- Die Wissenschaft muß einerseits erfahren, welche Entscheidungen Politik, Verwaltung, Industrie, etc. hinsichtlich globaler Umweltprobleme treffen müssen. Sie muß den jeweiligen Bedarf in Forschungsfragen umsetzen, die multi- bzw. interdisziplinär und konkurrierend (Konkurrenz zwischen Konzepten, methodischen Zugängen etc.) zu bearbeiten sind. Auf der anderen Seite müssen

die Ergebnisse der GW-Forschung entscheidungsrelevant „übersetzt", aufbereitet und kommuniziert werden, damit sie eine Chance haben, politik- und handlungsrelevant zu werden.

8.2
Von der multidisziplinären zur transdisziplinären Forschung

Die Konzeption, Förderung und Durchführung von Forschung erfolgt noch immer überwiegend auf der Grundlage traditioneller Denkschemata, mit disziplinären Grenzen, Weltbildern und Methoden als Orientierungsmarken. Auch in explizit interdisziplinär angelegten Programmen findet ein Diskurs über Disziplingrenzen hinweg nur parallel zur Projektbearbeitung statt. Eine *inter-* bzw. *transdisziplinäre* Perspektive hingegen – von der Definition und Beschreibung der Probleme über die Konzeption und Bearbeitung von Forschungsprojekten bis hin zur nutzerorientierten Aufbereitung und Kommunikation der Ergebnisse – ist bisher nicht oder nur ansatzweise auszumachen.

Die *Gründe* für diese disziplinäre Ausrichtung sind vielfältig: Neben der über Jahrzehnte gewachsenen, einzelwissenschaftlich orientierten Struktur der universitären Forschung und Lehre ist die überwiegend disziplinäre Orientierung der Forschungsförderung zu nennen. Auch die bei Stellenbesetzungen geübte Praxis sowie die daraus resultierenden mangelnden Karrierechancen für interdisziplinär arbeitende Wissenschaftler sorgen für eine Perpetuierung der disziplinären Struktur in der deutschen Forschungslandschaft. Der erreichte hohe Spezialisierungsgrad in den meisten Disziplinen tut ein übriges zur Entstehung immer kleinerer „Nischen", die oftmals nur von wenigen Forschern oder Forschergruppen „besetzt" sind, deren Theorien, Inhalte und Ergebnisse aber gegenüber Vertretern anderer Disziplinen, ja oftmals schon innerhalb des eigenen Fachs immer weniger kommunizierbar zu sein scheinen. Eine weitere Hürde für eine inter- bzw. transdisziplinäre GW-Forschung stellt die Heterogenität der beteiligten Disziplinen dar, bezüglich der Theorien und Konzepte, der zugrundegelegten Prämissen und Menschenbilder sowie der verwendeten Methoden. Und selbst wenn alle äußeren Hindernisse ausgeräumt werden können, bedarf es immer noch der Bereitschaft der einzelnen Forscher, Zeit und Interesse für die Rezeption und Auseinandersetzung mit „fachfremden" Theorien, Inhalten und Ergebnissen aufzuwenden, um interdisziplinäres Arbeiten zu ermöglichen.

Es ist daher kaum verwunderlich, wenn der erforderlichen Interdisziplinarität der GW-Forschung in der Realität bestenfalls ein *multidisziplinäres* „Patchwork" gegenübersteht, das zudem meist nur lose Verbindungen zwischen den einzelnen disziplinären Forschungen aufweist.

Probleme im Umweltbereich tun uns „häufig nicht den Gefallen, sich als Probleme für disziplinäre Spezialisten zu definieren" (Mittelstraß, 1989). Vielmehr wollen sie zunächst selbst definiert sein, was durch die unterschiedlichen disziplinären Perspektiven zwar schwierig, unter der Prämisse einer Problemlösungsorientierung der Forschung jedoch unabdingbar ist. Für dieses multi-perspektivische Vorgehen, das bei der Problemdefinition beginnt und von dort aus zu einer veränderten Forschungspraxis führen muß, wurde der Begriff der *Transdisziplinarität* geprägt. Transdisziplinarität hebt die disziplinären Parzellierungen auf und erlaubt so einen neuen Blick auf die Probleme. Damit wird disziplinäre Forschung jedoch nicht obsolet, im Gegenteil: Die transdisziplinäre Sichtweise setzt das Vorhandensein ausgeprägter disziplinärer Perspektiven geradezu voraus; sie zwingt jedoch dazu, integrative Konzepte zu entwerfen und den eigenen Standpunkt immer wieder im Licht anderer Problemsichten zu relativieren.

Für die GW-Forschung ist daher zum einen nach geeigneten Methoden, Kriterien und Leitlinien für die Integration und Aufarbeitung von bereits vorhandenen disziplinären Forschungsergebnissen zu suchen. Zum anderen sind strategische Schnittstellen zwischen den einzelnen Disziplinen zu identifizieren – nicht nur zwischen Natur- und Sozialwissenschaften, sondern insbesondere auch innerhalb dieser Wissenschaften. Von dort aus kann dann eine realistische Bedarfsklärung für transdisziplinäre Forschung vorgenommen werden. Ein möglicher Ausgangspunkt für dieses Vorgehen ist der vom Beirat entwickelte *Syndromansatz*.

Neben der Forderung nach Synthese und ganzheitlichem Ansatz darf aber nicht vergessen werden, daß dem Globalen Wandel in der Natur- wie der Anthroposphäre Phänomene zugrunde liegen, die nur durch systematische, erkenntnisorientierte, disziplinäre Forschung erfaßt werden können. Es ist zwar richtig, daß die Politiker bei ihren Entscheidungen nicht warten können, bis die wissenschaftlichen Erkenntnisse über die Ursachen bestimmter Erscheinungsformen des Globalen Wandels vollständig sind, andererseits sind Handlungsanweisungen und Prognosen in ihrer Güte davon abhängig, wieviel Wissen tatsächlich über die Prozesse, die in der Natur- und Anthroposphäre zum Globalen Wandel führen, vorhanden ist. So gäbe es z.B. ohne die grundlegenden Arbeiten der 70er und 80er Jahre zur Chemie der Stratosphäre und die jahrelangen Routinebeobachtungen des Ozongehalts über der Antarktis kein „Montrealer Protokoll".

8.3
Organisatorische Schlußfolgerungen

Für die identifizierten Forschungsfelder zum Globalen Wandel sind geeignete organisatorische Rahmenbedingungen zu schaffen. Dazu müssen bereits bestehende Grundsätze und Instrumente der Forschungsorganisation überprüft und verbessert werden. Wo es die notwendige Problemlösungsorientierung der GW-Forschung erfordert, sind neue Instrumente zu erproben und zu etablieren.

Grundsätzlich bietet die deutsche Forschungslandschaft gute Voraussetzungen für synthetische wie analytische GW-Forschung, mit der Typenvielfalt der Institute (Max-Planck-, Blaue Liste-, Fraunhofer- und Universitäts-Institute, Großforschungseinrichtungen und Forschungsanstalten der Bundes- und Landesressorts), ihren unterschiedlichen, aber einander überlappenden Aufgabenspektren und ihrer meist guten personellen und instrumentellen Ausstattung. In einzelnen Bereichen der Klima-, Atmosphären-, Meeres- und Polarforschung ist Deutschland in der Welt führend. Sorge bereitet neuerdings jedoch die Tendenz zur unselektiven Einsparung von Stellen, die den Instituten den Spielraum zum flexiblen Aufgreifen von neuen Forschungslinien und von Kooperationsangeboten nimmt.

Großer Nachholbedarf besteht für die nicht-naturwissenschaftlichen Untersuchungen zu den Mensch-Umwelt-Beziehungen, da die Sozial- und Verhaltenswissenschaften die Umweltrelevanz individuellen und gesellschaftlichen Handelns nur zögerlich aufgegriffen haben. Darüber hinaus kommt es jedoch in Zukunft ganz besonders auf eine Kooperation von natur- und kulturwissenschaftlicher Forschung bzw. auf transdisziplinäre Forschung an, wie in diesem Gutachten ausführlich begründet wird.

Die Förderung der GW-Forschung muß einerseits verläßliche Planung über mehrere Jahre im Rahmen nationaler und internationaler Vorhaben, andererseits Flexibilität für den Wechsel in Schwerpunktsetzung und Methodik sicherstellen. Bei der Bemessung der Förderzeiträume müssen die unterschiedlichen Zeitskalen der Forschungsaufgaben zum Globalen Wandel beachtet werden (z.B. ökologische Langzeitforschung, sozialwissenschaftliche Längsschnittstudien). Für einen Großteil der GW-Forschung sind zudem ein kontinuierliches Umweltmonitoring, aber auch ein gesellschaftliches Monitoring wichtige Voraussetzungen. Den an Fragen des Globalen Wandels interessierten Wissenschaftlern müssen Anreize zur gemeinsamen Beantragung von Forschungsmitteln im Rahmen von Schwerpunktprogrammen, Sonderforschungsbereichen und Verbundprojekten geboten werden.

8.3.1
Vorhandene Instrumente besser nutzen

Die DFG und das BMBF haben in den vergangenen Jahrzehnten eine Reihe von Förderinstrumenten entwickelt, die den Bedürfnissen der GW-Forschung entsprechen und in Zukunft verstärkt von dieser genutzt werden sollten. Besonders bedeutsam ist dabei die Förderung von Projekten, die von Wissenschaftlern aus verschiedenen Disziplinen bzw. „Sphären" gemeinsam beantragt werden, etwa im Rahmen von Schwerpunktprogrammen und Sonderforschungsbereichen der DFG oder Verbundprojekten des BMBF. Eine Übersicht über die Schwerpunktprogramme und Sonderforschungsbereiche der DFG im Bereich der Umweltforschung findet sich in der Stellungnahme des Wissenschaftsrats zur Umweltforschung in Deutschland (1994); die meisten von ihnen haben einen Bezug zum Globalen Wandel.

SONDERFORSCHUNGSBEREICHE

Die *Sonderforschungsbereiche* der DFG ermöglichen die Behandlung eines bestimmten Themas (z.B. im Rahmen eines Syndroms) durch eine Mehrzahl von Forschern und Forschergruppen verschiedener fachlicher Ausrichtung. Da sich Themen des Globalen Wandels in besonderer Weise für Brückenschläge zwischen Natur- und Anthroposphäre eignen, sollten dazu verstärkt „grenzüberschreitende" Sonderforschungsbereiche eingerichtet werden. Als Beispiel sei das Thema „Entkopplung von Stoffströmen durch Bodennutzung – Ursache für Bodendegradationen und Belastung von Nachbarsystemen" genannt. Dabei handelt es sich um einen Ursache-Wirkungskomplex, der in mehreren Syndromen auftritt und der lokal, regional und global wirksam wird. In diesem Rahmen müssen die naturwissenschaftlichen Grundlagen der Entkopplung und der Folgen in genutzten Ökosystemen studiert sowie die Wirkung von exportierten Stoffen auf Nachbarsysteme untersucht werden. Da zwischen den Quellen und den Senken sehr große räumliche Entfernungen liegen können (z.B. Gemüse aus Holland nach Berlin, Soja aus Brasilien in den Raum Vechta oder Blumen aus Südamerika nach Deutschland), ist es erforderlich, auch die sozioökonomischen Hintergründe für die Entkopplung in die Betrachtung einzubeziehen.

Die bisherigen grundsätzlichen Beschränkungen der Sonderforschungsbereiche auf jeweils einzelne bzw. eng benachbarte Hochschulstandorte sollten dabei – angesichts der heute vorhandenen Kommunikationstechniken – gelockert, inter-institutionelle Forschung grundsätzlich gestärkt werden.

Schwerpunktprogramme der Deutschen Forschungsgemeinschaft

Schwerpunktprogramme der DFG sind bisher überwiegend disziplinär ausgerichtet, bieten aber auch Möglichkeiten der inter- bzw. transdisziplinären Forschung. Kolloquien, Workshops, Arbeitsgruppen und bilaterale Treffen ermöglichen eine Verknüpfung der Einzelprojekte.

Als ein erstes Beispiel, dieses Instrument der Forschungsförderung für interdisziplinäre Arbeiten zum Globalen Wandel zu nutzen, kann das 1994 angelaufene Schwerpunktprogramm „Mensch und globale Umweltveränderungen: sozial- und verhaltenswissenschaftliche Dimensionen" gelten, an dem bislang vor allem Forschergruppen aus Psychologie, Soziologie, Geographie, Ethnologie, Politik- und Wirtschaftswissenschaften verschiedener deutscher Hochschulen beteiligt sind. Zukünftige Schwerpunktprogramme dieser Art sollten jedoch auch zum Brückenschlag zwischen Natur- und Sozialwissenschaften genutzt werden.

Verbundprojekte

Besondere Möglichkeiten zu problemlösungsorientierter Forschung bieten die vom BMBF getragenen Verbundprojekte mit einem auf einige Jahre angelegten Programm, wie sie z.B. im BMBF-Forschungsrahmenkonzept „Ökologische Forschung in Stadtregionen und Industrielandschaften (Stadtökologie)" vorgesehen sind. Diese Verbundprojekte sind vorhandenen Forschungseinrichtungen angegliedert und beziehen oft mehrere Institute in ihr Programm ein. Bei den Themen „Wasserkreislauf in Städten", „Ökologisch verträgliche Mobilität" und „Lösung von Flächennutzungskonkurrenzen" kommt es hier bereits von der Anlage her nicht nur zu einer Kooperation von Natur- und Kulturwissenschaftlern, sondern auch zu einer unmittelbaren Zusammenarbeit der Forschergruppen mit Praktikern ausgewählter Kommunen. Eine ähnliche Strategie verfolgen zwei im Rahmen der wissenschaftlichen Zusammenarbeit mit Brasilien entstandene Großvorhaben: Am Projekt *Water Availability, Vulnerability of Ecosystems and Society in Piauí* (WAVES) sind brasilianische und deutsche Wissenschaftler aus Hydrologie, Klimatologie, Agrarwissenschaften, Ökonomie, Landschaftsökologie und Psychologie beteiligt. In die Forschungsarbeit mit dem Ziel einer nachhaltigen Landentwicklungsplanung unter besonderer Berücksichtigung der Migrationsproblematik wurden von Anfang an auch die betroffenen Akteursgruppen vor Ort einbezogen. Entsprechendes gilt für das Projekt *Mangrove Dynamics and Management*, das die wissenschaftlichen Grundlagen zum Schutz und zur nachhaltigen Nutzung der tropischen Mangrovengürtel liefern soll. Hier arbeiten Ökologen und Soziologen eng zusammen. Als weiteres Beispiel für ein disziplinübergreifendes Verbundvorhaben bei der Erforschung des Globalen Wandels ist das gemeinsame Forschungsprogramm des BMBF und der norddeutschen Länder „Klimaänderung und Küste" zu nennen (*siehe Kasten 8*).

Multidisziplinäre Institute bzw. Institutionen

Eine Möglichkeit der längerfristigen Zusammenarbeit von Forschern und Forschergruppen unterschiedlicher disziplinärer Herkunft zu Themen des Globalen Wandels ist der lokale Zusammenschluß zu multidisziplinären Instituten bzw. Institutionen. Dabei wird die Art der Forschung durch organisatorisch-strukturelle Vorgaben geprägt. Beispiele für dieses Instrument der Forschungsorganisation sind – im staatlichen Bereich – das Potsdam-Institut für Klimafolgenforschung (PIK) und das Umweltforschungszentrum Leipzig-Halle (UFZ). Auch im nicht-staatlichen Bereich gibt es eine Reihe von Instituten und Forschergruppen, die sich intensiv und vielfach auch kompetent mit dem Globalen Wandel befassen.

8.3.2
Neue Instrumente etablieren

Die Gründung von *Instituten auf Zeit* könnte der deutschen GW-Forschung wesentliche Impulse geben. Muster hierfür sind die Ökosystemforschungszentren und Genzentren, die vom BMBF über 10-15 Jahre finanziert werden und dann in der einen oder anderen Form von den betreffenden Hochschulen übernommen werden sollen. Diese Einrichtungen zeichnen sich durch hohe Flexibilität und Interdisziplinarität aus, ihre Gründung erfordert nicht die – heute kaum mögliche – Zuweisung einer großen Zahl von Dauerpositionen für das wissenschaftliche und technische Personal. Auch die Verbundprojekte sind in gewissem Sinne „Institute auf Zeit". Die Gründung der verschiedenen Arten interdisziplinärer Institute auf Zeit ist an zwei Voraussetzungen gebunden:
- Qualifizierte disziplinäre Forschung als Träger eines interdisziplinären Schwerpunkts ist vorhanden.
- Eine Hochschule oder ein außeruniversitäres Forschungsinstitut muß zur Verlagerung eigener Ressourcen und einem längerfristigen Engagement in einem Schwerpunkt bereit sein.

Um erfolgreich zu sein, brauchen die Institute auf Zeit eine längerfristige Stabilität (10-12 Jahre). Sie sollten in größere Netzwerke mit außeruniversitären Forschungsinstituten integriert werden, zumindest aber mit einzelnen Einrichtungen feste Kooperationen eingehen, so daß effiziente Kommunikationsstrukturen entstehen und die Schwerpunkte eine Größenordnung erhalten, die ihnen in der internationalen Konkurrenz Bestand verleiht. Institute auf Zeit in der GW-Forschung sind auf die Einbeziehung relevanter Gebiete der Gesellschaftswissenschaften angewiesen.

Forschungsnetzwerke (inter-institutional research) sind längerfristige „Zweckbündnisse" zwischen unabhängigen wissenschaftlichen Einrichtungen zur gemeinsamen Bearbeitung komplexer, in der Regel interdisziplinärer Fragestellungen und zur Weiterentwicklung methodischer Grundlagen. Die „Verdrahtung" der Partnerinstitute erfolgt über Steuerungsgremien, gemeinsame Berufungen und kollektiv genutzte Infrastrukturen. Im Rahmen der Netzwerkaktivitäten können Mitarbeiter einer Einrichtung der wissenschaftlichen Leitung einer anderen Einrichtung unterstellt werden, um eine effektivere Kooperation zu erreichen. Eine weitere organisatorische Möglichkeit ist die Ausweisung von gemeinsamen Dauerprojektstellen aus einem Netzwerkfonds. Dadurch könnte u.a. die gegenwärtig unsichere Situation des wissenschaftlichen Mittelbaus verbessert werden.

Als Beispiel für ein solches Forschungsnetzwerk sei der geplante Verbund „Wissenschaftliches Rechnen" genannt, der von mehreren Forschungsinstituten gemeinsam getragen werden soll. Inhaltliches Ziel dieses Verbunds ist die Anwendung, Pflege und Verbesserung fortgeschrittener Methoden des *scientific computing* im Zusammenhang mit der Simulation globaler Umweltsysteme. Besondere Vorteile erwarten sich die Partner überdies von der bedarfsgerechten Kopplung ihrer informationstechnischen Ressourcen (Hoch- und Höchstleistungsrechner, Datenbanken und -kommunikationssysteme, Software-Pools etc.).

Das Instrument „Forschungsnetzwerke" eignet sich besonders für die integrierte Bearbeitung von umweltwissenschaftlichen Themen. Konkret sollte diese Möglichkeit zur Bündelung „verteilter Kapazitäten" für die Untersuchung der vom Beirat als besonders relevant eingestuften Syndrome *Hoher Schornstein*, *Sahel* und *Suburbia* (siehe Kap. C 5) genutzt werden.

Im Problemkreis der Gefährdung tropischer Küsten, wo mehrere Syndrome des Globalen Wandels zusammentreffen, bietet sich ein weiteres Arbeitsfeld für ein Forschungsnetzwerk an. Diese Aktivität könnte durch ein Schwerpunktprogramm der DFG angegangen werden, das komplementär zum Bund-Länder-Programm „Klimaänderung und Küste", das auf Nord- und Ostsee ausgerichtet ist, ausgewählte tropische und subtropische Küstenzonen unter natur- und sozialwissenschaftlichen Gesichtspunkten untersuchen sollte. Eine Verbindung zu der *Global Environmental Facility* (GEF) empfiehlt sich dabei aus praktischen und finanziellen Gründen.

AUSBILDUNG UND LEHRE

Der Wissenschaftsrat hat in seinem Gutachten zur Umweltforschung (1994) darauf hingewiesen, daß nicht nur die Forschung, sondern auch die *universitäre Ausbildung* zu den Prozessen des Globalen Wandels und den Interdependenzen zwischen Mensch und Umwelt disziplinübergreifend organisiert sein muß. Der Beirat schließt sich den Vorschlägen des Wissenschaftsrats nachdrücklich an: Angesichts einer zunehmenden Spezialisierung einzelner, GW-bezogener Fachrichtungen an den deutschen Hochschulen ist es dringend erforderlich, den Aspekt der Vernetzung bzw. Interdisziplinarität auch bei der Organisation der Lehre zu berücksichtigen. Hierzu ist es notwendig, entsprechende Studienangebote zu etablieren bzw. zu unterstützen und darin das synthetische und interdisziplinäre Denken von Studenten und jungen Wissenschaftlern gezielt zu fördern.

Aus diesem Grund plädiert der Beirat vor allem für den Aus- und Aufbau von Graduiertenkollegs, aber auch von Ringvorlesungen bzw. Studium-Generale-Veranstaltungen zur Thematik des Globalen Wandels. Insbesondere die entsprechenden Sonderforschungsbereiche sollten solche neuen Formen des Studierens bzw. Lehrens unterstützen.

Auch für den Bereich der universitären Ausbildung gilt das, was bereits für die Forschung gesagt wurde: Die Bearbeitung der komplexen Prozesse des Globalen Wandels bedarf eines ausreichenden fachwissenschaftlichen Fundaments. So wie die Umweltprobleme fachspezifisch in den verschiedenen relevanten Studiengängen der Natur- und Sozialwissenschaften behandelt werden sollen, muß auch die Problematik des Globalen Wandels in zahlreichen Lehrveranstaltungen angesprochen und im Aufbau- und Ergänzungsstudium vertieft behandelt werden.

8.4
Verzahnung von Forschung und Anwendung

Selbst eine im besten Sinne interdisziplinäre Forschungspraxis trägt zu einer Lösung von GW-Problemen noch wenig bei, wenn es nicht zu einer adäquaten Umsetzung der erzielten Forschungsergebnisse in politisch-praktisches Handeln kommt. Hierzu ist es erforderlich, neben dem Bereich der *Wissenserzeugung* auch den Bereich der potentiellen *Wissensanwendung* – vor allem in Politik, Verwaltung, Wirtschaft sowie Bildung und Ausbildung – zu betrachten, also die Schnittstelle zwischen Forschung und

Anwendung. Der Beirat begrüßt in diesem Zusammenhang das von der DFG geschaffene Instrument der Transferbereiche für die Kooperation zwischen Forschungsinstituten und Industrie oder anderen Anwendern.

Gerade im Kontext des Globalen Wandels ergeben sich an dieser Schnittstelle eine Reihe von Kommunikations- und Transformationsproblemen. Diese sind u.a. bedingt durch die wachsende Menge und Unvergleichbarkeit der verfügbaren Informationen und deren teilweise hohen Unsicherheit, durch die Vielzahl der Akteure mit ihren unterschiedlichen Interessen, und schließlich durch den Mangel an brauchbaren Instrumenten zur Priorisierung von Handlungsmöglichkeiten. Viele Forscher vermissen die Umsetzung ihrer Forschungsergebnisse und Empfehlungen in konkrete Praxis, andererseits beklagen viele Anwender die Realitätsferne und Widersprüchlichkeit der Empfehlungen aus der Wissenschaft – vorausgesetzt, diese Botschaften finden überhaupt ihre Adressaten.

Angesichts dieser Defizite scheint es sinnvoll und notwendig, den Austausch- und Kanalisierungsprozeß an der Schnittstelle zwischen Forschung und potentieller Anwendung in geeigneter Weise zu institutionalisieren. Zur weiteren Konkretisierung einer solchen „Institution" sollen mögliche Aufgaben und Tätigkeitsfelder kurz umrissen werden:

- Wissenschaftler aller problemrelevanten Fächer *und* potentielle Forschungsanwender, also Entscheidungsträger und Akteure auf den unterschiedlichen gesellschaftlichen Ebenen, müssen gemeinsam zu einer multidimensionalen, interdisziplinären Problemanalyse sowie zur Formulierung entsprechender Forschungsfragen beitragen.
- Auf der „Anwenderseite" müssen die formalen wie inhaltlichen Anforderungen an eine problemlösungsorientierte GW-Forschung bzw. an die erwarteten Forschungsergebnisse formuliert werden.
- Auf der „Forschungsseite" der Schnittstelle muß eine möglichst weitgehende, formale Integration des vorhandenen Wissens zu den einzelnen Aspekten des Globalen Wandels erfolgen. Bevor Forschungsergebnisse zur Lösung von Problemen sinnvoll eingesetzt werden können, „müssen wir wissen, was wir wissen".
- Generell müssen erzielte Forschungsergebnisse nutzerorientiert aufbereitet und kommuniziert und so in die Sprache und die Handlungskontexte von Entscheidungsträgern in Politik, Verwaltung und Wirtschaft „übersetzt" werden. Diese Art der „Popularisierung" von Wissen ist im Sinne einer Problemlösungsorientierung dringend erforderlich und sollte von den wissenschaftlichen Experten nicht als vermeintlich unzulässige Vereinfachung geringgeschätzt werden (*siehe auch Kap. C 7*).
- Eine solche Institution müßte schließlich auch Kontakt- und Vermittlungsstelle sein, an die sich Informationsanbieter und -nachfrager jederzeit wenden können, und in deren Rahmen ein entsprechender Diskurs von Wissenschaft mit Politik, Medien und Öffentlichkeit zu Problemen des Globalen Wandels in unbürokratischer Weise organisiert werden könnte.
- Die Formulierung konkreter Aufgaben für die hier vorzuschlagende Institution sollte auf der Grundlage einer fundierten Auswertung von Kommunikationsprozessen zwischen Wissenschaft und Anwendung erfolgen. Zudem sollte die Arbeit der Institution im Sinne einer kontinuierlichen Selbstkontrolle wissenschaftlich begleitet werden.
- Für die Arbeit einer derartigen Institution sind neue Formen der Finanzierung denkbar, etwa durch Fördermittel der Deutschen Bundesstiftung Umwelt oder durch eine Stiftung „Globaler Wandel" (*siehe Kap. D 4.2*).

Vor dem Hintergrund der skizzierten „Schnittstellen-Problematik" schlägt der Beirat die Einrichtung eines *Strategiezentrums für den Globalen Wandel* vor, das sich in erster Linie mit der transdisziplinären Beschreibung und Analyse von GW-Problemen sowie mit der „Übersetzung" von Forschungsergebnissen in politisch-praktische Entscheidungsprozesse beschäftigt. Ein solches Zentrum sollte an der Schnittstelle zwischen Forschung und Anwendung in *zwei Richtungen* agieren: Einerseits sollte es Anregungen von Wissensnachfragern aus Politik und Öffentlichkeit im Sinne einer umfassenden Problemanalyse aufnehmen und unter Kenntnis von Forschungslandschaft und -stand in Forschungsfragen übertragen. Andererseits sollte es vorhandenes Wissen aufbereiten und in einer Form verfügbar machen, die die Entscheidungsprozesse in Politik, Verwaltung, Wirtschaft, Bildung und Ausbildung unterstützt.

Mit diesem Vorschlag werden Konzepte aufgegriffen und erweitert, wie sie z.B. in USA, Kanada und England gegenwärtig realisiert werden. Die wichtigsten Elemente eines derartigen Strategiezentrums sind temporäre Forschergruppen, die für zwei bis drei Jahre von ihren jeweiligen Institutionen für die Arbeit am Zentrum abgeordnet werden. In Frage kommen dafür Forscher aus verschiedenen Disziplinen, die sich durch ein hohes interdisziplinäres Interesse auszeichnen.

Zusammenfassung der Empfehlungen D

Ausgangslage

Die Forschungsempfehlungen des Beirats sollen zielorientiert auf die Gewinnung von Erkenntnissen und Problemlösungen im Zusammenhang mit Ursachen und Wirkungen des Globalen Wandels ausgerichtet sein. Die für die menschliche Gesellschaft wichtigen und Deutschland auch unmittelbar berührenden Phänomene des Globalen Wandels sind

- einerseits die Veränderungen in der unbelebten und belebten Umwelt des Menschen:
  - Veränderungen des Klimas und des Meeresspiegels,
  - Störungen der ökologischen Systeme (terrestrisch und aquatisch),
  - Veränderungen der globalen Stoffaufnahmekapazitäten und ihrer Auslastung,
  - Veränderungen in den Beständen an erneuerbaren und nicht-erneuerbaren Ressourcen sowie in der Biodiversität.
- andererseits die Veränderungen in der Anthroposphäre selbst:
  - die weltweite Bevölkerungsentwicklung, die Wanderungsbewegungen, der Urbanisierungsprozeß,
  - der wachstumsbedingte Flächen-, Rohstoff- und Energieverbrauch sowie die hierdurch induzierten Emissionen und Abfälle,
  - der Globalisierungsprozeß der Wirtschaft und die allgemeine Verkehrsentwicklung,
  - die „Überschuldung" vieler Staaten, die zu einer Kurzfristorientierung der politischen Entscheidungen führt,
  - die unzureichenden Finanzierungs- und Entwicklungshilfen der meisten Industrienationen,
  - der Mangel an Umweltorientierung in internationalen Institutionen (WTO, Weltbank etc.) und zwischenstaatlichen Vereinbarungen,
  - der unterschiedliche Auf- und Ausbau der Umweltschutzgesetzgebung und der entsprechenden Verwaltung in den einzelnen Ländern,
  - die wachsenden großräumigen Unterschiede im Wohlstand,
  - die divergierende Entwicklung des Umweltbewußtseins,
  - Veränderungen in der Vernetzung der globalen Wissensverteilung, -reaktivierung und -erweiterung.

In der Einführung zu diesem Jahresgutachten ist auf die vier Defizite der deutschen GW-Forschung hingewiesen worden,
- in der internationalen Einbindung,
- in der interdisziplinären Verknüpfung,
- in der organisatorischen Verflechtung und
- in der Kommunikation zwischen Forschung, Politik und Gesellschaft.

Die Empfehlungen richten sich einerseits auf eine *gezielte Verstärkung GW-relevanter Forschung auf bestimmten Feldern* und andererseits auf die *notwendige Entwicklung einer fachübergreifenden, integrierten (z.B. syndromorientierten) Forschung*. Ergänzt wird dieser Katalog durch Aussagen zur Organisation und Koordination der deutschen Forschung zum Globalen Wandel mit dem Ziel einer neuen und verantwortungsbewußten Verknüpfung von Forschung und umweltpolitischem Handeln.

2 Vorrangige Aufgaben in den verschiedenen Sektoren der Forschung zum Globalen Wandel

2.1 Klima- und Atmosphärenforschung

Alle Themen der Klima- und Atmosphärenforschung haben einen Bezug zum Globalen Wandel. Der hohe Stand der deutschen Forschung auf diesem Gebiet muß durch *kontinuierliche Weiterentwicklung* der vorhandenen Infrastruktur erhalten werden. So ist z.B. die deutsche Klimaforschung in den auf die Erstellung von gekoppelten Ozean-Eis-Atmosphäre-Modellen ausgerichteten Sektoren dank der kontinuierlichen Förderung durch das BMBF, die Max-Planck-Gesellschaft sowie durch die DFG international führend. Diese Stellung kann nur durch eine gute Personalpolitik, die fortlaufende Modernisierung der Rechnerkapazitäten und ständige Modellpflege erhalten werden. Aufgabenfelder mit hoher GW-Relevanz sind:

- Weiterentwicklung von gekoppelten Ozean-Eis-Atmosphäre-Modellen zur Klimavorhersage in verschiedenen Raum-Zeitskalen sowie von integrierten Modellen der Klimawirkungsforschung.
- Erforschung des Paläoklimas mit Hilfe von Eisbohrkernen sowie von marinen und limnischen Sedimenten. Hier fehlen insbesondere Daten aus den Tropen und von der Südhemisphäre.
- Weiterführung bzw. Aufbau von Messungen der Zusammensetzung der Atmosphäre (verschiedene Leitsubstanzen) an ausgewählten Stationen in Deutschland und Nordeuropa (Stratosphärenbeobachtung) sowie auf See und in den Tropen (Troposphärenbeobachtung) im Rahmen internationaler Programme. Hierbei sollte der Deutsche Wetterdienst mit außeruniversitären Forschungseinrichtungen und Hochschulen enger zusammenarbeiten.
- Systematische Analyse bereits vorhandener Daten aus verschiedenen atmosphärischen Bereichen zum besseren Verständnis der Variabilität des Klimas (CLIVAR).
- Entwicklung und Auswertung von Satellitenexperimenten zur Messung von klimarelevanten Parametern und Spurengasen.
- Untersuchung des Einflusses von Aerosolen und Wolken auf das Klima.
- Experimentelle Untersuchungen der Troposphärenchemie (Flugzeugeinsatz) in niederen Breiten.

Klima- und Atmosphärenforschung im engeren Sinne wird primär von den Naturwissenschaften getragen. Die Forschung zu den Wirkungen des Globalen Wandels (insbesondere Klimawirkungsforschung) muß dagegen weit über die Naturwissenschaften hinausgehen. Erforderlich ist

– die verstärkte Entwicklung von Integrierten Regionalmodellen und
– die Organisation von fach- und institutionenübergreifenden Forschungsnetzwerken zur Untersuchung sektoraler und politikrelevanter Fragestellungen.

2.2 Hydrosphärenforschung

Die meisten Themen der *Meeres- und Polarforschung* haben Bezug zum Globalen Wandel. Ähnlich wie in der Klimaforschung muß der hohe Stand der deutschen Forschung auf diesem Gebiet durch kontinuierliche Weiterentwicklung der vorhandenen Infrastruktur erhalten werden. Wichtig ist die feste Einbindung in die IGBP-Kernprojekte JGOFS, GLOBEC und LOICZ. Aufgabenfelder mit hoher GW-Relevanz sind:

- Entwicklung der wissenschaftlichen Grundlagen eines operationellen Ozeanbeobachtungsnetzes (GOOS).
- Erforschung der menschlichen Einflüsse auf Randmeere und Küstengebiete sowie die Entwicklung der wissenschaftlichen Grundlagen für ein integriertes Management von Küstenregionen.
- Erforschung der Polarmeere unter klimatologischen Gesichtspunkten.

Globale Aspekte des Wasserhaushalts haben einen hohen Forschungsbedarf hinsichtlich der ökologischen Wirkungsgeflechte von Klima, Vegetation und Anthroposphäre und – darauf aufbauend – der Entwicklung einer dauerhaft umweltgerechten, die Wasserressourcen langfristig sichernden Landnutzung im Sinne der IGBP-Kernprojekte LUCC und BAHC.

Süßwasser ist essentiell für alle Bereiche des Lebens und der Gesellschaft. Es ist Nahrungsmittel, Kulturgut und Produktionsfaktor zugleich. Der Beirat mißt dem Ausbau der Forschung über Süßwasser große Bedeutung zu. Aufgabenfelder mit hoher GW-Relevanz sind:
- Erforschung der Bedingungen der Ausweitung des Wasserdargebots für eine wachsende Weltbevölkerung.
- Erforschung der Bedingungen der sparsamen und nachhaltigen Wassernutzung im Sinne des sorgfältigen Umgangs mit Wasser in den verschiedenen Verwendungsbereichen (Landwirtschaft, Industrie, Haushalte) und der gerechten Zuteilung des verfügbaren Wassers (*intra- und intergenerationelle Gerechtigkeit*).
- Erforschung der Bedingungen einer Prävention von Verschmutzung bei Oberflächengewässern und Grundwasservorräten.

Dabei geht es letztlich um die Entwicklung von Modellen über die Dynamik des regionalen und globalen Wasserhaushalts mit seinen Rückkopplungen zum Klimasystem, zur Biosphäre und zur Anthroposphäre.

2.3
Bodenforschung

Die Bodenforschung ist zwar primär lokal und regional orientiert, sie muß aber die globalen Veränderungen im Klima, Wasserhaushalt und in der Beanspruchung der Böden durch den Menschen einbeziehen. Besonders wichtig in diesem Zusammenhang sind die folgenden Arbeitsgebiete:
- *Quantifizierung der Bodenfunktionen* als Speichergröße in den biogeochemischen Kreisläufen des Kohlenstoffs, Stickstoffs und des Schwefels sowie der mit diesen Elementen verbundenen, klimarelevanten Spurengase. Abschätzung der möglichen Beeinflussung der Umsetzungsprozesse durch den Klima- und Nutzungswandel.
- *Degradation von Böden* infolge nutzungsbedingter Entkoppelungen von Stoffkreisläufen. Bedeutung für die Produktivität und nachhaltige Nutzbarkeit von Böden sowie die Stabilität der Empfängersysteme. Untersuchungen auf lokaler, regionaler und globaler Ebene.
- *Wirkungen partikulärer und gelöster bodenbündiger Stoffe* (Abtrag, Auswaschung) auf die biotischen Komponenten limnischer und mariner Nachbarökosysteme (Schwerpunkt Flüsse, Riffe und Mangroven).

- Intensivierung des Einsatzes der *Fernerkundung* für die Erdbeobachtung und der Computersimulation zur Beschreibung der Veränderungsdynamik terrestrischer Ökosysteme auf regionaler und globaler Ebene.

2.4
Biodiversitätsforschung

Unter dem Gesichtspunkt des Globalen Wandels steht die Bedeutung der Biodiversität für die Funktionen, die Stabilität und Entwicklung von Ökosystemen im Zentrum der Empfehlungen. Bislang ist die deutsche Biodiversitätsforschung noch zu wenig interdisziplinär und international orientiert. Auch die weite Begriffsfassung und die damit verbundene übergreifende Zusammenarbeit der Biowissenschaften mit den Wirtschafts- und Sozialwissenschaften hat sich noch nicht genügend durchgesetzt. Im einzelnen empfiehlt der Beirat eine Schwerpunktsetzung auf folgenden Gebieten:
- Grundlage für die Abschätzung, Erhaltung oder Wiederherstellung der Biodiversität ist eine moderne *Taxonomie*, die auch die molekularbiologischen Methoden unter Verwendung fortgeschrittener Datenverarbeitungsmethoden intensiver nutzt. Dieser Bereich bedarf eines dringenden Ausbaus in Forschung und Lehre, da nur so eine Einbindung deutscher Forscher in internationale Projekte zur Inventarisierung von Arten und zur biogeographischen Erhebung von Biodiversität möglich wird.
- Ein weiterer Schwerpunkt sollte auf den Fragen nach der *Vereinbarkeit von Erhaltung und Nutzung* terrestrischer und aquatischer Ökosysteme liegen. Insbesondere die Zusammenhänge zwischen Diversität, Stabilität und Leistung von Ökosystemen müssen verstärkt angegangen werden. Eine wichtige Rolle spielt hierbei der Aufbau einer naturschutzorientierten, populationsbiologischen Forschung. Dabei muß weit über die bisher verfolgten Ansätze des Biotop- und Artenschutzes hinausgegangen werden.
- Auf Erkenntnissen aufbauend, die aus den vorgenannten Themenbereichen gewonnen werden, muß die Forschung zu den *Auswirkungen von Umweltveränderungen* unterschiedlicher Qualität, Intensität und Dynamik auf Populationen, Ökosysteme und ökosystemare Leistungen (wie z.B. biogeochemische Stoffkreisläufe) hohe Priorität haben.
- Ein weiteres wichtiges Forschungsgebiet sind die Fragen, die im Zusammenhang mit den *internationalen politischen Bemühungen* um den Schutz und die nachhaltige Nutzung von Biodiversität gestellt

werden. Biodiversitätsökonomie und politikwissenschaftliche Forschung zur Ausgestaltung von Konventionen sind besonders dringlich.

2.5
Bevölkerungs-, Migrations- und Urbanisierungsforschung

Fragen der Bevölkerungsentwicklung, Migration und Urbanisierung sind für die Analyse und Bewältigung globaler Umweltprobleme von zentraler Bedeutung. Bevölkerungswachstum und Armut zählen zu den wichtigsten Triebkräften dieser Entwicklung, die für die Industrieländer in erster Linie durch einen stark zunehmenden Wanderungsdruck spürbar wird. Forschung zur Analyse, Prognose und Bewältigung dieses Problemkomplexes ist in Deutschland nur unzureichend entwickelt, sowohl hinsichtlich der theoretischen Grundlagen als auch empirischer Fallstudien und Modellsimulationen:

- Die Stadt-Umland-Beziehungen müssen unter Beachtung der Transferleistungen zwischen städtischer Außenorientierung und ländlicher Subsistenzwirtschaft neu untersucht und bewertet werden (Umkehrung des *Push-pull*-Ansatzes).
- Bei der Forschung zur internationalen Migration wird die Identifikation potentieller Quell- und Zielgebiete und der Austauschbeziehungen immer wichtiger. Insbesondere müssen die wanderungsrelevanten Motivstrukturen systematisch erfaßt werden.
- Die Determinanten individueller Wanderungsentscheidungen müssen im Rahmen ihrer soziokulturellen Einbettung ermittelt werden. Die herkömmliche Flowanalyse ist durch eine Migrationssystemforschung zu ergänzen.
- Fehl- und Unterernährung sowie Hunger zählen zu den wesentlichen Ursachen von Migration. Forschungen zu Ernährungssicherung und Wasserverfügbarkeit müssen daher weiter ausgebaut werden.
- Der informelle Sektor spielt zur Aufrechterhaltung eines Minimums an sozialer Sicherheit eine zentrale Rolle für die städtischen Armen. Seine Entwicklungspotentiale müssen daher intensiv erforscht werden.
- Unsere Kenntnis über neu entstehende Großagglomerationen und Megastädte und ihre Einbindung in das globale System ist noch unvollständig. Auch die informell gebaute Stadt ist noch wenig erforscht. Um das Funktionieren der „ungeplanten" Megastädte zu verstehen, muß der Systemzusammenhang dieser urbanen Strukturen untersucht werden.

- Die zweite Weltsiedlungskonferenz (HABITAT II) machte deutlich, daß die Schaffung „angemessenen" Wohnraums ein akutes Problem für das Wohlergehen von mehr als einer Milliarde Menschen darstellt. Problemlösungsorientierte Forschung sollte zusätzlich auch im Kontext internationaler Konferenzen entsprechend durchgeführt werden (Vor- und Nachbereitung).

2.6
Ökonomische Forschung

Der Beirat sieht für den Bereich der global relevanten ökonomischen Forschung Bedarf vor allem zu den folgenden drei Themenkomplexen:
- *Forschung zu Zielen und Wirkungen globaler Umweltpolitik.* Hier sollte ein Schwerpunkt auf den Fragen der Operationalisierung des Leitbilds der Nachhaltigkeit von ökonomischer Entwicklung liegen. Dies verlangt vor allem die Bestimmung der essentiellen, d.h. nicht substituierbaren Elemente des Naturkapitals, die Schätzung der Kosten unterlassenen Umweltschutzes, die Bewertung der intra- und intergenerationellen Verteilungsfragen, hier vor allem die wissenschaftliche Diskussion um eine „richtige" Diskontierung, sowie die Konkretisierung von Kriterien der Ökonomie- bzw. Sozialverträglichkeit nachhaltiger Entwicklung.
- *Forschung zu den Trägern globaler Umweltpolitik.* Ein Forschungsschwerpunkt sollte sich hierbei auf die ökonomische Analyse des Verhaltens der global relevanten Akteure – politische wie private (etwa multinationale Konzerne) – konzentrieren. Unter anderem geht es darum, strategische Verhaltensoptionen zu entwickeln, die für eine überwiegende Mehrheit der Beteiligten vorteilhaft sind.
- *Forschung zu den Instrumenten globaler Umweltpolitik.* Angesichts der Tatsache, daß auf der globalen Ebene planungs-, ordnungs- und steuerrechtliche Lösungen nur begrenzt zur Verfügung stehen, erfolgt die Umsetzung von Umweltbelangen in der Regel über Verträge bzw. Konventionen und ökonomische Anreize. Insofern sollte sich die instrumentelle Forschung auf die Weiterentwicklung der Zertifikatslösung (einschließlich *joint implementation*), des Haftungsrechts und auf Fondslösungen konzentrieren. Parallel dazu interessiert die Frage möglicher Sanktionsmechanismen im Falle mangelnder Vertragstreue.

2.7
Forschung zur gesellschaftlichen Organisation

Die *umweltbezogene politikwissenschaftliche* Forschung war bislang hauptsächlich national orientiert, ihre globale Perspektive muß deutlich verstärkt werden. Dabei sind die Probleme der Schwellenländer mit ihrer wachsenden Bedeutung für den Globalen Wandel von besonderem Interesse. Für global orientierte umweltpolitische Konzepte müssen dabei die soziokulturellen, ökonomischen und völkerrechtlichen Rahmenbedingungen beachtet werden.

In der umweltpolitischen Forschung muß der Fokus auf klimarelevante Forschung durch Betrachtung anderer Problemfelder wie Bodendegradation, Verlust biologischer Vielfalt, Wasserverknappung und -verschmutzung ergänzt werden. Angesichts der Diskrepanz zwischen Umweltbewußtsein und tatsächlich umgesetzter Sachpolitik sollten Fragen der politischen Willensbildung sowie der Implementierung völkerrechtlicher Übereinkommen vordringlich untersucht werden. Darüber hinaus muß sich die politikwissenschaftliche Forschung intensiv mit Fragen der Prävention ökologischer Konflikte befassen. Besonders folgende Aufgaben sind zu lösen:
- Untersuchung der sozioökonomischen und politischen sowie kulturell bedingten Handlungsrestriktionen und damit verbundener Implementierungsprobleme bei umweltvölkerrechtlichen Übereinkommen.
- Entwicklung von Konzepten, auf deren Basis Lösungsstrategien für den Umgang mit charakteristischen Erschwernissen globaler Problemlösungsprozesse (*global commons*, Frage der *compliance* etc.) ansetzen können.
- Analyse der Funktionsweise internationaler Verhandlungssysteme, vor allem unter dem Aspekt der Unsicherheit des Wissens über globale Umweltveränderungen, und darauf aufbauend, Entwicklung von Konzepten zum Umgang mit Entscheidungen unter Unsicherheit.

In bezug auf den Globalen Wandel stehen die *Rechtswissenschaften* vor der Frage nach den rechtlichen Möglichkeiten zur Verabschiedung und Durchsetzung wirksamer Maßnahmen. Es geht dabei z.B. um Probleme der rechtlichen Würdigung der Einschränkung nationaler Souveränität, des Völkergewohnheitsrechts und der ökologischen Solidarität. Vor diesem Hintergrund empfiehlt der Beirat, vor allem folgende Rechtsfragen aufzugreifen:
- Klärung des Bestands an außervertraglichen Normen und des Völkergewohnheitsrechts im Hinblick auf globale Umweltprobleme mit dem Ziel, flexibler reagieren zu können.
- Begründung einer allgemeinen ökologischen Solidaritätspflicht für Industriestaaten gegenüber Entwicklungsländern.
- Klärung des Status von Nichtregierungsorganisationen im zwischenstaatlichen Recht.
- Klärung der Rechtsfragen bei Schäden aufgrund globaler Umweltveränderungen.
- Fortentwicklung von Durchsetzungsmechanismen, Entscheidungsverfahren und Streitschlichtungsmechanismen bei zwischenstaatlichen Verträgen.

2.8
Forschung zur psychosozialen Sphäre

Von den für die psychosoziale Sphäre relevanten Wissenschaftsdisziplinen werden zunehmend Fragestellungen aufgegriffen, die für die Analyse der Ursachen und Wirkungen des Globalen Wandels sowie für problemorientierte Interventionsmaßnahmen bedeutsam sind. In Deutschland ist diese Forschung insgesamt noch wenig entwickelt, und die meisten Projekte werden einzeldisziplinär und dezentral durchgeführt. Vorzugsweise im Rahmen von Gemeinschaftsprojekten sollten folgende Themen aufgegriffen werden:
- Entwicklung von Konzepten des Globalen Wandels aus sozialwissenschaftlicher Perspektive.
- Leitbildforschung zu Komponenten und Prozessen nachhaltiger Entwicklung, von den ethischen Grundsätzen bis hin zu Operationalisierungen und empirischen Analysen.
- Untersuchungen zu den Bedingungen GW-relevanter Verhaltensweisen (Wahrnehmung und Bewertung von GW-Phänomenen, Motivation des Handelns etc.) und zu Strategien von Verhaltensänderungen.
- Untersuchung und Evaluation von Interventionsmaßnahmen (in konkreten Kontexten mit spezifischen Akteursgruppen), in Hinblick auf die Wechselwirkungen von technischen, ökonomischen, rechtlichen und psychosozialen Maßnahmen.
- Entwicklung, systematischer Einsatz und Evaluation GW-relevanter Bildungsmaßnahmen für alle Bildungsebenen.
- Entwicklung und Etablierung eines weltweiten, umfassenden *social monitoring* (analog zum *environmental monitoring*).

Im Rahmen dieser Aufgaben bedarf es verstärkt kulturspezifischer und kulturvergleichender Erforschung der gesellschaftlichen Akteure durch umfassende, disziplinübergreifende Fallstudien sowie der Ausdehnung räumlicher Kontexte und Zeitskalen der Untersuchungen.

2.9
Technologische Forschung

Technologische Forschung bietet einen Schlüssel zur Bewältigung des Globalen Wandels. Dies gilt besonders für Arbeiten zur Weiterentwicklung von Energietechnologien mit dem Ziel einer umwelt-, wirtschafts- und sozialverträglichen Energieinfrastruktur. Der Schwerpunkt sollte auf Forschung und Entwicklung verschiedener Energieoptionen liegen, dazu gehören u.a.:

- Forschung zur *Photovoltaik*.
- Forschung zur Nutzung von *Windkraft*, vor allem in Entwicklungsländern.

Der Beirat empfiehlt ferner die Förderung von Forschungsprogrammen zur *Klimarelevanz des Flugverkehrs* und zu seiner umweltverträglicheren Weiterentwicklung. Im Schnittstellenbereich zwischen Technik und Ökonomie schlägt der Beirat u.a. folgende Forschungsthemen vor:

- Überprüfung der Eignung und Wirkung des *joint-implementation*-Ansatzes (Kompensationsprinzip) zur Treibhausgasreduktion.
- Entwicklung von kosteneffizienten Minderungsstrategien für Treibhausgasemissionen bei simultaner Berücksichtigung aller klimawirksamen Spurengase.
- Erforschung von CO_2-Rückhalte- und Speichertechniken unter ökologischen und ökonomischen Gesichtspunkten.
- Analyse und Quantifizierung der Auswirkungen von Treibhausgasminderungsstrategien auf die Emissionen anderer atmosphärischer Massenschadstoffe und anderer Umweltproblematiken.
- Entwicklung von kosteneffizienten Minderungsstrategien für Ozon in der Troposphäre.
- Entwicklung logistikorientierter Produktionsprozesse (z.B. Reduzierung der Transportwege im Produktionsprozeß).
- Identifikation umweltverträglicher Industrialisierungspfade in Entwicklungs- und Schwellenländern, unter Beachtung der vor Ort vorhandenen technischen und personellen Potentiale.

Um komplexe technische Umweltprobleme praxisrelevant lösen zu können, müssen in Abhängigkeit vom jeweiligen Projekt und seiner Problemstellung verschiedene Fachrichtungen zusammenarbeiten, im Regelfall aus folgenden Bereichen:

- Techniken: Ingenieurwissenschaften.
- Stofflichkeit: Chemie, Biologie, Geologie.
- Planung und Gestaltung: Ökonomie und Sozialwissenschaften.
- Anwendung und Auswirkung: Sozial- und Verhaltenswissenschaften, Umweltmedizin.

Gestaltung der GW-Forschung nach der Syndromlogik

Die im vorangehenden Kapitel formulierten Empfehlungen beziehen sich nicht auf GW-Forschung im eigentlichen Sinne, sondern auf GW-relevante Forschung in traditioneller Gliederung. Selbst Disziplinen wie die Klimaforschung, die Objekte von planetarischen Ausmaßen behandeln, stellen in erster Linie hochspezialisierte Wissenselemente für die noch zu leistende Integration bereit. Die GW-Forschung hat dagegen stets die Menschen als Verursacher und Betroffene im Auge und sucht – wo immer möglich – Mittel und Wege zur Auflösung der weltweiten Krisenlagen im Verhältnis von Natur- und Anthroposphäre.

Der Beirat empfiehlt, dieser Aufgabe der GW-Forschung dadurch besser gerecht zu werden, daß die zentralen Problemkomplexe des Globalen Wandels – also die im Kap. C 2.2 beschriebenen Syndrome – zu primären Forschungsgegenständen erklärt werden. Dieser Vorschlag impliziert eine problemgerechte Neuorientierung der Umweltforschungsstrategie: Disziplinäre Erkenntnisse und methodische Einsichten sollen insbesondere dann initiiert, aufgegriffen und weiterentwickelt werden, wenn sie zur Analyse und eventuellen Bewältigung (Vermeidung bzw. Besserung) des betrachteten Syndroms beitragen können. Im *Kap. C 6* ist dies am *Sahel-Syndrom* exemplarisch erläutert worden. Diese Illustration ist als Vorläufer eines entsprechenden syndromgerechten Forschungsleitplans anzusehen, wie er auch für die anderen Problemkomplexe erstellt werden kann.

Nun ist es weder möglich noch sinnvoll, daß sich die deutsche Forschung zum Globalen Wandel gleichzeitig mit allen Syndromen befaßt. Hier ist zweifellos eine gut abgestimmte internationale Arbeitsteilung notwendig, wie sie entlang der disziplinären Linien bereits existiert. Perspektivisch sollte also ein weltweites GW-Programm nach Maßgabe der Syndromlogik angestrebt werden.

Gleichwohl lassen sich mehrere Syndrome identifizieren, deren wissenschaftliche Untersuchung bereits jetzt von deutschen Forschern in Angriff genommen werden sollte und kann. Die in *Kap. C 3* aufgeführten Relevanzkriterien bilden nach Auffassung des Beirats hierbei eine gute Grundlage für die Auswahl. Eine unter diesen Prämissen durchgeführte beiratsinterne Umfrage (*Kap. C 5*) hat eine erste Reihung der Syndrome erbracht. Hierbei fallen sieben Problemkomplexe (alphabetische Reihung) in die oberste Prioritätsklasse:

- *Altlasten-Syndrom.*
- *Dust-Bowl-Syndrom.*
- Hoher-Schornstein-Syndrom.
- *Massentourismus-Syndrom.*
- *Müllkippen-Syndrom.*
- *Sahel-Syndrom.*
- *Suburbia-Syndrom.*

Durch einen breit angelegten Diskurs über das Syndromkonzept in der (inter)nationalen Gemeinschaft der GW-Forscher und GW-Entscheidungsträger könnte u.a. diese vorläufige Rangordnung konsolidiert und die Tendenz zur Clusterbildung überprüft werden.

Angesichts der Tatsache, daß die Syndrome nicht unabhängig voneinander sind, impliziert eine solche Prioritätensetzung auch die Berücksichtigung weiterer Syndrome.

Der Beirat regt an, diesen Diskurs rasch einzuleiten und parallel dazu bereits die interdisziplinäre Organisation von Umweltforschung anhand ausgewählter „Pilot-Syndrome" zu erproben. Konkret wird empfohlen,

1. das Syndromkonzept im Rahmen einer Veranstaltungsreihe mit Wissenschaftlern, Behördenvertretern und Entscheidungsträgern aus verschiedenen gesellschaftlichen Sektoren zu diskutieren und zu verbessern. Dabei kann insbesondere die jetzige Syndromliste noch modifiziert werden;

2. eine robuste Rangordnung der Syndrome mit Hilfe einer methodisch vorbereiteten *Delphi-Studie* vorzunehmen;
3. drei Forschungsnetzwerke aus schon bestehenden Einrichtungen für die exemplarische Untersuchung der Syndrome *Hoher-Schornstein*, *Sahel* und *Suburbia* zu knüpfen. Diese integrierten Studien könnten die Funktion von Leitprojekten im Sinne des derzeit entstehenden, neuen Umweltforschungsprogramms der Bundesregierung erfüllen.

Für die konkrete Organisation des erforderlichen Diskurses und der vorgeschlagenen Netzwerke finden sich Hinweise in den *Kapiteln C 8* und *D 4*.

Der Beirat verkennt nicht, daß sich eine *problemorientierte Querschnittsordnung* der Forschung zum Globalen Wandel auch nach anderen Mustern durchführen ließe. Die Syndromlogik liefert jedoch unter dem Gesichtspunkt der nachhaltigen Entwicklung ein sinnvolles Organisationsprinzip.

Organisatorische Empfehlungen 4

Erhebliche Verbesserungen in der Struktur der deutschen Forschung sind erforderlich, um sie den Bedürfnissen einer modernen GW-Forschung anzupassen. Dazu gehören einerseits Verbesserungen an den vorhandenen Instituten, Anreize für neuartige Forschungsvorhaben vor allem an den Hochschulen und eine Stärkung der Koordination der Forschung und der Forschungsförderung. Der Forderung nach Stärkung der Forschung steht die Verknappung der öffentlichen Haushaltsmittel gegenüber, sie verhindert weitgehend Zuwächse in den Stellenplänen und Sachhaushalten und nimmt durch unselektive Stellenkürzungen den Instituten die Möglichkeit, neue Forschungswege zu beschreiten. Die knappen öffentlichen Mittel werden zu einer restriktiven Rahmenbedingung, die bei den organisatorischen Empfehlungen berücksichtigt werden muß. Sie zwingt, über effizienzsteigernde Strukturveränderungen nachzudenken. Trotz vieler Probleme bietet die gewachsenen deutsche Forschungslandschaft nämlich viele Vorteile.

Die Vorteile der föderalen und pluralistischen Struktur mit ihrer Vielzahl und Vielfalt unterschiedlich großer Forschungseinheiten liegen in der Möglichkeit, daß einzelne Gruppen flexibel neue Fragen aufgreifen und sich Partner wählen können, besonders, wenn dazu wissenschaftliche Anstöße oder finanzielle Anreize gegeben werden. Andererseits behindert diese feingliedrige Struktur den Einsatz starker Kräfte unter einem Leitthema und die Durchführung langfristiger Projekte internationaler Programme.

Für die nationale Umweltforschung hat der Wissenschaftsrat (1994) auf diese Schwierigkeiten hingewiesen und besondere Empfehlungen hinsichtlich der fächerübergreifenden Behandlung von Umweltthemen an den deutschen Hochschulen und außeruniversitären Forschungseinrichtungen erarbeitet. Für die Forschung zum Globalen Wandel mit ihren starken internationalen Bezügen und der Notwendigkeit, Untersuchungen auch außerhalb Deutschlands und gemeinsam mit ausländischen Partnern durchzuführen, sind die Hindernisse noch größer. Daraus erklärt sich auch, daß in verschiedenen Zweigen GW-relevanter Forschung die deutsche Beteiligung an internationalen Programmen und an der Zusammenarbeit mit Entwicklungsländern relativ beschränkt ist.

Vor diesem Hintergrund gibt der Beirat zu drei übergreifenden Themenkomplexen organisatorische Empfehlungen:
- Stärkung vorhandener Einrichtungen und Nutzung bewährter Instrumente.
- Schaffung neuer Einrichtungen.
- Koordination der Forschungsförderung.

4.1
Stärkung vorhandener Einrichtungen und Nutzung bewährter Instrumente

In erster Linie sind *vorhandene Forschungseinrichtungen* in die Lage zu versetzen, laufende Projekte der GW-Forschung fortzusetzen bzw. auf globale Probleme auszurichten und neue Projekte in nationaler und internationaler Zusammenarbeit aufzugreifen. Diese Empfehlung richtet sich an die Hochschulen und an die außeruniversitären Forschungseinrichtungen der Max-Planck-Gesellschaft, Helmholtz-Gemeinschaft, Wissenschaftsgemeinschaft Blaue Liste und Fraunhofer-Gesellschaft sowie den nachgeordneten Forschungsanstalten verschiedener Bundesressorts. Zu einem wesentlichen Teil müssen die Anstöße dazu aus den Einrichtungen selbst bzw. aus deren Trägergesellschaften kommen, durch Neudefinition der Prioritäten und Inhalte der Forschung sowie durch organisatorische Veränderungen und Neugruppierungen.

Unerläßlich ist aber auch der Einsatz bewährter Förderinstrumente seitens des BMBF (*Verbundprojekte*, *Forschungsverbünde*) und der DFG (*Schwerpunktprogramme*, *Sonderforschungsbereiche*). Auch *Forschergruppen* und *Graduiertenkollegs* sind ein geeignetes Instrument, wobei das geltende restriktive Ortsprinzip angesichts der technischen Möglichkeiten moderner Kommunikation unbedingt gelockert werden sollte.

Alle diese integrierenden Maßnahmen sollten auch für die *Ausbildung* in- und ausländischer Studierender und Nachwuchswissenschaftler genutzt werden. Dabei sollen die Aspekte des Globalen Wandels bereits im Grundstudium angesprochen und im Rahmen von Aufbau- und Ergänzungsstudiengängen vertieft werden.

Für die deutsche GW-Forschung ist eine Reihe von Instituten mit großen *Forschungsgeräten* vorzuhalten. Hierzu gehören Einrichtungen der Fernerkundung und der Klimaforschung mit Großrechnern, Schiffen, Satelliten und Beobachtungsstationen. GW-Forschung braucht darüber hinaus aber auch umfangreiche flächendeckende und langfristige ökologische, ökonomische und soziokulturelle *Beobachtungsreihen*. Sie ist auf *Kultur-* und *Ökosystemvergleiche* angewiesen und muß auf detaillierte und breit angelegte *Fallstudien* und komplexe *Modelle* aufbauen. Der Beirat mißt der Sicherstellung einer kontinuierlichen Förderung dieser Grundvoraussetzungen große Bedeutung bei.

Die deutsche Beteiligung an internationalen Programmen ist unterschiedlich gut entwickelt und in wichtigen Bereichen ausbaubedürftig. Darüber hinaus wird die Fortsetzung der inhaltlichen, personellen und finanziellen Beteiligung an *internationalen Instituten* und *Sekretariaten* empfohlen, wobei eine stärkere Einbeziehung deutscher Forscher durch solche Institutionen wünschenswert wäre.

4.2
Schaffung neuer Einrichtungen

Zur Stärkung der Problemlösungskompetenz im Hinblick auf die Probleme des Globalen Wandels und zur Stärkung der interdisziplinären Zusammenarbeit empfiehlt der Beirat die Einrichtung eines *Strategiezentrums zum Globalen Wandel*, das unter Hinzuziehung auswärtiger Expertise komplexe Problemanalysen betreibt und politische Entscheidungsprozesse wissenschaftlich vorbereitet und begleitet. Das Zentrum sollte einerseits Anregungen von Wissensnachfragern aus Politik und Öffentlichkeit aufnehmen und in Forschungsfragen übersetzen und andererseits vorhandenes Wissen für Entscheidungsprozesse in Politik, Wirtschaft und Gesellschaft aufbereiten.

Nach Auffassung des Beirats sollten einzelne kleine *Forschungszentren auf Zeit* im Umfeld der Universitäten eingerichtet werden, die im Verlauf von etwa 10 Jahren konkrete, drängende Probleme der GW-Forschung bearbeiten und die deutsche Beteiligung an internationalen Programmen sicherstellen.

Ferner empfiehlt der Beirat die Schaffung von *Forschungsnetzwerken* als längerfristige „Zweckbündnisse" zwischen unabhängigen wissenschaftlichen Einrichtungen zur gemeinsamen Bearbeitung komplexer Fragestellungen, etwa eines Syndroms, und zur Weiterentwicklung methodischer Grundlagen. Hierzu gehört die Nutzung moderner Technologien für Datengewinnung, -speicherung und -übertragung im nationalen und internationalen Rahmen.

Die Trägergesellschaften (MPG, HGF, WBL, FhG) sowie DFG und BMBF unter Beteiligung von Ressortforschungseinrichtungen und Hochschulen sollten gemeinsam solche problembezogenen flexiblen Einrichtungen schaffen (*inter-institutionelle Forschung*).

Die Wirtschaft, insbesondere die multinationalen Konzerne, sollten nach Auffassung des Beirats im Rahmen einer umweltpolitischen Selbstverpflichtung angeregt werden, eine *Stiftung „Globaler Wandel"* ins Leben zu rufen. Dies böte die Möglichkeit, die oben angesprochenen finanziellen Restriktionen zu mildern. Diese Stiftung soll sich u.a. um den Dialog zwischen Wissenschaft, Wirtschaftspolitik und Medien zu Fragen des Globalen Wandels bemühen. Sie könnte auch eine entsprechende Präsentation auf der Weltausstellung EXPO 2000 vorbereiten.

4.3
Koordination der Forschungsförderung

Die beiden wichtigsten Förderer der GW-Forschung in Deutschland sind BMBF und DFG. Im BMBF sind mehrere Referate und verschiedene Projektträger für einzelne Bereiche GW-relevanter Forschung zuständig. Ähnliches gilt für die disziplinär gegliederte DFG. In beiden Förderinstitutionen müssen die Bemühungen um fächerübergreifende Planungen und Begutachtungen gestärkt werden. Auch bedarf es einer engeren Abstimmung zwischen DFG und BMBF beim Einsatz ihrer Förderinstrumente zugunsten der GW-Forschung.

Innerhalb der Bundesregierung ist die Fachaufsicht über die GW-relevante Ressortforschung nicht auf den BMBF beschränkt. Der BMU betreibt zwar keine eigenen Forschungseinrichtungen, fördert aber über das UBA eine Reihe von relevanten Projekten der GW-Forschung. Einschlägige Forschungseinrichtungen und -projekte werden darüber hinaus vom BMV, BMWi, BML, BMZ und BMI unterhalten. Der Beirat sieht hier Koordinationsbedarf, der über die Arbeit der Interministeriellen Arbeitsgruppe (IMA) „Globale Umweltveränderungen" hinausgeht.

Der Beirat verfolgt mit Interesse die Bemühungen der DFG um die Einrichtung eines deutschen Nationalkomitees zum Globalen Wandel, das unter Einbeziehung von Funktionen des Senatsausschusses für Umweltforschung (SAUF) und des deutschen

IGBP-Komitees die wissenschaftliche Vertretung in den internationalen Programmen zum Globalen Wandel planen und begleiten soll. Dieses Nationalkomitee könnte auch zur Koordination der unterschiedlichen deutschen GW-Forschungsaktivitäten beitragen.

Der Beirat schlägt ferner vor, daß das Bundeskanzleramt federführend jeweils in der Mitte jeder Legislaturperiode einen integrierten *„Global-Bericht"* erstellt. Dieser Bericht sollte – vor dem Hintergrund der durch die UNCED-Konferenz in Rio de Janeiro angestoßenen Entwicklungen – über die Aktivitäten der Bundesregierung zu Fragen des Globalen Wandels und der nachhaltigen Entwicklung informieren. Die deutsche Politik und Forschung sollten dabei unter Einbeziehung ökologischer, ökonomischer und soziokultureller Aspekte im Sinne des globalen Beziehungsgeflechts beleuchtet werden. Der Beirat verspricht sich von diesem Bericht wichtige Informationen für die deutsche Öffentlichkeit und für ausländische Institutionen, und darüber hinaus auch einen konsolidierenden und integrierenden Einfluß auf die GW-Aktivitäten in den verschiedenen Bundesministerien.

Der Arbeit von Enquete-Kommissionen des Deutschen Bundestags wirkt integrierend auf die deutsche Forschung und ihre Förderung durch verschiedene Bundesressorts. Zu gegebener Zeit könnte eine *Enquete-Kommission „Globaler Wandel"* die Arbeiten der Enquete-Kommission „Schutz des Menschen und der Umwelt" fortsetzen, wobei das Schwergewicht der Tätigkeit auf der Umsetzung wissenschaftlicher Empfehlungen u.a. auch des Beirats liegen könnte.

Seit geraumer Zeit wird die Gründung einer *Deutschen Akademie der Wissenschaften* diskutiert, die analog zu Einrichtungen in anderen Ländern mit einem hohen Maß an Unabhängigkeit und Autorität zu Fragen von nationaler Bedeutung Stellung nehmen könnte; falls eine solche Akademie geschaffen wird, wäre der Problemkreis des Globalen Wandels zweifellos auch ein wichtiges Thema für sie.

5 Ausblick

In der Einführung wurde bereits betont, daß der Beirat in der Forschung keinen Ersatz für politisches Handeln sieht, sondern eine Voraussetzung für sinnvolle Maßnahmen zum Schutz des Systems Erde und zur nachhaltigen Nutzung ihrer Ressourcen. Umweltpolitische Maßnahmen aufzuschieben, bis ihre Notwendigkeit wissenschaftlich „bewiesen" ist, erscheint ebenso unangebracht wie politischer Aktionismus, dem die wissenschaftliche Grundlage fehlt.

Die Empfehlungen dieses Jahresgutachtens zur Weiterentwicklung der deutschen Forschung sind darauf gerichtet, die erforderliche wissenschaftliche Basis für umweltpolitische Entscheidungen zu liefern und Methoden zu entwickeln, mit denen die getroffenen Maßnahmen kritisch begleitet, gelenkt und hinsichtlich ihrer Haupt- und Nebenwirkungen beurteilt werden können. Umfang und Komplexität der Phänomene des Globalen Wandels verbieten meist gezielte wissenschaftliche Experimente. Stattdessen bezieht sich die Forschung vor allem auf die Analyse von möglichst langen Beobachtungsreihen, komparative Fallstudien, die Synthese vorhandener Datensätze und Kenntnisse, den Analogieschluß von kleinskaligen Vorgängen auf großräumige, globale Erscheinungen und vor allem auf die Computersimulation durch komplexe Modelle auf der Grundlage von Kenntnissen und theoretischen Überlegungen über Prozeßabläufe und Wirkungszusammenhänge im System Erde.

Die wissenschaftliche Faszination der Forschung zum Globalen Wandel liegt in dem ideenreichen Zusammenfügen vielfältigen Wissens über Abläufe und Wechselwirkungen in der Natur- und Anthroposphäre. Auf einer neuen, höheren Ebene begegnen sich somit jetzt die seit zwei Jahrhunderten zunehmend einander entfremdeten Natur-, Geistes- und Sozialwissenschaften.

Der gesellschaftliche Reiz der Forschung zum Globalen Wandel liegt darin, daß sie eine wesentliche Voraussetzung dafür schafft, im komplexen System Erde den Bedürfnissen der Menschen auf lange Sicht zu dienen, d.h. Grundlagen zu schaffen für Gerechtigkeit zwischen den Generationen.

Einige Themen mit besonderer Relevanz für die GW-Forschung blieben in diesem Jahresgutachten unberücksichtigt. Dazu gehört etwa das Wirkungsfeld Umwelt und Gesundheit, das bei der Betrachtung der Folgen des Globalen Wandels für die menschliche Gesellschaft größere Aufmerksamkeit verdient als ihr hier geschenkt werden konnte. Stärker zu beachten ist auch die Erforschung der Rolle der Medien für die Wahrnehmung und Beurteilung von GW-Problemen. Nicht behandelt wurde beispielsweise auch die Bedeutung religionswissenschaftlicher oder historischer Analysen zum Mensch-Umwelt-Verhältnis in verschiedenen Kulturen und Epochen der Menschheit.

Deutschland trägt, bezogen auf seine Einwohnerzahl, überproportional zur Verursachung des Globalen Wandels bei. Sein Beitrag zu dessen Erforschung ist ebenfalls beträchtlich, er muß aber noch erheblich gesteigert werden. Dabei bedarf es nicht primär einer starken Erhöhung des Forschungsetats oder der Gründung großer neuer Forschungseinrichtungen, sondern vor allem einer effektiven Nutzung vorhandener Daten und Kenntnisse sowie deren zielgerichteten Synthese für die Lösung komplexer Probleme. Ferner geht es um organisatorische Maßnahmen, durch die das vorhandene wissenschaftliche Potential wirkungsvoller für die GW-Forschung eingesetzt und mit (bescheidenen) zusätzlichen Mitteln Lücken in den Forschungsbereichen geschlossen werden können.

Transnationale Vernetzung und Einbindung in internationale Programme haben besondere Bedeutung für die deutsche GW-Forschung. Der Rolle Deutschlands innerhalb der Weltwirtschaft entsprechend sollte die deutsche Forschung zudem einen hohen Rang beim notwendigen Auf- und Ausbau der Forschungskapazitäten in den Entwicklungsländern einnehmen.

Literatur E

Andresen, S., Skjaseth, J. B. und Wettestad, J. (1995): Regime, the State and Society – Analysing the Implementation of International Environmental Commitments. Laxenburg: IIASA.

Barrett, S. (1991): The Paradox of International Environmental Agreements. Mimeo, London: London Business School and Centre for Social and Economic Research on the Global Environment.

Barrett, S. (1993): Joint Implementation for Achieving National Abatement Commitments in the Framework Convention on Climate Change. Revised Draft for Environment Directorate Organisation for Economic Cooperation and Development. London: London Business School and Centre for Social and Economic Research on the Global Environment.

Bateman, I. J. und Turner, R. K. (1993): Valuation of the Environment, Methods and Techniques: The Contingent Valuation Method. In: Turner, R. K. (Hrsg.): Sustainable Environmental Economics and Management: Principles and Practice. London, New York: Belhaven, 120-191.

Beirat für Naturschutz und Landschaftspflege beim BMU (1995a): Naturschutzforschung und -lehre: Situation und Forderungen. Natur und Landschaft 70 (1), 5-10.

Beirat für Naturschutz und Landschaftspflege beim BMU (1995b): Zur Akzeptanz und Durchsetzbarkeit des Naturschutzes. Natur und Landschaft 70 (2), 51-61.

Bisby, F. A. (1995): Characterization of Biodiversity. In: Heywood, V. H. und Watson, R. T. (Hrsg.): Global Biodiversity Assessment. Cambridge: Cambridge University Press, 21-106.

BMFT – Bundesministerium für Forschung und Technologie (1990): Bericht des Forschungsbeirats Waldschäden/Luftverunreinigungen über den Zeitraum 1987/89. Kurzfassung. Bonn: BMFT.

BMU – Bundesministerium für Umwelt Naturschutz und Reaktorsicherheit (1992): Konferenz der Vereinten Nationen für Umwelt und Entwicklung im Juni 1992 in Rio de Janeiro – Dokumente. Bonn: BMU.

BMZ – Bundesministerium für wirtschaftliche Zusammenarbeit (1995): Das Sektorkonzept. Umweltgerechte Kommunal- und Stadtentwicklung. BMZ aktuell 058, 8-12.

Brenck, A. (1992): Moderne umweltpolitische Konzepte: Sustainable Development und ökologisch-soziale Marktwirtschaft. Zeitschrift für Umweltpolitik & Umweltrecht 14 (4), 379-413.

Brown-Weiss, E. (1992): Environmental Change and International Law. New Challenges and Dimensions. Tokio: United Nations University Press.

BUND – Bund für Umwelt und Naturschutz und Misereor (1996): Zukunftsfähiges Deutschland. Ein Beitrag zu einer global nachhaltigen Entwicklung. Basel: Birkhäuser.

CGCP – Canadian Global Change Program (1993): Canadian Involvement in International Global Change Activities. A Compendium (CIGA). Ottawa, Ontario: CGCP und Royal Society of Canada.

Conrad, K. und J. Wang (1993): Quantitative Umweltpolitik: Gesamtwirtschaftliche Auswirkungen einer CO_2-Besteuerung in Deutschland (West). Jahrbücher für Nationalökonomie und Statistik 212, 309-324.

Dasgupta, P. (1995): Bevölkerungswachstum, Armut und Umwelt. Spektrum der Wissenschaft (7), 54-59.

Dechema – Deutsche Gesellschaft für Chemisches Apparatewesen (1994): Kurzfassungen der Vortragsgruppen auf der Ausstellung chemischer Apparaturen (ACHEMA). Frankfurt: Dechema.

DFG – Deutsche Forschungsgemeinschaft (1992): Perspektiven der Forschung und ihrer Förderung. Aufgaben und Finanzierung 1993-1996. Bonn: DFG.

Diversitas (1995): DIVERSITAS. An International Programme of Biodiversity Science. The Next Phase. Paris: IUBS, SCOPE, UNESCO, ICSU, IGBP-GCTE, IUMS.

DIW – Deutsches Institut für Wirtschaftsforschung (1994): Ökosteuer – Sackgasse oder Königsweg? Studie im Auftrag von Greenpeace. Berlin: DIW.

EA – Environment Agency of Japan (1995): Global Environment Research in Japan. Tokyo: EA.

Ebenhöh, W., Sterr, H. und Scimmering, F. (1995): Küsten im Klimawandel. Einblick 22, 9-16.

Endres, A. und Schwarze, R. (1994): Das Zertifikatemodell in der Bewährungsprobe? Eine ökonomische Analyse des „Acid Rain"-Programms des neuen US-Clean Air Acts. In: Endres, A., Rehbinder, E. und Schwarze, R. (Hrsg.): Umweltzertifikate und Kompensationen in ökonomischer und juristischer Sicht. Bonn: Economica, 137-215.

Enquete-Kommission „Schutz der Erdatmosphäre" des 12. Deutschen Bundestages (1995): Mehr Zukunft für die Erde. Nachhaltige Energiepolitik für dauerhaften Klimaschutz. Abschlußbericht. Bonn: Economica.

Enquete-Kommission „Schutz des Menschen und der Umwelt" des 12. Deutschen Bundestages (1993): Verantwortung für die Zukunft. Wege zum nachhaltigen Umgang mit Stoff- und Materialströmen. Bonn: Economica.

Enquete-Kommission „Schutz des Menschen und der Umwelt" des 12. Deutschen Bundestages (1994): Die Industriegesellschaft gestalten. Perspektiven für einen nachhaltigen Umgang mit Stoff- und Materialströmen. Bonn: Economica.

Erdmann, K.-H. und Nauber, J. (1995): Der deutsche Beitrag zum UNESCO-Programm „Der Mensch und die Biosphäre" (MAB) im Zeitraum Juni 1992 bis Juli 1994. Bonn: BMU.

Europäische Kommission (1994): Das 4. Rahmenprogramm. Allgemeine Information. Brüssel: Europäische Kommission.

EWI – Energiewirtschaftliches Institut Köln (1994): Gesamtwirtschaftliche Auswirkungen von Emissionsminderungsstrategien. Studie im Auftrag der Enquete-

Kommission „Schutz der Erdatmosphäre". Köln.

Freeman III, A. M. (1993): The Measurement of Environmental and Resource Values. Washington, DC: Resources for the Future.

Fromm, O. und Hansjürgens, B. (1994): Umweltpolitik mit handelbaren Emissionszertifikaten – eine ökonomische Analyse des RECLAIM-Programms in Südkalifornien. Zeitschrift für angewandte Umweltforschung 7 (2), 211-223.

Gerken, L. (1995): Competition Among Institutions. London: McMillan.

Gerken, L. und Renner, A.(1995 bzw. 1996): Ordnungspolitische Grundfragen einer Politik der Nachhaltigkeit. Studie im Auftrag des Bundeswirtschaftsministeriums. Freiburg.

Görres, A., Ehringhaus, H. und von Weizsäcker, E. U. (1994): Der Weg zur ökologischen Steuerreform. Memorandum des Fördervereins ökologische Steuerreform. München: Olzog.

Gray, P. C. R. (1995): Social Science Research in the United Kingdom into Global Environmental Change. Jülich: Programmgruppe MUT.

GTZ – Gesellschaft für Technische Zusammenarbeit GmbH (1995): Tropenökologisches Begleitprogramm (TÖB). Ziele, Konzeption und Vergabekriterien. Eschborn: GTZ.

Hansjürgens, B. und Fromm, O. (1994): Erfolgsbedingungen von Zertifikatelösungen in der Umweltpolitik – am Beispiel der Novelle des US-Clean Air Act von 1990. Zeitschrift für Umweltpolitik & Umweltrecht 17 (4), 473-505.

Hauser, J. A. (1990): Bevölkerungs- und Umweltprobleme in der Dritten Welt. Band 1. Bern, Stuttgart: Paul Haupt.

Hauser, J. A. (1991): Bevölkerungs- und Umweltprobleme in der Dritten Welt. Band 2. Bern, Stuttgart: Paul Haupt.

Heister, J., Michaelis, P. und Mohr, E. (1991): Umweltpolitik mit handelbaren Emissionsrechten: Möglichkeiten zur Verringerung der Kohlendioxid- und Stickoxidemissionen. Tübingen: J.C.B. Mohr.

Heister, J., Stähler, F. (1995): Globale Umweltpolitik und Joint Implementation: Eine ökonomische Analyse für die Volksrepublik China. Zeitschrift für Umweltpolitik & Umweltrecht 18 (2), 205-230.

Henle, K. und Kaule, G. (1992): Arten- und Biotopschutzforschung für Deutschland. In: Forschungszentrum Jülich (Hrsg.): Berichte aus der Ökologischen Forschung. Linnich: WEKA- Druck, 435.

Heywood, V. (1993): Die neue allumfassende Wissenschaft. Naturopa 73, 4-5.

Heywood, V. H. und Baste, I. (1995): Introduction. In: Heywood, V. H. und Watson, R. T. (Hrsg.): Global Biodiversity Assessment. Cambridge: Cambridge University Press, 1-19.

Heywood, V. H. und Watson, R. T. (1995): Global Biodiversity Assessment. Cambridge: Cambridge University Press.

Huckestein, B. (1993): Umweltlizenzen – Anwendungsbedingungen einer effizienten Umweltpolitik durch Mengensteuerung. Zeitschrift für Umweltpolitik & Umweltrecht 16 (1), 1-29.

IACGEC – Inter-Agency Committee on Global Environmental Change (1993): The UK Research Framework 1993. Swindon: IACGEC.

IACGEC – Inter-Agency Committee on Global Environmental Change (1996): UK National Strategy for Global Environmental Research 1996. Draft for Discussion at IACGEC National Strategy Consultation Meeting. Swindon: IACGEC.

IAW – Institut für angewandte Wirtschaftsforschung (1995): Ordnungspolitische Aspekte des Nachhaltigkeitsanliegens. Unveröffentlichtes Gutachten. Tübingen.

IGBP – International Geosphere Biosphere Programme (1994): IGBP in Action: The Work Plan 1994-1998. Stockholm: IGBP.

IÖW – Institut für ökologische Wirtschaftsforschung (1995): Ordnungspolitische Aspekte des Nachhaltigkeitsanliegens. Unveröffentlichtes Gutachten. Berlin.

IPCC – International Panel on Climate Change (1990): Climate Change. The IPCC Scientific Assessment. Cambridge, New York, Melbourne: Cambridge University Press.

IPCC – International Panel on Climate Change (1992): Climate Change 1992. The Supplementary Report to the IPCC Scientific Assessment. Cambridge, New York, Melbourne: Cambridge University Press.

IPCC – International Panel on Climate Change (1996): Climate Change 1995. The Second Assessment Report of the IPCC. Cambridge, New York, Melbourne: Cambridge University Press.

Joußen, W. (1995): Human Dimensions in Global Environmental Research in den Niederlanden. Organisations- und Themenstruktur – Kurzbericht. Eschweiler: Büro für sozialwissenschaftliche Analysen und Planungen.

Karadeloglu, P. (1992): Energy Tax versus Carbon Tax: A Quantitative Macroeconomic Analysis with the Hermes/Midas Models. In: Commission of the European Communities (Hrsg.): European Economy, The Economics of Limiting CO_2 Emissions (special edition 1), 153-184.

Karger, C. R. (1992): Global Environmental Change: Deutsche und internationale Forschungsprogramme zu „Human Dimensions of Global Environmental Change". Jülich: Programmgruppe MUT.

Kaule, G. und Henle, K. (1992): Forschungsdefizite im Aufgabenbereich des Arten- und Biotopschutzes. Jahrbuch für Naturschutz und Landschaftspflege 45, 127-136.

Kleinkauf, W., Sachhau, J. und Hempel, H. (1993): Modulare Energieaufbereitung und Anlagentechnik. Strategische Ansätze zur Gestaltung PV-gerechter Systemtechnik. In: Forschungsverbund Sonnenenergie (Hrsg.): Themen 92/93. Köln: Verlag Photovoltaik, 9-16.

Klemmer, P. (1994): Ressourcen- und Umweltschutz um jeden Preis. In: Voss, G. (Hrsg.): Sustainable Development – Leitziel auf dem Weg in das 21. Jahrhundert. Kölner Texte und Thesen 17, 22-57.

Klemmer, P. (im Druck): Das Prinzip der Nachhaltigkeit: Neuere stoffpolitische Ansätze. Bochum: List Gesellschaft.

Kreibich, V. (1992): Stadtentwicklung in Afrika – die Auflösung der Stadt? In: Deutsche Gesellschaft für die Vereinten Nationen (Hrsg.): Megastädte. Zeitbomben mit globalen Folgen. Blaue Reihe (44), 22-31.

Krumm, R. (1996): Internationale Umweltpolitik. Eine Analyse aus umweltökonomischer Sicht. Heidelberg, Berlin: Springer.

Lind, R. C. (1990): Reassessing the Government's Discount Rate Policy in Light of New Theory and Data in a World Economy with a High Degree of Capital Mobility. Journal of Environmental Economics and Management 18, 8-28.

Maier-Rigaud, G. (1994): Umweltpolitik mit Mengen und Märkten: Lizenzen als konstituierendes Element einer ökologischen Marktwirtschaft. Marburg: Metropolis.

Markl, H. (1995): Wohin geht die Biologie? Biologie in unserer Zeit 25 (3), 33-39.

McLeod, D. (1995): Global Change Research Themes. A Report of the Canadian Global Change Program Research Committee. Ottawa, Ontario: The Royal Society of Canada.

Mertins, G. (1992): Urbanisierung, Metropolisierung und Megastädte. Ursachen der Stadt„explosion" in der Dritten Welt – Sozioökonomische und ökologische Problematik. In: Deutsche Gesellschaft für die Vereinten Nationen (Hrsg.): Megastädte. Zeitbomben mit globalen Folgen. Blaue Reihe (44), 7-21.

Michaelowa, A. (1995): Internationale Kompensationsmöglichkeiten zur CO_2-Reduktion unter Berücksichtigung steuerlicher Anreize und ordnungsrechtlicher Maßnahmen. Hamburg: HWWA-Institut für Wirtschaftsforschung,

Mitchell, R. C. und Carson, R. T. (1989): Using Surveys to Value Public Goods: The Contingent Valuation Method. Washington, DC: Resources for the Future.

Mittelstraß, J. (1989): Wohin geht die Wissenschaft? Über Disziplinarität, Transdisziplinarität und das Wissen in einer Leibniz-Welt. Konstanzer Blätter für Hochschulfragen 26 (1-2), 97-115.

MuD – Meß- und Dokumentationsprogramm des BMBF, WIP – Wirtschafts- und Infrastruktur-Planungs KG und Lehrstuhl für angewandte Physik der Universität Cottbus (1996): Statusreport Photovoltaik. Umweltmagazin (April), 76-78.

Nelson, R. (1988): Dryland Management: The „Desertification" Problem. Washington, DC: The World Bank.

NOAA – National Oceanic and Atmospheric Administration (1993): Report of the NOAA Panel on Contingent Valuation. Federal Register 58 (10), 4602-4614.

NRP Programme Office (1994): Dutch National Research Programme on Global Air Pollution and Climate Change. Main Features Second Phase 1995-2000. Bilthoven: NRP.

OECD – Organization for Economic Co-operation and Development (1994): Project and Policy Appraisal: Integrating Economics and Environment. Paris: OECD.

Oliveira-Martins, J. (1992); The Costs of Reducing CO_2-Emissions: A Comparison of Carbon Tax Curves with GREEN. OECD-Working-Papers. Paris: OECD.

Panzer, G. (1995): Anstöße geben. Politische Ökologie 13 (Sonderheft 7), 10-14.

Pruckner, G. J. (1995): Der kontingente Bewertungssatz zur Messung von Umweltgütern. Stand der Debatte und umweltpolitische Einsatzmöglichkeiten. Zeitschrift für Umweltpolitik & Umweltrecht 18 (4), 503-536.

Rawls, J. (1972): A Theory of Justice. Oxford: Clarendon Press.

Rentz, H. (1995a): „Joint Implementation" in der internationalen Umweltpolitik. Zeitschrift für Umweltpolitik & Umweltrecht, 18 (2), 179-204.

Rentz, H. (1995b): Kompensationen im Klimaschutz: ein erster Schritt zu einem nachhaltigen Schutz der Erdatmosphäre, Berlin: Duncker + Humblot.

RIVM – National Institute of Public Health and Environmental Protection (1993): RIVM Global Change Research Programme. An Overview. Bilthoven: RIVM.

RMNO – Advisory Council for Research on Nature and Environment (1996): Research Activities on Nature and Environment. Overview of National and International Programmes and Organizations. Rijswijk: RMNO.

RWI – Rheinisch-Westfälisches Institut für Wirtschaftsforschung (1995): Gesamtwirtschaftliche Beurteilung von CO_2-Minderungsstrategien. Gutachten im Auftrag des BMWi. 2. Zwischenbericht. Essen: RWI.

SGCR – Subcommittee on Global Change Research und NSTC – Committee on Environment and Natural Resources Research of the National Science and Technology Council (1996): Our Changing Planet. The Fiscal Year 1996 U.S. Global Change Research Programme. An Investment in Science for the Nation's Future. Washington, DC: SGCR und NSTC.

Solbrig, O. T. (1991): Biodiversität: Wissenschaftliche Fragen und Vorschläge für die internationale Forschung. Bonn: Rheinischer Landwirtschafts-Verlag.

SPP – Schwerpunktprogramm Umwelt (1994): Übersicht. Bern: SPP.

SPP – Schwerpunktprogramm Umwelt (1995): Ausführungsplan zum Schwerpunktprogramm Umwelt (SPP). Beitragsperiode 1996-1999. Bern: SPP.

SRU – Rat von Sachverständigen für Umweltfragen (1994): Umweltgutachten 1994. Für eine dauerhaft-umweltgerechte Entwicklung. Stuttgart: Metzler-Poeschel.

SRU – Rat von Sachverständigen für Umweltfragen (1996): Umweltgutachten 1996. Zur Umsetzung einer dauerhaft-umweltgerechten Entwicklung. Stuttgart: Metzler-Poeschel.

Standaert, S. (1992): The Macro-Sectoral Effects of an EC-wide Energy Tax: Simulation Experiments for 1993-2005. In: Commission of the European Communities (Hrsg.): European Economy. The Economics of Limiting CO_2 Emissions (special edition 1), 84-98.

Stork, N. E. und Samways, M. J. (1995): Inventoring and Monitoring of Biodiversity. In: Heywood, V. H. und Watson, R. T. (Hrsg.): Global Biodiversity Assessment. Cambridge: Cambridge University Press, 453-543.

Sukopp, H. (1992): Training and Research: University Basic Curricula. In: Swiss National Commission for UNESCO (Hrsg.): Education and Science for Maintaining Biodiversity. Basel, Paris: UNESCO, 66-74.

Thomas, D. S. G. und Middleton, N. J. (1994): Desertification. Exploding the Myth. Chichester, New York: John Wiley & Sons.

UBA – Umweltbundesamt (1992): Umweltforschungskatalog – UFOKAT '92. Berlin: E. Schmidt.

UBA – Umweltbundesamt (1994): Jahresbericht des Umweltbundesamtes. Berlin: UBA.

UGR – Beirat Umweltökonomische Gesamtrechnung (1995): Zweite Stellungnahme des Beirats „Umweltökonomische Gesamtrechnung" beim Bundesminister für Umwelt, Naturschutz und Reaktorsicherheit zu den Umsetzungskonzepten des Statistischen Bundesamtes. Zeitschrift für angewandte Umweltforschung 8 (4), 455-476.

UK Global Environmental Research (GER) Office (1996): Directory of Global Environmental Research Programmes and Contact Points in the UK. Swindon: UK GER Office.

UN – United Nations (1994): International Conference on Population and Development (ICPD). Konferenzdokumente. Geneva: UN.

UN – United Nations (1995): World Urbanization Prospects, the 1994 Revision. New York: UN

UN – United Nations (1996): United Nations Conference on Human Settlements (Habitat II). The Habitat Agenda: Goals and Principles, Commitments and Global Plan of Action. Geneva: UN.

UNDP – United Nations Development Programme (1992): Human Development Report 1992. Oxford: Oxford University Press.

Unwin, T. und Potter, R. B. (1989): Urban-Rural Interaction in Developing Countries – A Theoretical Perspective. In: Potter, B. und Unwin, T. (Hrsg.): The Geography of Urban-Rural Interaction in Developing Countries. London, New York: Routledge, 11-32.

WBGU – Wissenschaftlicher Beirat der Bundesregierung Globale Umweltveränderungen (1993): Welt im Wandel: Grundstruktur globaler Mensch-Umwelt-Beziehungen. Jahresgutachten 1993. Bonn: Economica.

WBGU – Wissenschaftlicher Beirat der Bundesregierung Globale Umweltveränderungen (1994): Welt im Wandel: Die Gefährdung der Böden. Jahresgutachten 1994. Bonn: Economica.

WBGU – Wissenschaftlicher Beirat der Bundesregierung Globale Umweltveränderungen (1995): Szenario zur Ableitung globaler CO_2-Reduktionsziele und Umsetzungsstrategien. Stellungnahme zur ersten Vertragsstaatenkonferenz der Klimarahmenkonvention in Berlin. Bremerhaven: WBGU.

WBGU – Wissenschaftlicher Beirat der Bundesregierung Globale Umweltveränderungen (1996): Welt im Wandel: Wege zur Lösung globaler Umweltprobleme. Jahresgutachten 1995. Heidelberg, Berlin, New York: Springer.

WCMC – World Climate Monitoring Center (1992): Global Biodiversity: Status of the Earth's Living Resources. London, Glasgow, New York: Chapman & Hall.

Welsch, H. und F. Hoster (1995): A General Equilibrium Analysis of European Carbon/Energy Taxation: Model Structure and Macroeconomic Results. Zeitschrift für Wirtschafts- und Sozialwissenschaften 115 (2), 211-235

Wissenschaftsrat (1994): Stellungnahme zur Umweltforschung in Deutschland. Köln: Wissenschaftsrat.

WRI – World Resources Institute (1996): World Resources 1996-97. The Urban Environment. New York, Oxford: Oxford University Press.

ZEW – Zentrum für europäische Wirtschaftsforschung (1995): Ordnungspolitische Aspekte des Nachhaltigkeitsanliegens. Unveröffentlichtes Gutachten. Mannheim.

Ziegler, W., Bode, H.-J., Mollenhauer, D., Peters, D. S., Schminke, H. K., Trepl, L., Türkay, M., Zizka, G. und Zwölfer, H. (1996): Biodiversität. Entwurf einer Denkschrift für die Deutsche Forschungsgemeinschaft. Bonn: Arbeitsgruppe des Senatsausschusses für Umweltforschung.

Zimmermann, H. (1992): Ökonomische Aspekte globaler Umweltprobleme. Zeitschrift für angewandte Umweltforschung 5, 310-322.

Glossar

Disposition
Disposition bezeichnet die Anfälligkeit einer Region für ein bestimmtes →Syndrom. Der Dispositionsraum, also die geographische Verteilung der Disposition, wird durch natürliche und anthropogene Rahmenbedingungen bestimmt, die einen strukturellen, d.h. nur langfristig veränderlichen Charakter aufweisen.

Environmental monitoring
Unter *environmental monitoring* versteht man die Beobachtung, Erfassung und Aufbereitung von Umweltzuständen und -veränderungen. Durch umfassende Beobachtungsnetze für Klima, Ozeane, Süßwasser, Landnutzung etc. wird sichergestellt, daß globale Entwicklungen bzw. Veränderungen registriert und Politik und Wissenschaft vermittelt werden können. Koordiniert und durchgeführt werden Umweltbeobachtungsprogramme derzeit vor allem von internationalen Organisationen wie z.B. WMO oder UNEP.

Exposition
Exposition bezeichnet natürliche und anthropogene Ereignisse und Prozesse, die ein →Syndrom auslösen können und meist kurzfristiger Natur sind (z.B. plötzliche Naturkatastrophen, rasche Wechselkursschwankungen etc.). Durch sie wird in einer krisenanfälligen Region (→Disposition) der Syndrommechanismus ausgelöst.

Forschungsnetzwerke
Forschungsnetzwerke sind längerfristige „Zweckbündnisse" zwischen unabhängigen wissenschaftlichen Einrichtungen zur gemeinsamen Bearbeitung komplexer, in der Regel interdisziplinärer Fragestellungen und zur Weiterentwicklung methodischer Grundlagen.

Globales Beziehungsgeflecht
Das Globale Beziehungsgeflecht stellt ein qualitatives Netzwerk aus allen →Trends des Globalen Wandels sowie ihren Wechselwirkungen dar. Es liefert eine hochaggregierte, deskriptive Systembeschreibung des Globalen Wandels.

Graduiertenkollegs
Graduiertenkollegs sind Einrichtungen der Hochschulen zur Förderung des graduierten wissenschaftlichen Nachwuchses (Doktoranden). Im Rahmen eines systematisch und in der Regel fächerübergreifend angelegten Studienprogramms, das sich auf ein gemeisames Forschungsprogramm der beteiligten Hochschullehrer bezieht, sollen Doktoranden an ihren Promotionsvorhaben arbeiten können.

Interdisziplinarität
Interdisziplinarität bezeichnet die zumindest phasenweise Zusammenarbeit verschiedener Disziplinen. Daher ist Interdisziplinarität im Gegensatz zu →Multidisziplinarität mehr als nur die „Addition" von Einzeldisziplinen, weil bereits im Vorfeld die zu bearbeitenden Probleme gemeinsam diskutiert, identifiziert und am Ende Ergebnisse zusammengeführt werden. Die Einzelaspekte des Forschungsthemas werden allerdings weiterhin mit den jeweiligen disziplinären Methoden bearbeitet.

Kernprobleme des Globalen Wandels
Die Kernprobleme sind die zur Zeit zentralen Phänomene des Globalen Wandels. Im →Syndromansatz erscheinen sie entweder als besonders herausragende →Trends des Globalen Wandels (z.B. Klimawandel, Bevölkerungswachstum) oder bestehen aus mehreren zusammenhängenden Trends. Ein solcher „Megatrend" ist z.B. das Kernproblem „Bodendegradation", das sich aus mehreren Trends wie Erosion, Versalzung, Kontamination etc. zusammensetzt.

Leitplanke
Die „Leitplanke" grenzt den Entwicklungsraum des Mensch-Umwelt-Systems von den Bereichen ab, die unerwünschte oder gar katastrophale Entwicklungen repräsentieren und die es zu meiden gilt. Nachhaltige Entwicklungspfade verlaufen innerhalb des durch diese Leitplanken definierten Korridors.

Multidisziplinarität
Multidisziplinäre Forschung ist dadurch gekennzeichnet, daß verschiedene wissenschaftliche Disziplinen weitgehend unabhängig voneinander dasselbe Forschungsthema bearbeiten.

Nachhaltige Entwicklung
Ein nicht klar definierter Begriff, für den es verschiedene Definitionen, Übersetzungen und Interpretationen gibt. Er steht für ein umwelt- und entwicklungspolitisches Konzept, das zunächst durch den Brundtland-Bericht formuliert und auf der UN-Konferenz für Umwelt und Entwicklung 1992 in Rio de Janeiro weiterentwickelt wurde. Das Syndromkonzept des Beirats bietet einen Ansatz zur Operationalisierung dieses unscharfen Begriffs (*siehe Kap. C 2.1.2*).

Schwerpunktprogramme
Schwerpunktprogramme sind DFG-spezifische Verfahren der Forschungsförderung und dauern in der Regel fünf Jahre. Besonderes Kennzeichen

eines Schwerpunktprogramms ist die überregionale Kooperation der teilnehmenden Wissenschaftler, die innerhalb einer vorgegebenen Gesamtthematik in der Wahl des konkreten Themas, des Forschungsplans und der anzuwendenden Methoden frei sind.

Social monitoring

Unter *social monitoring* versteht man die Dauerbeobachtung von gesellschaftlichen Entwicklungen. Es umfaßt kontinuierlich bzw. periodisch sowohl ökonomische Beobachtungs- und Beschreibungsaktivitäten (z.B. die Volkswirtschaftliche Gesamtrechnung) als auch sozial- und verhaltenswissenschaftliche Programme zur wiederholten Erhebung von Einstellungen, Meinungen, Wissensstand, Bewertungen der Bevölkerung u.a.

Sonderforschungsbereiche

Sonderforschungsbereiche sind von der DFG unterstützte langfristige Forschungseinrichtungen (ca. über 12-15 Jahre), in denen Wissenschaftler mehrerer Disziplinen im Rahmen eines fächerübergreifenden Forschungsprogramms zusammenarbeiten. Sie konzentrieren sich jeweils auf eine Hochschule, wobei jedoch auch mehrere benachbarte Hochschulen und außeruniversitäre Forschungseinrichtungen sowie Industrie und Wirtschaft beteiligt sein können.

Sustainable development

→ Nachhaltige Entwicklung

Syndrome des Globalen Wandels

Syndrome sind funktionale Muster krisenhafter Mensch-Umwelt-Beziehungen, d.h. charakteristische Konstellationen von natürlichen und anthropogenen →Trends des Globalen Wandels sowie deren Wechselwirkungen untereinander. Jedes Syndrom – oder in Analogie zur Medizin: „globale Krankheitsbild" – stellt einen anthropogenen Ursache-Wirkungs-Komplex mit ganz spezifischen Umweltbelastungen dar und bildet ein eigenständiges Umweltdegradationsmuster. Syndrome zeichnen sich durch einen transsektoralen Charakter aus, d.h. sie umfassen mehrere Sektoren (etwa Wirtschaft, Biosphäre, Bevölkerung) oder Umweltmedien (Boden, Wasser, Luft), haben aber immer einen direkten oder indirekten Bezug zu Naturressourcen. Syndrome lassen sich in der Regel in mehreren Regionen der Welt bei unterschiedlichen Ausprägungen identifizieren, wobei das gleichzeitige Auftreten mehrerer Syndrome in einer Region möglich ist.

Transdisziplinarität

Transdisziplinäre Wissenschaft löst sich aus ihren disziplinären Grenzen und definiert und bearbeitet ihre Erkenntnisgegenstände disziplinunabhängig. Hierbei werden auch Modelle und Methoden der Einzeldisziplinen auf ihre Eignung für das jeweilige Forschungsthema und für die Problemlösung hinterfragt bzw. neue Methoden entwickelt.

Trends des Globalen Wandels

Trends sind sowohl anthroposphärische wie natursphärische Phänomene, die für den Globalen Wandel relevant sind und ihn charakterisieren. Es handelt sich um veränderliche oder prozeßhafte Größen, die zumindest qualitativ bestimmbar sind. Beispiele für Trends sind das Bevölkerungswachstum, der anthropogene Treibhauseffekt, das wachsende Umweltbewußtsein und der medizinische Fortschritt.

Verbundprojekte

Verbundprojekte sind ein vom BMBF entwickeltes Instrument zur Forschungsförderung. Sie sind vorhandenen Forschungseinrichtungen angegliedert und fördern die Zusammenarbeit von Wissenschaftlern und Praktikern, da die Programme neben Hochschulen auch außeruniversitäre Forschungsinstitute und kommunale Körperschaften mit einbeziehen. Sie sind auf mehrere Jahre angelegt.

Der Wissenschaftliche Beirat der Bundesregierung Globale Umweltveränderungen

G

DER WISSENSCHAFTLICHE BEIRAT
Prof. Dr. Horst Zimmermann, Marburg
(Vorsitzender)
Prof. Dr. Hans-Joachim Schellnhuber, Potsdam
(Stellvertretender Vorsitzender)
Prof. Dr. Friedrich O. Beese, Göttingen
Prof. Dr. Gotthilf Hempel, Bremen
Prof. Dr. Paul Klemmer, Essen
Prof. Dr. Lenelis Kruse-Graumann, Hagen
Prof. Dr. Karin Labitzke, Berlin
Prof. Dr. Heidrun Mühle, Leipzig
Prof. Dr. Udo Ernst Simonis, Berlin
Prof. Dr. Hans-Willi Thoenes, Wuppertal
Prof. Dr. Paul Velsinger, Dortmund

ASSISTENTINNEN UND ASSISTENTEN DER
BEIRATSMITGLIEDER
Dr. Arthur Block, Potsdam
Dipl.-Ing. Sebastian Büttner, Berlin
Dr. Svenne Eichler, Leipzig
Dipl.-Volksw. Oliver Fromm, Marburg
Dipl. Psych. Gerhard Hartmuth, Hagen
Dipl.-Met. Birgit Köbbert, Berlin
Dipl.-Geol. Udo Kubitz, Essen
Dr. Gerhard Lammel, Hamburg
Dipl.-Volksw. Wiebke Lass, Marburg
Dipl.-Ing. Roger Lienenkamp, Dortmund
Dr. Heike Schmidt, Bremen
Dr. Rüdiger Wink, Bochum
Dr. Ingo Wöhler, Göttingen

GESCHÄFTSSTELLE DES WISSENSCHAFTLICHEN
BEIRATS, BREMERHAVEN*
Prof. Dr. Meinhard Schulz-Baldes
(Geschäftsführer)
Dr. Carsten Loose
(Stellvertretender Geschäftsführer)
Heinke Deloch, M. A.
Vesna Karic
Ursula Liebert
Dr. Benno Pilardeaux
Dipl.-Volksw. Barbara Schäfer
Martina Schneider-Kremer, M.A.

* Geschäftsstelle WBGU
  Alfred-Wegener-Institut für Polar- und
  Meeresforschung
  Postfach 12 01 61
  D-27515 Bremerhaven

  Tel. 0471-4831-723
  Fax: 0471-4831-218
  Email: wbgu@awi-bremerhaven.de
  Internet: http://www.awi-bremerhaven.de/WBGU/

Gemeinsamer Erlaß zur Errichtung des Wissenschaftlichen Beirats Globale Umweltveränderungen (8. April 1992)

§ 1

Zur periodischen Begutachtung der globalen Umweltveränderungen und ihrer Folgen und zur Erleichterung der Urteilsbildung bei allen umweltpolitisch verantwortlichen Instanzen sowie in der Öffentlichkeit wird ein wissenschaftlicher Beirat „Globale Umweltveränderungen" bei der Bundesregierung gebildet.

§ 2

(1) Der Beirat legt der Bundesregierung jährlich zum 1. Juni ein Gutachten vor, in dem zur Lage der globalen Umweltveränderungen und ihrer Folgen eine aktualisierte Situationsbeschreibung gegeben, Art und Umfang möglicher Veränderungen dargestellt und eine Analyse der neuesten Forschungsergebnisse vorgenommen werden. Darüberhinaus sollen Hinweise zur Vermeidung von Fehlentwicklungen und deren Beseitigung gegeben werden. Das Gutachten wird vom Beirat veröffentlicht.

(2) Der Beirat gibt während der Abfassung seiner Gutachten der Bundesregierung Gelegenheit, zu wesentlichen sich aus diesem Auftrag ergebenden Fragen Stellung zu nehmen.

(3) Die Bundesregierung kann den Beirat mit der Erstattung von Sondergutachten und Stellungnahmen beauftragen.

§ 3

(1) Der Beirat besteht aus bis zu zwölf Mitgliedern, die über besondere Kenntnisse und Erfahrung im Hinblick auf die Aufgaben des Beirats verfügen müssen.

(2) Die Mitglieder des Beirats werden gemeinsam von den federführenden Bundesminister für Forschung und Technologie und Bundesminister für Umwelt, Naturschutz und Reaktorsicherheit im Einvernehmen mit den beteiligten Ressorts für die Dauer von vier Jahren berufen. Wiederberufung ist möglich.

(3) Die Mitglieder können jederzeit schriftlich ihr Ausscheiden aus dem Beirat erklären.

(4) Scheidet ein Mitglied vorzeitig aus, so wird ein neues Mitglied für die Dauer der Amtszeit des ausgeschiedenen Mitglieds berufen.

§ 4

(1) Der Beirat ist nur an den durch diesen Erlaß begründeten Auftrag gebunden und in seiner Tätigkeit unabhängig.

(2) Die Mitglieder des Beirats dürfen weder der Regierung noch einer gesetzgebenden Körperschaft des Bundes oder eines Landes noch dem öffentlichen Dienst des Bundes, eines Landes oder einer sonstigen juristischen Person des Öffentlichen Rechts, es sei denn als Hochschullehrer oder als Mitarbeiter eines wissenschaftlichen Instituts, angehören. Sie dürfen ferner nicht Repräsentant eines Wirtschaftsverbandes oder einer Organisation der Arbeitgeber oder Arbeitnehmer sein, oder zu diesen in einem ständigen Dienst- oder Geschäftbesorgungsverhältnis stehen. Sie dürfen auch nicht während des letzten Jahres vor der Berufung zum Mitglied des Beirats eine derartige Stellung innegehabt haben.

§ 5

(1) Der Beirat wählt in geheimer Wahl aus seiner Mitte einen Vorsitzenden und einen stellvertretenden Vorsitzenden für die Dauer von vier Jahren. Wiederwahl ist möglich.

(2) Der Beirat gibt sich eine Geschäftsordnung. Sie bedarf der Genehmigung der beiden federführenden Bundesministerien.

(3) Vertritt eine Minderheit bei der Abfassung der Gutachten zu einzelnen Fragen eine abweichende Auffassung, so hat sie die Möglichkeit, diese in den Gutachten zum Ausdruck zu bringen.

§ 6

Der Beirat wird bei der Durchführung seiner Arbeit von einer Geschäftsstelle unterstützt, die zunächst bei dem Alfred-Wegener-Institut (AWI) in Bremerhaven angesiedelt wird.

§ 7

Die Mitglieder des Beirats und die Angehörigen der Geschäftsstelle sind zur Verschwiegenheit über die Beratung und die vom Beirat als vertraulich bezeichneten Beratungsunterlagen verpflichtet. Die Pflicht zur Verschwiegenheit bezieht sich auch auf Informationen, die dem Beirat gegeben und als vertraulich bezeichnet werden.

§ 8

(1) Die Mitglieder des Beirats erhalten eine pauschale Entschädigung sowie Ersatz ihrer Reisekosten. Die Höhe der Entschädigung wird von den beiden federführenden Bundesministerien im Einvernehmen mit dem Bundesminister der Finanzen festgesetzt.

(2) Die Kosten des Beirats und seiner Geschäftsstelle tragen die beiden federführenden Bundesministerien anteilig je zur Hälfte.

Dr. Heinz Riesenhuber
Bundesminister für Forschung und Technologie

Prof. Dr. Klaus Töpfer
Bundesminister für Umwelt, Naturschutz und Reaktorsicherheit

Anlage zum Mandat des Beirats

ERLÄUTERUNG ZUR AUFGABENSTELLUNG DES BEIRATS GEMÄSS § 2, ABS. 1

Zu den Aufgaben des Beirats gehören:

1. Zusammenfassende, kontinuierliche Berichterstattung von aktuellen und akuten Problemen im Bereich der globalen Umweltveränderungen und ihrer Folgen, z.B. auf den Gebieten Klimaveränderungen, Ozonabbau, Tropenwälder und sensible terrestrische Ökosysteme, aquatische Ökosysteme und Kryosphäre, Artenvielfalt, sozioökonomische Folgen globaler Umweltveränderungen;
In die Betrachtung sind die natürlichen und die anthropogenen Ursachen (Industrialisierung, Landwirtschaft, Übervölkerung, Verstädterung, etc.) einzubeziehen, wobei insbesondere die Rückkopplungseffekte zu berücksichtigen sind (zur Vermeidung von unerwünschten Reaktionen auf durchgeführte Maßnahmen).

2. Beobachtung und Bewertung der nationalen und internationalen Forschungsaktivitäten auf dem Gebiet der globalen Umweltveränderungen (insbesondere Meßprogramme, Datennutzung und -–management, etc.).

3. Aufzeigen von Forschungsdefiziten und Koordinierungsbedarf.

4. Hinweise zur Vermeidung von Fehlentwicklungen und deren Beseitigung.

Bei der Berichterstattung des Beirats sind auch ethische Aspekte der globalen Umweltveränderungen zu berücksichtigen.

Index

A

Abfall   34, 39, 95, 98, 100-101, 114, 125, 127-128, 130
Abwanderung   70, 98, 117, 122-123, 128, 147; *siehe auch* Migration
Abwasser   71, 100, 116, 124-125, 127
Aerosole   26, 46, 49
Afrika   31-32, 48, 56, 67, 69-70, 72-73, 116, 127, 130, 143, 149
AGENDA 21   51, 61, 65, 74, 80, 97, 99, 111, 148
Agenda setting   99, 155
Agglomerationen; *siehe* Städte
Agrarwirtschaft; *siehe* Landwirtschaft
Agriculture and Fisheries Programme (FAIR)   33
Agrochemikalien   123, 126; *siehe auch* Landwirtschaft
Agroforestry   64
Airborne Polar Experiment (APE)   33
Alfred-Wegener-Institut für Polar- und Meeresforschung (AWI)   67, 190
Altlasten   34, 124-125, 130
Altlasten-Syndrom   121, 130-131, 171
Antarktis   34, 42, 45, 47, 158
Aralsee-Syndrom   117, 121, 123, 125, 131
Arbeitsgemeinschaft der international ausgerichteten deutschen Agrarforschung (AIDA)   61
Arbeitsgemeinschaft „Grundwasser und Bodenschutz"   60
Arbeitsgruppe für tropische und subtropische Agrarforschung (ATSAF)   61
Arbeitsgruppe „Handel und Umwelt"   82
Arctic Climate System Study (ACSYS)   24, 45
Armut   54, 63, 66-68, 70, 72, 73, 116, 127, 121, 139, 168
Artenvielfalt   63, 65, 113-114, 123, 190; *siehe auch* Biodiversität
Asian Development Bank   102
Asien   31, 48, 67, 69, 72-73, 127, 130, 143
Atmosphäre   21, 24, 42-43, 46-50, 55, 57, 94, 103, 111, 115, 124, 166
Aufbaustudien   67, 82, 161, 170, 172, 185
Ausbildung   34, 62, 65, 67, 84, 135, 161-162, 174
Australien   24, 26, 31, 45, 129

B

Baltic Sea Experiment (BALTEX)   24, 52-53
Bangladesch   54
Belgien   130
Bergbau   124, 130
Bevölkerung   53, 56, 65, 72, 87, 98-99, 116-118, 121-122, 124, 126-128, 139, 142-143, 147, 149, 151
– Bevölkerungsentwicklung   67-68, 74, 77, 116, 165, 168
– Bevölkerungswachstum   40, 67-68, 72, 76, 79, 96-97, 113, 126-128, 139, 146, 185-186
Bewässerung; *siehe* Landwirtschaft
Beziehungsgeflecht   109, 115, 138-139, 142-143
Bildung   30, 67, 72, 95, 126, 155, 161-162
Biodiversität   29, 30, 32, 34, 39, 50, 60, 61-63, 64-65, 67, 78, 82, 88, 122, 124, 164, 167

– Forschung   34, 61-67, 167
– Inventarisierung   63-64, 167
– Schutz   30, 62, 64, 93, 167
– Verlust   61, 65, 82, 115, 121-125, 126, 128, 130, 131-132, 169
Biodiversitätskonvention   61, 64, 66, 86, 122, 155
– Biosafety   66
Biodiversitätsökonomie   66, 168
Biogeochemische Kreisläufe   24, 26, 38, 40-41, 42, 45-46, 48, 57, 56, 135, 167
BioNET   63, 67
Bioprospektierung   62, 64, 66
Biosphäre   24, 26, 42, 46, 49, 54, 105, 116, 167
Biosphärenreservate   30, 32, 63; *siehe auch* Man and the Biosphere Programme
Biosphere Reserve Integrated Monitoring (BRIM)   30, 62; *siehe auch* Biosphärenreservate
Biospheric Aspects of the Hydrological Cycle (BAHC)   26, 29, 45, 50, 53, 57, 149, 167
Biotechnologie   33, 56, 61-62, 66-67, 70, 94, 111, 129
Blaue Liste; *siehe* Wissenschaftsgemeinschaft Blaue Liste
Böden   34, 42, 55, 57-58, 60, 75, 82, 115, 120-124, 128-130, 155, 167
– Forschung   55, 57-58, 60, 167
– Funktion   53-55, 58, 60
– Schutz   57
Bodendegradation   44, 55, 59, 78-79, 82, 113, 115-116, 120, 122-126, 131, 139, 142, 148, 169
– Erosion   54, 63, 74, 90, 113, 116, 120, 122, 124, 185
– Fertilitätsverlust   113, 120
– Kontamination   61, 113, 123-125, 128, 129-130
– Verdichtung   57, 71, 128, 130
– Versalzung   113, 121
– Versauerung   130
– Versiegelung   55, 113, 127
Bodenzustandserhebung   58
Brasilien   67, 122, 124, 130, 149, 159-160
Bundesamt für Naturschutz (BfN)   30, 66
Bundesanstalt für Gewässerkunde   45, 53
Bundesforschungsanstalt für Landwirtschaft (FAL)   44, 60
Bundesministerium des Innern (BMI)   32, 174
Bundesministerium für Bildung, Wissenschaft, Forschung und Technologie (BMBF)   29, 32, 44-47, 50-53, 55, 57-58, 60, 66-67, 75, 104, 115, 159-160, 166, 173-174
– Forschungsprogramm „Klimaänderung und Küste"   51, 160-161
– Forschungsverbünde   58, 173
– Verbundprojekte   44, 51, 53, 55, 159-160, 173, 186
Bundesministerium für Ernährung, Landwirtschaft und Forsten (BML)   174
Bundesministerium für Forschung und Technologie (BMFT)   51, 100; *siehe auch* Bundesministerium für Bildung, Wissenschaft, Forschung und Technologie (BMBF)
Bundesministerium für Umwelt, Naturschutz und Reaktorsicherheit (BMU)   32, 62, 103, 174

Bundesministerium für Verkehr (BMV)   174
Bundesministerium für Wirtschaft (BMWi)   74
Bundesministerium für wirtschaftliche Zusammenarbeit und Entwicklung (BMZ)   174

C

Capacity building   21, 53, 63, 65, 135
Carrying capacity; *siehe* Tragfähigkeit
CH_4; *siehe* Methan
Climate Variability and Predictability Programme (CLIVAR)   21, 24, 45, 166
CO_2; siehe Kohlendioxid
Coastal Zone Management Programme   51
Collaborating Centre for Research on Healthy Cities   68
Commission on Sustainable Development (CSD)   80, 153
Committee on Ocean and Polar Sciences (ECOPS)   33
Consortium for International Earth Science Information Network (CIESIN)   30
Costa Rica   75

D

Darwin Initiative   62
Datenmanagement   21, 26, 28, 30, 34, 39, 45-46, 54, 56, 60, 62, 66, 73, 114, 134, 135, 152, 160, 167, 172, 190; *siehe auch* Monitoring
Delphi-Studie   110, 136, 172
Desertifikation   59, 65, 121-122
– Forschung   59, 61
Desertifikationskonvention   59, 97, 143
Deutsche Akademie der Wissenschaften   175
Deutsche Bundesstiftung Umwelt   162
Deutsche Forschungsgemeinschaft (DFG)   29, 32, 44, 50, 57, 60, 62, 66, 105, 135, 148, 159, 161, 166, 174
– Förderprogramm „Biodiversität"   66
– Förderschwerpunkt „Tropenökologie"   67
– Schwerpunktprogramme   29, 44, 53, 54, 62, 159-160, 161, 173
– Schwerpunktprogramm „Mensch und globale Umweltveränderungen"   68, 86, 92, 95, 148, 160
– Sonderforschungsbereiche   29, 51, 60, 62, 105, 135, 157, 159, 161, 173
Deutsche Stiftung für Internationale Entwicklung (DSE)   61, 73
Deutsches Fernerkundungsdatenzentrum   45
Deutsches Institut für Entwicklungspolitik (DIE)   148, 151
Deutsches Klimaforschungsprogramm   45, 148
Deutsches Klimarechenzentrum (DKRZ)   45, 148
Deutscher Wetterdienst (DWD)   45, 166
Diskontierung   78-79, 154, 168
Disparitäten   66, 68, 75, 126-127, 131
DIVERSITAS   29, 34, 63, 65, 67
Dürre   42, 70, 72, 142; *siehe auch* Desertifikation
Dust-Bowl-Syndrom   117-118, 121, 123, 131, 171
Dynamik und Management von Mangroven (MADAM)   52

E

Earthwatch   21, 28
Echival Field Experiment in a Desertification Threatened Area (EFEDA)   149
El Niño-Southern Oscillation (ENSO)   24, 44-45
Emissionen   82, 89, 91, 101, 103-104, 127, 129, 148, 165, 170; *siehe auch* Treibhausgase
Energie   30, 33, 49, 67, 74, 77, 82, 95, 98, 100, 102, 105, 116, 123, 127-129, 135, 142, 165, 170; *siehe auch* Erneuerbare Energien
– Minderungsstrategien   82, 100, 102-103, 104, 118, 127, 170
– Politik   82
– Preise   77, 81-82
– Sparen   95, 101, 139
– Träger   100, 102
– Verbrauch   142, 167
England   127, 162; *siehe auch* Großbritannien
Enquete-Kommission „Globaler Wandel"   175
Enquete-Kommission „Schutz des Menschen und der Umwelt"   80, 154, 175
Enquete-Kommissionen des Deutschen Bundestages   154, 177
Entsorgung   100-101, 104, 120, 125, 127, 129-130
Entwicklungsdisparitäten   116, 127, 131
Entwicklungsländer   26, 28, 31-32, 34, 39-40, 54, 56, 58, 62, 67-68, 70, 72-73, 77, 85-86, 88, 98, 100-103, 116, 124, 126, 128, 134, 138-139, 148, 167, 170, 173, 176
Entwicklungsparadigmen   149
Entwicklungspolitik   116
Environment and Population Education & Information for Development (EPD)   32
Ernährungssicherung   42, 54, 55-56, 68, 70, 83, 122-123, 126, 138, 149, 168
Erneuerbare Energien   100, 102
– Photovoltaik   102-103, 170
– Windkraft   102, 170
Erziehungswissenschaft   91
Ethik   17, 76, 78, 87-88, 93-94, 98, 156
– Technikethik   93
– Tierethik   93
– Umweltethik   90, 92, 94
Ethnologie   68, 91-93, 147, 160
EUROMAB   32, 63; *siehe auch Man and the Biosphere Programme*
Europa   28, 31-34, 47-49, 62-63, 96, 130, 166
Europäische Union (EU)   33-34, 41, 45, 56, 60, 67, 75, 100, 123, 135, 143, 147, 154-155
– 4. Rahmenprogramm für Forschung und Technologische Entwicklung   65, 96
European Environmental Research Organisation (EERO)   34
European Experiment on Transport and Transformation of Environmentally Relevant Trace Constituents in the Troposphere over Europe (EUROTRAC)   34, 48

European Ice-sheet Modelling Initiative (EISMINT)   33
European Network for Research in Global Change (ENRICH)   33
European Polar Ice Coring in Antarctica (EPICA)   34
European Research and Co-ordination Agency (EUREKA)   34, 48, 67
European Science Foundation (ESF)   33, 96
European Space Agency (ESA)   48
Eutrophierung   57, 123-124, 130
EXPO 2000   174

F
Fallstudien   51, 56, 68, 96, 98, 101, 151, 168-169, 174, 176
Favela-Syndrom   68, 71, 117, 121-122, 127-128, 131
FCKW   89, 91, 103, 113, 129
Fernerkundung   44-45, 46, 48, 50, 52, 60, 165, 174
Ferntransport von Schadstoffen   42, 129
Fischereiwissenschaften   61
Fischfang   116, 125
Flüchtlinge   72, 90, 116, 133; *siehe auch* Migration
Fluorchlorkohlenwasserstoffe; *siehe* FCKW
Food and Agriculture Organisation (FAO)   28, 56, 65, 70, 122
Forschung
 – Evaluation   135, 149, 157, 174
 – Finanzierung   157
 – Förderung   30, 35, 59, 61, 67, 75, 158, 160, 173
 – Methoden   96, 152
 – Organisation   58, 84, 109, 132, 138, 157, 159-160
Forschungsinstitut der Deutschen Gesellschaft für Auswärtige Politik   151
Forschungsnetzwerke   26, 30, 34, 149-150, 156, 158, 160, 166, 170, 172, 174, 184
Forschungsverband Agrarökosysteme München (FAM)   60
Forschungszentren auf Zeit   174
Forschungszentrum Geesthacht (GKSS)   44, 60
Forschungszentrum Jülich (KFA)   44, 60, 86
Forschungszentrum Karlsruhe (FZK)   60
Forstwirtschaft   33, 55, 57, 123
Forstwissenschaften   58, 60
Fossile Brennstoffe   42, 122, 124, 125, 128
Fourth World Conference on Women (FWCW)   73
Frauen   67-69, 72-73, 94, 122, 148
Fraunhofer-Gesellschaft (FhG)   58, 158, 172, 173
Fraunhofer-Institut für Systemtechnik und Innovationsforschung (ISI)   44
Frühwarnsysteme   70, 152, 153

G
Gesellschaft für Biologische Forschung (GBF)   60
Genbanken   65
General Agreement on Tariffs and Trade (GATT)   83, 90; *siehe auch* World Trade Organisation
General Circulation Models (GCM)   46; *siehe auch* Modellierung

Genetische Diversität   61, 65; *siehe auch* Biodiversität
Genetische Erosion   61, 65, 123, 126; *siehe auch* Biodiversität
Gentechnik; *siehe* Biotechnologie
Geographical Information Systems: Data Integration and Database Design (GISDATA)   34
Geographie   68, 92, 147, 151, 160; *siehe auch* Kulturgeographie
Geographische Informationssysteme (GIS)   28, 51, 57
Geologie   105, 170
Geschichtswissenschaft   91
Gesellschaft für Technische Zusammenarbeit und Entwicklung (GTZ)   57, 61-62, 69, 151
Gesundheit   30, 42, 67, 71, 73, 100, 116, 129-130, 135, 176
 – Gefährdung   42, 56, 73, 125-130
Gewässer   32, 50, 53-54, 100, 155; *siehe auch* Wasser
Global Analysis, Interpretation and Modelling (GAIM)   25-26, 45
Global Atmosphere Watch (GAW)   28, 47-49
Global Biodiversity Assessment (GBA)   63
Global Change and Terrestrial Ecosystems (GCTE)   26, 48, 57
Global Climate Observing System (GCOS)   28, 40
Global commons   79, 87, 169
Global Energy and Water Cycle Experiment (GEWEX)   24, 40, 45, 47, 52-53
Global Environmental Facility (GEF)   32, 161
Global Environmental Monitoring System (GEMS)   28
Global Information Early Warning System (GIEWS)   28
Global Ocean Ecosystem Dynamics (GLOBEC)   26, 50, 166
Global Ocean Observing System (GOOS)   28, 52, 166
Global Ocean-Atmosphere-Land System (GOALS)   24
Global Omnibus Environmental Survey (GOES)   30, 97, 99
Global Ozone Observing System (GO3OS)   47
Global Resources Information Database (GRID)   28
Global Terrestrial Observing System (GTOS)   28
Global-Bericht der Bundesregierung   175
Global Change System for Analysis, Research, and Training (START)   25-26, 99
Globales Abflußdatenzentrum   45
Globales Beziehungsgeflecht; *siehe* Beziehungsgeflecht
Globales Wasserinstitut   54
Globalisierung   75-76, 87, 113, 116
 – Globalisierung der Märkte   113, 127, 149
 – Globalisierung der Wirtschaft   87, 97, 116
Graduiertenkollegs   60, 82, 184
Greenland Ice-core Project (GRIP)   34, 50
Greifswalder Bodden und Oderästuar-Austauschprozesse (GOAP)   52
Großbritannien   24, 36, 38, 40, 58, 60, 62, 128, 130
Großforschungseinrichtungen (GFE); *siehe* Hermann-von-Helmholtz-Gemeinschaft Deutscher Forschungszentren (HGF)
Grundwasser   51, 54, 57, 114, 123-126, 130, 167

Grüne Revolution 70, 126
Grüne-Revolution-Syndrom 56, 70, 118, 121, 126, 131
Grünhelme 88

H

HABITAT II; *siehe* United Nations Conference on Human Settlements
Haftungsrecht 78, 155, 170
Handel 60, 75, 77, 80, 81-84, 90, 123, 154-155, 168
– Welthandel 64, 70, 77, 81-82, 86, 90, 149
Hans-Knöll-Institut für Naturstoffforschung 66
Havarie-Syndrom 121, 129, 131
Hazards; *siehe* Katastrophen
Healthy City Project (HCP) 68
Hermann-von-Helmholtz-Gemeinschaft Deutscher Forschungszentren (HGF) 58, 60, 61, 159, 173-174
Hochleistungsrechner 48, 134, 161, 166, 174
Hochschulen 33, 53, 99, 160-161, 166, 173-174
Hoher-Schornstein-Syndrom 118, 121, 129-131, 171
Horizontale Integration 109, 111, 143, 147
Humid Tropical Forest Project 149
Hunger 56, 70, 115-116, 121, 168; *siehe auch* Ernährungssicherung
Hydrosphäre 42, 46, 50, 54, 85

I

IGBP-Data and Information System (IGBP-DIS) 25-26
IHDP-Data and Information System (IHDP-DIS) 99
Incremental costs 89
Indien 67, 126-127
Indikatoren 52, 56-57, 62, 64, 77, 79-81, 113-114, 119-120, 152-153
Indonesien 122, 124
Industrieländer 72, 75, 89-90, 101, 104, 116, 168
Informeller Sektor 69, 70-71, 98, 127, 168
Infrastruktur 24, 26, 68-69, 99, 116-117, 124, 127-128, 157, 166, 170
Ingenieurwissenschaften 92, 170
Institut für Gewässerphysik 44
Institut für Pflanzengenetik und Kulturpflanzenforschung (IPK) 65
Institut für sozial-ökologische Studien 53
Institut für Strömungswissenschaften 53
Institut für Weltforstwirtschaft 62
Institute auf Zeit 160-161
Institutionenforschung 87
Integrationsprinzipien 43, 56, 73, 96-98, 101-102, 109, 134-135, 143, 147-148, 152
Interdisziplinarität 62, 92, 109, 119, 158, 160
Intergenerationelle Gerechtigkeit 78, 154, 167
Intergovernmental Oceanographic Commission (IOC) 21, 28, 45
Intergovernmental Panel on Climate Change (IPCC) 21, 42, 44-45, 51, 76, 156
Interministerielle Arbeitsgruppe der Bundesregierung (IMA) 174

International Conference on Population and Development (ICPD) 32
International Council of Scientific Unions (ICSU) 21, 24, 26, 28-30
International Decade for Natural Disaster Reduction (IDNDR) 34, 42, 53, 74
International Energy Agency (IEA) 101-101
International Environmental Information System (Infoterra) 28
International Geosphere Biosphere Programme (IGBP) 21, 26, 29-30, 33, 45, 48, 50, 53, 60, 149, 166-167, 174
International Global Atmospheric Chemistry Project (IGAC) 26, 48, 57
International Group of Funding Agencies (IGFA) 29
International Human Dimension of Global Environmental Change Programme (IHDP) 21, 26, 29-30, 33, 68, 84, 95, 97, 99, 148
International Hydrological Programme (IHP) 32, 53
International Institute for Applied Systems Analysis (IIASA) 86-87
International Labour Organisation (ILO) 89
International Register of Potentially Toxic Chemicals (IRPTC) 28
International Social Science Council (ISSC) 29
International Union of Biological Sciences (IUBS) 34, 63
Internationale Abkommen 21, 29, 66, 81, 84-86, 87, 96-97, 113, 152, 154-155, 168, 169
– *Compliance* 87, 169
– Implementierung 83, 87, 153
– Konventionsbegleitende Forschung 87, 97
– Sanktionierung 81, 153
Internationale Verpflichtung zu pflanzengenetischen Ressourcen 65; *siehe auch* Food and Agriculture Organisation
Intragenerationelle Gerechtigkeit 154, 167
Ius cogens 89

J

Japan 24, 36, 38
Joint Global Ocean Flux Study (JGOFS) 26, 45, 50-51, 166
Joint implementation 81-82, 168; *siehe auch* Ökonomische Instrumente
Jugoslawien 118

K

Kambodscha 127
Kanada 36, 38, 40, 162
Katanga-Syndrom 117, 121, 123-124, 131
Katastrophen 44, 51, 54, 74, 121-122, 125, 129
– Naturkatastrophen 42, 51, 113, 116, 131, 185
Kernkraftwerke 102, 124, 128, 129
Kernprobleme des Globalen Wandels 87, 91, 113, 115, 120, 131, 133, 185
Kleine-Tiger-Syndrom 118, 121-122, 126-127, 131

Klima   21, 24-26, 28-29, 32-33, 39, 41-42, 45-46, 49-50, 52-54, 57, 61, 64, 70, 75-76, 78-79, 82, 84, 86-87, 90, 100-101
- Klimafolgenforschung; *siehe* Klimawirkungsforschung
- Klimaforschung   33, 43, 45, 48, 66
- Klimagerichtshof   90
- Klimamodelle   45-47, 50, 53, 54; *siehe auch* Modelle
- Klimawandel   17, 26, 43-44, 50, 61, 88, 90, 112, 114, 122, 126-127, 128, 139, 143, 146-148
- Klimawirkungsforschung   26, 43, 46, 51, 43, 46, 75, 173, 176
Klimarahmenkonvention   88-89
- Berliner Klimakonferenz   81
Kohlendioxid (CO_2)   50, 57, 75, 82, 104, 111, 118, 122-123, 129, 148, 170; *siehe auch* Treibhausgase
- Rückhalte- und Speichertechniken   172
Kommunikation   18, 34, 39, 88, 94, 99, 114, 138, 158, 165, 173
- Medien   91, 94-95, 99, 129, 156, 162, 174, 176
- Kommunikationswissenschaft   91, 94
Konflikte   52, 71, 83, 88, 92, 115-116, 118, 121, 125, 130, 169
Konventionen; *siehe* Internationale Abkommen
- Kosten-Nutzen-Analysen   59, 75
Kriege; *siehe* Konflikte
Kulturanthropologie   91, 93
Kulturgeographie   91, 93
Küsten   33, 42, 44, 50-53, 65, 75, 115-116, 122, 124, 161, 166
Küstennahe Stoff- und Energieflüsse (KUSTOS)   51
Kuwait   125

L

Land-Ocean Interactions in the Coastal Zone (LOICZ)   26, 51-52, 166
Land-Use/Land-Cover Change (LUCC)   26, 29-30, 99, 149, 167
Landflucht   69, 116-117, 121-123, 126, 128; *siehe auch* Migration
Landflucht-Syndrom   69-70, 117, 121-122, 131
Landnutzungsänderungen   30, 32, 46, 54, 56, 59, 63, 115, 120, 122, 147-148, 149, 167
Landwirtschaft   33, 45, 51, 57, 59, 67, 69-71, 121, 123, 125-127, 139, 142, 147-150, 167, 190
- Agrarwissenschaften   57, 60, 160
- Bewässerung   54, 56, 59, 115, 122, 142, 144
Laos   127
Lateinamerika   45, 48, 70, 72
Lebensstile   94-95, 98, 154
Leitbilder   91, 93, 97-98, 114, 152, 154
Leitplanken-Modell   44, 118-119, 154
Lithosphäre   42, 55
Luftverschmutzung   100, 116, 124, 127-128

M

Maastricht Health Research Institute for Prevention and Care (HEALTH)   68
Malaysia   122

Man and the Biosphere Programme (MAB)   30-31, 63
Management of Social Transformations (MOST)   32
Marginalisierung   118, 120, 116-117, 122-123, 126, 128, 139, 143, 147, 149; *siehe auch* Armut
Marine Science and Technology (MAST)   33
Massentourismus-Syndrom   103, 117-118, 121, 124, 131, 171
Mauretanien   128
Max-Planck-Institut für Meteorologie   45
Max-Planck-Gesellschaft (MPG)   58, 66, 159, 166, 173-174
McDonaldisierung   97
Mediation   52, 67, 88, 95
Meeresforschung   33, 50, 52, 168
Meeresspiegelanstieg   26, 42, 51, 75, 115, 130
Megastädte; *siehe* Städte
Mensch-Umwelt-Beziehungen   111, 128, 142, 159
Meteorologie   49
Methan (CH_4)   46, 49-50, 123; *siehe auch* Treibhausgase
Migration   44, 54, 67-70, 72, 74, 98, 115-116, 131, 135, 147-148, 160, 168; *siehe auch* Flüchtlinge
Minen   125
Mobilitätsverhalten   95, 98, 116, 128, 160; *siehe auch* Verkehr
Modellierung   24, 45, 151, 153
- Regionale Integrierte Modelle (RIM)   44
Monetarisierungsmethoden   77-78
- Hedonic pricing   78
Monitoring   21, 28-30, 32, 38, 41, 43, 60, 62-65, 159
- Beobachtungsreihen   174, 176
- Beobachtungsstationen   174
- *environmental monitoring*   28, 99, 169, 185
- *social monitoring*   99, 114, 169, 186
- Umweltbeobachtung   30-31, 185
Montrealer-Protokoll   88, 90-91, 158; *siehe auch* Ozon
Moral suasion   95
Müllkippen-Syndrom   118, 121, 130-131, 171
Multinationale Konzerne   168, 174

N

Nachhaltige Entwicklung   32-33, 39, 53, 80, 86, 89, 96, 119, 153, 185-186
- Operationalisierung   74-77, 79-80, 118-119, 154, 168, 186
- Ordnungspolitische Implikationen   77
Nachhaltige Nutzung   30, 34, 63, 123, 167
Nachhaltigkeit; *siehe* Nachhaltige Entwicklung
National Aeronautics and Space Administration (NASA)   35, 37, 41
National Oceanic and Atmospheric Administration (NOAA)   47, 77
Nationalökonomie   74-75
Naturschutz   51, 61-63, 66-67, 167; *siehe auch* Biodiversität
Nichtregierungsorganisationen (NRO)   83, 89-90, 122, 169

Niederlande 26, 37, 39, 41, 58
Nigeria 124
North American Free Trade Agreement (NAFTA) 83
North Atlantic Treaty Organisation (NATO) 100
NO_x; *siehe* Stickoxide

O

Öko-Audit 155
Öko-Dumping 82, 155
Öko-Institut 53
Öko-soziale Marktwirtschaft 80
Ökologie 34, 66-67, 77, 80, 160
Ökonomische Instrumente 95
 – Abgaben 82
 – Steuern 82
 – Zertifikate 81, 90, 155
Ökosystem Boddengewässer - Organismen und Stoffhaushalt (ÖKOBOD) 52
Ökosysteme 26, 28, 32-33, 40-44, 46, 49-52, 55-58, 61-65, 67, 92, 114-115, 121-122, 124, 128, 130, 134, 139, 143, 154, 159-160, 167, 174
 – Fragmentierung 128
Ökosystemforschung 58, 60-61
Operative Hydrological Programme (OHP) 32, 53
Ordnungsrecht 65, 95, 155
Organisation for Economic Co-operation and Development (OECD) 35, 76, 83, 85, 114
Osteuropa 31
Ozeanische Zirkulation 40, 115
Ozeanographie 24, 49-50
Ozon 17, 24, 32, 40, 42, 47-48, 78-79, 84-88, 91, 94, 100, 103, 113, 128-130, 155, 158, 170
 – stratosphärisch 42, 47-48, 88, 128-130
 – troposphärisch 42, 49, 100
Ozonforschungsprogramm der Bundesregierung (OFP) 24, 47

P

Pädagogik 93
Pakistan 123, 128
Paläoklima 43, 45, 50, 166; *siehe auch* Klima
Papua-Neuguinea 124
Partizipation 65, 88, 127, 135, 148
Partnerships for Enhancing Expertise in Taxonomy (PEET) 62
Past Global Changes (PAGES) 26, 45, 53
Pazifische Inselstaaten 45
Pedosphäre 42, 105, 113; *siehe auch* Böden
Perceptions and Assessment of Global Environmental Conditions and Change (PAGEC) 30
Pestizide 126; *siehe auch* Agrochemikalien
Pflanzengenetische Ressourcen 65
Philippinen 123
Philosophie 76, 91, 93
Photovoltaik; *siehe* Erneuerbare Energien
Polarforschung 50, 52-53, 67, 159, 166

 – Polarforschungsprogramm 52
Polen 130
Politikwissenschaften 61, 66, 78, 81, 84, 87-88, 91, 98, 155, 157, 168-169
Pologne-Hongrie Assistance pour la Restructuration (PHARE) 67
Populationsbiologie 66, 169
Postgraduierten-Kolleg 84
Potsdam-Institut für Klimafolgenforschung (PIK) 26, 44, 60-61, 160
Präferenzen 76-78, 114
Problemlösung 106, 119, 157, 174
Programmgruppe Mensch, Umwelt, Technik (MUT) 44
Psychologie 78-79, 88, 91-95, 98, 147-148, 160
Psychosoziale Sphäre 84, 91, 169

R

Ramsar-Konvention 66
Rat von Sachverständigen für Umweltfragen (SRU) 83, 153
Raubbau-Syndrom 121-122, 131
Raumplanung 61, 68, 70
Rechtswissenschaften 61, 81, 93, 169
Recycling 101, 103
Regime 85, 87, 155; *siehe auch* Internationale Abkommen
 – *Regime effectiveness* 155
Regional Integrierte Modelle (RIM); *siehe* Modellierung
Relevanzkriterien 109, 133, 136, 138, 143, 147, 171
Ressourcen 30, 52, 54-55, 61, 65, 71, 75, 79-80, 83, 86, 94, 98, 117, 121-123, 125, 127, 138, 147, 160-161, 165, 176
Rio-Konferenz; *siehe United Nations Conference on Environment and Development*
Risiken 51, 53, 56, 94, 98, 101, 111, 156
Risikoforschung 153, 156
Rußland 103, 124

S

Sahel 75, 121, 149, 151, 174
Sahel-Syndrom 59, 110, 117, 120-122, 131, 138-139, 142-143, 147-148, 150, 173
 – Teufelskreis 139, 143, 147, 149
Satelliten 35, 46-48, 134, 166, 174
Saurer Regen 123, 127-128, 130
Schweden 58
Schweiz 26, 37, 39, 41
Schwellenländer 26, 70, 85-86, 100, 105, 116, 124, 127, 169-170
Scientific Committee on Problems of the Environment (SCOPE) 34, 63
Seerechtskonvention 52, 87
Senatsausschuß für Umweltforschung (SAUF) 174
Shifting cultivation; siehe Wandelfeldbau
Simulation 46, 57, 134, 148, 151, 153, 161
Slums 68, 71, 127; *siehe auch* Städte
Soil-Vegetation-Atmosphere-Tansfer Models (SVAT) 46

Somalia 54
Soziale Sicherheit 69, 71, 116, 168
Sozialwissenschaften 35, 41, 61, 67, 80, 89, 92, 105, 158, 160-161, 167, 176
Soziologie 68, 79, 88, 91-95, 98, 147-148, 151, 160
Spanien 125
Spieltheorie 152, 154
Städte 32, 49, 67, 68-70, 72, 117, 122, 124, 127-128, 160, 168
– Agglomerationen 72
– Megastädte 68, 71, 72, 90, 167, 170
– Stadt-Umland Beziehungen 69, 168; siehe auch Landflucht
Standort Deutschland 133
Staudämme 125, 126
Stickoxide (NO_x) 49, 82, 129-130
Stiftung „Globaler Wandel" 162, 174
Stoffflüsse 50, 62, 111, 154, 169
Strategie-Zentrum zum Globalen Wandel 153, 162, 174
Stratospheric Processes and their Role in Climate (SPARC) 24, 45, 47
Strukturanpassungsprogramme (SAP) 150; *siehe auch* Weltbank
Strukturwandel 127-128
Studies on Human Impact on Forests and Foodplains in the Tropics (SHIFT) 60
Subsistenzwirtschaft 69, 121, 142, 168
Suburbia-Syndrom 118, 121, 127-128, 131, 171
Subventionen 83, 121, 123, 149
Sudan 54
Südasien 69
Südostasien 69, 130
Süßwasser 32, 49, 53-54, 65, 115, 121-126, 131, 148, 167, 185
– Süßwasserforschung 53
– Globale Wasserstrategie 54
Sustainable development; siehe Nachhaltige Entwicklung
Syndrome 109-110, 116-120, 125, 130-131, 135-138, 143, 159, 161, 171-172, 186
– Disposition 138, 142-143, 147, 150
– Exposition 142
– Kopplung 117
– Profil 120
– Rangfolge 109, 136
– Syndromkonzept 136, 138, 142, 157, 171, 186
System Erde 111, 133, 176
Systematics Agenda 2000 63, 65, 67

T
Tackling Environmental Resource Management (TERM) 34, 96
Targeted Socio-Economic Research (TSER) 33, 69, 96
Taxonomie 61-65, 167
Technische Hochschulen 53
Technologietransfer 65, 102, 126, 139
Technologische Forschung 67, 101, 170

Terrestrial Ecosystem Research Network (TERN) 60, 62, 67
Thailand 122, 127
Tourismus 43, 51, 61, 98, 117-118, 124-125
– Flugreisen 125, 172
– Tourismusforschung 95
Tragfähigkeit 52, 71; *siehe auch* Nachhaltige Nutzung
Trans-European Mobility Programme for University Studies (TEMPUS) 67
Transdisziplinarität 157-158, 162, 186
Transport- und Umsatzprozesse in der Pommerschen Bucht (TRUMP) 52
Treibhauseffekt 65, 78, 92, 115, 120, 122-123, 125, 127-130, 148, 186
Treibhausgase 43, 46, 49, 50, 58, 91, 115, 123, 133, 169
– Emission 79, 104, 133, 170
– Reduktion 104, 113, 118, 170
Trends des Globalen Wandels 55, 111, 139, 185-186
Tropical Ocean-Global Atmosphere (TOGA) 24, 45, 52
Troposphärenforschungsprogramm (TFS) 49

U
Überfischung 122
Überweidung 56, 59, 121-122
Ukraine 130
Ultraviolette Strahlung 42, 46, 48, 63, 65, 129-130
Umweltbeobachtung; *siehe* Monitoring
Umweltbewußtsein 93-95, 113, 165, 169, 186
Umweltbildung 30, 95, 155
Umweltbundesamt (UBA) 62, 114, 174
Umweltdegradation 116-117, 120-123, 125-126, 129, 139, 186
Umweltdiskurse 95, 99
Umweltethik; *siehe* Ethik
Umweltflüchtlinge 67, 72-73, 88, 90, 116, 125, 133, 148; *siehe auch* Migration
Umweltforschungszentrum Leipzig-Halle (UFZ) 60-61, 160
Umweltökonomische Gesamtrechnung 80-81, 114
Umweltpolitik 75, 82-87, 95, 98, 105, 152-155, 168
– Instrumente 81
Umweltrecht 85, 88-89
Umweltsicherheitsrat 81, 88
Umweltziele 77, 106
United Nations (UN) 21, 26, 28, 31-32, 34, 49, 70, 72-73, 76, 86, 89, 154
United Nations Centre for Human Settlements (UNCHS) 68
United Nations Conference on Environment and Development (UNCED) 43, 61, 76, 85, 153, 175
United Nations Conference on Human Settlements (HABITAT II) 9, 69, 72, 74, 122, 168
United Nations Conference on Trade and Development (UNCTAD) 84
United Nations Development Programme (UNDP) 32, 68

United Nations Educational, Scientific and Cultural Organization (UNESCO)   21, 30-32, 63
United Nations Environment Programme (UNEP)   21, 85, 185
United States of America (USA)   24, 26, 37, 39, 41, 58, 130, 149, 162
Universitäten   33, 44-45, 51, 53, 58, 60-62, 67-69, 71, 84, 148, 150-151, 159, 174
Urban bias   69; siehe auch Städte
Urban Management Programme (UMP)   68
Urbanisierung   68-69, 74, 97-98, 121, 165, 168; siehe auch Städte
USA; siehe United States of America
UV-B; siehe Ultraviolette Strahlung

V

Verbrannte-Erde-Syndrom   117-118, 121, 125, 131
Verbund „Wissenschaftliches Rechnen"   161
Vereinte Nationen; siehe United Nations (UN)
Verhalten   30, 34, 55, 66, 75, 84, 86-87, 91-99, 105, 124
Verhaltenswissenschaften   156-157, 159, 170, 186
Verkehr   33, 47, 71, 82, 93, 95, 103, 116, 124, 127-128, 130, 165, 170
Vermeidungskosten   80; siehe auch Kosten-Nutzen-Analysen
Verschuldung   149
Verstädterung; siehe Urbanisierung
Vertikale Integration   109, 143, 147-148, 152
Vietnam   127
Völkerrecht   84-90, 125, 169
Volkswirtschaftliche Gesamtrechnung   76; siehe auch Umweltökonomische Gesamtrechnung

W

Wälder   46, 67, 82, 115-116, 122, 149, 155
 – Neuartige Waldschäden   62, 113, 130
 – Waldprotokoll   87
 – Waldschadensforschung   46, 62, 106
Wanderfeldbau   120, 122, 148
Wasserforschung   55, 67
Wasser; siehe auch Süßwasser
 – Wasserhaushalt   24, 46, 52, 54, 65, 139, 166-167
 – Wasserknappheit   49, 79, 115-116
 – Wasserkreislauf   32, 46, 50, 53-55, 57, 85, 160
 – Wasserkultur   53-54
 – Wasserrechte   54, 126
 – Wassersparen   54, 98
 – Wasserverschmutzung   49, 53, 68, 115, 127
Water Availibility, Vulnerability of Ecosystems and Society (WAVES)   149, 160
Weltbank   32, 68, 81, 102, 114, 165
Weltbevölkerungsgipfel (ICPD); siehe United Nations Conference on Population and Development
Welternährung   28, 56, 74, 116, 131; siehe auch Ernährungssicherung
Welternährungsgipfel ; siehe World Food Summit
Weltfrauenkonferenz; siehe Fourth World Conference on Women
Weltsiedlungskonferenz; siehe United Nations Conference on Human Settlements
Weltsozialgipfel; siehe World Summit on Social Development
Weltzentrum Niederschlagsklimatologie   45
Werteforschung   93-94, 98, 156
Wetterextreme   42, 47, 115; siehe auch Katastrophen
 – Stürme   42, 113
Wirtschaftspolitik   149, 174
Wirtschaftswachstum   46, 86, 121, 127
Wirtschaftswissenschaften   10, 68, 76, 79, 96, 160, 170
 – Neue Politische Ökonomie   80
Wirtschaftswissenschaften   79, 81, 92, 147, 160
Wissenschaftsgemeinschaft Blaue Liste (WBL)   159, 173-174
Wissenschaftsrat   60, 66-67, 92, 99, 159, 161, 173
Wolken   46-47, 166
World Climate Programme (WCP)   21
World Climate Research Programme (WCRP)   21, 24, 29-30, 33, 45-46, 52-53
World Food Summit   74
World Meteorological Organisation (WMO)   21, 28, 32, 43, 45, 47-48, 52, 185
World Ocean Circulation Experiment (WOCE)   24, 45, 52
World Resources Institute (WRI)   114
World Summit on Social Development (WSSD)   74
World Trade Organisation (WTO)   83-84, 87, 165; siehe auch General Agreement on Tariffs and Trade
World Weather Watch Programme (WWW)   28
Wuppertal-Institut für Klima, Umwelt und Energie   44

Z

Zentralasien   126
Zentrum für Agrarlandschafts- und Landnutzungsforschung (ZALF)   44, 60-61
Zentrum für Boden- und Wasserschutz, Raumplanung und Umweltrecht   60

Springer und Umwelt

Als internationaler wissenschaftlicher Verlag sind wir uns unserer besonderen Verpflichtung der Umwelt gegenüber bewußt und beziehen umweltorientierte Grundsätze in Unternehmensentscheidungen mit ein. Von unseren Geschäftspartnern (Druckereien, Papierfabriken, Verpackungsherstellern usw.) verlangen wir, daß sie sowohl beim Herstellungsprozess selbst als auch beim Einsatz der zur Verwendung kommenden Materialien ökologische Gesichtspunkte berücksichtigen. Das für dieses Buch verwendete Papier ist aus chlorfrei bzw. chlorarm hergestelltem Zellstoff gefertigt und im pH-Wert neutral.

Druck u. Verarbeitung: Druckerei Triltsch, Würzburg